高职高专建筑工程技术专业系列教材

地基与基础

主编

中国建材工业出版社

图书在版编目（CIP）数据

地基与基础/王旭鹏主编．—北京：中国建材工业出版社，2010.8（2017.7 重印）
ISBN 978-7-80227-805-9

Ⅰ．①地… Ⅱ．①王… Ⅲ．①地基－高等学校：技术学校－教材②基础（工程）－高等学校：技术学校－教材
Ⅳ．①TU47

中国版本图书馆 CIP 数据核字（2010）第 134426 号

内容简介

本教材是根据教育部高等职业教育《地基与基础》课程教学的基本要求并结合比较成熟的新理论、新工艺、新标准编写，内容包括土的物理性质与工程分类、土中应力计算、土的压缩性与最终沉降量计算、土的抗剪强度和地基承载力、土压力和土坡稳定分析、工程地质勘察、天然地基上浅基础设计、桩基础和其他深基础简介、软弱地基处理以及土力学试验等。

地基与基础
主编　王旭鹏

出版发行：中国建材工业出版社
地　　址：北京市海淀区三里河路 1 号
邮　　编：100044
经　　销：全国各地新华书店
印　　刷：北京雁林吉兆印刷有限公司
开　　本：787mm×1092mm　1/16
印　　张：16.75
字　　数：422 千字
版　　次：2010 年 8 月第 1 版
印　　次：2017 年 7 月第 3 次
书　　号：ISBN 978-7-80227-805-9
定　　价：39.00 元

本社网址：www.jccbs.com.cn

《高职高专建筑工程技术专业系列教材》
编　委　会

《地基与基础》编委会

主　编： 王旭鹏

副主编： 董晓丽

参　编： 汪　丽　马金伟　刘　涛　张　硕

序　言

2009年1月，温家宝总理在常州科教城高职教育园区视察时深情地说："国家非常重视职业教育，我们也许对职业教育偏心，去年（2008年）当把全国助学金从18亿增加到200亿的时候，把相当大的部分都给了职业教育。职业学校孩子的助学金比例，或者说是覆盖面达到90%以上，全国平均1500元到1600元，这就是国家的态度！国家把职业学校、职业教育放在了一个重要位置，要大力发展。在当前应对金融危机的情况下，其实我们面临两个最重要的问题，这两个问题又互相关联，一个问题就是如何保持经济平稳较快发展而不发生大的波动，第二就是如何保证群众的就业而不致造成大批的失业，解决这两个问题的根本是靠发展，因此我们采取了一系列扩大内需，促进经济发展的措施。但是，我们还要解决就业问题，这就需要在全国范围内开展大规模培训，培养适用人才，提高他们的技能，适应当前国际激烈的产业竞争和企业竞争，在这个方面，职业院校就承担着重要任务。"

大力发展高等职业教育，培养一大批具有必备专业理论知识和较强的实践能力，适应生产、建设、管理、服务岗位等第一线需要的高等职业应用型专门人才，是实施科教兴国战略的重大决策。高等职业教育院校的专业设置、教学内容体系、课程设置和教学计划安排均应突出社会职业岗位的需要、实践能力的培养和应用型的教学特色。其中，教材建设是基础和关键。

《高职高专建筑工程技术专业系列教材》是根据最新颁布的国家和行业标准、规范，按照高等职业教育人才培养目标及教材建设的总体要求、课程的教学要求和大纲，由中国建材工业出版社组织全国部分有多年高等职业教育教学体会与工程实践经验的教师编写而成。

本套教材是按照三年制（总学时1600～1800）、兼顾二年制（总学时1100～1200）的高职高专教学计划和经反复修订的各门课程大纲编写的。共计11个分册，主要包括：《建筑材料与检测》、《建筑识图与构造》、《建筑力学》、《建筑结构》、《地基与基础》、《建筑施工技术》、《建筑工程测量》、《建筑施工组织》、《高层建筑施工》、《建筑工程计量与计价》、《工程项目招投标与合同管理》。基础理论课程以应用为目的，以必需、够用为尺度，以讲清概念、强化应用为重点；专业课程以最新颁布的国家和行业标准、规范为依据。反映国内外先进的工程技术和教学经验，加强实用性、针对性和可操作性，注意形象教学、实验教学和现代教学手段的应用，加强典型工程实例分析。

本套教材适用范围广泛，努力做到一书多用。既可作为高职高专教材，又可作为电大、职大、业大和函大的教学用书，同时，也便于自学。本套教材在内容安排和体系上，各教材之间既是有机联系和相互关联的，又具有独立性和完整性。因此，各地区、各院校可根据自身的教学特点择优选用。

本套教材的参编教师均为教学和工程实践经验丰富的双师型教师。为了突出高职高专教育特色，本套教材在编写体例上增加了“上岗工作要点”，引导师生关注岗位工作要求，架起了“学习”和“工作”的桥梁。使得学生在学习期间就能关注工作岗位的能力要求，从而使学生的学习目标更加明确。

我们相信，由中国建材工业出版社出版发行的这套《高职高专建筑工程技术专业系列教材》一定能成为受欢迎的、有特色的、高质量的系列教材。

赵宝江

2009年7月

前　　言

本教材是根据教育部高等职业教育《地基与基础》课程教学基本要求编写的，同时，随着土力学理论和实践的进步，适当加入了比较成熟的新理论、新工艺、新标准，内容由浅入深，重点突出，理论联系实际。

本教材内容包括：土的物理性质与工程分类、土中应力计算、土的压缩性与最终沉降量计算、土的抗剪强度和地基承载力、土压力和土坡稳定分析、工程地质勘察、天然地基上浅基础设计、桩基础和其他深基础简介、软弱地基处理、土力学试验技术等10章。

为使本教材具有较强的实用性，突出“提高实际动手能力”的指导思想，在编写过程中，编者遵循的原则及本书的特点是：

1. 具有足够的基本理论知识，各部分内容紧扣培养目标和上岗工作要点，文字简练、通俗易懂，便于学生自学。

2. 在内容的取舍上力求做到以《地基与基础》的基本内容为主，必需够用为度。

3. 在编写方法上，注意到内容的先进性及理论联系实际，注重实用，深入浅出。同时，按照学科的科学体系，有重点地阐明基本原理和基本方法及其在工程上的应用，以便提高学生的理论水平和解决工程问题的能力。

4. 为便于学生自学，精选了较为丰富的例题和练习题。例题和习题具一定的示范性或典型性，难度得当。

本书由北京城市学院王旭鹏（教授，工学博士）主编，北京城市学院董晓丽（副教授，在读博士）为副主编，西安航空技术高等专科学校汪丽、陕西省建筑职工大学马金伟、沧州职业技术学院刘涛、北京城市学院张硕参编。

全书由王旭鹏教授统稿。编写分工如下：王旭鹏编写前言、绪论、第1章、第6章、第10章、各章重点提示及上岗工作要点部分；汪丽编写第2章、第3章、第4章；马金伟编写第5章、第9章；刘涛编写第6章；董晓丽编写第7章、第8章；张硕编写第6章、第10章。

本书在编写过程中，得到了中国建材工业出版社和编写者所在单位的大力支持，在此一并致谢。

本书可作为高等职业院校、高等专科学校学生的教材或参考用书，亦适合一般工程技术人员学习参考。

由于编者水平有限，书中难免有错误和疏漏之处，恳请读者不吝指正。编者邮箱wwxxpp1212@163.com。

编　者
2010年6月

目　　录

绪　论

0.1　土力学、地基与基础的概念

任何建筑物都是建造在地球体的表层，它构成了一切工程建筑的环境和物质基础。我们把支承建筑物荷载的那部分地层称为地基（foundation soil）。如果地基未经过人工处理，称为天然地基；如地基软弱，其承载力及变形不能满足设计要求时，则要对地基进行加固处理，这种地基称为人工地基。建筑物向地基中传递荷载的下部结构称为基础（foundation）。地基与基础是建筑物的根本，统称为基础工程。当建筑场地土质均匀、密实、性质良好，地基承载力高时，对一般的高层建筑可将基础直接做在浅层天然土层上，称为天然地基浅基础。但是，我国幅员辽阔，自然地理环境不同，土质各异，地基条件区域性强，如果遇到建筑地基上土质软弱，压缩性高，强度低，无法承受上部结构且人工加固处理地基不经济时，需采用桩基础或深基础。由此可见，地基与基础是整个建筑工程中的重要组成部分。据统计，我国一般多层建筑中，基础工程造价约占总造价的1/4，工期约占总工期的25%～30%，如需人工处理或采用深基础，其造价和工期所占的比例更大。如果盲目地提高建筑物地基与基础的安全度，有时会多花费有限的建设资金却不能收到良好的效果。

地基与基础设计必须满足三个基本条件：①作用于地基上的基底压力不得超过地基容许承载力或地基承载力特征值，保证建筑物不因地基承载力不足造成整体破坏或影响正常使用，具有足够防止整体破坏的安全储备；②基础沉降不得超过地基变形容许值，保证建筑物不因地基变形而破坏或影响其正常使用；③挡土墙、边坡以及地基基础保证具有足够防止失稳破坏的安全储备。荷载作用下，地基、基础和上部结构三部分彼此联系、相互制约，因此，工程技术人员必须十分重视并做好地基与基础的勘察、设计与施工阶段的各项工作。

利用力学的一般原理，研究土的应力、应变、强度、稳定和渗透特性及其随时间变化规律的科学称为土力学（soil mechanics）。土作为土力学的研究对象既是一种特殊的建筑材料，也是支撑由建筑物、桥梁、道路等传来的荷载的基础。土有以下特征：①土通常是由固体颗粒、土中水和气体组成的三相分散系，只含有土颗粒和水而没有空气的土称为饱和土；只含有土颗粒和空气而没有水的土称为干燥土；由土颗粒、水和空气三者共同组成的土称为不饱和土。像土这样的多相混合体，不仅要考虑土体整体的性质和运动规律，还应考虑组成土体的各相的性质和运动规律。②土的本质在于它是离散的颗粒集合体。这样的集合体既不是气体，也不是液体，也不是固体（土颗粒本身是固体），而是称为粒状体的集合体。土颗粒之间没有联结或联结很弱，因此，与其他建筑材料相比，土的强度低，变形大，且其性质易受外界环境的变化而变化。③土是天然的产物，不是人类按照某种配方制造出来的。即使通过破碎岩石可以获取碎石，但碎石本身也是天然的，所以在这方面土与钢铁、混凝土是完全不同的。工程技术人员必须掌握土力学基础工程的理论知识和实际技能，才能正确地解决建筑工程中的地基基础技术问题。

0.2 土力学的发展概况

土力学这门学科同其他学科一样是随着生产实践的发展而发展起来的。据文献记载，17世纪以后，随着欧洲产业革命的发展，城市建设、水利工程和道路桥梁的兴建，推动了土力学的发展，世界各国学者发表了许多著名的土力学理论。比如，法国学者库仑（Coulomb）于1776年创建了著名的砂土抗剪强度和土压力理论，库仑定律至今还被各国学者引用；英国学者朗肯（Rankine）在1856年提出了挡土墙土压力理论，这是古典的土力学理论，仍被今人引用；同年，法国学者达西（Darcy）研究了土的透水性，创立了达西定律；法国学者布辛奈斯克（Boussinesq）在1885年针对弹性半空间表面作用集中力的情况，对半空间内的应力和位移进行了解答。进入20世纪，世界各国铁道工程增多，由于铁路穿越各种土质地基，遭遇了坍塌和滑坡事故，促使瑞典、德国及美国等国家的学者在控制斜面稳定方面的研究不断深入。瑞典学者费伦纽斯（Fellenius）在1922年为解决铁路滑坡，完善了土坡稳定分析圆弧法；1925年，美国学者太沙基（Terzaghi）发表了《土力学》专著，使土力学作为一门独立的学科在世界各地不断发展。自1936年起，每隔4年召开一次国际土力学和基础工程会议，发表了大量的论文和研究报告。已故清华大学黄文熙教授在20世纪60年代的国际会议上发表了砂土液化理论。

20世纪50年代以后，电子计算机的出现使应用非线性理论研究土的应力-应变关系成为可能；研制出了多种多样的新设备，为土力学理论研究和地基加固提供了良好的条件。土力学的研究进入了崭新的阶段。

0.3 怎样学好地基与基础

地基与基础是建筑工程专业必修的一门专业课程。本课程的任务是使同学们牢固地掌握土力学的基本知识，研究地基与基础工程设计和施工中常用的技术问题。为了使学生掌握土力学的基本原理和基本概念，运用所学的知识进行地基和基础设计，学生们在学习时应抓住以下几点：

（1）首先要熟悉教材，牢牢掌握土力学，地基，基础方面的基本知识、基本概念和理论。

（2）土的主要特点是复杂性、易变性。因此，在学习中要重视试验课，做好试验，及时写好试验报告。土力学离不开试验（主要是室内土工试验和部分原位测试），必须掌握土的各种指标的测试方法、原理及特点，并能对试验结果进行正确的分析和判断，从而培养严谨的科学态度、实事求是的工作作风和较强的科研能力。

（3）密切联系工程实际，充分利用参观、实习的机会了解工程的实际做法，和老师、同学及时交流，探讨疑难问题，在学习中寻求答案并在实践中验证和补充书本所学内容。

（4）注意教材某些部分与相关部分的联系。教材中有很多内容相互关联，有些内容较易混淆。因此，学习时要善于开动脑筋，运用比较的方法把相互有联系的部分放到一起来学习，以便能透彻、深刻地理解，加深记忆，使用起来也可避免出差错。

第1章　土的物理性质与工程分类

重　点　提　示

1. 牢固掌握土的物理性质指标的定义，以及有关指标的换算、试验和应用。
2. 土的物理性质与物理状态指标。
3. 土的工程分类。

地球表层是人类赖以生存的活动场所，它构成了一切工程建筑的物质基础。随着地球的演变，地壳的内部结构、物质成分和表面形态不断地发生着变化。一些变化速度较快，易被人们觉察到，如地震和火山喷发等；另一些变化则较慢，不易被发现，如地壳的缓慢上升、下降以及某些地块的水平移动等。这些变化形成了复杂多样的岩石和土以及各种类型的地质构造。

1.1　岩石和土的成因类型

1.1.1　岩石的成因类型

在地质作用下产生的由一种或多种矿物以一定的规律组成的自然集合体称为岩石。岩石形成的年代较长，颗粒间牢固联结，常可见到呈整体或具有节理裂隙的岩体。地壳和地球内部的化学元素，除极少数呈单质存在外，绝大多数都是以化合物的形态存在。这些具有一定化学成分和物理性质的自然元素和化合物称为矿物。岩石是一种或多种矿物的集合体，其中构成岩石的矿物称为造岩矿物。最主要的造岩矿物只有三十多种，如常见的石英（SiO_2）、正长石 $K[AlSi_3O_8]$、石膏（$CaSO_4 \cdot 2H_2O$）、方解石（$CaCO_3$）、高岭石 $Al_4[Si_4O_{10}](OH)_8$等。自然界中岩石种类繁多，但按其成因可分为：岩浆岩（magmatic rock）、沉积岩（sedimentary rock）和变质岩（metamorphic rock）三大类。沉积岩主要分布在地壳表层，在地壳深处主要是岩浆岩和变质岩。

1. 岩浆岩（火成岩）

岩浆岩是由岩浆侵入地壳或喷出地表后，岩浆冷凝形成的岩石。岩浆存在于地壳的深处，是处于高温、高压下的硅酸盐熔融体，其主要成分是硅酸盐，还有其他元素、化合物以及溶解的气体（H_2O、CO_2等）。岩浆在地壳深处结晶形成的岩石称为深层岩，在地面以下较浅处形成的岩石称为浅层岩，两者统称为侵入岩；岩浆喷出地表后冷凝形成的称为喷出岩。

组成岩浆岩的矿物，根据其颜色，可分为浅色矿物和深色矿物。如：石英、正长石、斜长石及白云母等，其密度小，颜色浅，属浅色矿物；黑云母、角闪石、辉石、橄榄石等，其密度较大，颜色较深，属深色矿物。岩浆岩的矿物成分是岩浆化学成分的反映。岩浆的化学成分十分复杂，但含量高、对岩石的矿物成分影响最大的是 SiO_2。根据 SiO_2的含量，岩浆岩可分为酸性盐类（SiO_2含量＞65％）、中性盐类（SiO_2含量52％～65％）、基性盐类（SiO_2含量45％～52％）和超基性盐类（SiO_2含量＜45％）。常见的岩浆岩中，花岗岩、花岗斑岩、流纹岩等属酸性盐类；正长岩、正长斑岩、粗面岩、安山岩、闪长玢岩等属中性岩石；辉长岩、辉绿岩、玄武岩等属基性岩类；深色的橄榄岩和辉岩属超基性盐类。

2. 沉积岩（水成岩）

沉积岩是岩石经风化、剥蚀成碎屑，经流水、风或冰川搬运至低洼处沉积，再经成岩作用而形成的。沉积岩是地壳表面分布最广的一种岩石，物质组成主要有四种：

（1）碎屑物质。

（2）黏土矿物。

（3）化学沉积矿物。

（4）有机质及生物残骸。

此外，还有把碎屑颗粒胶结起来的胶结物。这些胶结物或是通过矿化水的运动带到沉积物中，或是来自原始沉积物矿物组分的溶解和再沉淀。胶结物的性质对沉积岩的力学强度、抗水性及抗风化能力有重要影响。常见的胶结物有硅质（SiO_2）、铁质（FeO或Fe_2O_3）、钙质（$CaCO_3$）和泥质（黏土）。

常见的沉积岩如火山集块岩、火山角砾岩、凝灰岩、砂岩、粉砂岩等属碎屑岩类；页岩、泥岩等属黏土岩类；石灰岩、白云岩等属于化学或生物化学岩类。

3. 变质岩

地壳中已存在的岩石，由于地壳运动和岩浆活动等造成物理化学环境的改变，处在高温、高压及其化学因素作用下，使原来岩石的成分、结构和构造发生一系列变化，形成的新的岩石称为变质岩。

（1）矿物成分：除了石英、长石、云母和方解石等常见的矿物外，还具有特异的矿物，如滑石、绿泥石、蛇纹石和石榴石等。

（2）结构：变余结构、变晶结构和碎裂结构。

（3）构造：板状构造、千枚状构造、片状构造、片麻状构造和块状构造。

（4）常见的变质岩：片麻岩、千枚岩、板岩、石英岩、大理岩、碎裂岩和糜棱岩等。其中常见的硬质岩石有花岗岩、石灰岩、石英岩、闪长石、玄武岩等；常见的软质岩石有页岩、泥岩、绿泥石片岩和云母片岩等。

1.1.2 土的成因类型

土是在新近的第四纪中由原岩风化产物经各种地质作用剥蚀、搬运、沉积而成的，所以说，土是岩石风化的产物。第四纪是地球发展的最新阶段，它包括更新世和全新世。第四纪沉积物在地表分布极广，成因类型也很复杂。一般把第四纪地层称为沉积物或沉积层，它大致可以分为残积层、坡积层、冲积层、洪积层、湖积层、化学沉积盐、风积土、海相沉积层、有机质和泥炭沉积层、混合沉积层等类型。

1. 地质作用

地质学中将自然动力促使地壳物质成分、结构及地表形态变化发展的作用称为地质作用。它又分为外力地质作用（如剥蚀作用、搬运作用、沉积作用等）和内力地质作用（如构造运动、地震、岩浆作用、变质作用等）。

剥蚀作用：是将岩石风化破坏的产物从原地剥落下来的作用。它包括风化作用以外的所有方式的破坏作用，如河流、大气降水、地下水、海洋、湖泊以及风等的破坏作用。

搬运作用：岩石经过风化、剥蚀破坏后的产物，被流水、风、冰川等介质搬运到其他地方的作用。

沉积作用：被搬运的物质，由于搬运介质的搬运能力减弱、搬运介质的物理化学条件发生变化，或由于生物的作用，从搬运介质中分离出来，形成沉积物的过程。

构造运动：又称地壳运动，是由内动力所引起的地壳岩石发生变形、变位（如弯曲、错断等）的运动。

地震：一般是由于构造运动引起地内机械能的长期积累，达到一定的限度而突然释放时，导致地壳一定范围的快速颤动。按地震产生的原因，可分为构造地震、诱发地震、火山地震和陷落地震等。

2. 残积土层

残积土层简称为残积层，是母岩经风化、剥蚀，残留在原地未被搬运的那一部分岩石碎屑，而另一部分则被风和降水带走。残积层的分布受地形的控制，主要分布在岩石出露的地表、经受强烈风化的山区、丘陵地带与剥蚀平原，见图 1-1。由于风化剥蚀产物是未经搬运的，颗粒不可能被磨圆或分选，没有层理构造，均质性较差，因而土的物理力学性质很不一致，其多为棱角状的碎石、角砾、砂粒和黏性土，孔隙率大。如作为建筑物的地基，应当注意不均匀沉降和土坡稳定性问题。

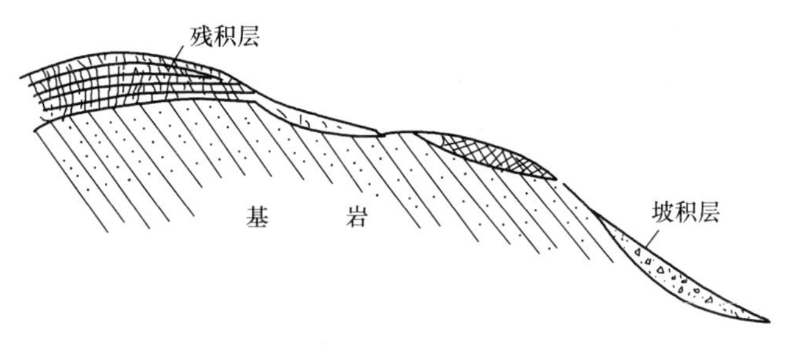

图 1-1　残积层与坡积层分布图

3. 坡积土层

坡积土层是指雨雪水流的地质作用将山上的岩石风化产物缓慢地洗刷剥蚀、顺着斜坡向下逐渐移动、沉积在较平缓的山坡上而形成的沉积层（见图 1-1）。坡积层由于组成物质粗细颗粒混杂，厚薄不均（上部有时 1m，下部可达几十米），土质极不均匀，尤其是新近堆积的坡积物，土质疏松。坡积层通常孔隙率大，压缩性高。如作为建筑物地基，应注意地基不均匀沉降和土坡稳定性。

4. 洪积土层

由暴雨或大量融雪而形成的山洪急流，具有较强的剥蚀和搬运能力。它冲刷地表，挟带着大量岩屑（如块石、砾石、粗砂等），流至山谷冲沟出口或倾斜平原，形成洪积层。其地貌特征是靠山近处窄而陡，离山较远宽而缓，形如扇状，故称为洪积扇（锥），见图 1-2。由于山洪的发生是周期性的，每次的大小不尽相同，堆积下来的物质也不一样，因此洪积层常为不规则的粗细颗粒交替层理构造，常常具有夹层、尖灭或透镜体等产状。如以洪积层作为建筑物地基，应注意夹层、尖灭或透镜体引起的地基不均匀沉降。

5. 冲积土层

冲积土层是由河流的流水作用将碎屑物质搬运到河谷中坡降平缓的地段堆积而成的

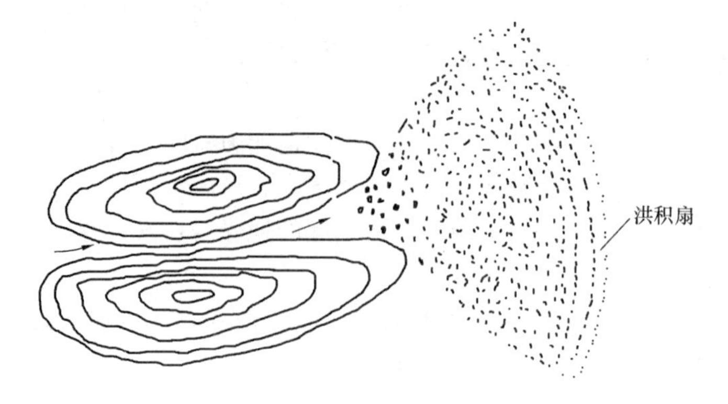

图 1-2　洪积层颗粒分布与洪积扇

沉积物。它包括平原河谷冲积层、山区河谷冲积层、山前平原冲积层和三角洲沉积层。河流冲积土随其形成条件不同，具有不同的工程地质特性。比如古河床土的压缩性低，强度高，是工业与民用建筑的良好地基，而现代河床堆积物的密实度较差，透水性强，易引起坝下渗漏。三角洲沉积物常常是饱和的软黏土，承载力低，压缩性高，若作为建筑物地基应慎重对待。

1.2　土的组成

1.2.1　土的组成

地壳自形成以来，一直处在不停的运动和变化之中，因而引起地壳构造和地表形态不断地发生演变。地表的岩石，经风化、剥蚀成岩屑，又经搬运、沉积而成为沉积物。年代不长，未压紧硬结成岩石之前，呈松散状态，称为第四纪沉积层，这就是“土”。土具有以下特征：

（1）土是由固体土颗粒（称为固相）、水（称为液相）和气体（称为气相）组成，土中的固体矿物构成土的骨架，骨架之间贯穿着大量孔隙，孔隙中充填着液体水和空气。土中颗粒的大小、成分及三相之间的比例关系反映出土的不同状态和不同工程性质，如土的干湿、松散、轻重及软硬等。

（2）土的本质在于它是离散的颗粒集合体。这样的集合体不是气体和液体，也不是完整固体（土颗粒本身是固体），而是称为“粒状体”的集合体，例如砂土。通过电子显微镜下的照片观察可知，黏土是微小的扁平状粒子的集合体。

（3）土是天然的产物，不是人工制造出来的。即使通过破碎岩石可以获取碎石，但岩石本身也是天然的，所以在这方面土与钢铁、混凝土是完全不同的。

由此可见，研究土的各项工程性质，首先需从最基本的、组成土的三相（固相、液相和气相）本身开始研究。

1. 土的固体颗粒

土的固体颗粒是三相体系中的主体，它的矿物成分、颗粒大小、形状与级配是影响土的物理性质的重要因素。

（1）土的矿物成分

在地质作用下产生的，由一种或多种矿物以一定的规律组成的自然集合体，称为岩石。

土是岩石风化的产物，土粒多是由各种矿物颗粒或矿物集合体组成的。土中矿物有原生矿物、溶于水的次生矿物、不溶于水的次生矿物和有机质。

1）原生矿物。原生矿物是岩石经物理风化而成的粗粒的碎屑物，其成分与母岩相同，如常见的石英、长石、云母、角闪石与辉石等。

2）次生矿物。次生矿物是由原生矿物经过化学风化后所形成的颗粒很细的新矿物，主要是黏土矿物、三氧化二铝、三氧化二铁等。其次还有次生二氧化硅与难溶盐等。次生矿物按其与水的作用可分为易溶的、难溶的和不溶的，其水溶性对土的性质有重要的影响。不溶于水的次生矿物是原生矿物中的可溶部分被溶滤后的残存部分，它改变了原来的结构和构造，从而形成了不溶于水的次生矿物，常见的有次生二氧化硅、倍半氧化物和黏土矿物等。黏土矿物可分为三种：

①高岭石

高岭石组黏土矿物较少，通常以高岭石及多水高岭石为代表。高岭石晶体也是由互相平行的晶胞组成，晶胞内部带有正负电荷的原子层依次交替排列，水分子不易进入晶胞之间及内部，故矿物颗粒较大。高岭石矿物的集合体称为高岭土。

②蒙脱石

蒙脱石组黏土矿物是化学风化初期的产物，其晶体是由很多相互平行的晶胞组成。晶胞之间能吸收无定量水分子，当吸入水分子量发生变化，晶胞间距离也随之变化。当吸入水量增加，晶胞间距增大，直至分离成更细小的颗粒。蒙脱石、贝得石、囊脱石等性质相近，称为蒙脱石组矿物，主要由蒙脱石组矿物所组成的土称为斑脱土。

③伊利石

伊利石组黏土矿物，最常见的是伊利水云母，其晶体与蒙脱石组相似，相邻晶胞之间也能吸收无定量水分子。

黏土矿物对黏性土的工程性质影响很大，其影响程度取决于黏土矿物类型及其在土中含量的多少。

3）腐殖质土。有机物质是土中动植物有机体生命活动的产物。有机残余物在湿度大和空气难以透入的条件下可形成泥炭。腐殖质的颗粒细小，在土中呈酸性，又称腐殖酸。富含腐殖质的土称淤泥质土或淤泥，统称软土。

（2）土的颗粒级配

自然界中的天然土并不是由大小相同的颗粒所组成的，而是由粒径大小相差悬殊的多个粒组混合而成。土中各个粒组质量相对含量百分比称为土的颗粒级配。土的颗粒级配及其矿物成分的不同，对土的物理力学性能影响很大。因而，在研究土的工程特性时，可将其中各种不同粒径的土粒按照适当范围分为若干粒组。划分为同一粒组的土，其物理力学性质是较为接近的。土的固体颗粒（土粒）大小通常是以其直径尺寸表示，简称粒径，单位为 mm。土粒粒径相差悬殊，大者如漂石或块石，直径可达数千毫米以上；小者如黏土微粒，直径小于万分之几毫米，甚至更小。为利于归纳和分析各种土粒特性，根据土粒特性与其粒径变化关系，将组成土的粒径按粒径大小划分为六大粒组，即漂石或块石、卵石或碎石、圆粒或角粒、砂粒、粉粒及黏粒。以两个粒径数值限制在一定范围内，并且给以适当名称。这种按粒径大小的分组称粒组或粒级。各粒组的界限粒径分别是 200mm，20mm，2.0mm，0.075mm 和 0.005mm。土粒的粒组划分及土粒特征见表 1-1。

表 1-1　土粒的粒组划分及土粒特征

粒组名称		粒径范围（mm）	一般特征
漂石或块石颗粒		＞200	透水性大，无黏性，无毛细水
卵石或碎石颗粒		200～20	
圆粒或角砾颗粒	粗	20～10	透水性大，无黏性，毛细水上升高度不超过粒径大小
	中	10～5	
	细	5～2	
砂　粒	粗	2～0.5	易透水，当混入云母等杂物时透水性减小，而压缩性增加；无黏性，遇水不膨胀，干燥时松散；毛细水上升高度不大，随粒径变小而增大
	中	0.5～0.25	
	细	0.25～0.1	
	极细	0.1～0.075	
粉　粒	粗	0.075～0.01	透水性小，湿时稍有黏性，遇水膨胀小，干时稍有收缩；毛细水上升高度较大、较快，极易出现冻胀现象
	细	0.01～0.005	
黏　粒		＜0.005	透水性小，湿时有黏性、可塑性，遇水膨胀大，干时收缩显著；毛细水上升高度大，但速度较慢

（3）土粒径分析试验方法

自然界土一般均由几个粒组组成，而且往往由于各粒组在土中的相对含量不同，其工程地质性质也不同。为便于研究，把土的各粒组在土中的质量百分含量称为土的粒度成分，也称颗粒级配。其表达式为：

$$x = \frac{W_A}{W_B} \times 100\%$$

式中　x——某粒组的质量百分数（%）；

W_A——干试样中某粒组的质量（g）；

W_B——干试样总质量（g）。

测定土中各种粒径及粒组百分含量的过程称为粒度分析，也称颗粒分析。目前，粒度分析的方法很多，主要有筛分法和重力沉降法两种。国家标准《土工试验方法标准》（GB/T 50123—1999）中关于重力沉降法介绍了两种，即密度计法和移液管法。归纳起来，粒径大于0.075mm的粒组用筛分法，小于0.075mm的粒组，则根据土粒在静水中的沉降速度不同来分离。

①筛分法。是将粗颗粒试料通过不同孔径的筛孔进行粒组分级，适用于土粒直径 d 小于等于60mm且大于0.075mm的土。试验时，将土样风干、分散后，取具有代表性的土样倒入标准分析筛中，筛子孔径分别为60mm，40mm，20mm，10mm，5mm，2.0mm，1.0mm，0.5mm，0.25mm，0.1mm，0.075mm。经振摇后，由上而下顺序分别称出留在各个筛及底盘上土的质量，即可求得各个粒组的相对含量。

②重力沉降法。是由英国物理学家斯托克斯提出的表面光滑的刚性球体在无限延伸的且静止的悬液中下沉的理论，根据土粒在水中匀速下沉时的速度与粒径的理论关系测得颗粒级配。常用试验方法包括：密度计法、移液管法和光电法。此法适用于土粒直径 d 小于0.075mm的试样。

为使粒度分析成果便于利用并看出规律性，需要把粒度分析的资料加以整理且用较好的方法表示出来。目前，通常采用表格和图解来表示。表格法是将分析资料填在已制好的表格内，方法简单，内容具体，但不易看出规律，所以多采用图解方法。常用图解有累积曲线、分布曲线和三角图三种。这里主要介绍累积曲线图。根据土的颗粒分析的试验结果，在半对数坐标纸上，绘制土的粒径级配曲线，如图 1-3 所示。

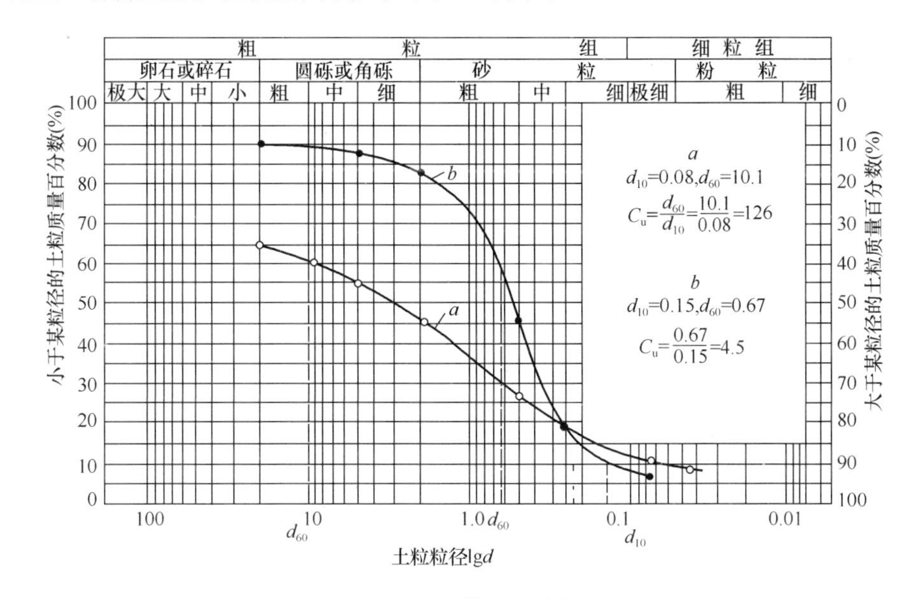

图 1-3 粒径级配曲线（单位：mm）

纵坐标表示小于某粒径的土占总量的百分数；横坐标表示土的粒径。由于土的粒径相差悬殊，采用对数表示，可以把粒径相差几千、几万倍颗粒的含量表达得更清楚。由曲线的坡度陡缓可以大致判断土的均匀程度。累积曲线的用途很多，它的形态表明土的分选性。曲线平缓，说明分选性差，级配良好；曲线陡，说明分选性好，级配不好。根据曲线图还可确定：①土的有效粒径（d_{10}）。有效粒径是土的最有代表性的粒径。非均粒土的有效粒径，大体等于与该土透水性相同的均粒土的颗粒直径。非均粒土累积含量为 10％的颗粒直径，为土的有效粒径。②土的限制粒径（d_{60}或 d_{30}）。非均粒土累积含量为 60％及 30％的土粒粒径，为限制粒径。③任一粒组的百分含量。某粒组的百分含量，等于其上限粒径对应的百分含量减去下限粒径对应的百分含量。④土的平均粒径（d_{50}）。非均粒土累积含量为 50％的土粒粒径，为平均粒径。⑤相当于任一百分含量的最大粒径。同时，还可以根据土的有效粒径、限制粒径 d_{30}，来计算土的不均匀系数和曲率系数。d_{60}与 d_{10}的比值称为不均匀系数 C_u，即：

$$C_u = \frac{d_{60}}{d_{10}}$$

不均匀系数 C_u为表示土颗粒组成的重要特征。当 C_u很小时，曲线很陡，表示土均匀；当 C_u很大时曲线平缓，表示土的级配良好。工程上把 $C_u<5$ 的土，看作级配均匀；把 $C_u>10$的土视为级配良好。

C_c为土颗粒的曲率系数，是表示土颗粒组成的又一特征，C_c按下式计算：

$$C_c = \frac{(d_{30})^2}{d_{10} \times d_{60}}$$

式中 d_{30}——粒径级配曲线上纵坐标为 30％所对应的粒径。

例如，某工程的土样总质量为 100g，经筛析后试样通过筛孔为 20mm 的筛，因在横坐标为 20mm 处，筛子上的颗粒质量为 10g，其纵坐标为 90，为一试验点。而在筛孔为 10mm 的筛子上的颗粒质量为 1g，因而 $d<10$mm 的颗粒质量为 89g 占总质量的 89％，由横坐标为

10mm 与纵坐标 89%之交点为第二个试验点。在筛孔为 2mm 的筛子上的颗粒质量为 5g，则 d<2mm 颗粒质量为 100－10－1－5＝84g，占总质量的 84%，因此，横坐标为 2mm 与纵坐标 84%之交点为第三个试验点。以此类推，即得如图 1-3 所示粒径级配曲线。

砾石和砂土级配 $C_u \geqslant 5$ 且 $C_c = 1 \sim 3$ 为级配良好；级配不同时满足 C_u 与 C_c 两个指标要求，则为级配不良。

（4）粒度成分的三角坐标法表示

用三角坐标图示法表示土中各种不同粒组的相对含量。它利用等边三角形内任意一点至三个边的垂直距离的总和恒等于三角形之高 H 的原理，来表示组成土的三个粒组的相对含量，即图 1-4 中的三个垂直距离可以确定一点的位置。该方法适用于把黏性土划分为砂土、粉土和黏土粒组。如图 1-4 所示，三角坐标法在一张图上能同时表示许多种土的粒度成分，便于进行土料的级配设计。

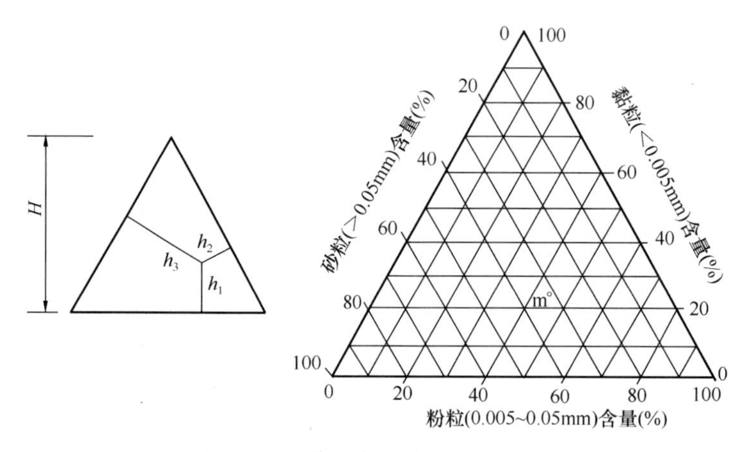

图 1-4　三角坐标图表示粒度成分

2. 土中水

土中水可处于液态、固态和气态。当土中温度在 0℃以下时，土中水结成冰，形成冻土，其强度增大。冻土融化后，强度急剧降低。

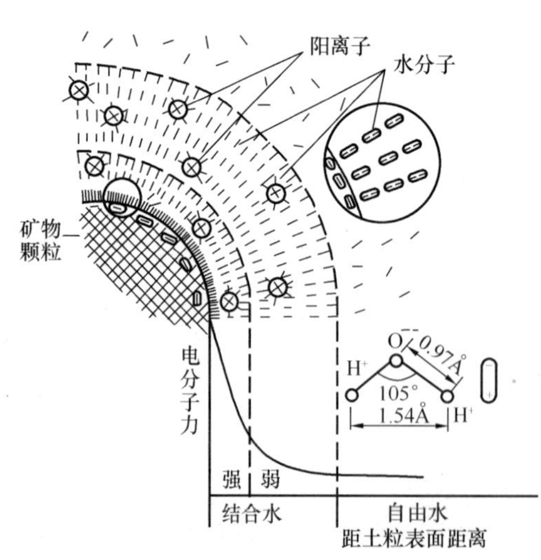

图 1-5　结合水分子定向排列及黏土矿物和水分子的相互作用

土中水是一种成分非常复杂的电解质水溶液，它和亲水性的矿物颗粒表面有着复杂的物理化学作用。按照水与土相互作用的强弱，可将土中水分为结合水和自由水两大类。

（1）结合水

结合水是指受电分子吸引力吸附于土粒表面带负电荷，使土粒周围形成电场，在电场范围内的水分子和水溶液中阳离子一起吸附在土粒表面。因为水分子是极性分子，被土粒表面电荷或溶液中离子电荷的吸引而定向排列，形成结合水膜，如图 1-5 所示。结合水不具备 H_2O 的形式，是以 H^+ 和 OH^- 的形式存在于 Al_2O_3、Fe_2O_3 等矿物结晶格架的固定位置上，与结晶格架连接较牢。只在温度升到

450～500℃时才能从结晶格架中析出。析出时，原矿物结晶随之破坏并形成新矿物。

①强结合水。指紧靠土粒表面的结合水，又称吸着水。其主要特征是：没有溶解盐类的能力，不能传递静水压力；水分子和水化离子排列得非常紧密，以致其密度大于 $1g/cm^3$，一般为 $1.2 \sim 2.4g/cm^3$，平均为 $2.0g/cm^3$；有过冷现象，即温度降到零度以下不发生冻结现象；具有很大的黏滞性，弹性和抗剪强度；导电率极低，力学性质与固体物质相似。

②弱结合水。存在于强结合水外围的一层结合水，又称薄膜水。弱结合水也不能传递静水压力，冰点低于零度，呈黏滞体状态，此部分水对黏性土的影响最大。弱结合水的密度比强结合水小，但仍然大于 $1g/cm^3$，一般为 $1.3 \sim 1.74g/cm^3$。

结合水对黏性土的工程地质性质影响很大。土的湿度很小，土粒周围结合水膜很薄，其性质与固体相近，土呈坚硬或半坚硬状态。土的湿度较大，土粒周围结合水膜较厚，水膜外层的性质接近于一般液体性质，土呈可塑状态。

（2）自由水

自由水是存在于土粒表面电场范围以外的水，几乎不受或完全不受土粒表面能束缚，受重力控制，能传递静水压力，冰点为0℃，有溶解能力。自由水包括以下两种：

①重力水。重力水位于地下水位以下，在重力或压力差作用下，在水中渗流，对于土颗粒和结构都有浮力作用。

②毛细水。毛细水位于潜水位以上透水层中。毛细水不仅受到重力作用，还受到表面张力的支配，能沿着孔隙从潜水面上升到一定高度。这种毛细上升对于公路路基土干湿的状态及建筑物的防潮有重要影响。在寒冷地区要注意冻胀问题。

（3）气态水

气态水即水汽，对土的性质影响不大。

（4）固态水

固态水即冰。当气温降至0℃以下时，液态水结冰为固态水。4℃水密度最大，0℃以下液态水结成的冰要膨胀，使地基发生冻胀，所以寒冷地区基础的埋置深度要注意冻胀问题。

3. 土中气体

土中气体是指充填土的孔隙中的气体，包括大气连通的（自由气体）和不连通的（封闭气泡）两种。

（1）与大气连通的气体（自由气体）

与大气连通的气体的成分与空气相似，当土受到外力作用时，这种气体很快从孔隙中挤出，所以对土的工程性质没有多大影响。

（2）与大气不连通的气体（封闭气泡）

封闭气泡在压力作用下，可被压缩或溶解于水中，而当压力减小时，气泡会恢复原状或重新游离出来。如果土中的封闭气泡很多时，将使土的压缩性增强，渗透性降低。所以土中的封闭气泡对土的工程性质有很大影响。

4. 土的结构

土的结构是指土粒的大小、形状、互相排列及联结的特征，是在成土过程中逐渐形成的，反映了土的成分、成因和年代对土的工程性质的影响。土的结构一般可分为单粒结构、蜂窝结构和絮状结构三种基本类型。

（1）单粒结构

单粒结构主要是土粒在水或空气中下沉而形成的，是无黏性土的基本组成形式。由砂粒

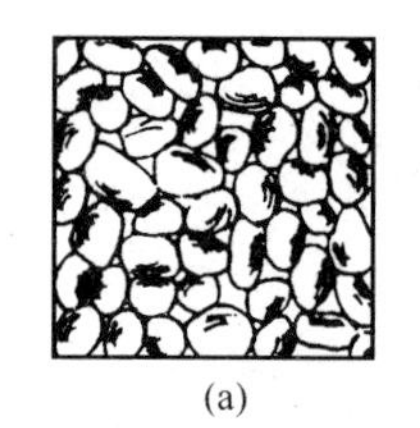

(a)

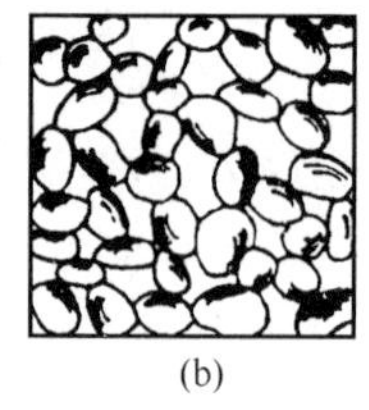

(b)

图 1-6 单粒结构

(a) 紧密状态；(b) 疏松状态

或更粗土粒组成的土常具有单粒结构，其特点是土粒间没有联结存在，或联结非常微弱，可以忽略不计。土粒排列的紧密程度随其沉积的条件不同而不同，在荷载作用下特别是在振动荷载作用下会形成紧密的单粒度结构，同时产生较大的变形。单粒结构的疏松状态及紧密状态如图 1-6 所示。紧密的单粒结构土粒排列紧密，强度大，压缩性小，是良好的天然地基。单粒结构的紧密程度取决于矿物成分、颗粒形状、粒度成分及级配的均匀程度。

(2) 蜂窝结构

蜂窝结构是以粉粒（0.005～0.075mm）为主的土的结构特征。粉粒在水中下沉时，基本是单个颗粒下沉，在下沉的过程中碰到已经沉积的土粒时，由于土粒间的引力相对自重而言已经足够大，因而土粒将停留在接触面上不再下沉，形成大孔隙的蜂窝结构，如图 1-7 所示。

(3) 絮状结构

絮状结构是黏土颗粒特有的结构。黏土颗粒在水中处于悬浮状态，当悬浮液介质发生变化时，粒间的排斥力因电荷中和而破坏，土粒互相聚合，以边-边、面-边的接触方式形成类似海绵状的集合体，并聚合到一定质量时下沉，形成大孔隙的絮状结构，如图 1-8 所示。

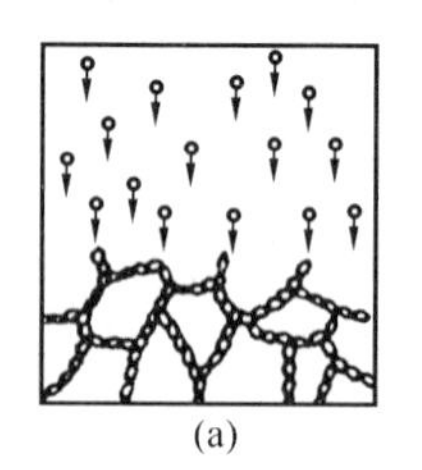

(a)

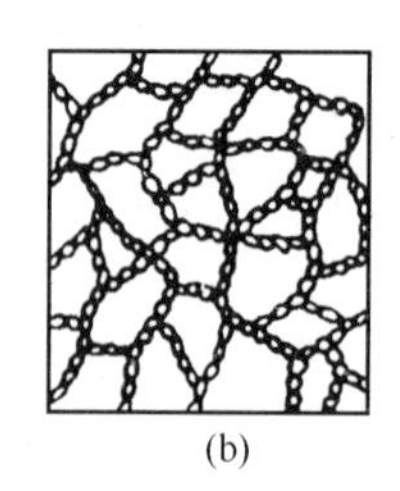

(b)

图 1-7 蜂窝结构

(a) 沉积中的蜂窝结构；(b) 形成的蜂窝结构

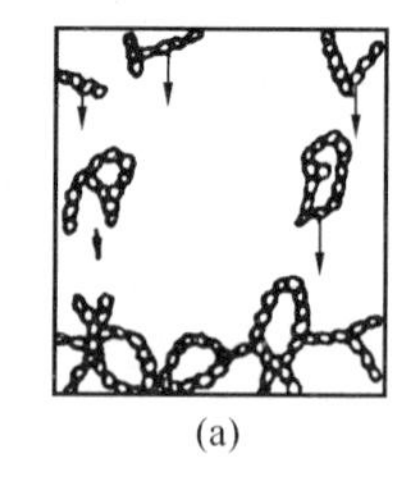

(a)

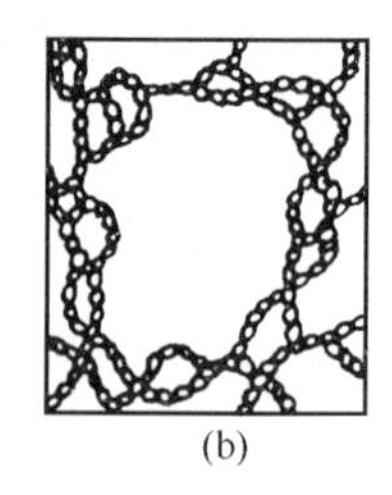

(b)

图 1-8 絮状结构

(a) 沉降中的絮状结构；(b) 形成的絮状结构

1.2.2 土的物理性质指标

土的物理性质指标反映土的工程性质的特征，有重要实用价值。在建筑工程的地基设计中，一个关键问题是确定地基的承载力。地基承载力数值的大小，与地基基础的设计和施工紧密相关，如地基粉土的孔隙比 $e=0.8$，含水量 $w=10\%$，则地基承载力可达 200kPa，通常多层楼房可用天然地基；若孔隙比 $e=1.6$，含水量 $w=20\%$，则地基承载力很低，小于 50kPa，为软弱地基，因此多层楼房无法采用天然地基，需要采用人工加固地基或桩基础。这说明，孔隙比 e 和含水量 w 的数值大小影响建筑地基基础的方案，施工方法、工期、造价都不相同，因此正确确定土的物理性质指标具有重要的实际意义。

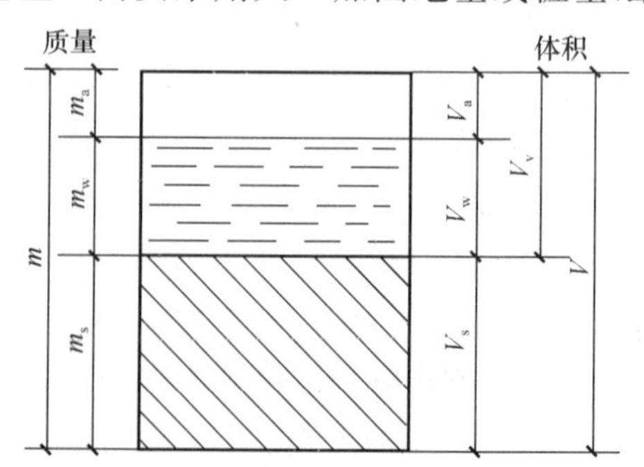

图 1-9 土的三相组成示意图

土的三相比例指标有：土的密度、重度、含水量、干密度、孔隙比、干重度、饱和重度、有效重度和孔隙率等。为了研究方便，将土的颗粒、水和气体按体积和质量划分，如图 1-9 所示，称为土的三相组成示意图，并用下列符号表示：

m_s——土粒的质量；

m_w——土中水的质量；

m_a——土中气体的质量，$m_a \approx 0$；

m——土的质量：$m = m_s + m_w$；

V_v——土中孔隙体积：$V_v = V_a + V_w$；

V_s——土粒的体积；

V_w——土中水的体积；

V_a——土中气体所占的体积；

V——土的体积：$V = V_s + V_v = V_s + V_w + V_a$

土的三相比例指标，可由实验室直接测定出数值。

（1）土的密度 ρ

单位体积土的质量称为土的密度（又称天然密度或湿密度），以 ρ 表示：

$$\rho = \frac{m}{V}$$

测定方法：通过土工试验测定，单位为 g/cm^3。

常见值：砂土 $\rho = 1.6 \sim 2.0 g/cm^3$；黏性土和粉土：$\rho = 1.8 \sim 2.0 g/cm^3$。

（2）土的重力密度 γ

单位体积土所受的重力称为土的重力密度，简称重度，以 γ 表示。

$$\gamma = \frac{mg}{V} = \rho g$$

式中 g 为重力加速度，$g = 9.80665 \approx 10$（m/s^2），土的重度单位为 kN/m^3。土的重度值等于土的密度乘以重力加速度。

土的密度可用以下方法测定：

①环刀法。适用于黏土、粉土和砂土。用容积为 $100cm^3$ 的或 $200cm^3$ 的不锈钢环刀切土样，再用天平称其质量而得。

②灌水法。适用于卵石、砾石与原状砂。现场挖试坑，将挖出的试样装入容器，称其质量，再用塑料薄膜袋平铺于试坑内，注水入薄膜袋直至袋内水面与坑口齐平，注入的水量即为试坑的体积。

（3）土粒相对密度 d_s

土粒密度（单位体积的质量）与 4℃时纯水密度 ρ 之比，称为土粒的相对密度，以 d_s 表示：

$$d_s = \frac{\rho_s}{\rho_w} = \frac{m_s}{V_s} \cdot \frac{1}{\rho_w} = \frac{m_s}{V_s \rho_w}$$

常见值：砂土 2.65～2.69；粉土 2.70～2.71；粉质黏土：2.72～2.73；黏土：2.73～2.74。

常用的测定方法为：

①相对密度（比重）瓶法。通常用 100mL 的比重瓶，将烘干试样 15g 装入瓶中，用 1/1000精度的天平称瓶加干土质量，注入半瓶纯水后煮沸 1h 左右，以排除土中气体。冷却后将纯水注满比重瓶，再称总质量，测瓶内水温，计算而得。

②经验法。因各种土的相对密度相差不大，仅差百分之几，如果当地建筑地基已进行土粒相对密度试验，也可采用经验值，但到新地区必须采用试验实测值。

(4) 土的含水量 w

土的含水量是土中水的质量与土粒质量之比，用百分数表示。

$$w=\frac{m_w}{m_s}\times 100\%$$

常见值：砂土 w=0%～40%；黏性土 w=20%～60%。

含水量是表示土的湿度的一个指标。天然土的含水量变化范围很大，含水量越小，土越干，反之土越湿或饱和。土的含水量对黏土和粉土的性质影响较大，对碎石土没有影响。

常用的测定方法为：

①烘干法。适用于黏性土、粉土与砂土常规试验。取代表性试样，黏土为 15～20g，砂性土取 50g，称其质量后，放入烘箱内，在 105～110℃的恒温下烘干，取出烘干后土样冷却后再称质量，计算而得。

②酒精燃烧法。适用于少量试样快速测定。将称完质量的试样盒放在耐热桌面上，倒入工业酒精至试样表面齐平，点燃酒精使之燃烧，等熄灭后仔细搅拌试样，重复倒入酒精燃烧三次，冷却后称质量，计算而得。

③铁锅炒干法。适用于卵石或砂夹卵石。取代表性试样 3～5kg，称完质量后倒入锅里，加热炒干，至不冒水汽为止，冷却后再称质量，计算而得。

(5) 土的孔隙比 e

土中孔隙体积与土粒体积之比称为土的孔隙比，并以 e 表示。

$$e=\frac{V_v}{V_s}$$

常见值：黏性土和粉土的孔隙比变化较大。$e<0.6$ 的土是密实的，压缩性小；$e>1.0$ 的土是疏松的，压缩性高。

(6) 土的孔隙率 n

土中孔隙体积与总体积之比称为土的孔隙率（用百分数表示），并以 n 表示：

$$n=\frac{V_v}{V}\times 100\%$$

常见值：n=30%～50%。

(7) 土的饱和度 S_r

土中水的体积与孔隙体积之比，称为土的饱和度（用百分数表示），并以 S_r表示：

$$S_r=\frac{V_w}{V_v}\times 100\%$$

常见值：S_r=0%～100%。

工程应用：砂土与粉土以饱和度作为划分标准，$S_r\leqslant 50\%$为稍湿，$50\%<S_r\leqslant 80\%$为很湿，$S_r>80\%$为饱和。

(8) 土的干密度 ρ_d与土的干重度 γ_d

单位体积土中土粒的质量称为土的干密度，以 ρ_d表示。

$$\rho_d=\frac{m_s}{V}$$

常见值：土的干密度 ρ_d一般为 1.3～2.0g/cm^3。

土的干密度通常用于填方工程，是土体压实质量控制的标准，如路基和人工压实地基。土的干密度越大，表明土体压得越密实，工程质量越好。

土的单位体积内土粒所受的重力称为土的干重度，以 γ_d表示。

$$\gamma_d = \rho_d g$$

（9）土的饱和密度 ρ_{sat}、饱和重度 γ_{sat}及有效重度 γ'

土的饱和密度是指土孔隙充满水时，单位体积土的质量，用 ρ_{sat}表示。

$$\rho_{sat} = \frac{m_s + V_v \rho_w}{V}$$

饱和重度是土中孔隙完全被水充满时土的重度，用 γ_{sat} 表示，常见值一般为 18～23kN/m³。

$$\gamma_{sat} = \frac{m_s + V_v \rho_w}{V} \cdot g = \rho_{sat} g$$

有效重度又称浮重度，是指地下水位以下的土受到水的浮力作用，扣除水浮力后单位体积土所受的重力，用 γ'表示。

$$\gamma' = \frac{m_s - V_s \rho_w}{V} \cdot g = \gamma_{sat} - \gamma_w$$

式中　γ_w——水的重度，$\gamma_w \approx 10\text{kN/m}^3$。

上述各项土的物理性质指标可归纳总结如下：

（1）土的三项基本物理指标：土的密度 ρ、土粒相对密度 d_s、土的含水量 w，为直接测定指标。

（2）反映土的松密程度的指标：土的孔隙比 e、土的孔隙率 n。

（3）反映土中含水程度的指标：土的含水量 w、土的饱和度 S_r。

（4）特定条件下土的密度（重度）：土的干密度 ρ_d（干重度 γ_d）、饱和密度 ρ_{sat}、饱和重度 γ_{sat}及有效重度 γ'。

上述指标中，土的孔隙性占有支配地位，它对土的质量和含水性都有决定性作用。一种土，矿物粒度成分一定，固体部分的质量则不变；而其结构尤其是土粒排列的松密程度则因条件而异，因而孔隙性不同。所以，土的物理性质实质上是结构状态，其指标大多是结构性指标，与土孔隙性有密切关系。

【例 1-1】 试推导公式 $eS_r = d_s w$。

【解】 $eS_r = \frac{V_v}{V_s}\frac{V_w}{V_v} = \frac{V_w}{V_s}$

$d_s w = \frac{\rho_s}{\rho_w}\frac{m_w}{m_s} = \frac{m_w/\rho_w}{m_s/\rho_s} = \frac{V_w}{V_s}$

$eS_r = d_s w$

【例 1-2】 推导式 $\rho = \frac{m}{V} = \frac{d_s + eS_r}{1+e}\rho_w$

【解】 $\rho = \frac{m}{V} = \frac{m_s + m_w}{V_s + V_v} = \frac{d_s \rho_w V_s + \rho_w V_w}{V_s + V_v} = \frac{d_s V_s + V_v S_r}{(1+e)\ V_s}\rho_w = \frac{d_s + eS_r}{1+e}\rho_w$

【例 1-3】 在某住宅地基勘察中，已知一个钻孔原状土试样结果为：土的密度 $\rho = 1.80\text{g/cm}^3$，相对密度 $d_s = 2.70$，土的含水量 $w = 18.0\%$。试求其余物理性质指标。

【解】 ①绘制三相计算草图，如图 1-10 所示。

②令 $V = 1\text{cm}^3$。

③已知 $\rho = \frac{m}{V} = 1.80\text{g/cm}^3$，故 $m = 1.80\text{g}$

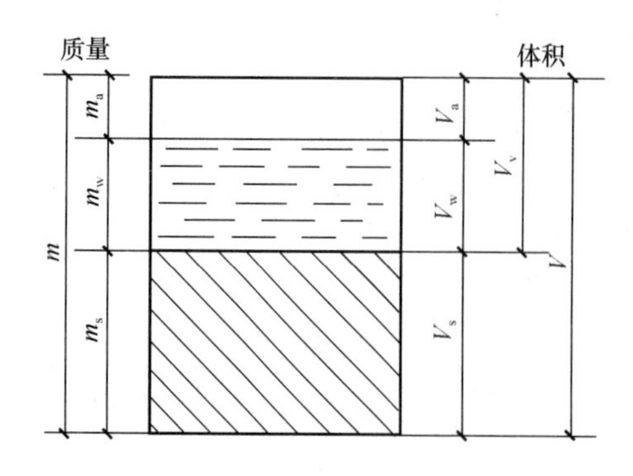

图 1-10　土的三相组成示意图

④已知 $w=\frac{m_w}{m_s}=0.18$，故 $m_w=0.18m_s$

又知 $m_w+m_s=1.80$g，故 $m_s=\frac{1.80}{1.18}=1.525$g

故 $m_w=m-m_s=1.80-1.525=0.275$g。

⑤$V_w=0.275\text{cm}^3$。

⑥已知 $d_s=\frac{m_s}{V_s}=2.70$，故 $V_s=\frac{m_s}{2.70}=\frac{1.525\text{g}}{2.70}=0.565\text{cm}^3$。

⑦孔隙体积 $V_v=V-V_s=1-0.565=0.435\text{cm}^3$。

⑧气相体积 $V_a=V_v-V_w=0.435-0.275=0.16\text{cm}^3$。

至此，三相草图中未知量全部计算出数值。

⑨据所求物理性质指标的表达式可得：

孔隙比　$$e=\frac{V_v}{V_s}=\frac{0.435}{0.565}=0.77$$

孔隙率　$$n=\frac{V_v}{V}=0.435\times 100\%=43.5\%$$

饱和度　$$S_r=\frac{V_w}{V_v}=\frac{0.275}{0.435}=0.632$$

干密度　$$\rho_d=\frac{m_s}{V}\approx 1.53\text{g/cm}^3\text{，干密度 }\gamma_d=15.3\text{kN/m}^3$$

饱和密度　$$\rho_{sat}=\frac{m_w+m_s+V_a\rho_w}{V}=1.80+0.16=1.96\text{g/cm}^3$$

饱和重度　$$\gamma_{sat}=19.6\text{kN/m}^3$$

有效密度　$$\rho'=\rho_{sat}-\rho_w=1.96-1.0=0.96\text{g/cm}^3$$

有效重度　$$\gamma'=\gamma_{sat}-\gamma_w=19.6-10=9.6\text{kN/m}^3$$

上述三相计算中，若设 $V_s=1\text{cm}^3$ 与 $V=1\text{cm}^3$，计算可得相同的结果。

若实验室工作需要大量进行三相计算时，可引用表 1-2 所列公式。

表 1-2　土的三相组成比例指标换算公式

指　标	符　号	表　达　式	常用换算公式	常见值	单　位
相对密度	d_s	$d_s=\frac{m_s}{V_s\rho_w}$	$d_s=\frac{S_re}{w}$	砂土 2.65～2.69 粉土 2.70～2.71 黏性土 2.72～2.75	
密　度	ρ	$\rho=\frac{m}{V}$	$\rho=\rho_d\ (1+w)$	1.6～2.2	g/cm³
重　度	γ	$\gamma=\frac{m}{V}g$ $=\rho g$	$\gamma=\gamma_d\ (1+w)$ $\gamma=\frac{d_s+e}{1+e}\rho_w$	16～22	kN/m³
含水量	w	$w=\frac{m_w}{m_s}\times 100\%$	$w=\frac{S_re}{d_s}\times 100\%$ $w=\left(\frac{\gamma}{\gamma_d}-1\right)\times 100\%$	砂土 0%～40% 黏性土 20%～60%	

续表

指　标	符　号	表　达　式	常用换算公式	常见值	单　位
干密度	ρ_d	$\rho_d=\frac{m_s}{V}$	$\rho_d=\frac{\rho}{1+w}$ $\rho_d=\frac{d_s}{1+e}\rho_w$	1.3～2.0	g/cm³
干重度	γ_d	$\gamma_d=\frac{m_s}{V}g=\rho_d g$	$\gamma_d=\frac{\gamma_w d_s}{1+e}$	13～20	kN/m³
饱和重度	γ_{sat}	$\gamma_{sat}=\frac{m_s+V_v\rho_w}{V}g$ $=\rho_{sat}g$	$\gamma_{sat}=\frac{\gamma_w(d_s+e)}{1+e}$	18～23	kN/m³
有效重度	γ'	$\gamma'=\frac{m_s-V_s\rho_w}{V}g=\rho' g$	$\gamma'=\frac{\gamma_w(d_s-1)}{1+e}$ $\gamma'=\gamma_{sat}-\gamma_w$	8～13	kN/m³
孔隙比	e	$e=\frac{V_v}{V_s}$	$e=\frac{\gamma_w d_s(1+w)}{\gamma}-1$ $e=\frac{d_s\rho_w}{\rho_d}-1$	砂土±0.5～1.0 黏性土 0.5～1.2	
孔隙率	n	$n=\frac{V_v}{V}\times100\%$	$n=\frac{e}{1+e}$ $n=1-\frac{\rho_d}{d_s\rho_w}$	30%～50%	
饱和度	S_r	$S_r=\frac{V_w}{V_v}\times100\%$	$S_r=\frac{wd_s}{e}$ $S_r=\frac{w\gamma_d}{n\gamma_w}$		

1.2.3　土的物理状态指标

土的物理状态指标为研究土的松密程度和软硬程度，可分为无黏性土和黏性土。对于无黏性土是指土的密实程度，对于黏性土则是指土的软硬程度或称为黏性土的稠度。

1. 无黏性土的密实度

砂土、碎石土统称为无黏性土。土的密实度通常指单位体积土中固体颗粒的含量。天然状态下的砂、碎石等处于从紧密到松散的不同物理状态。密实状态的单粒结构，强度大、压缩性小，可作为良好的天然地基；疏松状态的单粒结构在荷载作用下，会产生较大变形，是不良地基。单粒结构最主要的物理状态指标为密实度。

描述砂土密实状态的指标可采用下述三种：

（1）孔隙比 e

砂土的密实度可用天然孔隙比 e 来衡量。一般当 $e<0.6$ 时，属于密实的砂土，是良好的地基。当 $e>0.95$ 时，为松散状态，不宜做天然地基。

（2）相对密度 D_r

砂土的密实程度可以用孔隙比 $e=\frac{V_v}{V_s}$ 这一标准来衡量。砂土的种类不同，最松状态孔隙比（最大孔隙比）e_{max} 与最密实状态孔隙比（最小孔隙比）e_{min} 是不同的。所以，仅仅依靠孔隙比 e 的绝对值大小，还不能判断砂土实际的密实程度。可用天然孔隙比 e 与一种砂的最松

状态孔隙比 e_{max} 和最密状态孔隙比 e_{min} 进行比较，看 e 靠近 e_{max} 或靠近 e_{min}，以此来判别它的密实度。相对密度用下式计算：

$$D_r = \frac{e_{max} - e}{e_{max} - e_{min}} \times 100\%$$

式中　e——砂土的实际孔隙比。

$D_r = 0$ 时，即 $e = e_{max}$，砂土处于最松散的状态。$D_r = 100\%$ 时，即 $e = e_{min}$，砂土处于最密实状态。用相对密度 D_r 判定砂土密实度的标准如下：

$$疏松：D_r \leqslant \frac{1}{3}$$

$$中密：\frac{1}{3} < D_r \leqslant \frac{2}{3}$$

$$密实：D_r > \frac{2}{3}$$

用相对密度 D_r 在理论上划分砂土的密实度是比较合理的，但要准确测定砂土的最大孔隙比和最小孔隙比却十分困难，试验结果常有较大误差，同时也由于很难在地下水位以下的砂层中取得砂样，砂土天然孔隙比很难测定，就使相对密度的应用受到了限制，因此在工程实践中通常多用于填方工程的质量控制，对于天然土尚难以应用。

（3）标准贯入试验（SPT 试验）

天然砂土的密实度，以原位标准贯入试验的锤击数 N 为标准进行评定。

试验方法：用规定的锤重（63.5kg）和落距（76cm），把标准贯入器（带有刃口的开管，外径 50mm，内径 35mm）打入土中，记录贯入 30cm 所需的锤击数 N。锤击数 N 值的大小，反映土的贯入阻力大小，也就是密度的大小。此法科学而准确（详见第 6 章），其判别标准见表 1-3。

表 1-3　按 N 值划分砂土密实度

砂土密实度	松　散	稍　密	中　密	密　实
标准贯入试验的锤击数 N	$N \leqslant 10$	$10 < N \leqslant 15$	$15 < N \leqslant 30$	$N > 30$

2. 黏性土的物理特征

土中固体颗粒与水相互作用所表现出的一系列性质，称土的水理性质，包括黏性土的稠度、塑性、膨胀、收缩和崩解，以及土的透水性和毛管性等。

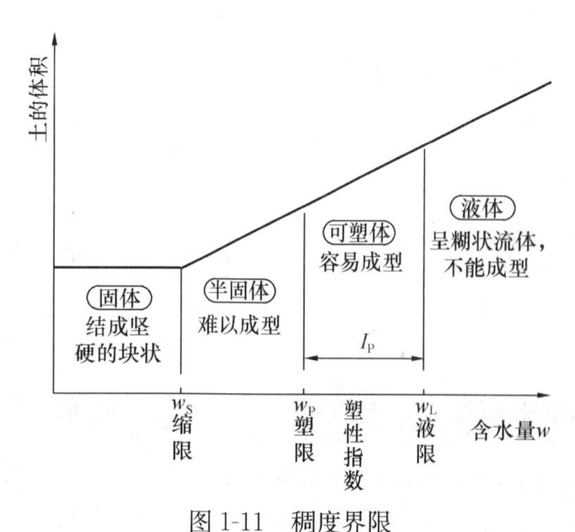

图 1-11　稠度界限

黏性土颗粒很细，所含黏土矿物成分较多，故水对其性质影响较大。黏土从泥浆到坚硬经历了几种不同的物理状态。同一种黏土，当含水量小时，呈半固体坚硬状态；当含水量适量增加，土粒间距离加大，土呈现可塑状态，如含水量再增加，土中出现较多自由水时，黏性土变成液体流动状态，就是说，黏土随着含水量的增加分别处于固态、半固态、可塑及流动状态（稠度界限见图 1-11）。

黏性土因含水多少而表现出的稀稠软硬程

度，称为稠度。黏土的稠度，反映土粒之间的连接强度随着含水量高低而变化的性质，是因含水量变化而表现出的一种物理状态，各不同状态之间分界含水量具有重要意义。

(1) 液限 w_L

黏土由可塑状态转到流动状态（液体）的界限含水量称为液限，即黏土呈可塑状态的上限含水量，用符号 w_L 表示。

测定方法：常用锥式液限仪或碟式液限仪测定。

①碟式液限仪测定法。试验方法如图 1-12 所示。在试料中加水充分搅拌之后，把试料放入图 1-12（a）所示黄铜碟底部，水平涂抹 1cm 厚左右，然后用特定的工具，把试料切出一条底宽 2mm 的 V 字形沟，把试料分两部分，接着转动手柄，使带有试料的黄铜碟从 1cm 的高度以每秒两次的速度落下，测定沟底两侧试料接触长达 1.5cm 时落下次数，并测定此时试料的含水量。然后在试料中加水，反复进行上述试验，把试验结果绘制在单对数坐标上，如图 1-12（b）所示。图中的下落次数与含水量的关系接近直线，从这条直线上可以得到与下落次数为 25 次相对应的含水量，该含水量就是液限 w_L。所以液限的力学意义可以看成是充分搅拌的黏性土在反复振动荷载下的斜面稳定问题。有的土尽管含水量大，斜面仍能保持稳定（即液限 w_L 大），说明该土的保水性能强。

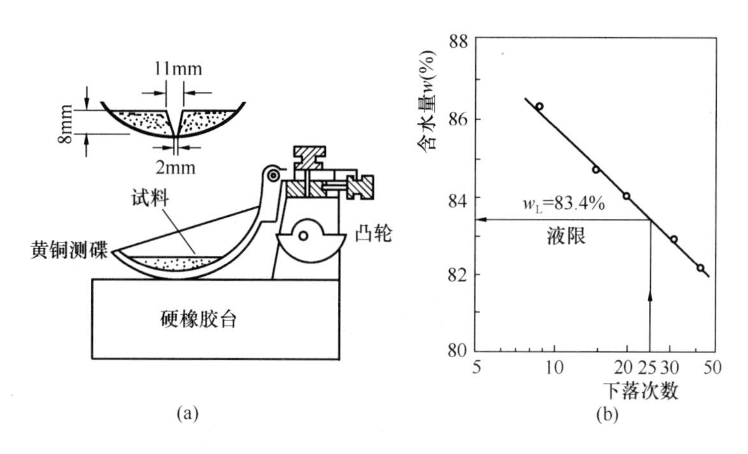

图 1-12 碟式液限试验

（a）试验装置；（b）试验结果的整理

②平衡锥式液限仪测定法。试验方法如图 1-13 所示。我国采用平衡锥式液限仪测定液限 w_L，平衡锥重 76g，锥角为 30°，试验时将平衡锥在自重作用下沉入土中，当达到规定的深度时的含水量即为液限 w_L。沉入深度按试验标准有两种规定，一种为 10mm，是我国惯用标准，另一种为 17mm，我国《土的工程分类标准》采用此标准。

试验时如液限仪沉入土样以后锥体的刻度高于或低于土面，则表明土样的含水量低于或高于液限。此时，需要调整含水量再测试，直到达到要求锥尖下沉深度为止。

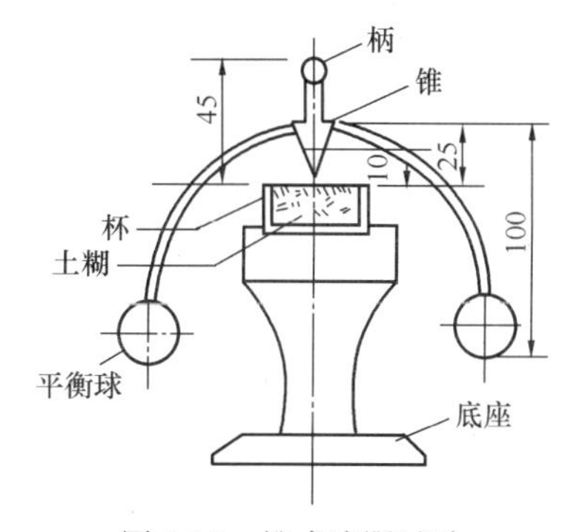

图 1-13 锥式液限试验

(2) 塑限 w_P

黏土由可塑状态转变为半固体状态的界限分界含水量称为塑限，用字母 w_P 表示。

测定方法：常用搓条法和液限、塑限联合试验法测定。

①搓条法测定塑限 w_P。取少量试料在手中揉搓，然后将其放到玻璃板上，用手掌把试料搓成细长条，由于手的温度和自然干燥作用，土的含水量在不断减少，直到玻璃上的土条搓至直径为3mm时，土条正好断成数截，这时土条的含水量即为塑限 w_P。若土条 $d<3$mm 不断，或 $d>3$mm 已断裂，说明土条含水量大于或小于塑限，将土条丢弃，重新取试料滚搓。对搓好的合格土条进行测定，其含水量即为所求的塑限 w_P。

②液限、塑限联合试验法测定塑限 w_P。为减少反复测试液限、塑限时间，我国的标准已规定采用锥式液限仪进行液限和塑限联合试验。将调成不同含水量的试样（备制3个不同含水量试样）分别装满盛土杯内，刮平杯口表面，将重76g的圆锥（锥角30°）放在试样表面中心，使其在重力作用下徐徐沉入试样，测定圆锥仪在5s时的下降深度。在双坐标纸上绘出圆锥下降深度和含水量的关系直线。在直线上查得圆锥下沉深度为10mm所对应的含水量为液限，下沉深度为2mm所对应的含水量为塑限，取值至整数。

（3）缩限 w_S

黏性土呈半固体状态与固态之间的分界含水量称为缩限，用字母 w_S 表示。

测定方法：用收缩皿法测定。

应该注意的是，以上各指标都是在实验室里按照规定的方法把试料充分搅拌后测出的黏性土的特征值。现场的黏性土未必得到这样充分的搅拌，所以有时现场的土的含水量比液限 w_L 大，可地基土并没有流动。

（4）塑性指数 I_P

可塑性是黏性土区别于砂土的重要特征。黏性从液限到塑限含水量的变化范围愈大，土的可塑性愈好。这个范围称为塑性指数，用字母 I_P 表示。

$$I_P = w_L - w_P$$

塑性指数 I_P 习惯上用不带%的数值表示。塑性指数 I_P 表示黏性土处于可塑状态的含水量变化范围。由于塑性指数在一定程度上反映影响黏性土特征的各种因素，所以工程上常按塑性指数对黏土进行分类。

（5）液性指数 I_L

液性指数是黏性土的天然含水量和塑限的差值（除去%号）与塑性指数之比，用 I_L 表示。

$$I_L = \frac{w - w_P}{w_L - w_P} = \frac{w - w_P}{I_P}$$

液性指数 I_L 是判别黏土软硬状态的指标。当土的天然含水量 $w<w_p$，$I_L<0$，土处于坚硬状态；当 $I_L>1$ 时，$w>w_L$，土处于流塑状态；当 w 在 w_P 之间，即 I_L 变化在0～1之间时，则处于可塑性状态。根据液性指数 I_L 数值，可将黏性土划分为五种状态，其划分标准见表1-4。土的天然含水量愈大，I_L 愈大，土愈稀愈软；相反，I_L 愈小，土就愈稠愈硬。工程实践中经常用它来判断土的稠度状态。应该注意，液性指数计算式中 w_P 和 w_L 是用扰动土测定的，因此用 I_L 确定土的稠度状态往往比实际低。

表1-4　黏性土状态的划分

稠度状态	坚　硬	硬　塑	可　塑	软　塑	流　塑
液性指数 I_L	$I_L \leqslant 0$	$0<I_L \leqslant 0.25$	$0.25<I_L \leqslant 0.75$	$0.75<I_L \leqslant 1$	$I_L>1$

（6）活动度 A

黏土的塑性指数与土中胶粒含量百分数的数值，称为活动度，用 A 表示。

$$A = \frac{I_P}{m}$$

式中　m——土中胶粒（$d<0.002$mm 的含量百分数）。

活动度反映黏性土中所含矿物的活动性。根据活动度 A 的大小分为：

不活动黏土：$A<0.75$

正常黏土：$0.75<A<1.25$

活动黏土：$A>1.25$

（7）灵敏度 S_t

原状黏性土的无侧限抗压强度与原土结构完全破坏的重塑土的无侧限抗压强度之比称为灵敏度，用 S_t表示。根据灵敏度 S_t的大小可分为：

高灵敏土：$S_t>4$

中灵敏土：$2<S_t\leqslant 4$

低灵敏土：$S_t\leqslant 2$

（8）黏性土的抗水性

黏性土受水胀缩、崩解程度，反映黏性土抵抗因水变形破坏的能力，是土的重要工程地质性质。

①土的膨胀性。土的体积因浸水增大的性能，称土的膨胀性。土膨胀是干燥黏性土因浸水而使土粒表面弱结合水膜厚度增大所引起的。在结合水膜厚度增大过程中，水分子受土粒表面的引力，在颗粒间形成一种楔入作用，将颗粒撑开，粒间距离增加，引起了体积的增大。

②土的收缩性。土在蒸发失去水过程中体积减小的性能，称土的收缩性。土收缩，增加黏结力，提高力学强度，但在干燥收缩过程中常产生裂缝，甚至破碎，降低土体力学强度，增大透水性。收缩性是由土粒表面弱结合水膜厚度减薄，土粒得以互相靠近引起的。显然，土收缩强弱与其粒度成分、矿物成分、水溶液的离子成分、电解质浓度和极性有关，也取决于土的原始含水量。原始含水量愈大，土体收缩愈显著。

③土的崩解性。黏性土在水中崩散解体的性能，称土的崩解性，又称湿化性。黏性土的崩解形式多种多样，有的呈均匀散粒状，有的呈鳞片状，有的呈碎块状等。土浸入水中后，水进入孔隙，引起粒间公共水化膜中反离子逸出，以致各处粒间斥力超过吸力等情况不平衡，则产生应力集中，并使土沿着斥力超过吸力最大的面崩落下来，形成崩解全过程。

1.2.4　土的击实试验及工程应用

击实试验是用锤击增加土密度的一种方法，是用标准化的击实仪器和规定的标准方法测出土的最大干密度及最优含水率，为岩土工程设计提供依据。

（1）基本要求

按国家标准《土工试验方法标准》（GB/T 50123—1999）的规定，击实试验分为轻型击实试验和重型击实试验。轻型击实试验适用于粒径小于 5mm 的黏性土，重型击实试验适用于粒径大于 20mm 的土。采用三层击实时，最大粒径不大于 40mm。轻型击实试验的单位体积击实功约为 598.2kJ/m³，重型击实试验的单位体积击实功约为 2677.2kJ/m³。击实仪的击实筒和击锤尺寸如表 1-5 所示。

表 1-5　击 实 试 验 表

试验方法	锤底直径（mm）	锤质量（kg）	落高（mm）	击实筒			护筒高度（mm）
				内径（mm）	筒高（mm）	容积（cm^3）	
轻型	51	2.5	305	102	116	947.4	50
重型	51	4.5	457	152	116	2103.9	50

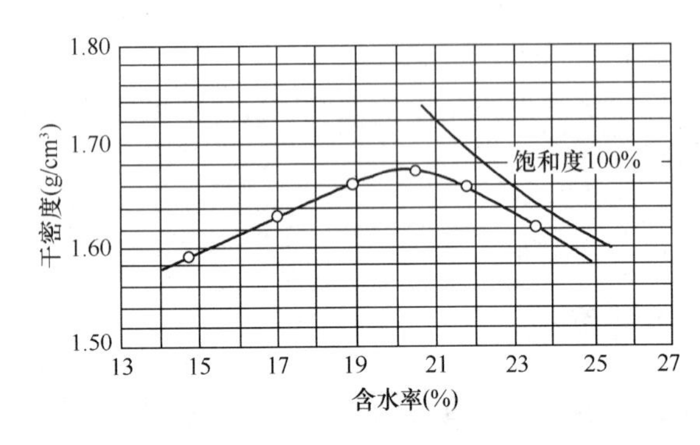

图 1-14　干密度 ρ_d 和含水率 w 的关系曲线

（2）最大干密度与最优含水率的确定

选择不同含水率的试样依次进行击实试验，计算试样的湿密度、干密度。在直角坐标纸上绘制干密度和含水率的关系曲线，如图 1-14 所示。取曲线峰值点相应的纵坐标为击实试样的最大干密度，相应的横坐标为击实试样的最优含水率。当关系曲线不能绘出峰值点时进行补点，土样不宜重复使用。

轻型击实试验中当试样中粒径大于 5mm 的土质量小于或等于试样总质量的 30%时，应对最大干密度和最优含水率进行校正。

最大干密度 ρ'_{dmax} 和最优含水率 w'_{opt} 的校正公式为：

$$\rho'_{dmax} = \frac{1}{\dfrac{1-P_5}{\rho_{dmax}} + \dfrac{P_5}{\rho_w G_{s2}}}$$

$$w'_{opt} = W_{opt}(1-P_5) + P_5 W_{ab}$$

式中　ρ'_{dmax}——校正后试样的最大干密度（g/cm^3）；

P_5——粒径大于 5mm 土的质量百分数（%）；

G_{s2}——粒径大于 5mm 土粒的饱和面干密度（指当土粒呈饱和面干状态时的土粒总质量与相当于土粒总体积的纯水 4℃时质量的比值）；

w'_{opt}——校正后试样的最优含水率（%）；

w_{opt}——击实试样的最优含水率（%）；

w_{ab}——粒径大于 5mm 土粒的吸着含水率（%）。

（3）工程应用

土的最大干密度和最优含水率主要用于填土地基的质量控制，常见的控制指标是压实系数 λ，即：

$$\lambda = \frac{\rho_d}{\rho_{dmax}}$$

式中　ρ_d——控制干密度（g/cm^3）；

ρ_{dmax}——最大干密度（g/cm^3）。

土的最大干密度和最优含水率经验值如表 1-6 所示。

表 1-6　土的最大干密度和最优含水率经验值

类　别	塑性指数 I_P	最大干密度 ρ_{dmax}（g/cm³）	最优含水率 w_{opt}（%）
粉　土	<10	1.85	<13
粉质黏土	10~14	1.75~1.85	13~15
	14~17	1.70~1.75	15~17
黏　土	17~20	1.65~1.70	17~19
	20~22	1.60~1.65	19~21

1.3　地基土的工程分类

土的工程分类是根据工程实践经验和土的主要特征，把工程性能近似的土划分为一类，这样便于正确选择对土的研究方法和判断土的特性。同时它又是地基基础勘探的前提，正确的设计必须建立在对土的正确评价上，而土的工程分类正是工程勘察的基本内容，也是岩土工程最基本的问题之一。

1. 土的分类标准

世界各国对土的工程分类都有自己的标准。这里主要介绍一下日本和我国对土的分类标准。

（1）日本土木工程学会分类法

日本土木工程学会的岩土材料工程分类方法，是根据粒径大小、颗粒级配、液限和塑限等进行分类的。试料中石的含量（粒径 75mm 以上）占 50%以上时，为岩石质材料（Rm），石的含量不到 50%时分为含石的土质材料（Sm-R），不含石时分为土质材料（Sm）。对于土质材料，主要根据观察判断是人工材料（Am）还是高有机质土（Pm），不属于以上两种情况的土，根据粗粒土（砂＋砾；0.075~75mm）和细粒土（黏土＋粉土；<0.075mm）的含量来进行大分类。进而再按照颗粒级配、塑性图、液限 w_L 和观察等进行中分类和小分类。日本统一分类体系见图 1-14。

（2）我国地基规范分类法

中华人民共和国国家标准《建筑地基基础设计规范》GB 50007—2002 对地基土的工程分类为：岩石、碎石土、砂土、粉土、黏性土和人工填土。

1）岩石

颗粒间牢固联结，呈整体或具有节理、裂隙的岩体称为岩石。根据其坚固性可分为硬质和软质岩石。

①按照坚固性分。岩石的坚硬程度应根据岩块的饱和单轴抗压强度 f_{rk} 来划分，分为坚硬岩、较硬岩、较软岩、软岩和极软岩，见表 1-7。

表 1-7　岩石按坚硬程度划分

坚硬程度分类	坚硬岩	较硬岩	较软岩	软岩	极软岩
f_{rk}（MPa）	$f_{rk}>60$	$60\geq f_{rk}>30$	$30\geq f_{rk}>15$	$15\geq f_{rk}>5$	$f_{rk}\leq 5$

②按完整程度分。岩体按完整程度划分为完整、较完整、较破碎、破碎和极破碎。当缺乏试验数据时按表 1-8 划分。

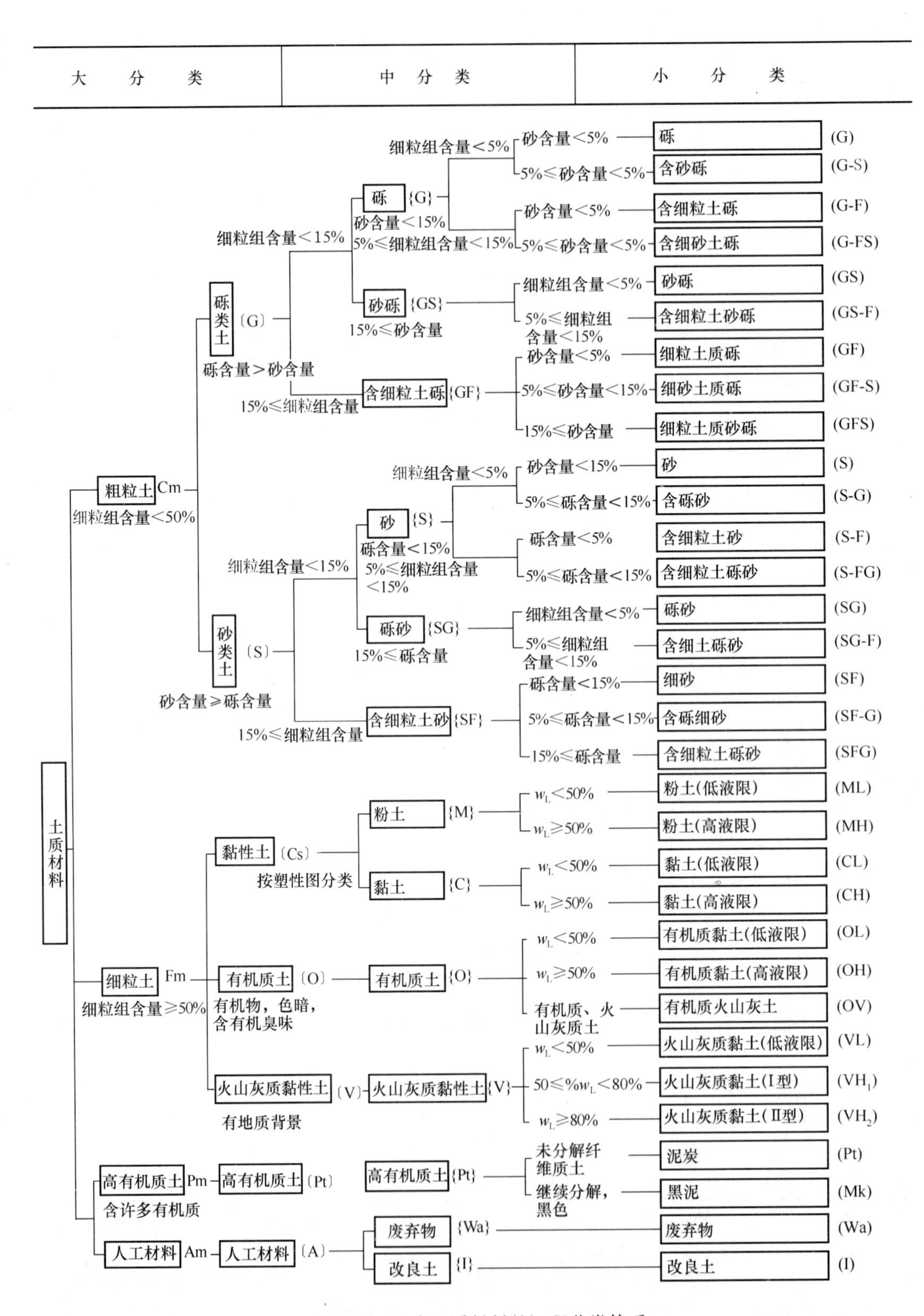

图 1-15　日本土质材料的工程分类体系

表 1-8　岩体按完整程度划分

完整程度等级	完　整	较完整	较破碎	破碎	极破碎
完整性指数	＞0.75	0.75～0.55	0.55～0.35	0.35～0.15	＜0.15

2）碎石土

碎石土是根据粒径大于 2mm 的颗粒含量超过总质量的 50％的土。碎石土根据土的粒径级配中各粒组的含量和颗粒形状分为漂石或块石、卵石或碎石、圆砾或角砾。其分类标准见表 1-9。

表 1-9　碎石土的分类

土的名称	颗粒形状	粒　组　含　量
漂　石 块　石	圆形及亚圆形为主 棱角形为主	粒径大于 200mm 的颗粒超过全质量的 50％
卵　石 碎　石	圆形及亚圆形为主 棱角形为主	粒径大于 20mm 的颗粒超过全质量的 50％
圆　砾 角　砾	圆形及亚圆形为主 棱角形为主	粒径大于 2mm 的颗粒超过全质量的 50％

注：分类时应根据粒组含量由大到小以最先符合者确定。

碎石土的工程地质特征为颗粒粗大，具有孔隙大、透水性强、压缩性低、抗剪强度大的特点，但与黏粒的含量及孔隙中充填物质和数量有关。典型的流水沉积的砾石类土，分选较好，孔隙中充填少量砂粒，透水性最强，压缩性最低，抗剪强度最大。基岩风化碎石和山坡堆积碎石类土，分选较差，孔隙中充填大量砂粒和粉、黏等细小颗粒，透水性相对较弱，内摩擦角较小，抗剪强度较低，压缩性稍大。总的来说，碎石类土一般构成良好地基，但由于透水性强，常使基坑涌水大，易造成渗漏。

3）砂土

砂土是指粒径大于 2mm 的颗粒含量不超过全质量 50％，且粒径大于 0.075mm 的颗粒含量超过全质量的 50％的土。按粒组含量砂土分为：砾砂、粗砂、中砂、细砂和粉砂，其分类标准见表 1-10。密实与中密实状态的砾砂、粗砂和中砂为优良地基。稍密实的砾砂、粗砂和中砂为良好地基。密实状态的粉砂与细砂为良好地基，饱和疏松状态的粉砂与细砂为不良地基。

表 1-10　砂 土 的 分 类

土的名称	粒组含量	土的名称	粒组含量
砾砂 粗砂 中砂	粒径大于 2mm 的颗粒占全质量的 25％～50％ 粒径大于 0.5mm 的颗粒超过全质量的 50％ 粒径大于 0.25mm 的颗粒超过全质量的 50％	细砂 粉砂	粒径大于 0.075mm 的颗粒超过全质量的 85％ 粒径大于 0.075mm 的颗粒超过全质量的 50％

注：分类时应根据粒组含量栏从大到小以最先符合者确定。

砂土的工程地质特征：一般颗粒较大，主要由石英、长石、云母等原生矿物组成，具有透水性强、压缩性低、压缩速度快、内摩擦角较大、抗剪强度较高等特点，但均与砂粒大小和密度有关。通常，粗砂、中砂土的上述特性明显，且一般构成良好地基，为较好的建筑材料，但可能产生涌水或渗漏。粉细砂土的工程地质性质相对差，特别是饱和粉、细砂土振动后易液化。砂类土的野外鉴别方法见表 1-11。在野外鉴定砂土种类时，应同时观察研究砂土的结构和构造特征，以及垂直、水平方向的变化情况。

表 1-11　砂类土野外鉴别方法

鉴别方法＼砂土种类	砾砂土	粗砂土	中砂土	细砂土	粉砂土
土粒较粗	约有四分之一以上的土粒比高粱粒（2mm）大	约有一半以上的土粒比小米粒（0.5mm）大	约有一半土粒大小和砂糖（>0.25mm）颗粒相似	大部分土粒与粗玉米粉（>0.1mm）相似	土粒大部分与小米粉相似或较精盐相似
干燥时状态	土粒完全分散	土粒完全分散，仅个别有胶结	土粒完全分散，部分胶结，但一触就散	大部分分散，少量胶结，稍碰撞后即分散	土粒少部分分散，大部分胶结，加压后分散
湿润时用手拍后状态	表面无变化	表面无变化	表面偶有水印	表面有水印（翻浆）	表面有显著翻浆现象
黏着程度	无黏着感	无黏着感	无黏着感	偶有轻微黏着感	有轻微黏着感

4）粉土

粉土是指塑性指数 I_P 小于或等于 10、粒径大于 0.075mm 的颗粒含量不超过总质量 50%的土。粉土分为砂质粉土与黏质粉土两种。砂质粉土塑性指数小于或等于 7；黏质粉土塑性指数大于 7，小于或等于 20。

粉土的工程性质与其粒径级配、包含物、密实度和湿度等有关。密实粉土为良好地基，饱和稍密的粉土地震时易产生液化现象，为不良地基。

5）黏性土

塑性指数 I_P 大于 10 时的土称为黏性土。这种土中含有相当数量的黏粒（小于 0.005mm 的颗粒）。塑性指数 I_P 又可分为粉质黏土和黏土。

粉质黏土：塑性指数 $10<I_P\leqslant 17$。

黏　　土：塑性指数 $I_P>17$。

黏性土与粒组含量、矿物亲水性、成因类型及沉淀环境因素等有关。密实硬塑的黏性土为优良地基，疏松流塑状态的黏性土为软弱地基。

黏性土的工程地质特征主要取决于其联结和密实度，即与其黏粒含量、稠度、孔隙比有关。黏粒含量增多，黏性土的塑性、胀缩性、透水性、压缩性和抗剪强度等有明显变化。从砂质粉土到黏土，其塑性指数、胀缩量、凝聚力逐渐增大，而渗透系数和内摩擦角则逐渐减小。稠度影响最大，近流态和软塑态的土，有较高的压缩性，较低的抗剪强度；固态或硬塑态的土，则压缩性较低，抗剪强度较高。黏性土是工程最常用的土料。黏性土的研究，通常以室内试验为主，以野外鉴定为辅，野外鉴定方法见表 1-12。

6）特殊土

分布在一定地理区域，有工程意义上的特殊成分、状态和结构特征的土称为特殊土。主要有人工填土、淤泥和淤泥质土、红黏土、黄土、膨胀土、残积土、冻土等。

表 1-12　黏性土野外鉴别方法

鉴别方法 \ 土名	砂质粉土	粉质黏土	黏　　土
湿润时用刀切	无光滑面，切面比较规则	稍有光滑面，切面比较规则	切面非常光滑，有黏腻的阻力
用手捻摸时的感觉	感觉有细颗粒存在或感觉粗糙，有轻微黏滞感或无黏滞感	仔细捻摸感觉到有少量细颗粒，稍有滑腻感，有黏滞感	湿土用手捻摸有滑腻感，当水分较大时极为黏手，感觉不到有颗粒的存在
黏着程度	一般不黏着物体，干燥后一碰就掉	能黏着物体，干燥后较易剥掉	湿土极易黏着物体（包括金属与玻璃），干燥后不易剥去，用水反复洗才能洗掉
湿土搓条情况	能搓成 2～3mm 的土条	能搓成 0.5～2mm 的土条	能搓成不小于 0.5mm 的土条（长度不短于手掌），手持一端不致断裂

①人工填土。由于人类各种活动而形成的堆积物，称为人工填土。人工填土按其性质及成因分为三种：

A. 素填土。由碎石土、砂土、粉土、黏性土等组成的填土。

B. 杂填土。含有建筑物垃圾、工业废料、生活垃圾等杂物的填土称为杂填土。其成分复杂，平面立面分布很不均匀，无规律，杂填土的地基最差。

C. 冲填土。由水力冲填泥砂形成的填土称为冲填土。

②淤泥和淤泥质土。在静水或缓慢的流水环境中沉积并经生物化学作用形成的土称为淤泥和淤泥质土。淤泥和淤泥质土压缩性高，强度低，透水性低，为不良地基。

A. 淤泥。天然含水量大于液限，天然孔隙比大于或等于 1.5。

B. 淤泥质土。天然孔隙比小于 1.5 但大于 1.0。

③红黏土。由碳酸盐系出露区的岩石，经红土化作用形成的棕红、褐黄等色的高塑性土称为红黏土。它又分为红黏土和次性红黏土。

A. 红黏土：液限一般大于 50%，上硬下软，具有明显的收缩性，裂隙发育。

B. 次性红黏土：土层经再搬迁后仍保留红黏土基本特征，液限大于 45%。

红黏土和次性红黏土压缩性高，强度低，厚度不均匀，上硬下软，为不良地基。

2. 塑性图分类

由 I_P 和 w_L 绘制成的对细粒土分类的图，一般简称塑性图。塑性图分类是由美国的卡萨格兰特（A. Casagrande）1942 年提出的，是美国试验与材料协会（ASTM）统一分类法体系中细粒土的分类方法，后来为欧美等许多国家采用。塑性图以塑性指数 I_P 为纵坐标，以液限 w_L 为横坐标，只在通过原点的 45°线的右侧有值（见图 1-16）。在图中有两条经验界限，斜实线称为 A 线，它的

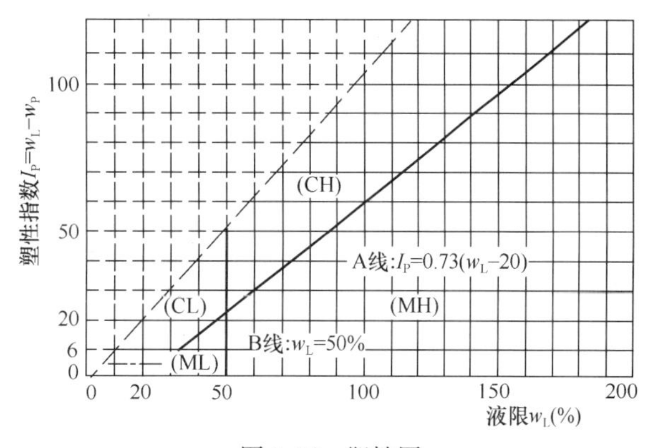

图 1-16　塑性图

方程为 $I_P=0.73\ (w_L-20)$，它的作用是区分有机土和无机土、黏土和粉土。A 线以上的土是黏土（C），塑性高；A 线以下的土是粉土（M），塑性低。竖线称为 B 线，其方程为 $w_L=50\%$，作用是区分土的压缩性高低。B 线右侧的土压缩性大（H），B 线左侧的土压缩性小（L）。

在应用塑性图分类时，应注意其试验标准（ASTM）与我国的标准不同，因此分类的结果也可能不同。

塑性图中采用符号的含义：M 为粉质土，C 为黏质土，O 为有机质的，L 为低的，I 为中的，H 为高的。土类使用这些符号组合表示，前一符号表示土的主要成分，后一符号表示土的性质。例如，OH 表示高塑性有机土，MI 表示中等塑性粉土，CL 表示低塑性黏土。在工程应用时须注意，塑性图对细粒土的分类，只给出土类名称，以符号表示。同一土类中，可以包括许多名称不同而性质相近的土，因此在确定土类之后，还应根据习惯名称、当地俗名或地质名称为土命名，并进行必要的描述。

上岗工作要点

熟练掌握土的物理性质指标及岩土试验指标的关系；了解岩土试验方法；熟悉根据岩土特点和工程特点提出对岩土试验和水分析的要求；熟悉岩土试验和水分析成果的应用；掌握地基土的分类方法和鉴别方法，熟悉岩土工程性质指标的物理意义及其在工程中的应用。

简单应用：粒径级配曲线的应用；塑性指数和液性指数的计算；黏性土按塑性指数分类；黏性土物理状态的评价。

综合应用：各指标的计算；砂土相对密实度的计算。

思 考 题

1. 什么叫土的结构？土的结构分为哪几种？

2. 土由哪几部分组成？土中次生矿物是怎样生成的？蒙脱石有什么特征？

3. 土力学中的土中水包括哪几种？结合水有什么特性？固态水对工程有什么影响？

4. 土的三相比例指标有哪几种？其中哪几个可以直接测定数值？常用测定方法是什么？

5. 土的密度 ρ 与土的重度 γ 的物理意义和单位有什么区别？

6. 无黏性土最主要的物理状态指标是什么？用孔隙比、相对密度 D_r 和标准贯入试验锤击数 N 来划分密实度各有何优缺点？

7. 黏性土最主要的物理特征是什么？什么叫液限，如何测定？什么叫塑限，如何测定？

8. 什么叫塑性指数，物理意义是什么？I_P 的大小与土颗粒粗细有何关系？I_P 大的土有哪些特点？

9. 什么叫液性指数？如何用液性指数来评价土的工程性质？何为硬塑、软塑状态？

10. 已知甲种土的含水量 w_1 大于乙种土的含水量 w_2，甲种土的饱和度 S_{r1} 是否大于乙种土的饱和度 S_{r2}？

11. 下列土的物理指标中，哪几项对黏性土有意义，哪几项对无黏性土有意义？

①粒径级配；②相对密度；③塑性指数；④液性指数。

12. 无黏性土和黏性土在矿物成分、土的结构、构造及物理状态等方面有哪些重要区别？

13. 地基土分哪几种？各类土划分的依据是什么？

14. 什么叫粉土？如何评价粉土构成性质？

15. 淤泥和淤泥质土的生成条件、物理性质和工程特性是什么？淤泥土能否建造建筑物？

习　　题

1. 一体积为 $100cm^3$ 的原状土样，其湿土质量为 0.19kg，干土质量为 0.148kg，土的相对密度为 2.71。试求土的含水量 w、重度 γ、孔隙比 e 和浮重度 γ'。

（答案：$w=28.38\%$；$\gamma=19.0kN/m^3$；$e=0.83$；$\gamma'=19.6kN/m^3$）

2. 某土样处于完全饱和状态，土粒的相对密度为 2.65，含水量为 27.17%。试求土样的重度 γ 和孔隙比 e。

（答案：$19.6kN/m^3$、0.72）

3. 某黏性土的含水量 $w=36.4\%$，液限 $w_L=48\%$，塑限 $w_P=25.4\%$，试求：

①该土的塑性指数 I_P；

②确定该土的名称；

③计算该土的液性指数 I_L。

（答案：①$I_P=22.6$；②黏土；③$I_L=0.49$）

4. 试证明下列物理指标的换算公式：

孔隙比
$$e=\frac{\gamma_w d_s(1+w)}{\gamma}-1$$

饱和度
$$S_r=\frac{wd_s}{e}$$

土的有效重度
$$\gamma'=\frac{\gamma_w(d_s-1)}{1+e}$$

5. 有一砂土试样，经筛析后各颗粒组含量如下表，试确定砂土的名称。

粒组（mm）	<0.075	0.075～0.1	0.1～0.25	0.25～0.5	0.5～1.0	>0.1
含量（%）	8.0	15.0	42.0	24.0	9.0	2.0

（答案：细砂）

第2章　土中应力计算

重　点　提　示

1. 领会地基附加应力的分布规律（应力扩散和应力叠加）、地基主要受力层的概念。掌握地基自重应力、基底压力的计算方法。

2. 熟练掌握地基附加应力的计算及分布规律。

3. 掌握有效应力原理。

2.1　土中应力状态

地基土受荷以后将产生应力和变形，给建筑物（或构筑物）带来两类工程问题，即土体稳定问题和变形问题。为了对建筑物地基基础进行沉降（变形）、承载力与稳定性分析，必须首先了解和计算在建筑物修建前后土体中应力的分布和变化情况。地基中的应力，按照其产生的原因主要有两种：由土体本身重量引起的自重应力和由外荷载（上部结构荷载、地震惯性力等）引起的附加应力。两种应力由于产生的原因不同，因而分布规律和计算方法也不同。

1. 土力学中应力符号的规定

土中应力是指土体在自身重力、建（构）筑物荷载以及其他因素（如土中水渗流、地震等）作用下土中所产生的应力。计算地基应力时，一般将地基视为弹性半空间来考虑，即把地基视为一个具有水平界面，深度和广度都无限大的空间弹性体，如图2-1所示。

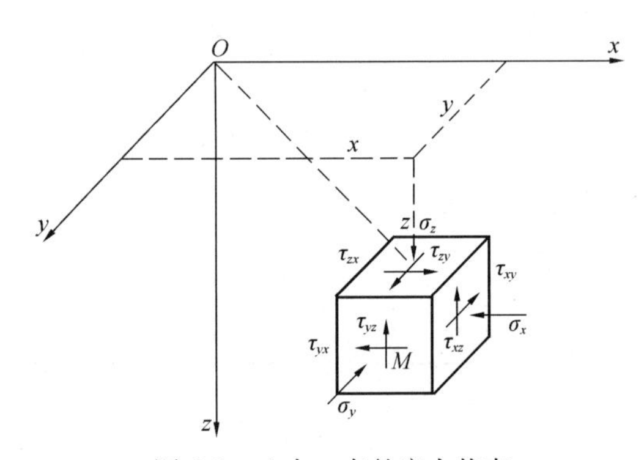

图2-1　土中一点的应力状态

在所选定的直角坐标系中，地基中任一点的M（x，y，z）的应力状态，可用三个法向应力σ_x、σ_y、σ_z和三对切应力$\tau_{xy}=\tau_{yx}$、$\tau_{yz}=\tau_{zy}$、$\tau_{zx}=\tau_{xz}$，一共6个应力分量来表示。在材料力学中规定以拉应力为正，压应力为负。

由于土力学所研究的对象（如自重压力、附加应力、土压力等）绝大部分都是压应力，所以规定以压应力为正，拉应力为负。切应力的正负号规定是：当切应力作用面上的法向应力方向与坐标轴的正方向一致时，切应力的方向与坐标轴方向一致时为正，反之为负；若切应力作用面上的法向应力方向与坐标轴的正方向相反时，切应力的方向与坐标轴方向一致时为负，反之为正。

2. 地基中常见的应力状态

（1）三维应力状态（空间应力状态）

在局部荷载作用下，地基中的应力状态均属于三维应力状态。三维应力状态是建筑物地基中最普遍的一种应力状态，如独立柱基下地基中各点应力就是典型的三维空间应力状态。

(2) 二维应变状态（平面应变状态）

当建筑物基础一个方向的尺寸远比另一个方向的尺寸大得多，且每个横截面上的应力大小和分布形式均一样时，在地基中引起的应力状态，即可简化为二维应变状态（如堤坝、墙下条形基础或挡土墙下的地基等）。此时沿长度方向切出任一横截面都可以认为是对称面，$\varepsilon_y=0$，由于对称性，$\tau_{yz}=\tau_{zy}=0$。

(3) 一维应变状态（侧限应力状态）

侧限应力状态是指侧限应变为零的一种应力状态，地基在自重和无限均布荷载作用下的应力状态即属于此种应力状态。由于把地基视为半无限弹性体，因此同一深度处的土体受力条件相同，土体不可能发生侧向变形而只能发生竖向变形。由于任何竖直面都是对称面，$\varepsilon_x=\varepsilon_y=0$，任何竖直面和水平面上都没有切应力存在，即 $\tau_{xy}=\tau_{yz}=\tau_{zx}=0$，且有 $\sigma_x=\sigma_y=0$。

前面所讨论的地基中常见应力状态的矩阵形式如下所示：

$$\underset{\text{三维应力状态}}{\sigma=\begin{bmatrix}\sigma_x & \tau_{xy} & \tau_{xz}\\ \tau_{yx} & \sigma_y & \tau_{yz}\\ \tau_{zx} & \tau_{zy} & \sigma_z\end{bmatrix}};\underset{\text{二维应变状态}}{\sigma=\begin{bmatrix}\sigma_x & 0 & \tau_{xz}\\ 0 & \sigma_y & 0\\ \tau_{zx} & 0 & \sigma_z\end{bmatrix}};\underset{\text{一维应变状态}}{\sigma=\begin{bmatrix}\sigma_x & 0 & 0\\ 0 & \sigma_y & 0\\ 0 & 0 & \sigma_z\end{bmatrix}}$$

2.2 土中自重应力

由于土体是自然历史的产物，具有碎散性、三相体系和时空变异性，使得实际土体的应力-应变关系非常复杂，也使得准确计算土的应力非常困难。因此，必须根据实际条件和所计算问题的特点对土的特性进行简化。

通过引入连续介质假定、线弹性假定、均质性假定以及各向同性假定，可以用线弹性理论来研究复杂的、三相组成的碎散土体，即假定应力与应变呈线性关系，服从广义胡克定律，从而可直接应用弹性理论得出应力的解析解。线弹性理论是对真实土体性质的一种简化，得到的解答会有一定的误差。但是，在一定的条件下，采用弹性理论计算土中应力是能够满足工程需要的。

在修建建筑物之前，由土体自身重量而引起的应力称为土的自重应力，记为 σ_{cz}。研究地基自重应力的目的是为了确定土体的初始应力状态。

2.2.1 基本计算公式

将地基视为弹性半空间的边界条件，其内部任一与地面平行的平面或垂直的平面上，土体在自重应力作用下只能产生竖向变形，而无侧向位移及剪切变形存在，即满足侧限应力条件。因此，在深度 z 处平面上，土体因自重只产生竖向应力 σ_{cz} 和水平向应力 $\sigma_{cx}=\sigma_{cy}$，而切应力 $\tau=0$。竖向应力即为土体自重应力，等于单位面积上土柱的重力，见图 2-2，即：

$$\sigma_{cz}=\gamma z \tag{2-1}$$

式中　γ——土体重度。

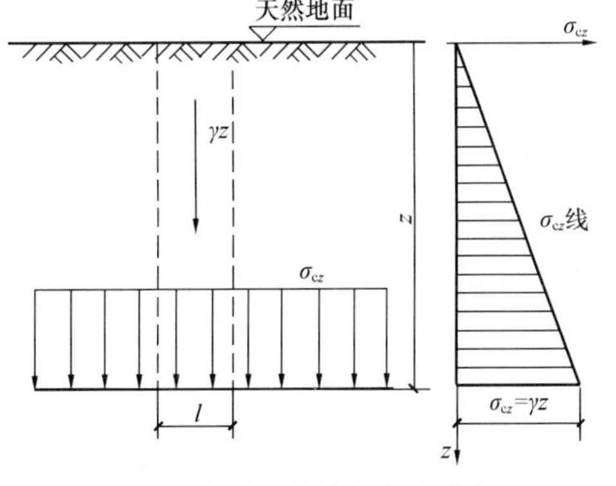

图 2-2　均质土中的竖向自重应力

可见，土的竖向自重应力 σ_{cz} 沿水平面均匀分布，且与 z 成正比，即随着深度呈线性增大，呈三角形分布。

2.2.2　土体成层及有地下水时的计算公式

1. 土体成层时

地基土往往是成层的，而且存在地下水，因而各土层具有不同的重度。计算时应以天然土层层面和地下水位面作为分层界面，如图 2-3 所示，各土层的厚度分别为 H_1、H_2，…，H_n，相应的重度分别为 γ_1、γ_2，…，γ_n，则地基中深度 z 处的竖向自重应力为：

$$\sigma_{cz}=\gamma_1 H_1+\gamma_2 H_2+\gamma_3 H_3+\cdots+\gamma_n H_n=\sum_{i=1}^{n}\gamma_i H_i \tag{2-2}$$

式中　σ_{cz}——天然地基下任意深度处的竖向自重应力（kPa）；

n——深度 z 范围内的土层总数；

H_i——第 i 土层的厚度（m）；

γ_i——第 i 土层的天然重度，地下水位以下一般用土的浮重度 γ'（kN/m^3）。

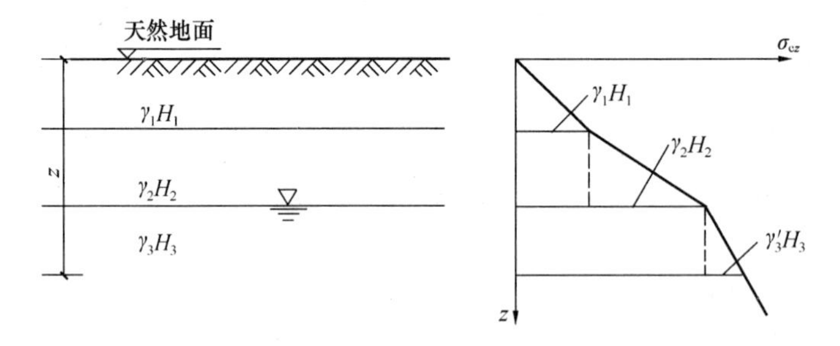

图 2-3　成层土中的竖向自重应力

2. 土体中有地下水时

计算地下水位以下土的自重应力时，应根据土的性质确定是否需要考虑地下水对土体的浮力作用。通常认为地下水位以下的砂性土是应该考虑浮土作用的，采用土的浮重度 γ' 来计算自重应力。而黏性土地基需要结合黏性土的稠度状态来确定，当 $I_L\leqslant 0$，即位于地下水位以下的土为坚硬黏土时，土体中只存在强结合水，不能传递静水压力，故认为土体不受水的浮力作用，采用土的饱和重度 γ_{sat} 来计算自重应力；当 $I_L\geqslant 1$，即位于地下水位以下的土为流动状态时，土颗粒之间存在大量自由水，能够传递静水压力，故认为土体受到水的浮力作用，采用土的浮重度 γ' 来计算自重应力；当 $0<I_L<1$，即位于地下水位以下的土为塑性状态时，土体是否受到水的浮力作用比较难确定，在实践中一般按不利情况考虑。

地下水位以下，如埋藏有不透水层（岩层或坚硬黏土层），由于不透水层中不存在水的浮力，层面以下的自重应力应按上覆土层的水土总重计算。这样，紧靠上覆层和不透水层界面上下的自重应力将产生突变，使层面处有两个自重应力值。

另外，地下水位的升降会引起土中自重应力的变化。例如，在软土地区，常因大量抽取地下水而导致地下水位长期大幅度下降，使地基中原水位以下的土层的自重应力增大，造成地表大面积下沉。

【例 2-1】 按照图 2-4 给出的资料，计算并绘制出地基中的自重应力 σ_{cz} 沿深度的分布曲线，其中 $\gamma_1=17.0kN/m^3$、$\gamma_{sat1}=19.0kN/m^3$、$\gamma_{sat2}=18.5kN/m^3$、$\gamma_{sat3}=20.0kN/m^3$。

【解】 ① 标高 41.0m 处（地下水位处），$H_1=44.0-41.0=3.0m$，自重应力为：

$$\sigma_{cz1} = \gamma_1 H_1 = 17.0 \times 3.0 = 51(\text{kPa})$$

② 标高 40.0m 处，$H_2=41.0-40.0=1.0$（m），自重应力为：

$$\sigma_{cz2} = \gamma_1 H_1 + \gamma'_1 H_2 = 51 + (19.0 - 10.0) \times 1.0 = 60.0(\text{kPa})$$

③标高 38.0m 处，$H_3=40.0-38.0=2.0$（m），自重应力为：

$$\sigma_{cz3} = \gamma_1 H_1 + \gamma'_1 H_2 + \gamma'_2 H_3 = 60.0 + (18.5 - 10.0) \times 2.0 = 77.0(\text{kPa})$$

④标高 35.0m 处，$H_4=38.0-35.0=3.0$（m），自重应力为：

$$\gamma_{cz4} = \gamma_1 H_1 + \gamma'_1 H_2 + \gamma'_2 H_3 + \gamma'_3 H_4 = 77.0 + (20.0 - 10.0) \times 3.0 = 107.0(\text{kPa})$$

自重应力 σ_{cz} 沿深度的分布如图 2-4 所示。

由例题 2-1 易知，自重应力 σ_{cz} 沿深度的分布有如下特点：①自重应力线的斜率是重度；②自重应力在等重度地基中随深度呈直线分布；③自重应力在成层地基中呈折线分布。

【例 2-2】 如图 2-5 所示，计算地基中的自重应力并绘制出其分布图。已知细砂（水上）：$\gamma_1=19\text{kN/m}^3$，$\gamma_{s1}=25.9\text{kN/m}^3$，$w_1=18\%$；黏土：$\gamma_2=16.8\text{kN/m}^3$，$\gamma_{s2}=26.8\text{kN/m}^3$，$w_2=50\%$，$w_{L2}=48\%$，$w_{p2}=25\%$。

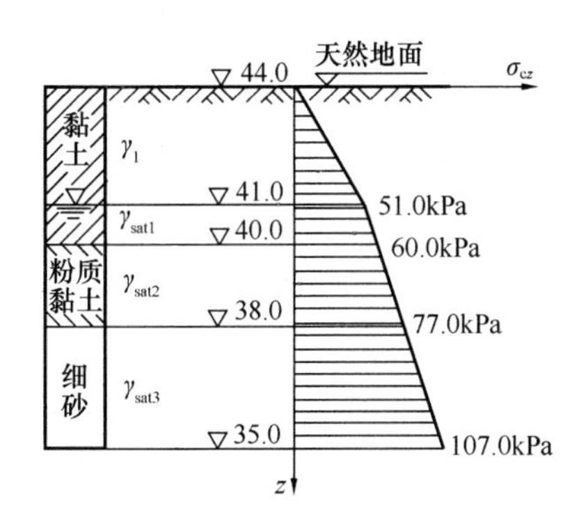

图 2-4　例 2-1 土自重应力计算及其分布

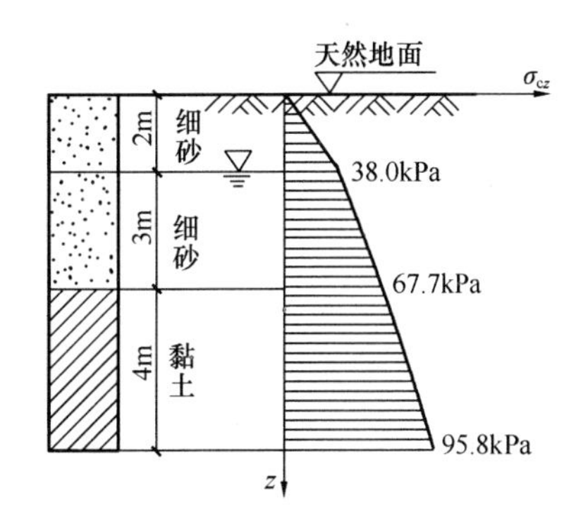

图 2-5　例 2-2 土自重应力计算及其分布

【解】 ①细砂层，地下水位以上用土体天然重度，地下水位以下用土体有效重度，即：

$$\gamma'_1 = \frac{(\gamma_{s1} - \gamma_w)\gamma_1}{\gamma_{s1}(1 + w_1)} = \frac{(25.9 - 10) \times 19}{25.9 \times (1 + 0.18)} = 9.9(\text{kN/m}^3)$$

②计算黏土层的液性指数，即：

$I_L = (w - w_p)/(w_L - w_p) = (50 - 25)/(48 - 25) = 1.09 > 1$，故认为黏土层受到水的浮力作用，地下水位以下用有效重度，即：

$$\gamma'_2 = \frac{(\gamma_{s2} - \gamma_w)\gamma_2}{\gamma_{s2}(1 + w_2)} = \frac{(26.8 - 10) \times 16.8}{26.8 \times (1 + 0.50)} = 7.02(\text{kN/m}^3)$$

③自重应力计算

$$z = 0\text{m}, \sigma_{cz} = \gamma_1 z = 0(\text{kPa})$$

$$z = 2\text{m}, \sigma_{cz} = \gamma_1 z = 19 \times 2 = 38(\text{kPa})$$

$$z = 5\text{m}, \sigma_{cz} = \sum \gamma_i h_i = 19 \times 2 + 9.9 \times 3 = 67.7(\text{kPa})$$

$$z = 9\text{m}, \sigma_{cz} = \sum \gamma_i h_i = 19 \times 2 + 9.9 \times 3 + 7.02 \times 4 = 95.8(\text{kPa})$$

④绘制自重应力 σ_{cz} 沿深度的分布，如图 2-5 所示。

2.2.3　水平向自重应力计算

在半无限体内，由侧限条件可知，土不可能发生侧向变形（$\varepsilon_x=\varepsilon_y=0$），因此，该单元体上两个水平向应力相等且与自重应力成正比，并按下式计算：

$$\sigma_{cx} = \sigma_{cy} = K_0\sigma_{cz} \tag{2-3}$$

式中　K_0——土的侧压力系数或静止土压力系数。

K_0 是侧限条件下土中水平向有效应力与竖直向有效应力之比，可以通过试验确定，K_0 与土的强度或变形指标间存在着理论或经验关系。

2.3　基 底 压 力

建筑物通过基础将上部荷载传给地基。作用于建筑物基础底面与地基土接触面上的压力称为基底压力，也称为基底接触压力。而地基支撑基础的反力称为基底反力。基底压力与基底反力是大小相等、方向相反的作用力与反作用力。

2.3.1　基底压力分布概念

基底压力的大小和分布状况，将对地基土中的应力有着十分重要的影响。即使不考虑上部结构与地基基础的共同作用，基底压力分布问题仍然是涉及基础和地基土两种不同物体之间的接触问题，其影响因素很多，如荷载的大小、方向和分布，基础的刚度、形状、尺寸和埋置深度，地基土的性质等。

基础按照其与地基土的相对抗弯刚度可以分为三类，即绝对柔性基础、绝对刚性基础和有限刚度基础。

1. 绝对柔性基础

绝对柔性基础的抗弯刚度为零，在竖直均布荷载作用下，基础的变形能完全适应地基表面的变形，基础上下压力分布必须完全相同，否则将会产生弯矩，如图 2-6（a）所示。此时，基础底面的沉降各处均不相同，中间大而边缘小。

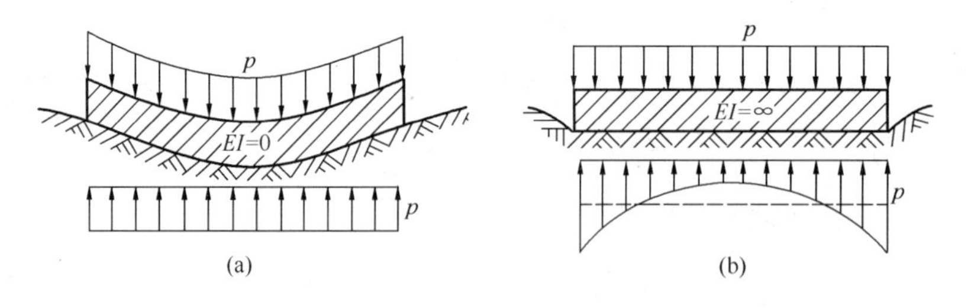

图 2-6　基础刚度对基底压力的影响

（a）柔性基础；（b）刚性基础

2. 绝对刚性基础

绝对刚性基础的抗弯刚度为无穷大，将不产生任何的挠曲变形，在均布荷载作用下，只能保持平面下沉而不能弯曲。基础的变形与地基不相适应，基础中部将会与地面脱开，出现应力架桥作用。为使地基与基础的变形能保持相容，必然要重新调整基底压力的分布形式，使两端压力增大，中间应力减小，从而使地基保持均匀下沉，以适应绝对刚性基础的变形。若地基为完全弹性体，根据弹性理论解得的基底压力中间小，两边无穷大，如图 2-6（b）所示。

3. 有限刚性基础

实际工程中，最常见的是有限刚性基础，同时，地基也不是完全弹性体。当地基两端的压力足够大，超过土的极限强度后，土体就会形成塑性区，这时基底两端处地基土所承受的压力不能继续增大，多余的应力自行调整向中间转移；又因为基础也不是绝对刚性的，可以稍微弯曲，故基底压力分布的形式较复杂。

对于砂性土地基表面上的条形基础，由于受到中心荷载作用时，基底压力分布呈抛物线，随着荷载增加，基底压力分布的抛物线曲率增大，这主要是散状砂土颗粒的侧向移动导致边缘的压力向中部转移而形成的。

对于黏性土表面上的条形基础，其基底压力随着荷载增大分别呈近似弹性解、马鞍形、抛物线形和倒钟形分布，如图 2-7 所示。其中，$P_1<P_2<P_3<P_4$。

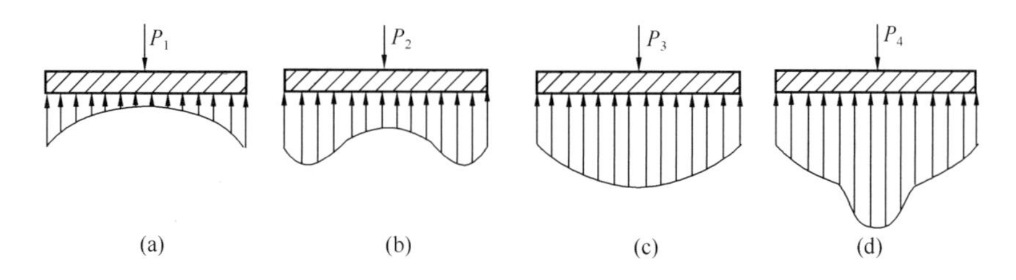

图 2-7　荷载大小对基底压力的影响
（a）弹性解；（b）马鞍形；（c）抛物线形；（d）倒钟形

根据弹性力学中的圣维南原理，基底压力的具体分布形式对地基应力计算的影响仅局限于一定深度范围，超出此范围以后，地基中附加应力的分布将只取决于荷载的大小、方向和合力的位置，而基本上不受基底压力分布形状的影响。因此，对于有限刚度且尺寸较小的基础等，其基底压力可近似地按直线分布，应用材料力学公式进行简化计算。

2.3.2　基底压力简化计算方法

1. 中心荷载作用下的基底压力

当上部竖向荷载的合力通过基础底面的形心时，基底压力均匀分布，如图 2-8 所示，并按下式计算：

$$p=\frac{F+G}{A} \tag{2-4}$$

式中　p——基底平均压力（kPa）；

F——上部结构传至基础顶面的竖向力设计值（kN）；

G——基础及其埋深范围内回填土的总重，按式（2-6）计算（kN）；

A——基础底面积（m^2）。

对于矩形基础，$A=bl$，b、l 分别为矩形基础的宽度和长度。

对于条形基础，基础长度大于宽度的 10 倍，通常沿基础长度方向取 1 延米来计算，则有：

$$p=(F+G)/b \tag{2-5}$$

式中　F——上部结构传至基础顶面的每延米竖向力设计值（kN/m）；

b——条形基础的宽度（m）。

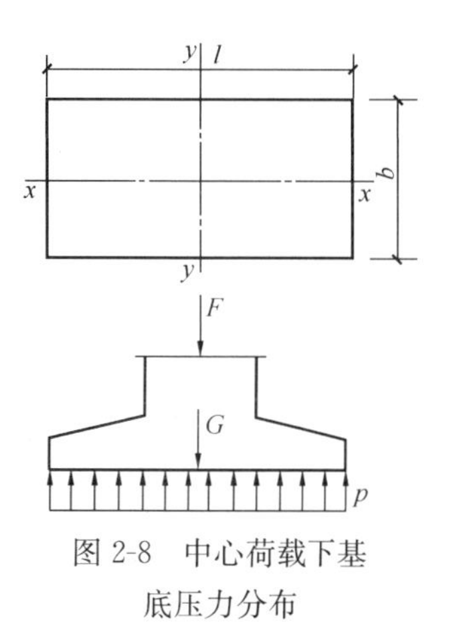

图 2-8　中心荷载下基底压力分布

$$G = \gamma_G A d \tag{2-6}$$

式中　γ_G——基础及其上回填土的平均重度（kN/m^3），可近似取 $20kN/m^3$，在地下水位以下，应该扣除地下水的浮力作用，取 $\gamma_G = 10kN/m^3$；

d——基础埋置深度，一般从设计地面或室内外平均地面算起（m）。

2. 偏心荷载作用下的基底压力

（1）单向偏心荷载

如图 2-9 所示，对于单向偏心荷载下的矩形基础设计时，通常取基底长边方向与偏心方向一致，此时两短边边缘的最大压力设计值 p_{max} 与最小压力设计值 p_{min} 按材料力学偏心受压公式计算，即：

$$p_{\substack{max \\ min}} = \frac{F+G}{bl} \pm \frac{M}{W} \tag{2-7}$$

式中　M——作用于基础底面处的力矩（kN·m）；

W——基础底面处弯矩抵抗矩（m^3）：

$$W = bl^2/6$$

l——力矩作用方向的基础边长（m）；

b——矩形基础底面的短边长度（m）。

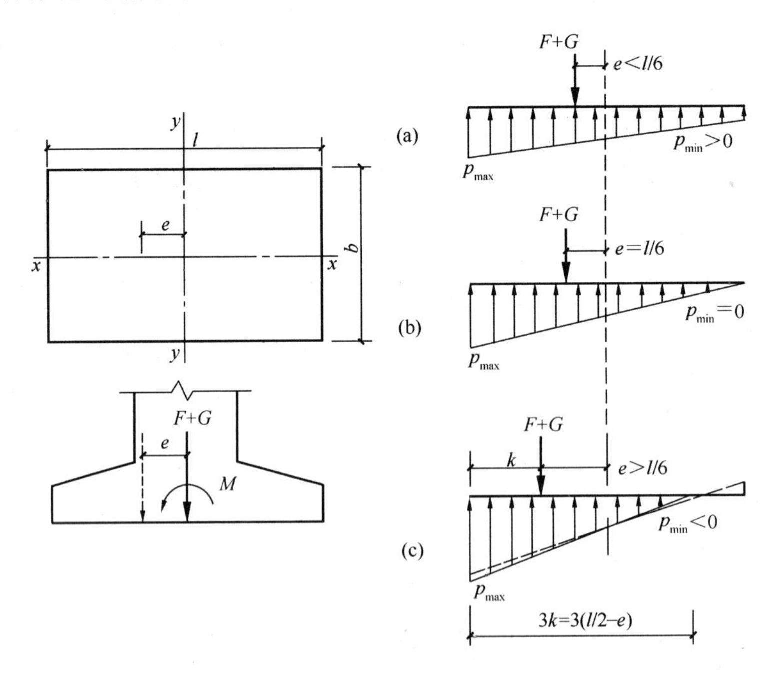

图 2-9　矩形基础单向偏心荷载下基底压力分布

将偏心荷载的偏心距 $e = M/(F+G)$ 代入式（2-7）得：

$$p_{\substack{max \\ min}} = \frac{F+G}{bl}\left(1 \pm \frac{6e}{l}\right) \tag{2-8}$$

由式（2-8）可知，按偏心荷载偏心距 e 的大小，基底压力的分布有三种情况：

1）当 $e < l/6$ 时，$p_{min} > 0$，基底压力分布呈梯形，如图 2-9（a）所示。

2）当 $e = l/6$ 时，$p_{min} = 0$，基底压力分布呈三角形，如图 2-9（b）所示。

3）当 $e > l/6$ 时，距偏心荷载较远的基底边缘压力为负值，即 $p_{min} < 0$，如图 2-9（c）中

虚线所示。由于基础与地基之间不能承受拉应力，基底将与地基局部脱开，必然导致基底压力的重新分布。这种情况在设计中应该尽量避免。

依据基底压力应与偏心荷载平衡的条件，三角形基底压力的合力应该与偏心荷载形成一对平衡力，实际分布图形如图 2-9（c）中的实线所示，调整后的基底边缘的最大压力为：

$$p_{\max} = \frac{2(F+G)}{3b\left(\frac{l}{2}-e\right)} \tag{2-9}$$

（2）双向偏心荷载

如图 2-10 所示，矩形基础在双向偏心荷载作用下，若基底最小压力 $p_{\min} \geqslant 0$，则矩形基底边缘四个角点处的压力计算式为：

$$p_{\substack{\max\\ \min}} = \frac{F+G}{bl} \pm \frac{M_x}{W_x} \pm \frac{M_y}{W_y} \tag{2-10a}$$

$$p_{\substack{1\\ 2}} = \frac{F+G}{bl} \mp \frac{M_x}{W_x} \pm \frac{M_y}{W_y} \tag{2-10b}$$

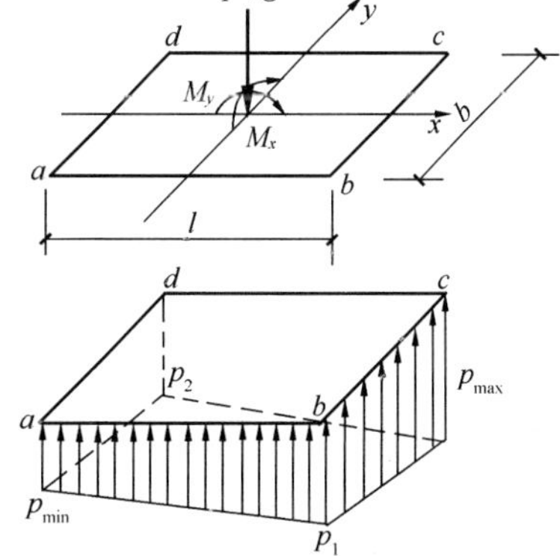

图 2-10　双向偏心荷载下基底反力分布

式中　M_x，M_y——作用在矩形基础底面处绕 x 轴和 y 轴的力矩（kN·m）；

W_x，W_y——矩形基础底面处绕 x 轴和 y 轴的弯矩抵抗矩（m^3），$W_x = b^2 l/6$，$W_y = bl^2/6$，b、l 分别为垂直于 x 轴和 y 轴的基础边长。

基础底面任意点的压力为：

$$p(x,y) = \frac{F+G}{bl} + \frac{M_x}{I_x}y + \frac{M_y}{I_y}x \tag{2-11}$$

式中　I_x，I_y——矩形基础底面处绕 x 轴和 y 轴的惯性矩（m^4）。

若条形基础在宽度方向上受偏心荷载作用，同样可在长度方向取 1 延米进行计算，则基底宽度方向两端的压力为：

$$p_{\substack{\max\\ \min}} = \frac{F+G}{b}\left(1 \pm \frac{6e}{b}\right) \tag{2-12}$$

式中　e——基础底面竖向荷载在宽度方向上的偏心距。

2.3.3　基础底面附加压力计算

基底附加压力是指建筑物荷载引起的超出原有基底压力的压力增量。建筑物修建前，土中存在着自重应力，在其形成至今的很长的地质年代中，其在自重作用下的变形早已稳定。因此，只有基底附加应力才能引起地基的附加应力和变形。

1. 基础位于地面上

基础建在地面上，如图 2-11（a）所示，基础底面附加压力等于基底接触压力，即：

$$p_0 = p \tag{2-13}$$

2. 基础位于地面下

通常基础建在地面下，如图 2-11（b）所示。设基础的埋深为 d，则在基础底面的中心点的附加压力为：

$$p_0 = p - \gamma_m d \tag{2-14}$$

式中　p_0，p——基底附加压力和基底接触压力（kPa）；

γ_m——基础底面以上地基土的加权平均重度（kN/m^3），地下水位以下取有效重度的加权平均值；

d——自天然地面算起的基础埋深（m）。

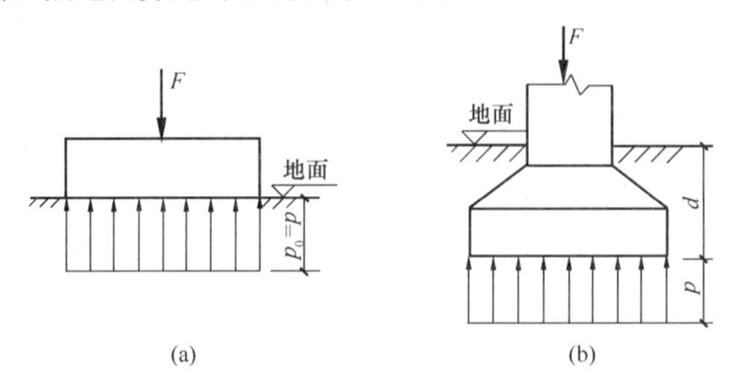

图 2-11　基底附加应力的计算

（a）基础位于地面上；（b）基础位于地面下

2.4　土中附加应力

地基附加应力是指建筑物荷载在地基内引起的应力增量。对一般天然土层而言，自重应力引起的压缩变形在地质历史上早已完成，不会再引起地基的沉降；而附加应力是因为建筑物的修建而在自重应力基础上新增加的应力，因此它是使地基产生变形，引起建筑物沉降的主要原因。在计算地基中的附加应力时，一般假定地基土是连续、均质、各向同性的半无限空间线弹性体，直接应用弹性力学中关于弹性半空间的理论解答。

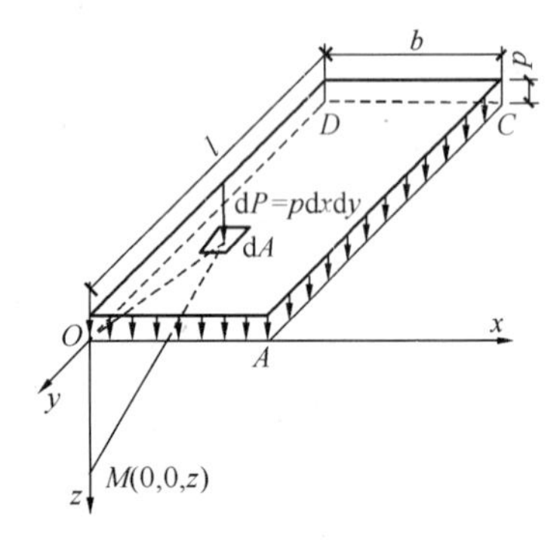

图 2-12　均布矩形荷载角点下的附加应力计算

矩形基础底面在建筑工程中较常见，本节只介绍此种情形，即矩形面积受竖向均布荷载时角点下和任意点下土中应力计算。

（1）矩形局部荷载角点下地基土的附加应力

设基础荷载面的长度和宽度分别为 l 和 b，作用于地基上竖直均布荷载强度为 p，如图 2-12 所示，矩形均布荷载角点下土的附加应力为：

$$\sigma_z = \alpha_c p \tag{2-15}$$

式中　α_c——矩形均布荷载作用下角点的竖直附加应力分布系数，简称角点应力系数，按式（2-16）计算，也可通过查表 2-1 得到。

$$\alpha_c = \frac{1}{2\pi}\left[\frac{mn}{\sqrt{1+m^2+n^2}}\left(\frac{1}{m^2+n^2}+\frac{1}{1+n^2}\right)+\arctan\left(\frac{m}{n\sqrt{1+m^2+n^2}}\right)\right] \tag{2-16}$$

（2）竖直均布荷载作用矩形面积下任意点的竖向附加应力

求矩形面积受竖直均布荷载作用时地基中任意点的竖向附加应力，可以将荷载面积化为几部分，每一部分都是矩形，并使待求应力之点处于所划分的几个矩形的共同角点之下，然后利用式（2-15）分别计算各部分荷载产生的附加应力，最后利用叠加原理计算出全部附加应力。这种方法称为角点法。角点法主要有以下几种情况：

表 2-1 角点应力系数 α_c

$n=z/b$	$m=l/b$									
	1.0	1.2	1.4	1.6	1.8	2.0	3.0	4.0	5.0	6.00	10.00
0.0	0.250	0.250	0.250	0.250	0.250	0.250	0.250	0.250	0.250	0.250	0.250
0.2	0.2486	0.2489	0.2490	0.2491	0.2491	0.2491	0.2492	0.2492	0.2492	0.2492	0.2492
0.4	0.2401	0.2420	0.2429	0.2434	0.2437	0.2439	0.2442	0.2443	0.2443	0.2443	0.2443
0.6	0.2229	0.2275	0.2301	0.2315	0.2324	0.2330	0.2339	0.2341	0.2342	0.2342	0.2342
0.8	0.1999	0.2075	0.2120	0.2147	0.2165	0.2176	0.2196	0.2200	0.2202	0.2202	0.2202
1.0	0.1752	0.1851	0.1914	0.1955	0.1981	0.1999	0.2034	0.2042	0.2044	0.2045	0.2046
1.2	0.1516	0.1628	0.1705	0.1757	0.1793	0.1818	0.1870	0.1882	0.1885	0.1887	0.1888
1.4	0.1305	0.1423	0.1508	0.1569	0.1613	0.1644	0.1712	0.1730	0.1735	0.1738	0.1740
1.6	0.1123	0.1241	0.1329	0.1396	0.1445	0.1482	0.1566	0.1590	0.1598	0.1601	0.1604
1.8	0.0969	0.1083	0.1172	0.1240	0.1294	0.1334	0.1434	0.1463	0.14744	0.1478	0.1482
2.0	0.0840	0.0947	0.1034	0.1103	0.1158	0.1202	0.1314	0.1350	0.1363	0.1368	0.1374
2.2	0.0732	0.0832	0.0915	0.0983	0.1039	0.1084	0.1205	0.1248	0.1264	0.1271	0.1277
2.4	0.0642	0.0734	0.0813	0.0879	0.0934	0.0979	0.1108	0.1156	0.1175	0.1184	0.1192
2.6	0.0566	0.0651	0.0725	0.0788	0.0842	0.0886	0.1020	0.1073	0.1096	0.1106	0.1116
2.8	0.0502	0.0580	0.0649	0.0709	0.0760	0.0805	0.0941	0.0999	0.1024	0.1036	0.1048
3.0	0.0447	0.0519	0.0583	0.0640	0.0689	0.0732	0.0870	0.0931	0.0959	0.0973	0.0987
3.2	0.0401	0.0467	0.0526	0.0579	0.0627	0.0668	0.0806	0.0870	0.0901	0.0916	0.0932
3.4	0.0361	0.0421	0.0477	0.0527	0.0571	0.0611	0.0747	0.0814	0.0847	0.0864	0.0882
3.6	0.0326	0.0382	0.0433	0.0480	0.0523	0.0561	0.0694	0.0763	0.0798	0.0816	0.0837
3.8	0.0296	0.0348	0.0395	0.0439	0.0479	0.0516	0.0646	0.0717	0.0753	0.0773	0.0796
4.0	0.0270	0.0318	0.0362	0.0403	0.0441	0.0475	0.0603	0.0674	0.0712	0.0773	0.0758
4.2	0.0247	0.0291	0.0332	0.0371	0.0407	0.0439	0.0563	0.0634	0.0674	0.0696	0.0724
4.4	0.0227	0.0268	0.0306	0.0342	0.0376	0.0407	0.0526	0.0598	0.0639	0.0662	0.0692
4.6	0.0209	0.0247	0.0283	0.0317	0.0348	0.0378	0.0493	0.0564	0.0606	0.0630	0.0663
4.8	0.0193	0.0228	0.0262	0.0294	0.0324	0.0352	0.0463	0.0533	0.0575	0.0601	0.0635
5.0	0.0179	0.212	0.0243	0.0273	0.0301	0.0328	0.0435	0.0504	0.0547	0.0573	0.0610
6.0	0.0127	0.0151	0.0174	0.0196	0.0217	0.0238	0.0325	0.0388	0.0431	0.0460	0.0506
7.0	0.0094	0.0112	0.0130	0.0147	0.0164	0.0180	0.0251	0.0306	0.0347	0.0376	0.0428
8.0	0.0073	0.0087	0.0101	0.0114	0.0124	0.0140	0.0198	0.0246	0.0286	0.0312	0.0367
9.0	0.0058	0.0069	0.0080	0.0091	0.0102	0.0112	0.0161	0.0202	0.0235	0.0262	0.0319
10.0	0.0047	0.0056	0.0065	0.0074	0.0083	0.0092	0.0132	0.0168	0.0198	0.0222	0.0279

1）边点。求图 2-13（a）所示边点 o 的附加应力，可以将面积 o 点划分为两个矩形，再相加即可，即：

$$\sigma_z=(\sigma_{c\text{I}}+\sigma_{c\text{II}})p \qquad (2\text{-}17)$$

式中 $\alpha_{c\text{I}}$、$\alpha_{c\text{II}}$——分别为相应面积Ⅰ和Ⅱ的角点应力系数。

2）内点。求图 2-13（b）所示内点 o 的附加应力，可以将面积按图示过 o 点划分为四个矩形，再相加即可，即：

$$\sigma_z=(\alpha_{c\text{I}}+\alpha_{c\text{II}}+\alpha_{c\text{III}}+\alpha_{c\text{IV}})p \qquad (2\text{-}18)$$

式中 $\alpha_{c\text{I}}$，$\alpha_{c\text{II}}$，$\alpha_{c\text{III}}$，$\alpha_{c\text{IV}}$——分别为相应面积Ⅰ、Ⅱ、Ⅲ和Ⅳ角点附加应力系数。

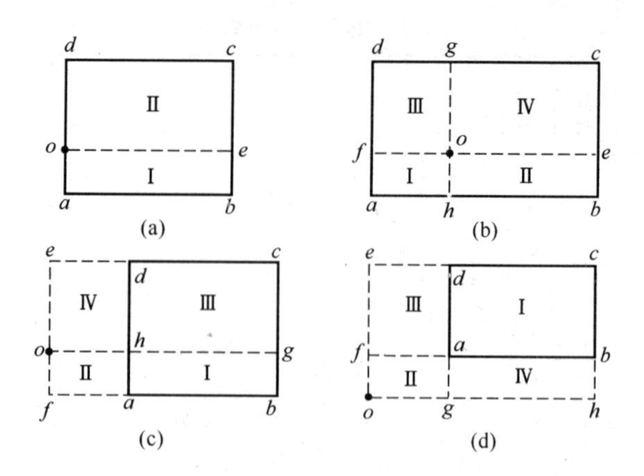

图 2-13　角点法计算矩形均布荷载下的地基附加应力

如果点 o 位于矩形面积的核心，则有 $\alpha_{c\text{I}}=\alpha_{c\text{II}}=\alpha_{c\text{III}}=\alpha_{c\text{IV}}$，得：

$$\sigma_z = 4\alpha_{c\text{I}}\, p \tag{2-19}$$

式（2-19）即为利用角点法求竖直均布荷载作用矩形面积中心点下 σ_z 的解。

3）外点Ⅰ型。此类外点 o 位于荷载范围的延长区域内，可按图 2-13（c）所示的方法进行划分。此时，荷载 $abcd$ 可以视为Ⅰ（$ofbg$）与Ⅱ（$ofah$）之差和Ⅲ（$oecg$）与Ⅳ（$oedh$）之差的合成，即附加应力按下式计算：

$$\sigma_z = (\alpha_{c\text{I}} - \alpha_{c\text{II}} + \alpha_{c\text{III}} - \alpha_{c\text{IV}})p \tag{2-20}$$

4）外点Ⅱ型。此类外点 o 位于荷载范围的延长区域外，可按图 2-13（d）所示的方式进行划分。此时，荷载 $abcd$ 可以视为Ⅰ（$ohce$）与Ⅳ（$ogaf$）之和扣除Ⅱ（$ohbf$）与Ⅲ（$ogde$）之和的合成，即附加应力按下式计算：

$$\sigma_z = (\alpha_{c\text{I}} - \alpha_{c\text{II}} - \alpha_{c\text{III}} + \alpha_{c\text{IV}})p \tag{2-21}$$

【例 2-3】 如图 2-14 所示，有一矩形面积基础 $ABCD$，宽 b=4m、长 l=4m，其上作用均布荷载 p=100kPa，计算矩形基础外 K 点下深度 z =8m 处土的竖向附加应力 σ_z 值（KG=2m，FK=4m）。

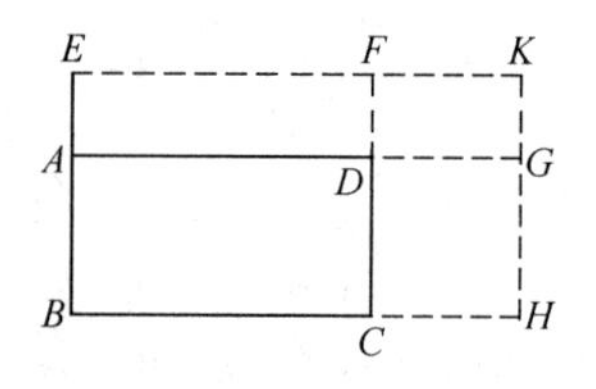

图 2-14　例 2-3 角点法计算简图

【解】 $\sigma_z = [\alpha_{c(EBHK)} - \alpha_{c(CHKF)} - \alpha_{c(EAGK)} + \alpha_{c(FDGK)}]p$

荷载的作用面积 $EBHK$：$n=l/b=2$，$m=z/b=4/3$，α_c =0.173

荷载的作用面积 $CHKF$：$n=l/b=1.5$，$m=z/b=2.0$，α_c =0.106

荷载的作用面积 $EAGK$：$n=l/b=6.0$，$m=z/b=4.0$，α_c =0.072

荷载的作用面积 $FDGK$：$n=l/b=2.0$，$m=z/b=4.0$，α_c=0.048

$$\sigma_z = (0.173 - 0.106 - 0.072 + 0.048) \times 100 = 4.3\ (\text{kPa})$$

2.5　有效应力原理

计算土中应力的目的是为了研究土体受力以后的变形和强度问题，由于土体作为一种三相物质构成的散粒体，其体积变化和强度大小并不是直接取决于土体所受的全部应力（即总应力）。土体受力后存在着外力如何分担、各分担应力如何传递与相互转化，以及它们与材料的强度和变形有哪些关系等问题。太沙基（K. Terzaghi）在 1923 年发现并研究了这些问题，提出了有效应力原理和渗透固结理论。普遍认为有效应力原理的提出和应用阐明了碎散颗粒材料与连续固体材料在应力-应变关系上的重大区别，是使土力学成为一门独立学科的标志。

2.5.1 有效应力原理基本概念

自完全饱和土体中某点任取一放大了的截面，如图 2-15（a）所示，该断面平均面积为 A。其截面包括颗粒接触点的面积 A_s 和孔隙水的面积 A_w。为了更清晰地表示力的传递，设想把分散的颗粒集中为大颗粒，如图 2-15（b）所示。

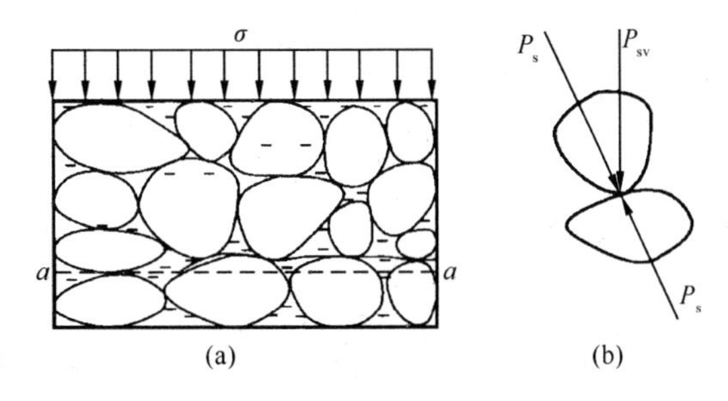

图 2-15 土体单位面积上的平均总应力

用 σ' 表示单位面积上土颗粒受到的压力，P_{sv} 表示通过颗粒接触面积传递的竖向压力，P_w 表示通过孔隙水传递的总压力，u 表示单位面积上孔隙水受到的压力。设作用在截面上的总压力为 P，根据力的平衡条件有：

$$P = P_{sv} + P_w = P_{sv} + uA_w \tag{2-22}$$

式（2-22）两边同除以 A 得：

$$\sigma = \frac{P_{sv}}{A} + u\frac{A_w}{A} = \sigma' + u\frac{A_w}{A} \tag{2-23}$$

在式（2-23）中，令 $\sigma' = \frac{P_{sv}}{A}$；$\frac{A_w}{A} = 1.0$，故式（2-23）可写为

$$\sigma = \sigma' + u \text{ 或者 } \sigma' = \sigma - u \tag{2-24}$$

式中 σ——作用在土中任意面上的总应力（kPa）；

σ'——作用在土中同一平面土骨架上有效应力（kPa）；

u——作用在土中同一平面孔隙水上孔隙水压力（kPa）。

式（2-24）是太沙基给出的饱和土体的有效应力原理，即饱和土体中的总有效应力为有效应力和孔隙水压力之和。

有效应力控制了土的强度与变形。土体产生变形的原因主要是颗粒间克服摩擦相对滑移、滑动或者因接触点处应力过大而破碎，这些变形都只取决于有效应力；而土体的强度的成因，即土的凝聚力和摩擦力，也与有效应力有关。

孔隙水压力对土颗粒间摩擦、土里的破碎没有贡献，并且水不能承担切应力，因而孔隙水压力对土的强度没有直接的影响。孔隙水压力在各个方向相等，只能使土颗粒本身受到等向压力，土颗粒本身压缩模量很大，故土颗粒本身压缩变形极小，因而孔隙水压力对变形也没有直接影响，土体不会因为受到水压力的作用而变得密实，所以孔隙水压力又称为中性压力。

2.5.2 饱和土孔隙水压力和有效应力的计算

由于有效应力 σ' 作用在土骨架的颗粒之间很难直接测定，通常都是在求得总应力 σ 和测定孔隙水压力 u 之后，利用有效应力原理计算得出。

在静水位条件下某土层分布如图 2-16 所示。已知总应力为自重应力，地下水位位于地面下 h_1 处，地下水位以上土的重度为 γ_1，地下水位以下土的重度为 γ_{sat}。作用在地面下深度为 h_1+h_2

处 C 点水平面上的总应力为 σ，应等于该点以上单位土柱体和水柱体的总重力，即：

$$\sigma = \gamma_1 h_1 + \gamma_{sat} h_2 \tag{2-25}$$

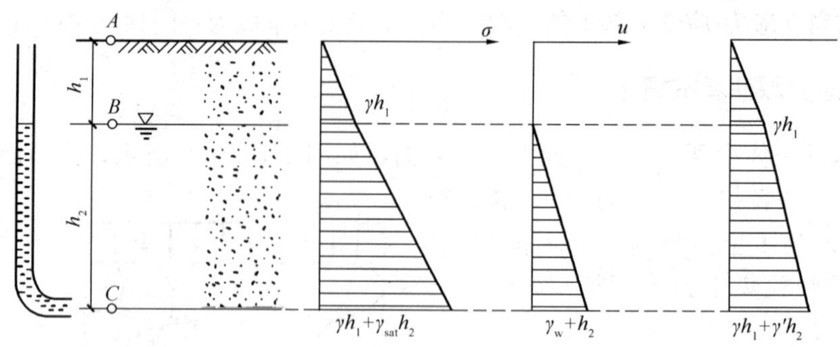

图 2-16　静水条件下土中总应力、孔隙水压力及有效应力计算

孔隙水压力应等于该点的静水压力，即：

$$u = \gamma_w h_2 \tag{2-26}$$

根据有效应力原理，A 点处竖直有效应力 σ' 应为：

$$\sigma' = \sigma - u = \gamma_1 h_1 + \gamma_{sat} h_2 - \gamma_w h_2 = \gamma_1 h_1 + (\gamma_{sat} - \gamma_w) h_2 = \gamma_1 h_1 + \gamma' h \tag{2-27}$$

式中　γ'——土的有效重度（kN/m^3）。

由式（2-27）可见，在静水条件下，土中 A 点的有效应力 σ' 就是该点的（有效）自重应力。

2.5.3　毛细水上升时土中有效自重应力的计算

已知某土层中因毛细水上升，地下水位以上高度 h_c 范围内出现毛细饱和区，如图 2-17 所示。毛细区内的水由于毛细张力的作用，呈张拉状态，孔隙水压力是负值。毛细水压力分布与静水压力分布一致，任一点孔隙水压力为：

$$u = -\gamma_w h \tag{2-28}$$

式中　h——该点至地下水位的垂直距离（m）。

由于 u 是负值，根据有效应力原理，毛细饱和区的有效应力 σ' 将会比总应力增大，即：

$$\sigma' = \sigma - u = \sigma + |u| \tag{2-29}$$

有效应力 σ' 与总应力 σ 分布如图 2-17 所示。地下水位以上，由于孔隙水压力 u 是负值，使得土的有效应力 σ' 增大，而地下水位以下，由于水对土颗粒的浮力作用，使得土的有效应力 σ' 减小。

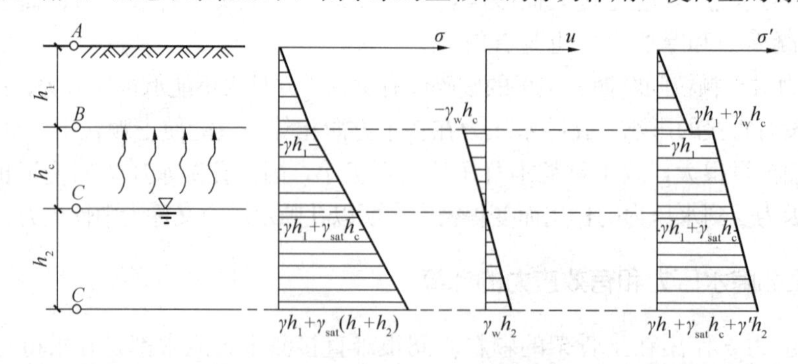

图 2-17　毛细水上升时土中总应力、孔隙水压力及有效应力计算

【例 2-4】　某工程地基土自上而下分为三层，第一层为砂土，重度 $\gamma_1 = 18.0kN/m^3$，$\gamma_{sat1} = 21.0kN/m^3$，层厚 5.0m。第二层为黏土，$\gamma_{sat2} = 21.0\ kN/m^3$，层厚 5.0m；第三层为

透水层。地下水位埋深 5.0m。地下水位以上砂土呈毛细饱和状态，毛细水上升高度为 3.0m。试计算地基土中总应力、孔隙水压力和有效应力，并绘出总应力、孔隙水压力和有效应力沿深度的分布图形。

【解】 ①总应力、孔隙水压力、有效应力的计算。

地基土 2.0m 深处，即毛细土饱和区顶面以上：

$$\sigma_{c1} = \gamma_1 h_1 = 18.0 \times 2.0 = 36.0(\text{kPa})$$

$$u_1^{上} = 0.0(\text{kPa});u_1^{下} = -\gamma_w h_2 = -10.0 \times 3.0 = -30.0(\text{kPa})(\text{负孔隙水压力})$$

$$\sigma'^{上}_{c1} = \sigma_{c1} - u_1^{上} = 36.0 - 0.0 = 36.0(\text{kPa})$$

$$\sigma'^{下}_{c1} = \sigma_{c1} - u_1^{下} = 36.0 - (-30.0) = 66.0(\text{kPa})$$

地基土 5m 深，即地下水位处：

$$\sigma_{c2} = \sigma_{c1} + \gamma_{sat} h_2 = 36.0 + 21.0 \times 3.0 = 99.0(\text{kPa});u_2 = 0.0(\text{kPa})$$

$$\sigma'_{c2} = \sigma_{c2} - u_2 = 99.0 - 0.0 = 99.0(\text{kPa})$$

地基土 10m 深，即黏土底处：

$$\sigma_{c3} = \sigma_{c2} + \gamma_{sat2} h_3 = 99.0 + 21.0 \times 5.0 = 204.0(\text{kPa})$$

$$u_3 = \gamma_w h_3 = 10.0 \times 5.0 = 50.0(\text{kPa})$$

$$\sigma'_{c3} = \sigma_{c2} - u_3 = 204.0 - 50.0 = 154.0(\text{kPa})$$

②绘制总应力、孔隙水压力和有效应力沿深度的分布图形，如图 2-18 所示。

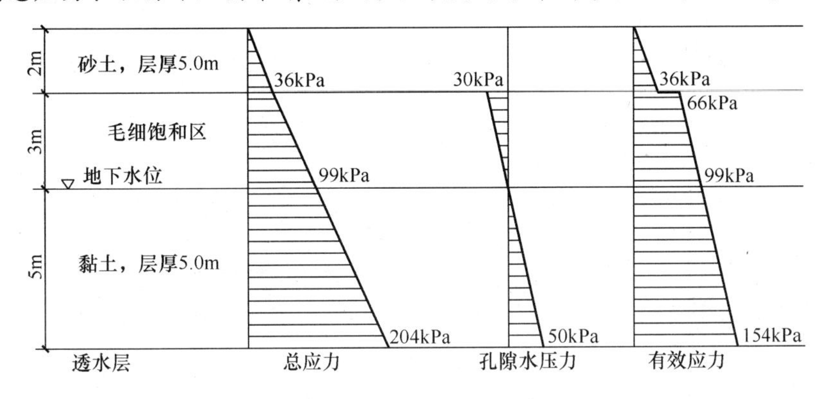

图 2-18　例 2-4 总应力、孔隙水压力及有效应力沿深度的分布图

上岗工作要点

为了对建筑物地基基础进行沉降（变形）、承载力与稳定性分析，必须掌握建筑前后土中应力的分布和变化情况。目前计算土中应力的方法，主要是采用弹性理论公式，也就是把地基土视为均匀的、各向同性的半无限空间弹性体。这种假定虽与土体的实际情况有出入（因土是三相组成的分散体，具有明显的层理构造和各向异性，变形也具有明显的非线性特征等），但因弹性理论方法计算简单，且实践证明，当基底压力在一定范围内时，用弹性理论的计算结果能满足实际工程的要求。

简单应用：地下水位升降及填土对土中自重应力的影响、基底附加压力的计算。

综合应用：竖向和水平向自重应力的计算；轴心和单向偏心荷载作用下基底压力的计算；均布矩形荷载作用下地基竖向附加应力的计算（会查表确定竖向附加应力系数）。

思 考 题

1. 何谓土层自重应力？土的自重应力计算，地下水位上、下是否相同？为什么？

2. 为何要计算基础底面附加应力？基础底面接触应力与附加压力有何区别？

3. 矩形均布荷载任意点下土的应力采用什么方法计算？当任意点在矩形面积范围内与不在矩形面积范围内时计算附加应力有何不同？

4. 饱和土有效应力原理的实质是什么？

习 题

1. 某商店地基为粉土，层厚 4.80m。地下水位埋深 1.10m，地下水位以上粉土呈毛细饱和状态。粉土的饱和重度 $\gamma_{sat}=20.1\text{kN/m}^3$。计算粉土层底面处土的自重应力。

（答案：59.48kPa）

2. 如图 2-19 所示，计算地基中的自重应力并绘制出其分布图。已知土的性质：细砂（水上），$\gamma=17.5\text{kN/m}^3$，$\gamma_s=26.5\text{kN/m}^3$，$w=20\%$；黏土，$\gamma=18\text{kN/m}^3$，$\gamma_s=27.2\text{kN/m}^3$，$w=22\%$，$w_L=48\%$，$w_p=24\%$。

（答案：黏土层底 110kPa）

3. 图 2-20 所示面积上作用均布荷载 $p=100\text{kPa}$，试用角点法计算 C 点下深度 20m 处的竖向应力值。

（答案：42.6kPa）

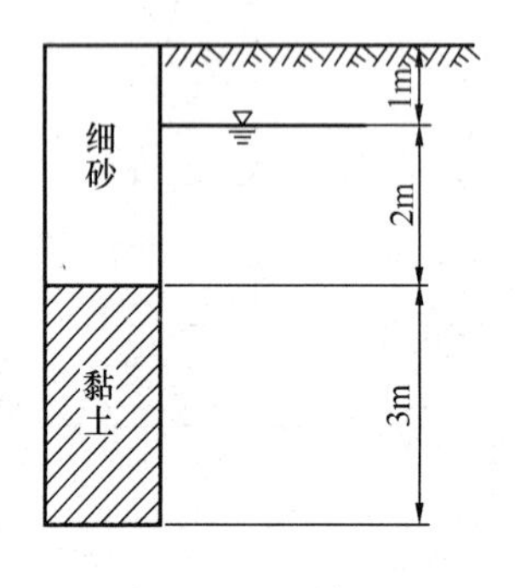

图 2-19 习题 2 图

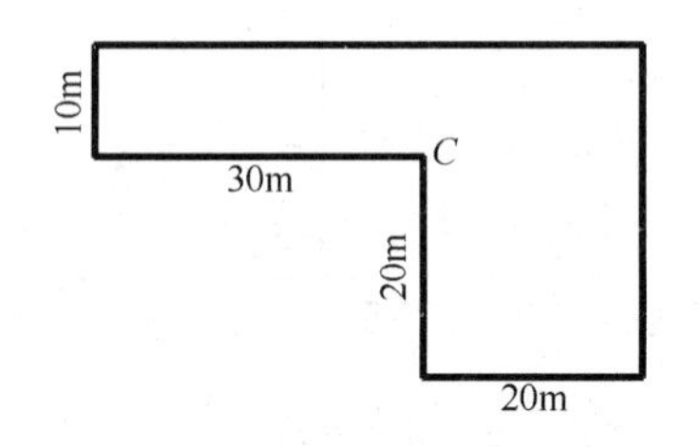

图 2-20 习题 3 图

4. 已知某工程矩形基础，长度为 l，宽度为 b，且 $l>5b$。在中心荷载作用下，基础底面的附加应力 $\sigma_0=100\text{kPa}$。计算此基础长边端部中点下，深度分布为 0，$0.25b$，$0.50b$，$1.0b$，$2.0b$ 和 $3.0b$ 处地基中的附加应力。

（答案：50kPa，48kPa，41kPa，27.6kPa，15.3kPa，10.4kPa）

第3章 土的压缩性与最终沉降量的计算

重 点 提 示

1. 掌握土的压缩性和压缩指标。
2. 熟悉土的压缩试验方法。
3. 掌握地基最终沉降量计算方法。
4. 了解地基沉降与时间关系的估算。
5. 掌握建筑物沉降的观测方法。

3.1 土的压缩性

地基沉降的大小一方面取决于建（构）筑物的荷载及其分布情况（沉降产生的外因），另一方面取决于地基土层的种类、各层土的厚度以及土的压缩性的大小（沉降产生的内因）。土的压缩性是指土在外力作用下体积缩小这一变化过程的特性，包括两方面内容：一是压缩变形的最终绝对大小，即沉降量大小；二是压缩随时间的变化，即所谓土体固结。

一般天然土是三相体，由土粒（固相）、土中水（液相）和土中气（气相）组成。土粒组成空间土骨架，土颗粒之间孔隙充盈着水和气体。完全浸水的饱和土是二相体，土颗粒间完全被水充满。实际上土体压缩包括了土颗粒压缩以及土孔隙中水和气体排出使土体孔隙变小的过程。但研究表明，当外荷载在100～600kPa时，土颗粒与水本身的压缩量是很小的，与土的总压缩量相比，可以忽略不计。因此，工程上土的压缩主要是指在压力作用下由于土孔隙中水和气体被挤出使土的孔隙缩小这一过程的结果，计算时假设土颗粒和水不可压缩。

计算地基沉降量时，必须取得土的压缩性指标，无论用室内试验或原位试验来测定，应该力求试验条件与土的天然状态及其在外荷作用下的实际应力条件相适应。在一般工程中，常用不允许土样产生侧向变形（侧限条件）的室内压缩试验来测定土的压缩性指标，其试验条件虽未能符合土的实际工作情况，但有其实用价值。

3.1.1 室内压缩试验

1. 压缩试验

（1）试验仪器

主要仪器为侧限压缩仪（固结仪），如图3-1所示。

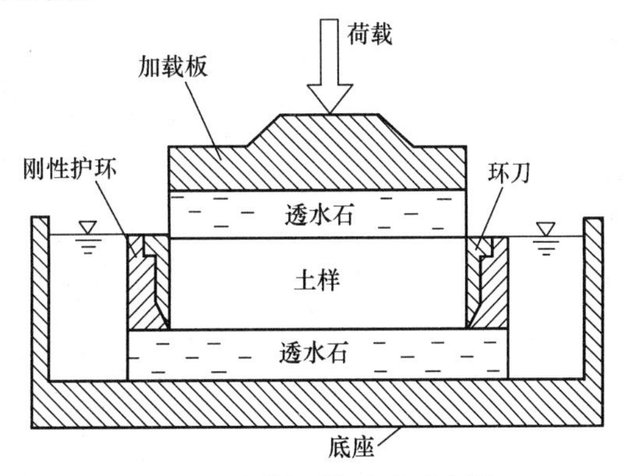

图3-1 侧限压缩试验示意图

（2）试验方法

1）用环刀切取土样，用天平称质量。一般切取扁圆柱体，高2cm，直径应为高度的2.5倍，面积为$30cm^2$或$50cm^2$，试样连同环刀一起装入护环内，上下放有透水石以便试样在压力作用下排水。

2）将土样一次装入侧限压缩仪的容器。先装入透水石再将试样装入侧限护环中，形成侧限条件，然后在试样上加上透水石和加载板，安装测微计（百分表）并调零。

3）加上杠杆，分级施加竖向压力 p_i。为减少土的结构被扰动程度，加荷率（前后两级荷载之差与前一级荷载之比）应小于等于1，一般按 p=50kPa、100kPa、200kPa、300kPa、400kPa 五级加荷。第一级压力，软土宜从 12.0kPa 或 25kPa 开始，最后一级压力均应大于地基中计算点的自重应力与预估附加应力之和。

4）用测微计（百分表）按一定时间间隔测记每级荷载施加后的读数（ΔH_i）。

5）计算每级压力稳定后试验的孔隙比。

由于试样不产生侧向变形而只有竖向压缩，因此将这种条件下的压缩试验称为单向压缩试验或侧限压缩试验。

（3）试验结果

1）采用直角坐标系，以孔隙比 e 为纵坐标，有效应力 p 为横坐标绘制 e-p 曲线，如图 3-2（a）所示。

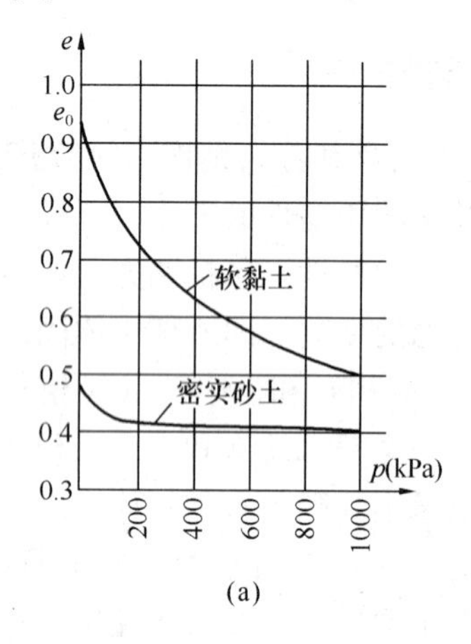

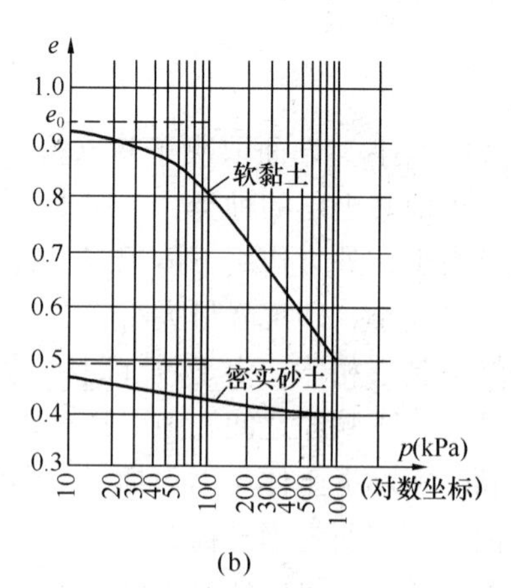

图 3-2 土的压缩曲线

（a）e-p 曲线；（b）e-lg$p$ 曲线

2）若研究土在高压下的变形特性，p 的取值较大，可采取半对数直角坐标系，以 e 为纵坐标，以 lg$p$ 为横坐标绘制 e-lg$p$ 曲线，如图 3-2（b）所示。

假定试样中土粒本身体积不变，土的压缩仅指孔隙体积的减少，因此土的压缩变形常用土的孔隙比 e 的变化来表示。下面导出 e_i 的计算公式：

设土样的初始高度为 H_0，受压后土样的高度为 H_i，则 $H_i=H_0-\Delta H_i$，ΔH_i 为压力 p_i 作用下土样的稳定压缩量，如图 3-3 所示。

由于压力作用下土粒体积不变，故令 $V_s=1$，则 $e=V_v/V_s=V_v$，即受压前 $V_v=e_0$，受压后 $V_v=e_i$。又根据侧限条件（土样受压前后截面面积不变），故受压前土粒的初始高度 H_0/（$1+e_0$）等于受压后土粒的高度 H_0/（$1+e_i$），即：

$$\frac{H_0}{1+e_0}=\frac{H_i}{1+e_i}=\frac{H_0-\Delta H_i}{1+e_i} \tag{3-1}$$

则有：

$$e_i=e_0-\frac{\Delta H}{H_0}(1+e_0) \tag{3-2}$$

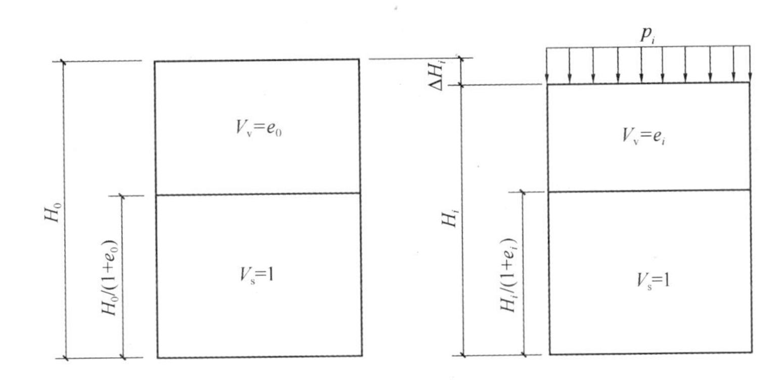

图 3-3　侧限条件下土样原始孔隙比的变化

式中　　e_0——土的初始孔隙比，$e_0=\dfrac{\rho_w d_s(1+w_0)}{\rho_0}-1$；

d_s，w_0，ρ_0，ρ_w——分别为土粒相对密度、土样初始含水量、土样初始密度和水的密度。

因此，只要测定土样在各级压力 p_i 作用下的稳定压缩量 ΔH_i，就可按式（3-2）计算出相应的孔隙比 e_i，从而绘制 e-p 或 e-lg p 曲线。

2. 土的压缩性指标

（1）土的压缩系数 a

如图 3-4 所示，土在完全侧限条件下，孔隙比 e 随压力 p 的增加而减小。当压力由 p_1 至 p_2 的压力变化范围不大时，可将压缩曲线上相应的曲线段 M_1M_2 近似地用直线来代替。若 M_1 点的压力为 p_1，相应的孔隙比为 e_1；M_2 点的压力 p_2，相应的孔隙比为 e_2，则 M_1M_2 段的斜率可用下式表示：

$$a=\frac{\Delta e}{\Delta p}=\frac{e_1-e_2}{p_2-p_1}\qquad(3\text{-}3)$$

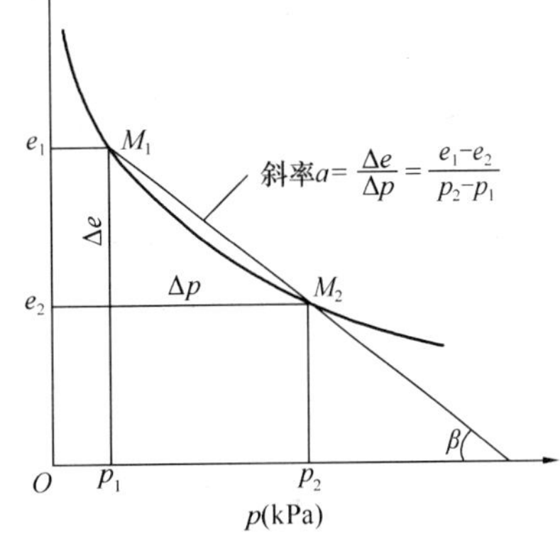

图 3-4　压缩系数 a 的确定

式中　a——土的压缩性系数（MPa^{-1}或 kPa^{-1}）。

压缩系数是评价地基土压缩性高低的重要指标之一，广泛用于土力学计算中。压缩系数越大，表明在某压力变化范围内孔隙比减小越多，压缩性就越高。但是，由图 3-4 中可知，同一种土的压缩系数并不是常数，而是随所取压力变化范围的不同而改变的。因此，评价不同种类和状态土的压缩系数大小，必须以同一压力变化范围来比较。

为了统一标准，在工程实践中，通常采用压力间隔由 $p_1=100$kPa 增加到 $p_2=200$kPa 时所得的压缩系数 a_{1-2}来评定土的压缩性高低，如：①当 $a_{1-2}<0.1MPa^{-1}$时，为低压缩性土；②当 $0.1\leqslant a_{1-2}<0.5MPa^{-1}$时，为中压缩性土；③当 $a_{1-2}\geqslant 0.5MPa^{-1}$时，为高压缩性土。

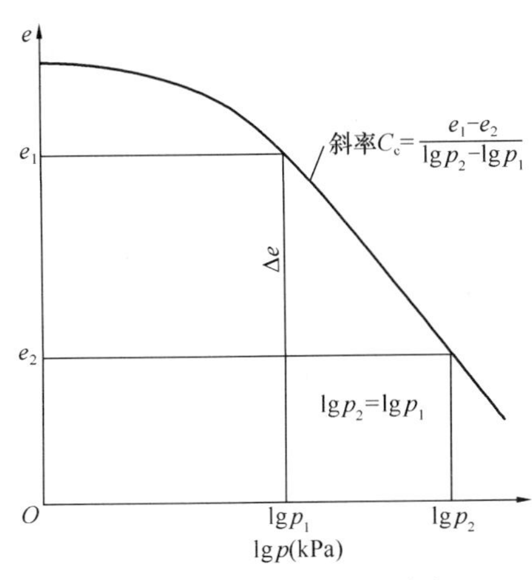

图 3-5　压缩指数 C_c 的确定

（2）土的压缩指数 C_c

如图 3-5 所示，e-lg p 曲线开始呈直线，其后在较高的压力范围内，近似为一直线段，因此，取直线段的斜率为土的压缩指数 C_c，即：

$$C_c = \frac{e_1 - e_2}{\lg p_2 - \lg p_1} = \Delta e / \lg(p_2/p_1) \tag{3-4}$$

当 $C_c < 0.2$ 时，属低压缩性土；$0.2 \leqslant C_c \leqslant 0.4$ 时，属中压缩性土；$C_c > 0.4$ 时属高压缩性土。一般黏性土 C_c 值多在 0.1～1.0 之间。C_c 值越大，土的压缩性越高。对于正常固结的黏性土，压缩指数 C_c 和压缩系数 a 之间存在如下关系：

$$C_c = a(p_2 - p_1)/(\lg p_2 - \lg p_1) \tag{3-5}$$

（3）压缩模量 E_s

土的压缩模量 E_s 也是表征土的压缩性高低的一个指标。它是指土在有侧限条件下受压时，某压力段的压应力增量 $\Delta\sigma$ 与压应变 $\Delta\varepsilon$ 之比，其表达式为：

$$E_s = \frac{\Delta\sigma}{\Delta\varepsilon} = \frac{\Delta p}{\Delta H/H} \tag{3-6}$$

如图 3-3 所示，土的压缩模量 E_s 与压缩系数 a 的关系推导如下：

由于 $$\Delta\varepsilon = \frac{\Delta H}{H_1} = \frac{e_1 - e_2}{1 + e_1} = \frac{\Delta e}{1 + e_1}; \qquad a = \frac{\Delta e}{\Delta p}$$

所以 $$E_s = \frac{\Delta p}{\Delta H/H_1} = \frac{\Delta p}{\Delta e/1 + e_1} = \frac{1 + e_1}{a} \tag{3-7}$$

由式（3-7）可知，E_s 与 a 成反比，即 a 越大，E_s 越小，土的压缩性越高。土的压缩模量随所取的压缩范围的不同而变化。工程上常用从 0.1～0.2MPa 压力范围内的压缩模量 E_{s1-2}（对于土的压缩系数为 a_{1-2}）来判断土的压缩性高低：①$E_{s1-2} < 4$MPa 时，属高压缩性土；②$4 \leqslant E_{s1-2} \leqslant 15$MPa 时，属中等压缩性土；③$E_{s1-2} > 15$MPa 时，属低压缩性土。

土的压缩模量 E_s 与材料的弹性模量 E 是有本质区别的。

1）弹性模量 E：对于钢材或混凝土试件，在受力方向应变与应力之比称为弹性模量 E。试验条件为侧面不受约束，可以自由变形。

2）侧限压缩模量 E_s：土的试样在完全侧限条件下竖向受压，即侧限不能变形的条件。E_s 大小反映了土体在单向压缩条件下对压缩变形的抵抗能力。

（4）体积压缩系数 m_v

工程中还常用体积压缩系数 m_v 这一指标作为地基沉降的计算参数，体积压缩系数在数值上等于压缩模量的倒数，其表达式为：

$$m_v = a/(1 + e_1) = 1/E_s \tag{3-8}$$

式中，m_v 的单位为 MPa^{-1}（或 kPa^{-1}），m_V 值越大，土的压缩性越高。

3.1.2 土的压缩性原位试验

上述土的侧限压缩试验操作简单，是目前测定地基土压缩性的常用方法。但遇到下列情况时，侧限压缩试验就不适用了，应采用载荷试验、旁压试验、静力触探试验等压缩性原位测试方法：

1）地基土为粉土、细砂、软土，取原状土样困难。

2）国家一级工程、规模大或建筑物对沉降有严格要求的工程。

3）土层不均匀，土试样尺寸小，代表性差。

1. 载荷试验

在建筑工地现场，选择有代表性部位进行载荷试验。根据测试点深度，载荷试验分为浅层平板载荷试验和深层载荷平板试验两种。载荷试验是通过承压板对地基分级施加压力 p，观测记录每级荷载作用下沉降随时间的发展以及稳定时的沉降量 s，利用地基沉降的弹性力学理论反算出土的变形模量和地基承载力。下面对浅层平板载荷试验进行介绍。

（1）试验装置与试验方法

载荷试验装置一般由加荷装置、提供反力装置和沉降量测装置三部分组成。其中，加荷装置由荷载板、垫块和千斤顶等组成。如图 3-6 所示，根据提供反力装置的不同，载荷试验有堆重平台反力法和地锚反力架法两种，前者通过平台上的堆重来平衡千斤顶的压力，后者将千斤顶的压力通过地锚传至地基中去。沉降量测装置由百分表、基准桩和基准梁等组成。

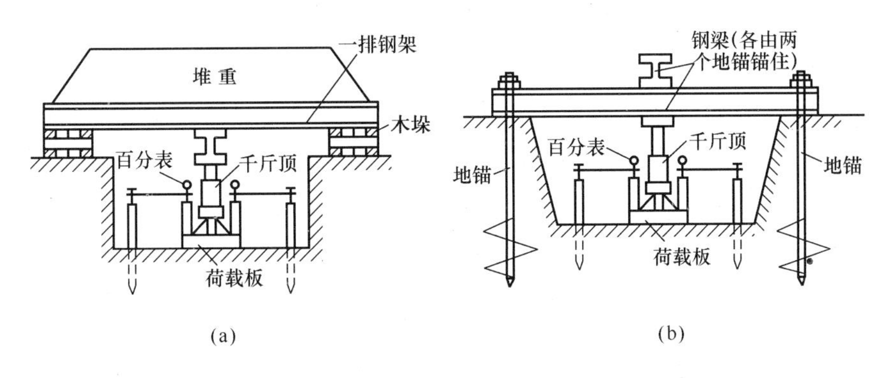

图 3-6　浅层平板载荷试验示意图

（a）堆重（千斤顶式）；（b）地锚（千斤顶式）

试验一般在试坑内进行，《建筑地基基础设计规范》（GB 50007—2002）规定承压板的底面积为 0.25～0.5m^2，对软土及人工填土不应小于 0.5m^2（正方形边长为 0.707m 或圆形直径为 0.798m）。试坑深度为基础设计埋深 d，试坑宽度 $B \geqslant 3b$（b 为载荷试验压板宽度或直径）。安装承压板前，要注意保持试验土层的原状结构和天然湿度，宜在拟试压表面用不超过 20mm 厚的粗、中砂找平试坑。

试验采用慢速维持荷载法，其加荷标准如下：

1）第一级荷载 $p_1=\gamma d$（含设备重），相当于开挖试坑所卸除的土自重应力。

2）其后，每级荷载增量，对松软土采用 10～25kPa，对坚实土则用 50～100kPa。

3）加荷等级不应少于 8 级。

4）最后一级荷载是判定承载力的关键，应细分为二级荷载以提高结果的精确度，最大加载量不应少于荷载设计值的两倍。

5）载荷试验所施加的总荷载，应尽量接近地基极限荷载 p_u。

测记承压板沉降量。第一级荷载施加后，相应的承压板沉降量不计；此后在每级加载后，应间隔 10min，10min，10min，15min，15min 及以后每隔 30min 读一次百分表的读数（沉降量）。每级加载后，当连续两次测记承压板沉降量 s_i＜0.1mm/h 时则认为沉降已趋向稳定，可加下一级荷载。

当出现下列情况之一时，即可终止加载：

1）沉降 s 急剧增大，荷载-沉降（p-s）曲线出现陡降段，且沉降量超过 0.04d（d 承压板宽度或直径）。

2）在某一级荷载下，24h 内沉降速率不能达到稳定标准。

3）本级沉降量大于前一级沉降量的5倍。

4）当持力层土层坚硬，沉降量很小时，最大加载量不小于设计要求的两倍。

5）承压板周围的土有明显的侧向挤出（砂土）或发生裂纹（黏性土或粉土）。

满足终止加荷标准前三种情况之一时，其对应的前一级荷载定为极限荷载 p_u。

（2）载荷试验结果

根据各级荷载 p 及其相应的相对稳定的沉降观测数据 s，可采用适当的比例绘制荷载-沉降（p-s）曲线，如图3-7（a）所示。绘制各级荷载下的沉降-时间（s-t）曲线，如图3-7（b）所示。

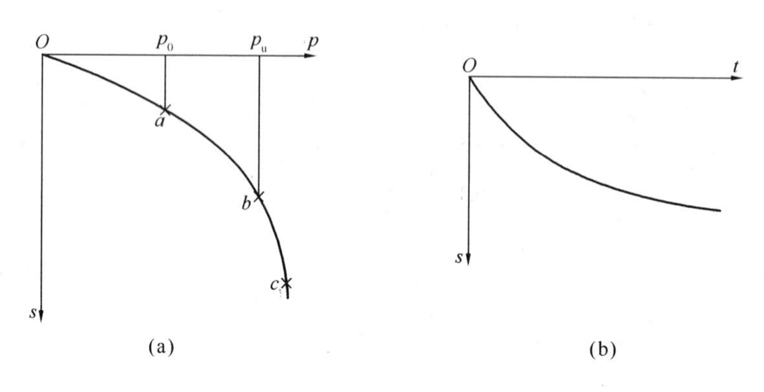

图3-7　载荷试验结果图

（a）p-s 曲线；（b）s-t 曲线

（3）地基应力与变形的关系

荷载-沉降（p-s）典型曲线通常可分为三个变形阶段：

1）直线变形阶段（压密阶段）。当荷载较小时，$p<p_0$（比例界限），地基被压密，相当于图3-7（a）中的 Oa 段，荷载与变形关系接近直线关系。

2）局部减损阶段。当荷载增大至 $p>p_0$（比例界限）时，相当于图3-7（a）中的 ab 段，荷载与变形之间不再保持直线关系，曲线上的斜率逐渐增大，曲线向下弯曲，表明荷载增量 Δp 相同情况下沉降增量越来越大。此时地基在边缘局部范围发生减损，压板下的土体出现塑性变形区。随着荷载的增加，塑性变形区逐渐扩大，压板沉降量显著增大。

3）完全破坏阶段。当荷载继续增大时，$p>p_u$（极限荷载），压板连续急剧下沉，相当于图3-7（a）中的 bc 段，地基土中的塑性变形区已连成连续的滑动面，地基土从压板下被挤出来，在试坑底部形成隆起的土堆。此时，地基已完全破坏，丧失稳定。

显然，作用在基础底面上的实际荷载不允许达到极限荷载 p_u，而应当具有一定的安全系数 K，通常 $K=2.0\sim3.0$。

（4）地基承载力特征值 f_{ak} 的确定

1）有明显的比例界限 a 时，取 a 点对应的荷载，即 $f_{ak}=p_0$。

2）地基极限承载力 p_u 能确定且 $p_u<2p_0$ 时，取 $f_{ak}=p_u/2$。

3）按上述两点不能确定 f_{ak} 时，当承压板面积为 $0.25\sim0.5\text{m}^2$，对低压缩性土和砂土，可取 $s/d=0.01\sim0.015$ 对应的荷载值为 f_{ak}；对中、高压缩性土和砂土，取 $s/d=0.02$ 对应的荷载值为 f_{ak}。

载荷试验对同一土层进行的试验点，不应少于三处，当试验实测值的极差不超过平均值的30%时，取其平均值作为该土层的地基承载力特征值 f_{ak}，即：

$$f_{ak} = \frac{1}{3}(f_{ak1} + f_{ak2} + f_{ak3}) \tag{3-9}$$

载荷试验压力的影响深度可达 1.5～2.0b（b 为压板边长），因而试验成果能反映较大一部分土体的压缩性，比钻孔在室内试验所受到的扰动要小得多，土中应力状态在承压板较大时与实际情况比较接近。其缺点是试验工作量大，费时久，所规定的沉降稳定标准也带有较大的近似性。据一些地区的经验，它所反映的土的固结程度仅相当于实际建筑施工完毕时的早期沉降量。对于成层土，必须进行深层土的载荷试验。

深层平板载荷试验适用于埋深不小于 3m 的地基土层及大直径桩的桩端土层，测试在承压板下应力主要影响范围内的承载力及变形模量。深层平板载荷试验加荷等级可按预估极限荷载的 1/5～1/10 分级施加，最大荷载易达到破坏，且不应小于荷载设计值的两倍，其试验终止加载的标准与浅层载荷试验相同。

（5）土体变形模量和压缩模量的关系

1）变形模量

变形模量是指土体在无侧限条件下应力与应变的比值，并以符号 E_0 表示。E_0 的大小可由载荷试验结果求得，在 p-s 曲线的直线段或接近与直线段任选一压力 p 和它对应的沉降量 S，利用弹性力学公式，求得地基的变形模量。

$$E_0 = \omega(1-\mu^2)\frac{pb}{s} \tag{3-10}$$

式中 ω——沉降影响系数，方形承压板 ω=0.88，圆形承压板 ω=0.79；

b——承压板的边长或直径（m）；

μ——土的泊松比，参见表 3-1 地基土的泊松比；

s——荷载对应的沉降量（m）；

E_0——土的变形模量（kPa）；

p——荷载，取 p-s 曲线直线段内的荷载值，一般取比例极限荷载 p_{cr}；有时 p-s 曲线并不出现直线段，建议对中、高压缩性粉土取 s=0.02b 及对应的荷载 p；对低压缩性粉土、黏性土、碎石土及砂土，可取 s=（0.01～0.015）b 及其对应的荷载 p（kPa）。

表 3-1 地基土的泊松比 μ 和侧压系数 ξ

土的名称	状态	泊松比 μ	侧压系数 ξ
碎石土		0.15～0.20	0.18～0.25
砂土		0.20～0.25	0.25～0.33
粉土		0.25	0.33
粉质黏土	坚硬状态	0.25	0.33
	可塑状态	0.30	0.43
	软塑及流塑状态	0.35	0.53
黏土	坚硬状态	0.25	0.33
	可塑状态	0.35	0.53
	软塑及流塑状态	0.42	0.72

注：ξ 为土的侧压系数，供绘制旁压曲线时参考。

2）变形模量 E_0 与压缩模量 E_s 的关系

载荷试验确定土的变形模量是在无侧限条件下即单向受力条件下的应力与应变的比值，室内压缩试验确定的压缩模量则是在完全侧限条件下的土应力与应变的比值。利用三向应力条件下的广义胡克定律可以分析二者之间的关系为：

$$E_0 = \left(1 - \frac{2\mu^2}{1-\mu}\right)E_s \tag{3-11}$$

应该注意，式（3-11）只不过是 E_0 与 E_s 之间的理论关系。实际上，由于现场载荷试验测定 E_0 和室内压缩试验测定 E_s 时，有些因素无法考虑到，使得式（3-11）不能准确反映 E_0 与 E_s 之间的实际关系。

2. 旁压试验

（1）试验原理与意义

旁压试验是在现场钻孔中进行的一种水平向载荷试验，试验时将旁压器放置在钻孔的设计深度，加压使旁压器侧向膨胀，从而挤压孔壁。根据压力和膨胀体积，绘制旁压曲线，确定土体的强度和变形参数。旁压试验适用于黏性土、粉土、砂土、碎石土、残积土、极软岩和软岩等。

常见的旁压仪主要有两种，即预钻式旁压仪和自钻式旁压仪。其中，自钻式旁压仪仅适用于黏性土、粉土、砂土，特别适用于软土。

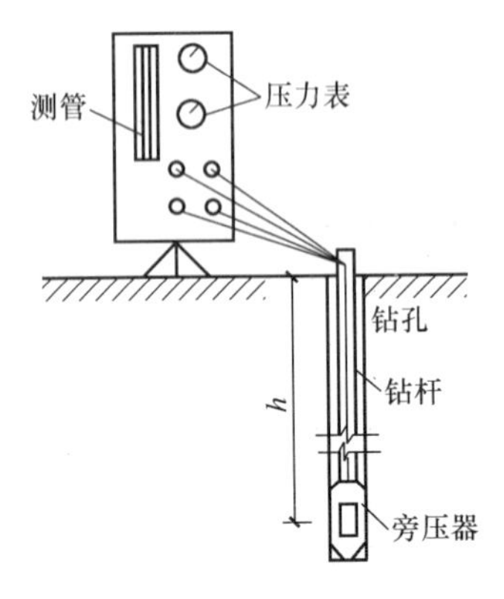

图 3-8　旁压试验示意图

（2）测试技术要点

1）旁压仪由旁压器、量测与输送系统、加压系统三部分组成，其仪器安装如图 3-8 所示。在钻孔中，选择有代表性的位置和深度，旁压器的量测腔应在同一土层内。试验点的垂直间距应根据地层条件和工程要求确定，但不宜小于 1m，试验孔与已有钻孔的水平距离不宜小于 1m。

2）预钻式旁压试验应保证成孔质量，钻孔直径与旁压器直径应良好配合，防止孔壁坍塌；自钻式旁压试验的自钻钻头、钻头转速、钻进速率、刃口距离、泥浆压力和流量等应符合有关规定。

3）加荷等级可采用预期临塑压力的 1/7～1/5，初始阶段加荷等级可取小值，必要时，可作卸荷再加荷试验，测定再加荷旁压模量。

4）每级压力应维持 1min 或 2min 后再施加下一级压力。维持 1min 时，加荷后 15s、30s、60s 测读变形量；维持 2min 时，加荷后 15s、30s、60s、120s 测读变形量。

5）当量测腔的扩张体积相当于量测腔的固有体积时，或压力达到仪器的容许最大压力时，应终止试验。

（3）资料整理与成果应用

1）试验读数校正

首先，对各级压力和相应的扩张体积（或换算为半径增量）分别进行约束力和体积的修正。

约束力校正按式（3-12）和式（3-13）进行，体积校正按式（3-14）和式（3-15）进行。

$$P = P_m + P_w - P_i \tag{3-12}$$

$$P_w = \gamma_w(H + Z) \tag{3-13}$$

式中　P——校正后的压力（kPa）；

P_m——显示仪测记的该级压力的最后值（kPa）；

P_w——静水压力（kPa）；

H——测管原始“0”位水面至试验孔口高度（m）；

Z——旁压试验深度（m）；

γ_w——水的重力密度（kN/m^3）；

P_i——弹性膜约束力（kPa）。

$$V = V_m - \alpha(P_m + P_w) \tag{3-14}$$

$$S = S_m - \alpha(P_m + P_w) \tag{3-15}$$

式中　V，S——分别为校正后体积和测管水位下降值；

V_m，S_m——分别为（$P_m + P_w$）所对应的体积和测管水位下降值；

α——仪器综合变形系数（由综合校正曲线查得）。

2）绘制旁压曲线、确定试验压力特征值

根据校正后的体积和压力，绘制压力 P 与体积 V 曲线、蠕变曲线 $P\text{-}\Delta V_{60\sim30}$，如图 3-9 所示。然后根据压力与体积曲线，结合蠕变曲线确定初始压力 P_0、临塑压力 P_f 和极限压力 P_1。

①初始压力 P_0 确定：将旁压曲线的直线段延长交于纵轴，其截距为 V_0、S_0，所对应的压力即为初始压力 P_0；或者取蠕变曲线的第一拐点对应的压力作为 P_0。

②临塑压力 P_f 确定：直线段的终点对应的压力值为临塑压力 P_f；或者取蠕变曲线的第二拐点对应的压力作为 P_f。

③极限压力 P_1 确定：取 $V_1 = V_c + 2V_0$（V_c 为旁压器中腔体积，V_0 为 P_0 对应的体积）时的压力为极限压力 P_1；或者取旁压曲线末段的渐近线对应的压力为 P_1。

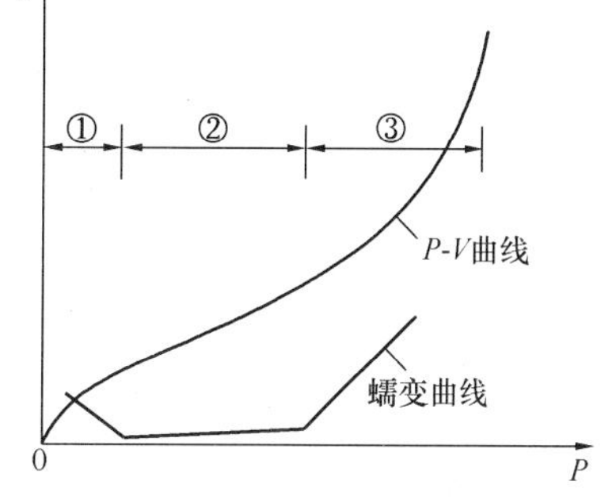

图 3-9　预钻式旁压试验曲线

①—再压缩阶段；②—似弹性阶段；③—塑性阶段

3）计算旁压模量

根据压力与体积曲线的直线段斜率，按下式计算旁压模量，即：

$$E_m = 2(1+\mu)\left(V_c + \frac{V_0 + V_f}{2}\right)\frac{\Delta P}{\Delta V} \tag{3-16}$$

式中　E_m——旁压模量（kPa）；

μ——泊松比；

V_c——旁压器量测腔初始固有体积（cm^3）；

V_0——与初始压力 P_0 对应的体积（cm^3）；

V_f——与临塑压力 P_f 对应的体积（cm^3）；

$\Delta P/\Delta V$——旁压曲线直线段的斜率（kPa/cm^3）。

4）工程应用

根据初始压力、临塑压力、极限压力和旁压模量，结合地区经验可评定地基承载力和变形参数。根据自钻式旁压试验的旁压曲线，还可测求土的原位水平应力、静力侧压系数、不排水抗剪强度等。

3.2 地基的最终沉降量计算

地基最终沉降量是指地基在建筑物附加荷载作用下，不断产生压缩直至压缩稳定后地基表面的沉降量。地基沉降的外因主要是建筑物附加荷载在地基中产生的附加应力，内因是在附加应力作用下土层的孔隙发生压缩变形。计算地基最终沉降量的方法有分层总和法和地基规范法等。

3.2.1 分层总和法

分层总和法假定地基土为直线变形体，在外荷载作用下的变形只发生在有限厚度的范围内，土层只有竖向单向压缩，侧向受到限制不产生变形。

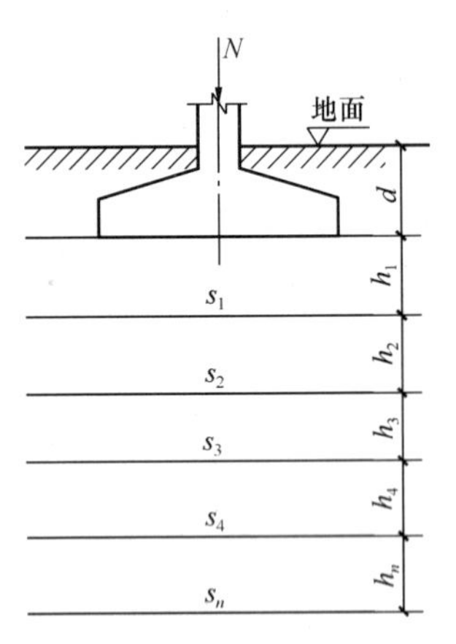

图 3-10 分层总和法计算原理

1. 计算原理

如图 3-10 所示，在地基压缩层深度范围内，将地基土分为若干水平土层，各土层厚度分别为 h_1，h_2，h_3，…，h_n。计算每层土的压缩量 s_1，s_2，s_3，…，s_n，然后累计起来，即为总的地基沉降量 s，即：

$$s = s_1 + s_2 + s_3 + \cdots + s_n = \sum_{i=1}^{n} s_i \tag{3-17}$$

2. 基本假定

(1) 地基土为均匀、各向同性的半无限空间弹性体。在建筑物荷载作用下，土中的应力、应变呈直线关系。因此，可应用弹性理论方法计算地基中的附加应力。

(2) 计算部位选择。取基底中心点下地基附加应力来计算各分层土的竖向压缩量。这是因为基础底面中心点下的附加应力为最大值。当计算基础倾斜时，要以倾斜方向基础两端点下的附加应力进行计算。

(3) 在竖向荷载作用下，地基土的变形条件为侧限条件，即在建筑物荷载作用下，地基土层只发生竖向压缩变形，不发生侧向膨胀变形。因而在沉降计算时，可以采用实验室测定的侧限压缩性指标 a 和 E_s 数值。

(4) 沉降计算深度，理论上应计算至无限大，工程上因附加应力扩散随深度而减小，计算至某一深度（即受压层）即可。受压层以下的土层附加应力很小，所产生的沉降量可忽略不计。若受压层以下有软弱土层时，应计算至软弱土层底部。

3. 计算方法和步骤

(1) 按比例绘制地基土层分布和基础剖面图，如图 3-11 所示。

(2) 计算基底中心点下各分层面上土的自重应力 σ_c 和基础底面接触压力 p。

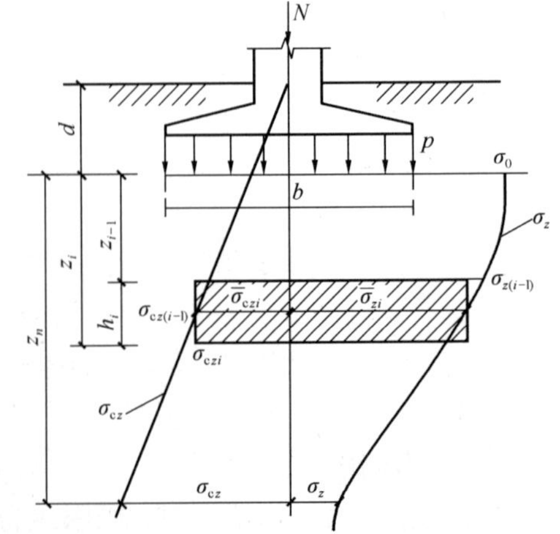

图 3-11 分层总和法计算地基最终沉降量

(3) 计算基础底面附加应力 σ_0 及地基中的附

加应力 σ_z 的分布。

（4）确定地基沉降计算深度 z_n。一般土根据 $\sigma_{zn}/\sigma_{cn}\leqslant 0.2$（软土 $\sigma_{zn}/\sigma_{cn}\leqslant 0.1$）确定地基沉降计算深度 z_n。

（5）沉降计算分层。分层是为了地基沉降量计算比较精确。分层原则如下：①薄层厚度 $h_i\leqslant 0.4b$（b 为基础宽度）；②天然土层面及地下水位处都应作为薄层的分界面。

（6）计算各分层土的平均自重应力 $\overline{\sigma}_{czi}=(\sigma_{cz(i-1)}+\sigma_{czi})/2$ 和平均附加应力 $\overline{\sigma}_{zi}=(\sigma_{cz(i-1)}+\sigma_{zi})/2$

（7）令 $p_{1i}=\sigma_{czi}$，$p_{2i}=\overline{\sigma}_{czi}+\overline{\sigma}_{zi}$，在该土层的 e-p 压缩曲线中，由 p_{1i} 和 p_{2i} 查出相应的 e_{1i} 和 e_{2i}，也可由有关计算公式确定 e_{1i} 和 e_{2i}。

（8）计算每一薄层的沉降量。可用以下任意公式，计算第 i 层土的压缩量 s_i，即：

$$s_i=\frac{\overline{\sigma}_{zi}}{E_{si}}h_i \tag{3-18a}$$

$$s_i=\frac{a_i}{1+e_{1i}}\overline{\sigma}_{zi}h_i \tag{3-18b}$$

$$s_i=\frac{e_{1i}-e_{2i}}{1+e_{1i}}h_i \tag{3-18c}$$

式中 E_{si}——第 i 层土的侧限压缩模量（kPa）；

h_i——第 i 层土的计算厚度（mm）；

a_i——第 i 层土的压缩系数（kPa^{-1}）；

e_{1i}——第 i 层土压缩前的孔隙比；

e_{2i}——第 i 层土压缩后的孔隙比。

（9）计算地基最终沉降量。按式（3-16）计算，将地基受压层 z_n 范围内各土层压缩量相加，即 $s=\sum_{i=1}^{n}s_i$ 为所求的地基最终沉降量。

【例 3-1】 某工业厂房采用框架结构，柱基底面为正方形，边长 $l=b=4.0$m，基础埋深 $d=1.0$m。上部结构传至基础顶面荷载为 $p=1440$kN，地基为粉质黏土，其天然重度 $\gamma=16.0\text{kN/m}^3$，土的天然孔隙比 $e=0.97$。地下水位深 3.4m，地下水位以下土的饱和重度 $\gamma_{sat}=18.2\text{kN/m}^3$。土的 e-p 曲线如图 3-12（b）所示。试计算柱基中点的沉降量。

【解】 ①绘柱基及地基土的剖面图，如图 3-12（a）所示。

②计算地基土的自重应力。

基础底面：$\sigma_{cd}=\gamma d=16\times 1=16(\text{kPa})$

地下水位处：$\sigma_{cw}=3.4\gamma=3.4\times 16=54.4(\text{kPa})$

地面下 $2b$ 处：$\sigma_{cz}=3.4\gamma+4.6\gamma'=3.4\times 16+4.6\times 8.2=92.11(\text{kPa})$

③计算基础底面接触压力。设基础和回填土的平均重度 $\gamma_G=20\text{kN/m}^3$，则：

$$p=\frac{p}{l\times b}+\gamma_G d=\frac{1440}{4\times 4}+20\times 1=110.0(\text{kPa})$$

④计算基础底面附加应力，即：

$$\sigma_0=\sigma-\gamma d=110.0-16.0=94.0(\text{kPa})$$

⑤计算地基中的附加应力。基础底面为正方形，用角点法计算，将其分成相等的四小块，计算边长 $l=b=4.0$m。其附加应力 $\sigma_z=4\alpha_c\sigma_0$，查表确定应力系数 α_c，计算结果见表 3-2。

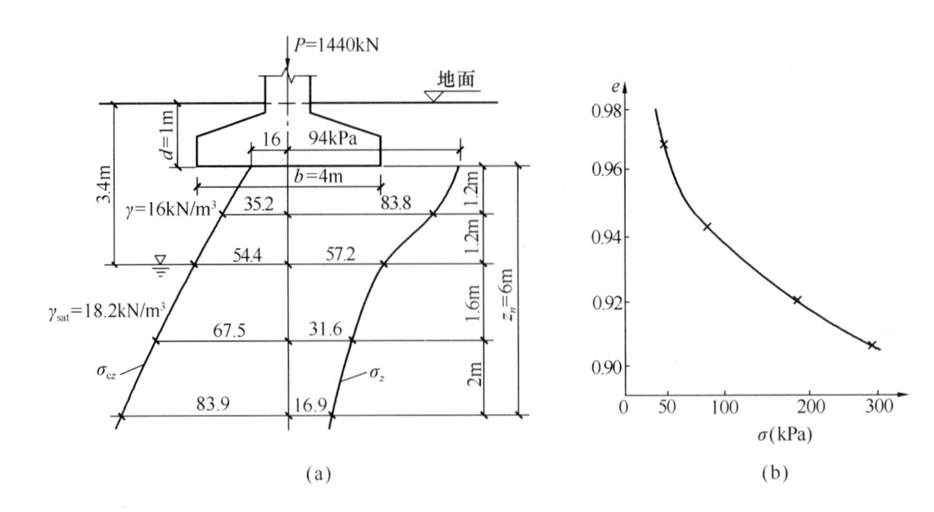

图 3-12　例 3-1 图

（a）地基应力分布；（b）土的 e-p 曲线

表 3-2　附加应力计算结果

深度 z（m）	l/b	z/b	应力系数 α_c	附加应力 $\sigma_z=4\alpha_c\sigma_0$（kPa）
0	1.0	0	0.2500	94.0
1.2	1.0	0.6	0.2229	83.8
2.4	1.0	1.2	0.1516	57.2
4.0	1.0	2.0	0.0840	31.6
6.0	1.0	3.0	0.0447	16.9
8.0	1.0	4.0	0.0270	10.2

⑥计算地基受压层深度 z_n。由图 3-12 中自重应力与附加应力分布的两条曲线，求 $\sigma_z=0.2\sigma_{cz}$ 的深度 z。

当 $z=6.0$m 时，$\sigma_z=16.9$kPa，$\sigma_{cz}=83.9$kPa，$\sigma_z\approx0.2\sigma_{cz}$，故受压层深度取 $z_n=6.0$m。

⑦地基沉降计算分层。各分层的厚度 $h_i\leqslant0.4b=1.6$m，在地下水位以上 2.4m 分两层，各 1.2m；第三层 1.6m，第四层因附加应力已很小，可取 2.0m。

⑧地基沉降计算。计算各分层土的平均自重应力 $\overline{\sigma}_{czi}=(\sigma_{cz(i-1)}+\sigma_{czi})/2$ 和平均附加应力 $\overline{\sigma}_{zi}=(\sigma_{z(i-1)}+\sigma_{zi})/2$ 。令 $p_{1i}=\overline{\sigma}_{czi}$，$p_{2i}=\overline{\sigma}_{czi}+\overline{\sigma}_{zi}$。采用式（3-17c）计算 s_i，计算结果见表 3-3。

表 3-3　地基沉降计算结果

土层编号	土层厚度 h_i（mm）	平均自重应力 $\overline{\sigma}_{czi}$（kPa）	平均附加应力 σ_{zi}（kPa）	$p_{2i}=\overline{\sigma}_{czi}+\overline{\sigma}_{zi}$（kPa）	由 p_{1i} 查 e_{1i}	由 p_{2i} 查 e_{2i}	层沉降量 s_i（mm）
1	1200	25.6	88.9	114.5	0.970	0.937	20.16
2	1200	44.8	70.5	115.3	0.960	0.936	14.64
3	1600	61.0	44.4	105.4	0.954	0.940	11.46
4	2000	75.7	24.3	100.0	0.948	0.941	7.18

⑨柱基中点总沉降量，即：

$$s=\sum_{i=1}^{n}s_i=20.16+14.64+11.46+7.18\approx 53.44(\mathrm{mm})$$

3.2.2 《建筑地基基础设计规范》推荐沉降计算法（应力面积法）

对大量建筑物进行沉降观测并与分层总和法计算相对比发现：①中等强度地基，计算沉降量与实测沉降量相接近；②软弱地基，计算沉降量小于实测沉降量，最多可相差40%；③坚实地基，计算地基沉降量远大于实测沉降量，最多相差5倍。分析计算地基沉降量与实测沉降量差别的原因：

1）分层总和法的几点假定，与实际情况不完全符合。

2）土的压缩性指标的代表性、取原状土的技术及试验的准确度都存在问题。

3）在地基沉降计算中，未考虑地基、基础与上部结构的共同作用。

为了使地基沉降量的计算值与实测沉降值相吻合，在总结大量实践经验的基础上，《建筑地基基础设计规范》（GB 50007—2002）（简称《地基规范》）引入了沉降计算经验系数ψ_s，对分层总和法计算结果进行了修正，使计算结果与基础实际沉降更趋于一致。同时，《地基规范》还对分层总和法的计算步骤进行了简化，采用了应力面积的概念，可以按地基土的天然层面分层，使计算工作得以简化。

1. 计算公式

《地基规范》法地基沉降计算公式为：

$$s=\psi_s s'=\psi_s\sum_{i=1}^{n}\frac{p_0}{E_{si}}(z_i\overline{\alpha}_i-z_{i-1}\overline{\alpha}_{i-1}) \tag{3-19}$$

式中 s——地基最终沉降量（mm）；

s'——按分层总和法计算的地基沉降量（mm）；

ψ_s——沉降计算经验系数，根据地区沉降观测资料及经验确定，无地区经验时可采用表3-4的数值；

n——地基变形计算深度范围内所划分的土层数，如图3-13所示；

p_0——对于荷载效应准永久组合时的基础底面处的附加应力（kPa）；

E_{si}——基础底面第i层土压缩模量（MPa），应取土的自重压力至土的自重压力与附加压力之和的压力段计算；

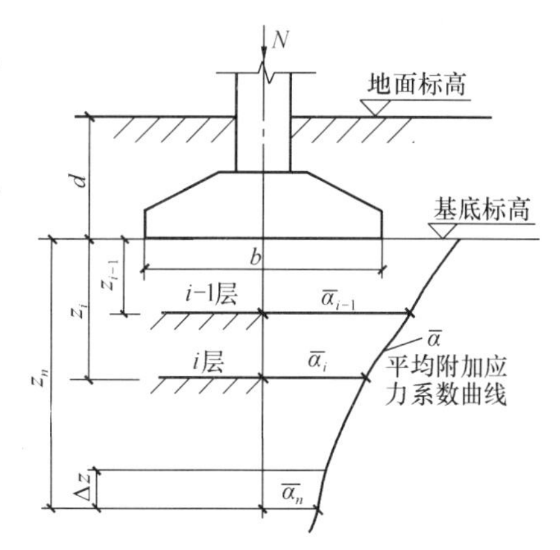

图3-13 基础沉降分层示意图

z_i，z_{i-1}——基础底面至第i层土、第$i-1$层土底面的距离（m）；

$\overline{\alpha}_i$，$\overline{\alpha}_{i-1}$——基础底面至第i层土、第$i-1$层土底面范围内平均附加应力系数，查表3-5。

表 3-4　沉降计算经验系数 ψ_s

$\overline{E}_{si}$（MPa） 基底附加应力	2.5	4.0	7.0	15.0	20.0
$p_0 \geqslant f_{ak}$	1.4	1.3	1.0	0.4	0.2
$p_0 \leqslant 0.75 f_{ak}$	1.1	1.0	0.7	0.4	0.2

注：$\overline{E}_s$为变形计算深度范围内压缩模量的当量值，$\overline{E}_s=\sum\Delta A_i/\sum\frac{\Delta A_i}{E_{si}}$；$\Delta A_i$ 为第 i 层土附加应力系数沿土层厚度的积分值。

表 3-5　矩形面积上均布荷载作用下角点的平均附加应力系数 $\overline{\alpha}_i$

z/b	l/b												
	1.0	1.2	1.4	1.6	1.8	2.0	2.4	2.8	3.2	3.6	4.0	5.0	10.0
0.0	0.2500	0.2500	0.2500	0.2500	0.2500	0.2500	0.2500	0.2500	0.2500	0.2500	0.2500	0.2500	0.2500
0.2	0.2496	0.2497	0.2497	0.2498	0.2498	0.2498	0.2498	0.2498	0.2498	0.2498	0.2498	0.2498	0.2498
0.4	0.2474	0.2479	0.2481	0.2483	0.2483	0.2484	0.2485	0.2485	0.2485	0.2485	0.2485	0.2485	0.2485
0.6	0.2423	0.2437	0.2444	0.2448	0.2451	0.2452	0.2454	0.2455	0.2455	0.2455	0.2455	0.2455	0.2456
0.8	0.2346	0.2372	0.2387	0.2395	0.2400	0.2403	0.2407	0.2408	0.2409	0.2409	0.2410	0.2410	0.2410
1.0	0.2252	0.2291	0.2313	0.2326	0.2335	0.2340	0.2346	0.2349	0.2351	0.2352	0.2352	0.2353	0.2353
1.2	0.2149	0.2199	0.2229	0.2248	0.2260	0.2268	0.2278	0.2282	0.2285	0.2286	0.2287	0.2288	0.2289
1.4	0.2043	0.2102	0.2140	0.2164	0.2190	0.2191	0.2204	0.2211	0.2215	0.2217	0.2218	0.2220	0.2221
1.6	0.1939	0.2006	0.2049	0.2079	0.2099	0.2113	0.2130	0.2138	0.2143	0.2146	0.2148	0.2150	0.2152
1.8	0.1840	0.1912	0.1960	0.1994	0.2018	0.2034	0.2055	0.2066	0.2073	0.2077	0.2079	0.2082	0.2084
2.0	0.1746	0.1822	0.1875	0.1912	0.1938	0.1958	0.1982	0.1996	0.2004	0.2009	0.2012	0.2015	0.2018
2.2	0.1659	0.1737	0.1793	0.1833	0.1862	0.1883	0.1911	0.1927	0.1937	0.1943	0.1947	0.1952	0.1955
2.4	0.1578	0.1657	0.1715	0.1757	0.1789	0.1812	0.1843	0.1862	0.1873	0.1880	0.1885	0.1890	0.1895
2.6	0.1503	0.1583	0.1642	0.1686	0.1719	0.1745	0.1779	0.1799	0.1812	0.1820	0.1825	0.1832	0.1838
2.8	0.1433	0.1514	0.1574	0.1619	0.1654	0.1680	0.1717	0.1739	0.1753	0.1763	0.1769	0.1777	0.1784
3.0	0.1369	0.1449	0.1510	0.1556	0.1592	0.1619	0.1658	0.1682	0.1698	0.1708	0.1715	0.1725	0.1733
3.2	0.1310	0.1390	0.1450	0.1497	0.1533	0.1562	0.1602	0.1628	0.1645	0.1657	0.1664	0.1675	0.1685
3.4	0.1256	0.1334	0.1394	0.1441	0.1478	0.1508	0.1550	0.1577	0.1595	0.1607	0.1616	0.1628	0.1639
3.6	0.1205	0.1282	0.1342	0.1389	0.1427	0.1456	0.1500	0.1528	0.1548	0.1561	0.1570	0.1583	0.1595
3.8	0.1158	0.1234	0.1293	0.1340	0.1378	0.1408	0.1452	0.1482	0.1502	0.1516	0.01526	0.1541	0.1554
4.0	0.1114	0.1189	0.1248	0.1294	0.1332	0.1362	0.1408	0.1438	0.1459	0.1474	0.1485	0.1500	0.1516
4.2	0.1073	0.1147	0.1205	0.1251	0.1289	0.1319	0.1365	0.1396	0.1418	0.1434	0.1445	0.1462	0.1479
4.4	0.1035	0.1107	0.1164	0.1201	0.1248	0.1279	0.1325	0.1357	0.1379	0.1396	0.1407	0.1425	0.1444
4.6	0.1000	0.1070	0.1127	0.1172	0.1209	0.1240	0.1287	0.1319	0.1342	0.1359	0.1371	0.1390	0.1410
4.8	0.0967	0.1036	0.1091	0.1136	0.1173	0.1204	0.1250	0.1283	0.1307	0.1324	0.1337	0.1357	0.1379
5.0	0.0935	0.1003	0.1057	0.1162	0.1139	0.1169	0.1216	0.1249	0.1273	0.1291	0.1304	0.1325	0.1348

续表

z/b	l/b												
	1.0	1.2	1.4	1.6	1.8	2.0	2.4	2.8	3.2	3.6	4.0	5.0	10.0
5.2	0.0906	0.0972	0.1026	0.1070	0.1106	0.1136	0.1183	0.1217	0.1241	0.1259	0.1273	0.1295	0.1320
5.4	0.0878	0.0943	0.0996	0.1039	0.1075	0.1105	0.1152	0.1186	0.1211	0.1229	0.1243	0.1265	0.1292
5.6	0.0852	0.0916	0.0968	0.1010	0.1046	0.1076	0.1122	0.1156	0.1181	0.1200	0.1215	0.1238	0.1266
5.8	0.0828	0.0890	0.0941	0.0983	0.1018	0.1047	0.1094	0.1128	0.1153	0.1172	0.1187	0.1211	0.1240
6.0	0.0805	0.0866	0.0916	0.0957	0.0991	0.1021	0.1067	0.1101	0.1126	0.1146	0.1161	0.1185	0.1216
6.2	0.0783	0.0842	0.0891	0.0932	0.0966	0.0995	0.1014	0.1075	0.1101	0.1120	0.1136	0.1161	0.1193
6.4	0.0762	0.0820	0.0869	0.0909	0.0942	0.0971	0.1016	0.1050	0.1076	0.1096	0.1111	0.1137	0.1171
6.6	0.0742	0.0799	0.0848	0.0886	0.0919	0.0948	0.0993	0.1027	0.1053	0.1073	0.1088	0.1114	0.1149
6.8	0.0723	00779	0.0826	0.0865	0.0898	0.0926	0.0970	0.1004	0.1030	0.1050	0.1066	0.1092	0.1129
7.0	0.0705	0.0761	0.0806	0.0844	0.0877	0.0904	0.0949	0.0982	0.1008	0.1028	0.1044	0.1071	0.1109
7.2	0.0688	0.0742	0.0787	0.0825	0.0857	0.0884	0.0928	0.0962	0.0987	0.1008	0.1023	0.1051	0.1090
7.4	0.0672	0.0725	0.0769	0.0806	0.0838	0.0865	0.0908	0.0942	0.0967	0.0988	0.1004	0.1031	0.1071
7.6	0.0656	0.0709	0.0752	0.0789	0.0820	0.0846	0.0889	0.0922	0.0948	0.0968	0.0984	0.1012	0.1054
7.8	0.0642	0.0693	0.0736	0.0771	0.0802	0.0828	0.0871	0.0904	0.0929	0.0950	0.09666	0.0994	0.1036
8.0	0.0627	0.0678	0.0720	0.0755	0.0785	0.0811	0.0853	0.0886	0.0912	0.0932	0.0948	0.0976	0.1020
8.2	0.0614	0.0663	0.0705	0.0739	0.0769	0.0795	0.0837	0.0869	0.0894	0.0914	0.0931	0.0969	0.1004
8.4	0.0601	0.0649	0.0690	0.0724	0.0754	0.0779	0.0820	0.0852	0.0878	0.0989	0.0914	0.0943	0.0988
8.6	0.0588	0.0636	0.0676	0.0710	0.0739	0.0764	0.0805	0.0836	0.0862	0.0882	0.0898	0.0927	0.0973
8.8	0.0576	0.0623	0.0663	0.0696	0.0724	0.0749	0.0790	0.0821	0.0846	0.0866	0.0882	0.0912	0.0959
9.2	0.0.554	0.0599	0.0637	0.0697	0.0721	0.0761	0.0792	0.0817	0.0837	0.08530	0.0882	0.0813	0.0931
9.6	0.0533	0.0577	0.0614	0.0672	0.0696	0.0737	0.0765	0.0789	0.0809	0.0825	0.0855	0.0738	0.0905
10.0	0.0514	0.0556	0.0592	0.0649	0.0672	0.0710	0.0739	0.0763	0.0783	0.0799	0.0829	0.0719	0.0880
10.4	0.0496	0.0537	0.0572	0.0627	0.0649	0.0686	0.0710	0.0739	0.0759	0.0775	0.0804	0.0682	0.0857
10.8	0.0749	0.0519	0.0553	0.0606	0.0628	0.0664	0.0693	0.0717	0.00736	0.0751	0.0781	0.0649	0.0834
11.2	0.0463	0.0502	0.0535	0.0563	0.0587	0.0609	0.0644	0.0672	0.0695	0.0714	0.0730	0.0759	0.0813
11.6	0.0448	0.0486	0.0518	0.0545	0.0569	0.0590	0.0625	0.0652	0.0675	0.0694	0.0709	0.0738	0.0793
12.0	0.0435	0.0471	0.0502	0.0529	0.0552	0.0573	0.0606	0.0634	0.0656	0.0674	0.0690	0.0719	0.0774
12.8	0.0409	0.0444	0.0474	0.0499	0.0521	0.0541	0.0573	0.0599	0.0621	0.0639	0.0654	0.0682	0.0739
13.6	0.0387	0.0420	0.0448	0.0472	0.0493	0.0512	0.0543	0.0568	0.0589	0.0609	0.0621	0.0649	0.0707
14.4	0.0367	0.0398	0.0425	0.0448	0.0468	0.0486	0.0516	0.0540	0.0561	0.0577	0.0592	0.00619	0.0677
15.2	0.0349	0.0379	0.0404	0.0426	0.0446	0.0463	0.0492	0.0515	0.0535	0.0551	0.0565	0.0592	0.0650
16.0	0.0332	0.0361	0.0385	0.0407	0.0425	0.0442	0.0469	0.0492	0.0511	0.0527	0.0540	0.0567	0.0625
18.0	0.0297	0.0323	0.0345	0.0364	0.00381	0.0396	0.0422	0.0442	0.0460	0.0475	0.0487	0.0512	0.0570
20.0	0.0269	0.0293	0.0312	0.0330	0.0345	0.0359	0.0383	0.0402	0.0418	0.0432	0.0444	0.00468	0.0524

计算矩形基础中点下沉降量时，将基础底面分成4块相同的小块，按 l/b、$2z/b$ 角点法查得的平均附加应力系数应乘以4得到中心竖线上的平均附加应力系数。对于条形基础，可取 $l/b=10$ 查表计算（z 和 b 分别为基础的长边和短边）。

应当注意：平均附加应力系数 $\overline{\alpha}_i$ 系指基础底面计算点至第 i 层土底面范围内全部土层的附加应力系数平均值，而非地基中第 i 层土本身附加应力系数。

2. 地基沉降计算深度 z_n

在《地基规范》法地基沉降计算中，地基沉降计算深度的确定分两种情况。

（1）无相邻荷载的基础中点下。当无相邻荷载影响，基础宽度在1～30m范围内时，基础中点的地基变形计算深度也可按下列简化公式计算：

$$z_n = b(2.5 - 0.4\ln b) \tag{3-20}$$

式中 b——基础宽度（m）。

（2）考虑相邻荷载的影响，应满足下式要求：

$$\Delta s'_n \leqslant 0.025 \sum_{i=1}^{n} \Delta s'_i \tag{3-21}$$

式中 $\Delta s'_i$——在计算深度范围内，第 i 层土的计算变形值；

$\Delta s'_n$——在计算深度 z_n 处，向上取厚度为 Δz 的土层计算变形值，Δz 意义如图3-13所示，Δz 可按表3-6确定。

表3-6 计算厚度 Δz 值

b（m）	$b\leqslant 2$	$2<b\leqslant 4$	$4<b\leqslant 8$	$b>8$
Δz（m）	0.3	0.6	0.8	1.0

按式（3-20）确定的地基变形计算深度下部如有较软弱土层时，应向下继续计算。

在计算范围内存在基岩时，z_n 可取至基岩表面，当存在较厚的坚硬黏性土层，其孔隙比小于0.5、压缩模量大于50MPa，或存在较厚的密实砂卵石层，其压缩模量大于80MPa，z_n 可取至该层土表面。

3. 沉降计算经验系数 ψ_s

由于推导 s' 时采用了近似假定，而且对某些复杂因素也难以定量计算，将其计算结果与大量沉降观测资料结果比较发现：低压缩性的地基土，s' 计算值偏大；高压缩性的地基土，s' 计算值偏小。因此引入经验系数 $\psi_s=s_\infty/s'$。s' 为利用基础沉降观测资料推算的最终沉降量。沉降计算经验系数 ψ_s 取值可通过查表3-4得到。

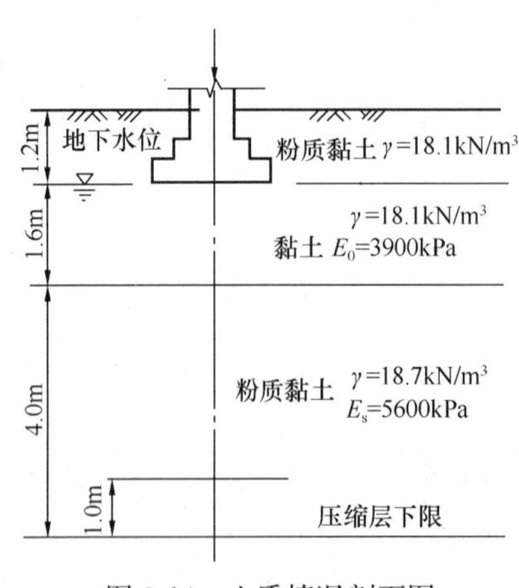

图3-14 土质情况剖面图

【例3-2】 一方形基础埋深 $d=1.2$m，基础底面尺寸为1.5m×1.5m，基底附加压力 $p_0=136$kPa，地质剖面如图3-14所示，试用《地基规范》推荐法计算此基础的最终沉降量。

【解】 假设压缩层计算厚度为5.6m黏土层厚1.6m，粉质黏土层厚4.0m。将基础底面均分为四块相同的分布荷载，则基础中心点成为四个小荷载块的公共角点，可按角点法计算其沉降量。

各层压缩量计算如下：

（1）黏土层：该层顶面和底面各位于基础面以下 $z=0$ 及 $z=1.6\text{m}$ 处

顶面处：$\dfrac{l}{b}=\dfrac{1.5/2}{1.5/2}=1.0$，$\dfrac{z}{b}=0$，查表 3-5 得 $\overline{\alpha}=4\times0.2500=1.0000$

底面处：$\dfrac{l}{b}=\dfrac{1.5/2}{1.5/2}=1.0$，$\dfrac{z}{b}=\dfrac{1.6}{1.5/2}=2.1333$

查表 3-5 得 $\overline{\alpha}=4\times0.1688=0.6752$

故 $$\Delta s'=\frac{p_0}{E_{si}}(z_i\alpha_i-z_{i-1}\alpha_{i-1})=\frac{136}{3.9}(0.6752\times1.6-1.000\times0)=37.7(\text{mm})$$

（2）粉质黏土层：该层顶面和底面各位于基础底面以下 $z=1.6\text{m}$ 及 $z=5.6\text{m}$ 处

底面处：$\dfrac{l}{b}=\dfrac{1.5/2}{1.5/2}=1.0$，$\dfrac{z}{b}=\dfrac{5.6}{1.5/2}=7.4667$，查表 3-5 得 $\overline{\alpha}=4\times0.0669=0.2676$，

$$\Delta s'=\frac{p_0}{E_{si}}(z_i\alpha_i-z_{i-1}\alpha_{i-1})=\frac{136}{5.6}(0.2676\times5.6-0.6752\times1.6)=10.2(\text{mm})$$

（3）确定压缩层厚度

由假设计算深度 $z=5.6\text{m}$ 向上取厚度 1m 计算其压缩量：

顶面处：$\dfrac{l}{b}=\dfrac{1.5/2}{1.5/2}=1.0$，$\dfrac{z}{b}=\dfrac{4.6}{1.5/2}=6.13333$，查表 3-5 得：

$$\overline{\alpha}=4\times0.0792=0.3168$$

故 $$\Delta s'=\frac{p_0}{E_{si}}(z_i\alpha_i-z_{i-1}\alpha_{i-1})=\frac{136}{5.6}(0.2676\times5.6-0.3168\times4.6)=1.0(\text{mm})$$
$$<0.025(37.7+10.2)=1.2\text{mm}$$

因此，上述假定压缩层厚度是可以的。

（4）计算基础最终沉降量

压缩层范围内土层压缩模量当量值为：

$$\overline{E}_s=p_0z_n\alpha_n/s'=136\times5.6\times0.2676/(37.7+10.2)=4.25(\text{MPa})$$

假定 $p_0<0.75f_{ak}$，查表 3-4 得 $\psi_s=0.975$，则基础最终沉降量为：

$$s=\psi_s s=0.975\times(37.7+10.2)=46.7(\text{mm})$$

3.3 固结理论及地基沉降与时间的关系

3.3.1 地基沉降与时间关系计算目的

上一节介绍了地基最终沉降量的计算。最终沉降量是指在上部荷载产生的附加应力作用下，地基土体发生压缩达到稳定的沉降量。实际上，地基的变形不是瞬时完成的，地基在建筑物荷载作用下要经过相当长的时间才能达到最终沉降量。饱和土体的压缩完全是由于孔隙中水的逐渐向外排出，孔隙体积减小引起的，因此排水速率将影响到土体压缩稳定所需的时间，而排水速率又直接与土的透水性有关，透水性愈强，孔隙水排出愈快，完成压缩所需时间愈短。

在工程设计中，除了要知道地基最终沉降量外，有时需要计算建筑物在施工期间和使用期间的地基沉降量，掌握地基沉降与时间的关系，以便设计预留建筑物有关部分之间的净空，考虑连接方法，组织施工顺序，控制施工进度，以及作为采取必要措施的依据。尤其对发生裂缝、倾斜等事故的建筑物，更需要了解当时的沉降与今后沉降的发展，即沉降与时间的关系，作为确定事故处理方案的重要依据。采用堆载预压方法处理地基时，也需要考虑地

基变形与时间的关系。

对于饱和土体沉降的过程，因土的孔隙中充满水。在荷载作用下，必须使孔隙中的水部分排出，土固体颗粒才能压密，即发生土体压缩变形。由于土粒很细，孔隙更细要使孔隙中水排出，需要经历相当长的时间 t。时间 t 的长短，取决于土层排水距离 H、土粒粒径 d 与孔隙比 e 的大小，以及土层渗透系数、荷载大小和压缩系数高低等因素。

一般建筑物在施工期间所完成的沉降，根据土的性质不同，有以下几种情况：

(1) 对于砂土和碎石土地基，因压缩性较小，透水性较大，一般在施工完成时地基的沉降已全部或基本完成。

(2) 低压缩性黏性土，施工期间一般可完成最终沉降量的 50%～80%；中压缩性黏性土，施工期间一般可完成最终沉降量的 20%～50%；高压缩性黏性土，施工期间一般可完成最终沉降量的 5%～20%。

(3) 淤泥质黏性土渗透性低，压缩性大，对于层厚较大的饱和淤泥质黏性土地基，沉降有时需要几十年施加才能达到稳定。例如，上海展览中心馆，1954 年 5 月开工时，中央大厅的平均沉降量当年年底仅为 60cm，1957 年 6 月为 140mm，1979 年 9 月达到 160mm，沉降经过二十多年仍然没有达到稳定。

为清楚地掌握饱和土体的压缩过程，首先要研究其渗流固结过程，即土的骨架和孔隙水分担和转移外力的情况和过程。

3.3.2 饱和土的渗透固结

1. 饱和土的渗透固结过程

饱和土体在压力作用下，随时间增长，孔隙水被逐渐排出，孔隙体积随之缩小的过程，称为饱和土的渗透固结。饱和土体受荷产生压缩的过程有以下方面：

(1) 土体孔隙中自由水逐渐排出。

(2) 土体孔隙体积逐渐减小。

(3) 孔隙水压力逐渐转移到土骨架来承受，成为有效应力。

上述三个方面为饱和土体固结作用：排水、压缩和压力转移，三者同时进行的一个过程。渗透固结所需时间的长短主要与土的渗透性和土层厚度有关，土的渗透性愈小土层愈厚，孔隙水被排出所需的时间愈长。

2. 渗透固结力学模型

如图 3-15 所示，用一个弹簧活塞力学模型来模拟饱和土体中某点的渗透固结过程。在一个盛满水的圆筒中，筒底与弹簧一端连接，弹簧另一端连接一个带排水孔的活塞，其中弹簧表示土的固体颗粒骨架，容器内的水表示土孔隙中的自由水，整个模型表示饱和土体，由于模型中只有固、液两种介质，故对于外荷 σA 的作用只能是由水和土骨架（弹簧）共同承担。设其中弹簧承担的压力为 $\sigma A'$，圆筒中的水（土孔隙水）承担的压力为 u，根据静力平衡条件可知：

$$\sigma = \sigma' + u \tag{3-22}$$

式中 σ'——有效应力；

u——孔隙水压力，以测压管中水的超高表示；

σ——总应力，通常指作用在土中的附加应力。

由试验可观察到以下一些现象：

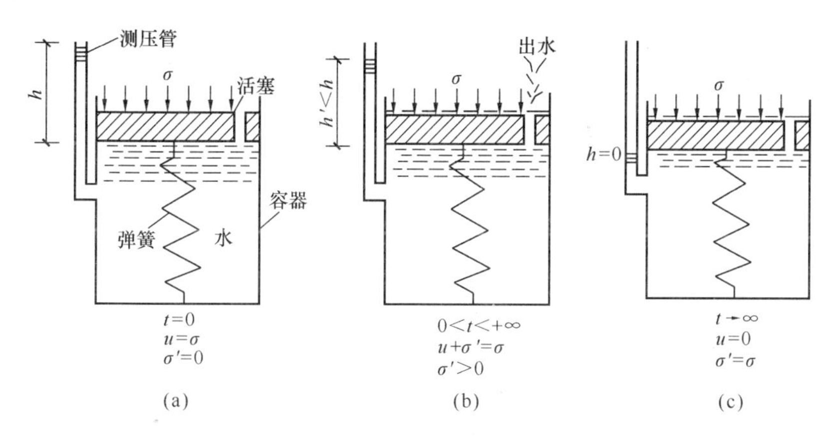

图 3-15　饱和土的渗透固结模型

(1) 当 $t=0$ 时，如图 3-15 (a) 所示。在活塞顶面骤然施加荷载 p 的一瞬间，容器中的水尚未从活塞的细孔排出时，压力完全由水承担，弹簧没有变形和受力，有效应力 $\sigma'=0$，孔隙水压力 $u=\sigma=\gamma_w h$。此时从测压管量得水柱高 $h=\sigma/\gamma_w$。

(2) 经过时间 t 以后 ($0<t<\infty$)，如图 3-15 (b) 所示。随着荷载作用时间的延长，水压力增大，容器中的水不断地从活塞排水孔排出，活塞下降，迫使弹簧受到压缩而受力。此时，土的有效应力 σ' 逐渐增大，孔隙水压力 u 逐渐减小，$\sigma=\sigma'+u$，$\sigma'>0$，$u<\sigma$。此时从测压管量得水柱 $h'<\sigma/\gamma_w$。

(3) 当时间 t 经历很长以后 ($t\to\infty$，为"最终"时间)，如图 3-15 (c) 所示。容器中的水完全排出，停止流动，孔隙水压力完全消散，活塞便不再下降，外荷载 σ 全部由弹簧承担。此时，$h=0$，$u=\gamma_w h=0$，$\sigma'=\sigma$，土的渗透固结完成。

由此看出，饱和土的渗透固结，就是土中的孔隙水压力 u 消散，逐渐转移为有效应力 σ' 的过程。土体中某点有效应力增长幅度反映该点土的固结完成程度。

3. 两种应力在深度上随时间的分布

实际上，土体的有效应力 σ' 与孔隙水压力 u 的变化，不仅与时间 t 有关，而且还与该点离透水面的距离 z 有关，即孔隙水压力 u 是距离 z 和时间 t 的函数：

$$u=\int(z,t) \tag{3-23}$$

如图 3-16 (a) 所示，室内固结试验的土样，上下面双向排水，土样厚度为 2，上半部的孔隙水向上排，下半部的孔隙水向下排。

试验土样在加外力 σ 后，经历不同时间 t，沿土样深度方向，孔隙水压力 u 和有效应力 σ' 的分布，如图 3-16 (b) 所示。

(1) 当时间 $z=0$，即外力施加后的一瞬间，孔隙水压力 $u=\sigma$，有效应力 $\sigma'=0$。此时，u 和 σ' 两种应力分布如图 3-16 (b) 中右端竖直线所示。

(2) 经历一段时间后，$t=t_1$ 时，u 和 σ' 两种应力都存在，$\sigma=\sigma'+u$，这两种应力分布如图 3-16 (b) 中部的曲线所示。

(3) 当经历很长时间以后，时间 $t\to\infty$，此时孔隙水压力 $u=0$，有效应力 $\sigma'=\sigma$。这两种应力分布如图 3-16 (b) 中左侧竖直线所示。

通过观察 u 和 σ' 在图 3-16 (b) 中的坐标变化：孔隙水压力 u 的坐标位于土样底部，向右增大；有效应力 σ' 位于土样顶部，向左增大。

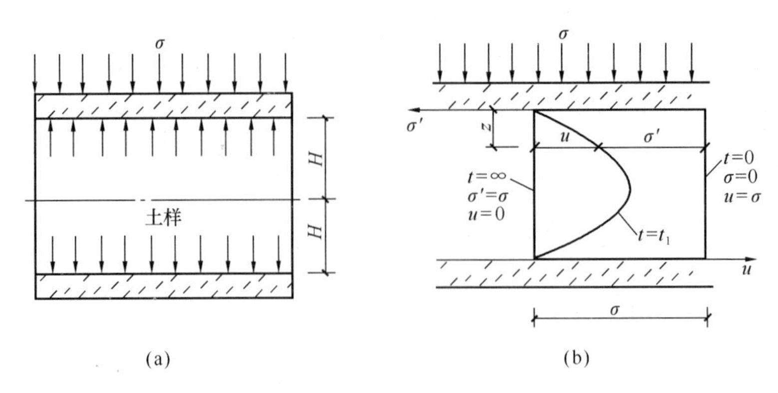

图 3-16 固结试验土样中两种应力随时间与深度的分布
(a) 试验土样；(b) 应力分布

3.3.3 太沙基一维固结理论

一维固结又称单向固结，是在荷载作用下土中水的流动和土体的变形仅发生在一个方向（如竖直向）的土体固结问题。为了求得饱和土层在渗透固结过程中任意时间的变形，通常采用太沙基（1925 年）提出的一维固结理论进行计算。其适用条件为荷载面积远大于压缩土层的厚度，地基中孔隙水主要沿着竖向渗流的情况。同时，土的固体颗粒也只沿一个方向位移，而在土的水平方向无渗流、无位移，类似于土的室内侧限压缩试验。

在天然土层中，常遇到厚度不大的饱和软黏土层，当受到较大的均布荷载作用时，只要底面或顶面有透水矿层，则孔隙水主要沿竖向发生，可认为是单向固结情况。单向固结理论计算十分简便，目前建筑工程中应用很广，但对于堤坝及其地基，孔隙水主要沿两个方向渗流，属于二维固结问题。

1. 一维固结理论的基本假定

为了简化实际问题，方便分析固结过程，太沙基一维固结理论有以下假定：

(1) 土层是均质、各向同性和完全饱和的。

(2) 土粒和孔隙水都是不可压缩的。

(3) 土中水的渗流和土的压缩只沿竖向发生，水平方向不排水，不发生压缩。

(4) 土中水的渗流服从达西定律，且渗透系数 k 保持不变。

(5) 在固结过程中，压缩系数 a 保持不变。

(6) 外荷载（附加应力）一次骤然施加，且沿土层深度呈均匀分布。

(7) 土体变形完全是由土层中有效应力增加引起的。

2. 单向固结微分方程

根据水流连续性原理、达西定律和有效应力原理，建立固结微分方程：

$$C_v \frac{\partial^2 u}{\partial z^2} = \frac{\partial u}{\partial t} \tag{3-24}$$

$$C_v = \frac{k(1+e)}{a\gamma_w}$$

式中 C_v——竖向固结系数（m^2/年）；

k——渗透系数（m/年）；

a——压缩系数（kPa^{-1}）；

e——渗透固结前土的孔隙比。

设定一定的边界条件可求出任意深度、任意时刻的孔隙水压力。

3. 地基固结度

固结度是指地基在荷载作用下，经历某一时间后产生固结沉降量与最终固结沉降量的比值。

对于单向渗透固结，由于土层的固结沉降与该层的有效应力面积成正比，所以将某一时刻 t 的有效应力面积与起始孔隙水压力面积之比，称为土层单向固结的平均固结度 U_t：

$$U_t = 1 - \frac{\int_0^H u_{zt} d_z}{\int_0^H \sigma_z d_z} \quad (3\text{-}25)$$

式中 H——深度 z 处某一时刻 f 的孔隙水压力（kPa）；

σ_z——深度 z 处的竖向附加应力（即 $t=0$ 时该深度处的起始孔隙水压力）（kPa）。

4. 地基中附加应力上下均布情况的固结度计算

若荷载作用面积较大或土层较薄时，附加应力在地基渗透固结深度范围内分布是均匀的，此时式（3-24）为：

$$U_t = 1 - \frac{8}{\pi^2} \cdot e^{-\frac{\pi^2}{4}T_v} \quad (3\text{-}26)$$

$$T_v = \frac{C_v t}{H^2} \quad (3\text{-}27)$$

式中 T_v——时间因数；

H——土层厚度，双面排水情况下计算固结时间因数 L 时，土层厚度按 $H/2$ 计算。

3.3.4 地基沉降与时间关系计算

利用饱和黏性土单向渗透固结理论，可解决两类问题。

（1）已知土层的最终沉降量，求解历时 f 时刻的某一固结沉降量。

（2）已知土层的最终沉降量，求解达到某一沉降量所经历的时间。

下面举一例来说明如何解决这两类问题，例题限于地基中附加应力上下均布情况。

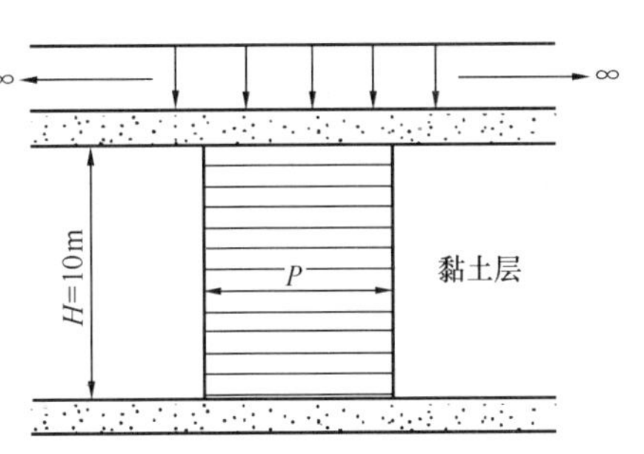

图 3-17 例 3-3 图

(a) 地基应力分布；(b) 土的 e-p 曲线

【例 3-3】 如图 3-16 所示，设饱和黏土层的厚度为 10m，上下均排水，地面上作用无限均布荷载 $p=200\text{kPa}$，若土层的初始孔隙比 e_1 为 0.8，压缩系数 a 为 $2.5\times104\text{kPa}^{-1}$，渗透系数 k 为 0.02m/年。试求：(1) 加荷一年后，基础中心点的沉降量为多少？(2) 当基础的沉降量达到 20cm 时需要多少时间？

【解】 ①地基最终沉降量估算

$$S = \frac{a}{1+e_1}\sigma_z H = \frac{2.5}{1+0.8} \times 10^{-4} \times 200 \times 1000 = 27.8(\text{cm})$$

②土层的固结系数

$$C_v = \frac{k(1+e_1)}{a\gamma_w} = \frac{0.02\times(1+0.8)}{0.00025\times 9.8} = 14.7(\text{m}^2/\text{年})$$

③加荷一年后基础中心点的沉降量

时间因数：$T_v=\dfrac{C_v t}{(H/2)^2}=\dfrac{14.7\times 1}{5^2}=0.588$

根据 T_v，查表 3-7，得土层的平均固结度 $U=0.81$，则加荷一年后的沉降量为：

$$S_t=U\cdot S=22.5\ (\text{cm})$$

④沉降 25cm 所需时间。

已知基础沉降为 $S_t=20\text{cm}$，最终沉降量 $S=27.8\text{cm}$，则土层的平均固结度为：

$$U=\frac{S_t}{S}=\frac{20}{27.8}=0.72$$

根据 U，查表 3-7，得时间因数 $T_v=0.44$，则沉降达到 20cm 所需的时间为：

$$t=\frac{T_v(H/2)^2}{C_v}=\frac{0.44\times 500^2}{1.47\times 10^5}=0.75(\text{年})$$

表 3-7　地基中附加应力上下均布时固结度 U 与相应的时间因数 T_v

固结度 U	0	0.1	0.2	0.3	0.4	0.5	0.6	0.7	0.8	0.9	1.0
时间因数 T_v	0	0.008	0.031	0.071	0.126	0.197	0.286	0.403	0.567	0.848	∞

3.3.5　固结理论在软黏土地基处理中的应用

地基土层的排水固结效果与它的排水边界有关。根据固结理论，在达到同一固结度时，固结所需的时间与排水距离的平方成正比，即 $t=T_vH^2/C_v$。如图 3-18 所示，软黏土层越厚，一维固结所需的时间越长。如果淤泥质土层厚度大于 10～20m，要达到较大固结度，所需的时间要几年至几十年。

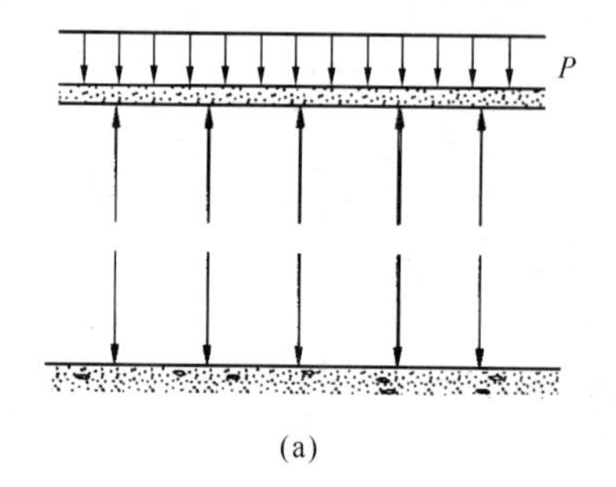

(a)

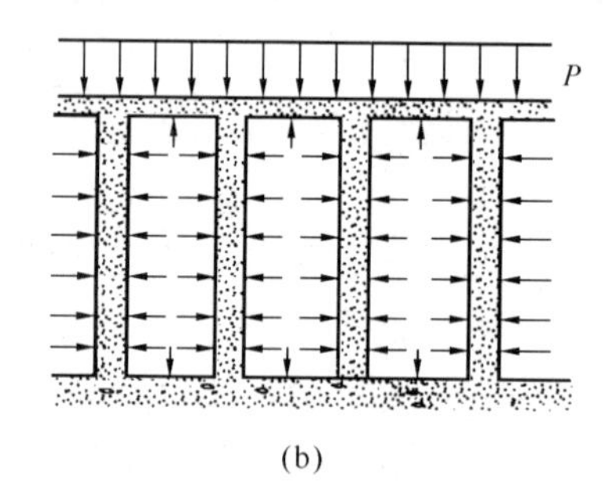

(b)

图 3-18　软黏土地基堆载预压排水固结原理

(a) 天然地基竖向排水情况；(b) 砂井（塑料排水板）地基排水情况

为了加速地基固结，最为有效的方法是在天然土层中增加排水通道，缩短排水距离，在软土地基中设置竖向排水体（袋装砂井或塑料排水板），在软土地基上设置砂垫层等横向（水平向）排水体，以改善软弱土层的排水条件，然后在场地进行堆载预压，这时土层中的孔隙水主要通过竖向排水体排出，可缩短预压工程的预压期，在短期内达到较好的固结效果，使沉降提前完成，同时加速地基土强度的增长，使地基承载力提高的速率始终大于施工荷载的速率，以保证地基的稳定性。这一点无论从理论和实践上都得到了证实。

3.4 建筑物沉降观测与地基变形允许值

3.4.1 地基变形允许值

为了保证建筑物的正常使用，防止建筑物因地基变形过大而发生裂缝、倾斜甚至破坏等事故，必须保证地基变形值不大于地基变形允许值。《地基规范》对此作出规定，如表3-8所示。对表中未包括的建筑物，其地基变形允许值应根据上部结构对地基变形的适应能力和使用上的要求确定。

表中相应的地基变形特征可分为：

（1）沉降量：基础中心点的沉降值。

（2）沉降差：相邻独立基础沉降量的差值。

（3）倾斜：基础倾斜方向两端点的沉降差与其距离的比值。

（4）局部倾斜：砌体承重结构沿纵向6～10m内基础两点的沉降差与其距离的比值。

表3-8 地基变形允许值

变形特征	地基土类别	
	中、低压缩性土	高压缩性土
砌体承重结构基础的局部倾斜	0.002	0.003
工业与民用建筑相邻柱基的沉降差		
（1）框架结构	$0.002l$	$0.003l$
（2）砌体墙填充的边排柱	$0.0007l$	$0.001l$
（3）当基础不均匀沉降时不产生附加应力的结构	$0.005l$	$0.005l$
单层排架结构（柱距为6m）柱基的沉降量（mm）	120	200
桥式吊车轨面的倾斜（按不调整轨道考虑）		
纵向	0.004	
横向	0.003	
多层和高层建筑的整体倾斜：$H_g \leqslant 24m$	0.004	
$24m < H_g \leqslant 60m$	0.003	
$60m < H_g \leqslant 100m$	0.0025	
$H_g > 100m$	0.002	
体型简单的高层建筑基础的平均沉降量（mm）	200	
高耸结构基础的倾斜：$H_g \leqslant 20m$	0.008	
$20m < H_g \leqslant 50m$	0.006	
$50m < H_g \leqslant 100m$	0.005	
$100m < H_g \leqslant 150m$	0.004	
$150m < H_g \leqslant 200m$	0.003	
$200m < H_g \leqslant 250m$	0.002	
高耸结构基础的沉降量（mm）：$H_g \leqslant 100m$	400	
$100m < H_g \leqslant 200m$	300	
$200m < H_g \leqslant 250m$	200	

注：1. 本表数值为建筑物地基实际最终变形允许值。

2. 有括号者仅适用于中压缩性土。

3. l为相邻柱基的中心距离（mm），H_g为自室外地面算起的建筑物高度（m）。

由于建筑地基不均匀、荷载差异很大、体型复杂等因素引起的地基变形，对于砌体承重结构应由局部倾斜值控制，对于框架结构和单层排架结构应由相邻柱基的沉降差控制，对于多层或高层建筑和高耸结构应由倾斜值控制，必要时尚应控制平均沉降量。

3.4.2 建筑物沉降观测

1. 沉降观测的意义

建筑物的沉降观测能反映地基的实际变形以及地基变形对建筑物的影响程度。因此，系统的沉降观测资料是验证地基基础设计是否正确，分析地基事故以及判别施工质量的重要依据，也是确定建筑物地基变形允许值的重要资料。此外，通过对沉降计算值与实测值的对比，还可以了解现行沉降计算方法的准确性，以便改进或发展更符合实际的沉降计算方法。

2. 需要进行沉降观测的建筑物

《地基规范》根据地基复杂程度、建筑物规模和功能特征以及由于地基问题可能造成建筑物破坏或影响正常使用的程度，将地基基础设计分为三个设计等级，设计时应根据具体情况，按表 3-9 选用。

表 3-9 地基基础设计等级

设计等级	建筑和地基类型
甲 级	重要的工业与民用建筑物 30 层以上的高层建筑 体型复杂，层数相差超过 10 层的高低层连成一体建筑物 大面积的多层地下建筑物（如地下车库、商场、运动场等） 对地基变形有特殊要求的建筑物 复杂地质条件下的坡上建筑物（包括高边坡） 对原有工程影响较大的新建建筑物 场地和地基条件复杂的一般建筑物 位于复杂地质条件及软土地区的 2 层及 2 层以上地下室的基坑工程
乙 级	除甲级、丙级以外的工业与民用建筑物
丙 级	场地和地基条件简单、荷载分布均匀的 7 层及 7 层以下民用建筑和一般工业建筑物；次要的轻型建筑物

《地基规范》以强制性条文的形式规定，下列建筑物应在施工期间及使用期间进行变形观测：

（1）地基基础设计等级为甲级的建筑物。

（2）复合地基或软弱地基上的设计等级为乙级的建筑物。

（3）加层、扩建建筑物。

（4）受邻近深基坑开挖施工影响或受场地地下水等环境因素变化影响的建筑物。

（5）需要积累建筑经验或进行设计反分析的工程。

3.4.3 沉降观测的方法

1. 仪器与精度

沉降观测的仪器采用精密水准仪。宜固定测量工具和测量人员，观测前应严格校验仪器。

对应于精度要求为特高、高、中等、低，建筑变形测量等级分为特级、一级、二级、三级。对一个实际工程，变形测量精度等级应先根据各类建（构）筑物的变形允许值，按《建筑变形测量规程》JGJ 8—2007 的规定进行估算，然后按以下原则确定：

（1）当仅给定单一变形允许值时，应按所估算的观测点精度选择相应的精度等级。

（2）当给定多个同类型变形允许值时，应分别估算观测点精度，并应根据其中最高精度选择相应的精度等级。

（3）当估算出的观测点精度低于《建筑变形测量规程》JGJ 8—2007 规定的三级精度的要求时，宜采用二级精度。

（4）对于未规定或难以规定变形允许值的观测项目，可根据设计、施工的原则要求，参考同类或类似项目的经验，对照《建筑变形测量规程》JGJ 8—2007 的规定选取适宜的精度等级。

2. 水准基点的设置

其设置以保证水准基点的稳定可靠为原则，宜设置在基岩上或压缩性较低的土层上。水准基点的位置应靠近观测点并在建筑物产生的压力影响范围以外，不受行人车辆碰撞的地点。在一个观测区内水准基点不应少于 3 个。

3. 观测点的设置

观测点的布置应能全面反映建筑物地基变形特征并结合地质情况及建筑结构特点确定。点位宜选设在下列位置：

（1）建筑物的四角、大转角处及沿外墙每 10～15m 处或每隔 2～3 根柱基上。

（2）高低层建筑物、新旧建筑物、纵横墙等交接处的两侧。

（3）建筑物裂缝和沉降缝两侧、基础埋深相差悬殊处、人工地基与天然地基接壤处、不同结构的分界处及填挖方分界处。

（4）宽度大于等于 15m 或小于 15m 而地质复杂以及膨胀土地区的建筑物，在承重内隔墙中部设内墙点，在室内地面中心及四周设地面观测点。

（5）邻近堆置重物处、受振动有显著影响的部位及基础下的暗沟处。

（6）框架结构建筑物的每个或部分柱基上或沿纵横轴线设点。

（7）筏形基础、箱形基础底板或接近基础的结构部分之四角处及其中部位置。

（8）重型设备基础和动力设备基础的四角、基础形式或埋深改变处以及地质条件变化处两侧。

（9）电视塔、烟囱、水塔、油罐、炼油塔、高炉等高耸建筑物，沿周边在与基础轴线相交的对称位置上布点，点数不少于 4 个。

4. 观测次数与时间

（1）建筑物施工阶段的观测应随施工进度及时进行。一般建筑可在基础完工后或地下室砌完后开始，大型、高层建筑可在基础垫层或基础底部完成后开始观测。观测次数与间隔时间应视地基与加荷情况而定。民用建筑可每加高 1～5 层观测一次；工业建筑可按不同施工阶段（如回填基坑、安装柱子和屋架、砌筑墙体、设备安装等）分别进行观测。如建筑物均匀增高，应至少在增加荷载的 25%、50%、75%和 100%时各测一次。施工过程中如暂时停工，在停工时及重新开工时应各观测一次。停工期间，可每隔 2～3 个月观测一次。

（2）建筑物使用阶段的观测次数，应视地基土类型和沉降速度大小而定。除有特殊要求者外，一般情况下可在第一年观测3～4次，第二年观测2～3次，第三年后每年1次，直至稳定为止。观测期限一般不少于如下规定：砂土地基2年，膨胀土地基3年，黏土地基5年，软土地基10年。

(3) 在观测过程中，如有基础附近地面荷载突然增减、基础四周大量积水、长时间连续降雨等情况，均应及时增加观测次数。当建筑物突然发生大量沉降、不均匀沉降或严重裂缝时，应立即进行逐日或几天一次的连续观测。

(4) 沉降是否进入稳定阶段，应由沉降量与时间关系曲线判定。对重点观测和科研工程，若最后三个周期观测中每周期沉降量不大于$2\sqrt{2}$倍测量中误差，可认为已进入稳定阶段。一般观测工程，若沉降速度小于0.01～0.04mm/d，可认为已进入稳定阶段，具体取值宜根据各地区地基土的压缩性确定。另外，在基坑较深时，可考虑开挖后的回弹观测。

小结：为保证建筑物的安全和正常使用，《地基规范》按照地基变形特征规定了地基变形允许值，对不同类型的建筑采用不同的地基变形允许值进行控制。《地基规范》还规定了需要进行沉降观测的建筑物情况。

上岗工作要点

熟练掌握土的压缩性概念和压缩性指标。能用分层总和法和规范法正确计算基础沉降。能领会压缩试验的特点及压缩曲线的含义；土体固结过程中孔隙水压力向有效应力的转换；排水条件对土层固结时间的影响。能进行以下工程应用：

简单应用：压缩系数和压缩模量的计算；土的压缩性评价。

综合应用：用分层总和法计算地基最终沉降量。

思 考 题

1. 什么是土的压缩性？土的压缩性与地基的沉降有什么关系？室内侧限压缩试验中侧限条件应如何理解？试验时需施加哪几级荷载？

2. 土的侧限压缩指标有哪几个？它们之间的关系如何？土的压缩性分为哪几个等级，各在什么数量级？

3. 浅层平板载荷试验的加载终止标准是什么？如何根据试验成果确定地基的承载力特征值？

4. 分层总和法的假定是什么？评价分层总和法计算地基最终沉降的优缺点。

5. 《建筑地基基础设计规范》法计算地基最终沉降的要点是什么，与分层总和法的主要区别是什么？地基沉降计算深度如何确定？

6. 单向渗透固结理论的基本假定是什么？单向渗透固结理论中，土的固结度是如何定义的？

7. 利用饱和黏性土单向渗透固结理论，可解决哪两类问题？地基固结时间与排水路径的长度是什么关系？这个关系是怎样在软黏土地基处理中得到体现的？

8. 哪些建筑物或构筑物需要进行沉降差、倾斜、局部倾斜验算？

9. 什么样的建筑物需要沉降观测？如何进行沉降观测？

习　　题

1. 某钻孔土样的压缩试验记录见表 3-10，试绘制压缩曲线和计算各土层的 a_{1-2} 及相应的压缩模量 E_s，并评定土的压缩性。

表 3-10　压缩试验成果表

压力（kPa）		0	50	100	200	300	400
孔隙比	土样 1	0.982	0.964	0.952	0.936	0.924	0.919
	土样 2	1.190	1.065	0.995	0.905	0.850	0.810

2. 某工程采用箱型基础，基础底面尺寸为 10m×10m，基础高度与埋深都等于 6m，基础顶面与地面齐平。地下水位埋深 2.0m。地基为粉土 $\gamma_{sat}=20kN/m^3$，$E_s=5MPa$，基础顶部中心集中荷载 $N=8000kN$，基础自重 $G=3600kN$。试估算该基础的沉降量。

（答案：接近于 0）

3. 方形基础边长 4.0m，基础埋深 2.0m，基础顶面中心荷载 $P=4720kN$（准永久组合）。地表层为细砂，$\gamma_1=17.5kN/m^3$，$E_{s1}=8.0MPa$，厚度 $h_1=6.0m$；第二层为粉质黏土，$E_{s_2}=3.3MPa$，厚度 $h_1=3.0m$；第三层为碎石，$E_{s3}=22MPa$，厚度 $h_3=4.5m$。用分层总和法计算粉质黏土层的沉降量。（答案：60mm）

4. 某矩形基础长 3.6m，宽 2.0m，埋深 1.0m，上部结构作用基础顶面中心荷载 $N=900kN$。地基为粉质黏土，$\gamma=16.0kN/m^3$，$e_1=1.0$，$a=0.4\ MPa^{-1}$。试用《地基规范》法计算基础中心的最终沉降量。（答案：68.4mm）

5. 某柱下独立基础，基础底面尺寸为 4.8m×3.0m，埋深为 1.5m，传至地面的中心荷载 $P=1800kN$（准永久组合），地表面为黏土，$\gamma_1=18kN/m^3$，$E_{s1}=3.66MPa$，厚度 $h_1=3.9m$；第二层为粉质黏土，$E_{s2}=2.60MPa$，厚度 $h_2=3.0m$；第三层为碎石，$E_{s3}=6.2MPa$，厚度 $h_3=2.40m$，以下为岩石。用《地基规范》法计算粉质黏土层的沉降量。

（答案：126.2mm）

6. 设厚度为 10m 的黏土层其上下层面均为排水砂层，地面上作用着无限均布荷载 $p=196.2kPa$，黏土层的孔隙比为 $e=0.9$，渗透系数为 $k=0.02m/年$（$6.3\times10^{-8}cm/s$），压缩系数 $a=0.025\times10^{-2}kPa^{-1}$。试求：

（1）加载 1 年后，地基的沉降量是多少？

（2）加荷历时多久，黏土层的固结度可达到 90%？（答案：21.5cm，1.4 年）

第4章 土的抗剪强度与地基承载力

重 点 提 示

1. 掌握土的抗剪强度规律及测定方法。
2. 了解土的极限平衡理论。
3. 了解地基临塑压力、临界压力和极限压力。
4. 掌握地基承载力确定的方法。

4.1 土的抗剪强度与极限平衡理论

4.1.1 概述

土的抗剪强度是指土体抵抗剪切破坏的极限能力，是土的重要力学性质之一。工程中的地基承载力、挡土墙土压力、土坡稳定等问题都与土的抗剪强度直接相关。

建筑物地基在外荷载作用下将产生剪应力和剪切变形，土具有抵抗剪应力的潜在能力——剪阻力。剪阻力相应于剪应力的增加而逐渐发挥，被完全发挥时，土就处于剪切破坏的极限状态，此时剪应力也就达到极限。这个极限就是土的抗剪强度。如果土体内某一部分的剪应力达到土的抗剪强度，在该部分就开始出现剪切破坏。随着荷载的增加，剪切破坏的范围逐渐扩大，最终在土体中形成连续的滑动面，地基发生整体剪切破坏而丧失稳定性。

4.1.2 土的抗剪强度定律

法国的库仑通过一系列土的抗剪强度实验，提出了土的抗剪强度规律：砂土的抗剪强度 τ_f 与作用在剪切面上的法向应力 σ 成正比，比例系数为内摩擦系数；黏性土的抗剪强度 τ_f 比砂土的抗剪强度增加了土的黏聚力 c，即：

砂土：
$$\tau_f = \sigma \tan\varphi \tag{4-1}$$

黏性土：
$$\tau_f = c + \sigma \tan\varphi \tag{4-2}$$

式中 τ_f——土的抗剪强度（kPa）；

σ——剪切滑动面上的法向应力（kPa）；

φ——土的内摩擦角（°）；

c——土的黏聚力（kPa）。

式（4-1）和式（4-2）一起统称为库仑公式或库仑定律，c、φ 称为抗剪强度指标。库仑公式在 τ_f-σ 坐标中为一条直线，如图 4-1 所示。由式（4-1）可知，无黏性土（如砂土）的 $c=0$，因而式（4-1）是式（4-2）的一个特例。从库仑公式可以看出，无黏性土的抗剪强度与作用在剪切面上的法向应力成正比，其本质是由于土粒之间的滑动摩擦以及凹凸面间的镶嵌作用产生的摩阻力，其大小决定于土粒表面的粗糙度、土的密实度以及颗粒级配等因素。

黏性土的抗剪强度由两部分组成，一部分是摩擦力，与法向应力成正比，另一部分是土粒间的黏聚力，它是由黏性土颗粒之间的胶结作用和静电引力效应等因素产生的。

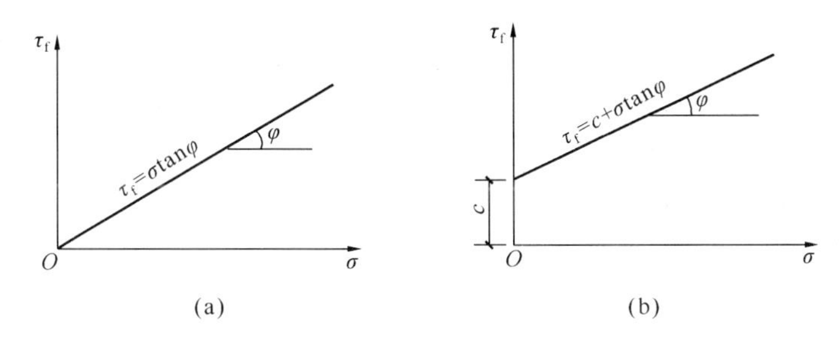

图 4-1　抗剪强度与法向应力之间的关系

（a）无黏性土；（b）黏性土

库仑公式在研究土的抗剪强度与作用在剪切面上的法向应力关系时，并未涉及土的三相性、多孔性的分散颗粒集合体的有效应力问题。长期的试验研究指出：土的抗剪强度不仅与土的性质有关，还与实验时的排水条件、剪切速率、应力状态和应力历史等许多因素有关，其中最重要的是试验时的排水条件。根据太沙基有效应力概念，土体内的切应力仅能由土的骨架承担，因此土的抗剪强度应表示为剪切破坏面上的法向有效应力的函数，库仑公式应修改为：

$$\left.\begin{aligned}\tau_f &= \sigma' \tan\varphi' \\ \tau_f &= \sigma' \tan\varphi' + c'\end{aligned}\right\} \tag{4-3}$$

式中　σ'——剪切滑动面上的法向有效应力（kPa）；

φ'——土的有效内摩擦角（°）；

c'——土的有效黏聚力（kPa）。

因此，土的抗剪强度有两种表达方法：一种是以总应力表示剪切破坏面上的法向应力，抗剪强度表达式即为库仑公式，称为抗剪强度总应力法；另一种则以有效应力表示剪切破坏面上的法向应力，称为抗剪强度有效应力法。试验研究表明，土的抗剪强度取决于土粒间的有效应力，但由库仑公式建立的概念在应用上比较方便，被应用于许多土工问题的分析方法中。

4.1.3　土的极限平衡理论

1. 莫尔-库仑强度理论

1910 年，莫尔（Mohr）提出材料的破坏是剪切破坏，当任一平面上的切应力等于材料的抗剪强度时该点就发生破坏，并提出在破坏面上的切应力即抗剪强度，是该面上法向应力的函数，即：

$$\tau_f = f(\sigma) \tag{4-4}$$

这个函数定义的曲线称为莫尔包线或抗剪强度包线，如图 4-2 实线所示。莫尔包线表示材料受到不同应力作用达到极限状态时，剪切破坏面上法向应力 σ 与切应力 τ_f 的关系。土的莫尔破坏包线通常可近似地用直线代替，如图 4-2 虚线所示。该直线方程就是库仑公式表达的方程。由库仑公式表示莫尔破坏包线的强度理论，称为莫尔-库仑强度理论。

2. 土的极限平衡条件

当土中某点的切应力达到土的抗剪强度时，就称该点处于极限平衡状态。这时土的抗剪强度指标间的关系，称为极限平衡条件。为了建立土的极限平衡条件，将土中某点的莫尔应力圆与抗剪强度线绘于同一直角坐标系，如图 4-3 所示。

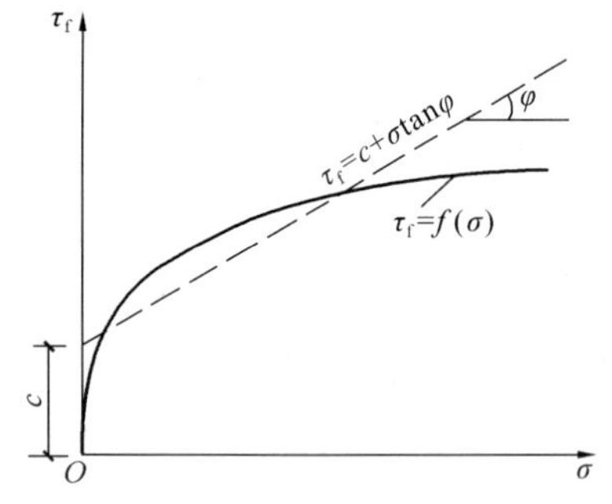

图 4-2　莫尔破坏包线

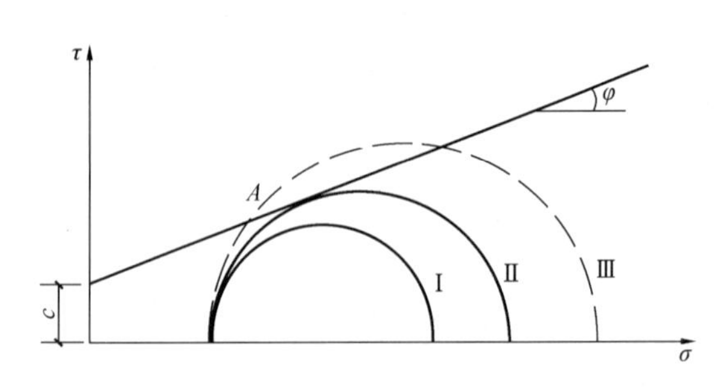

图 4-3　莫尔圆与抗剪强度之间的关系

根据材料力学知识，我们知道，应力圆上一点的横纵坐标分别表示通过土体中某点在相应平面上的正应力和切应力。

（1）整个莫尔圆位于抗剪强度包线的下方（图中圆Ⅰ）。说明该点在任何平面上的切应力都小于土所能发挥的抗剪强度（$\tau<\tau_f$）。因此，该点不会发生剪切破坏。

（2）莫尔圆与抗剪强度包线相切（图中圆Ⅱ）。该切点为 A，说明在 A 所代表的平面上，切应力正好等于抗剪强度（$\tau=\tau_f$），该点就处于极限平衡状态。圆Ⅱ称为极限应力圆。根据极限应力圆与抗剪强度包线之间的关系，可建立土的极限平衡条件。

（3）莫尔应力圆与抗剪强度包线相割（图中圆Ⅲ），说明 A 点早已破坏。实际上圆Ⅲ所代表的应力状态是不可能存在的，因为任何方向的切应力都不可能超过土的抗剪强度（不存在 $\tau>\tau_f$）的情况。

根据上述第二种情况，即莫尔圆与抗剪强度包线相切的土体极限平衡状态，可推导出黏性土的极限平衡条件计算公式。在土体中取一微单元体，mn 为剪切破坏时的破裂面，设破裂面与大主应力 σ_1 作用平面成 α_f，如图 4-4（a）所示。该点处于极限平衡状态的莫尔圆，如图 4-4（b）所示，将抗剪强度包线延长与轴交于 R 点，由直角三角形 ARD 可知：

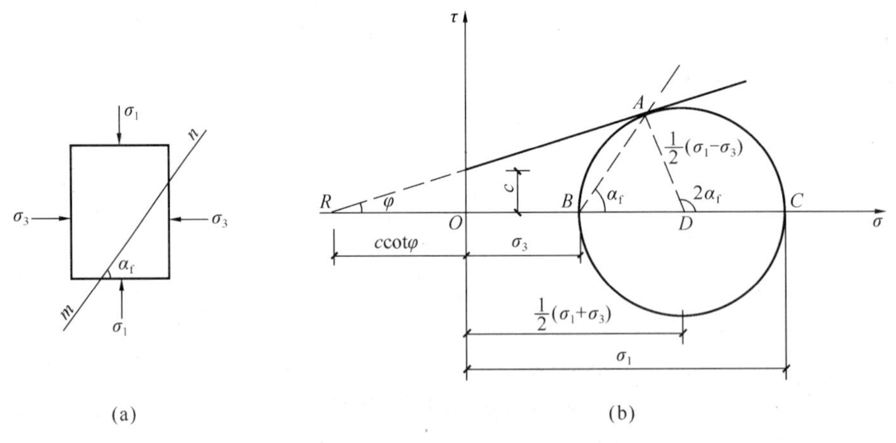

图 4-4　土体中一点极限平衡状态时的莫尔应力圆

（a）微单元体；（b）极限平衡时的莫尔圆

$$\sin\varphi=\frac{\overline{AD}}{\overline{RD}}=\frac{\frac{1}{2}(\sigma_1-\sigma_3)}{c\cot\varphi+\frac{1}{2}(\sigma_1+\sigma_3)} \tag{4-5}$$

利用三角函数关系有：

$$\sigma_1=\sigma_3\tan^2\left(45°+\frac{\varphi}{2}\right)+2c\tan\left(45°+\frac{\varphi}{2}\right) \tag{4-6a}$$

$$\sigma_3=\sigma_1\tan^2\left(45°-\frac{\varphi}{2}\right)-2c\tan\left(45°-\frac{\varphi}{2}\right) \tag{4-6b}$$

以上两式即为黏性土的极限平衡条件，用来判别土体是否达到破坏的强度条件，常被称为莫尔-库仑强度准则。

对于无黏性土，$c=0$，其极限平衡条件为：

$$\sigma_1=\sigma_3\tan^2\left(45°+\frac{\varphi}{2}\right) \tag{4-6c}$$

$$\sigma_3=\sigma_1\tan^2\left(45°-\frac{\varphi}{2}\right) \tag{4-6d}$$

土体中出现的破裂面与主应力 σ_1 作用面的夹角为：

$$\alpha_f=\frac{1}{2}(90°+\varphi)=45°+\frac{\varphi}{2} \tag{4-7}$$

4.1.4 地基强度的应用

在工程实践中，与土的强度有关的工程问题，主要有以下三类：

（1）土作为建筑物地基的承载力问题。当上部荷载较小，地基处于压密阶段或地基中塑性变形区很小时，地基是稳定的。当上部荷载很大，地基中的塑性变形区越来越大，最后连成一片，则地基发生整体滑动，即强度破坏，这种情况下地基是不稳定的。

（2）土作为材料构成的土工构筑物的稳定性问题，包括：①天然构筑物，为自然界天然形成的山坡、河岸、海滨等；②人工构筑物，即人类活动造成的构筑物，如土坝、路基、基坑等。

（3）土作为工程构筑物的环境的问题，即土压力问题。若边坡较陡不能保持稳定或场地不允许采用平缓边坡时，可以修筑挡土墙来保持力的平衡，如挡土墙、地下结构等。作用在墙面上的力称为土压力。

研究土的强度问题包括：了解抗剪强度的来源、影响因素、测试方法和指标的取值；研究土的极限平衡理论和土的极限平衡条件；掌握地基受力状况和确定地基承载力的途径。

4.2 土的剪切试验

土的抗剪强度试验有多种，在实验室内常用的有直接剪切试验、三轴压缩试验和无侧限抗压强度试验，在原位测试的有十字剪切试验、大型直接剪切试验等。本节着重介绍几种常用的抗剪强度试验。

4.2.1 直接剪切试验

直接剪切仪分为应变控制式和应力控制式两种，前者是等速推动试样产生位移，测定相应的切应力，后者则是对试件分级施加水平切应力测定相应的位移。我国普遍采用的是应变控制式直剪仪，如图 4-5 所示。

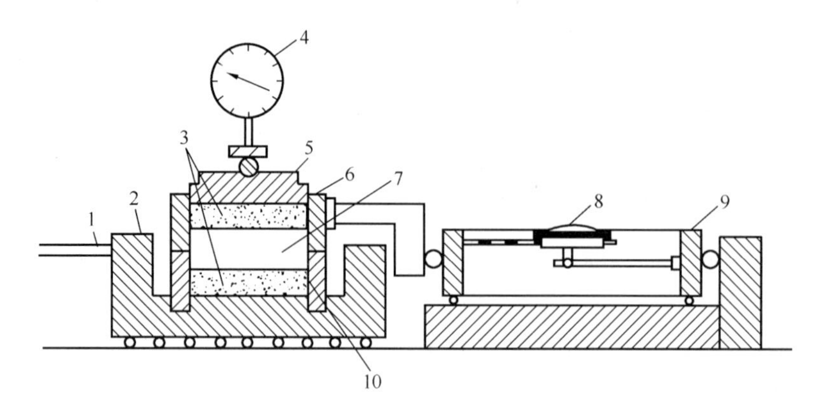

图 4-5　应变控制式直剪仪

1—轮轴；2—底座；3—透水石；4、8—量表；5—活塞；6—上盒；7—土样；9—量力环；10—下盒

该仪器的主要部件由固定的上盒和活动的下盒组成，试样放在上下盒内上下两块透水石之间。试验时，由杠杆系统通过加压活塞和上透水石对试件施加某一垂直压力 $\sigma=N/F$（F 为土样的截面积），然后等速转动手轮对下盒施加水平推力，使试样在上下盒之间的水平接触面上产生剪切变形，直至破坏，切应力的大小可借助与上盒接触的量力环的变形值计算确定。在剪切过程中，随着上下盒相对剪切变形的发展，土样中的抗剪强度逐渐发挥出来，直到切应力等于土的抗剪强度时，土样剪切破坏，故土样的抗剪强度可用剪切破坏时的切应力来量度。

试验在剪切过程中切应力 τ 与剪切位移 δ 之间关系如图 4-6（a）所示。当曲线出现峰值时，取峰值切应力作为该级法向应力 σ 下的抗剪强度 τ_f；当曲线无峰值时，可取剪切位移 $\delta=4$mm 时所对应的切应力作为该级法向应力 σ 下的抗剪强度 τ_f。

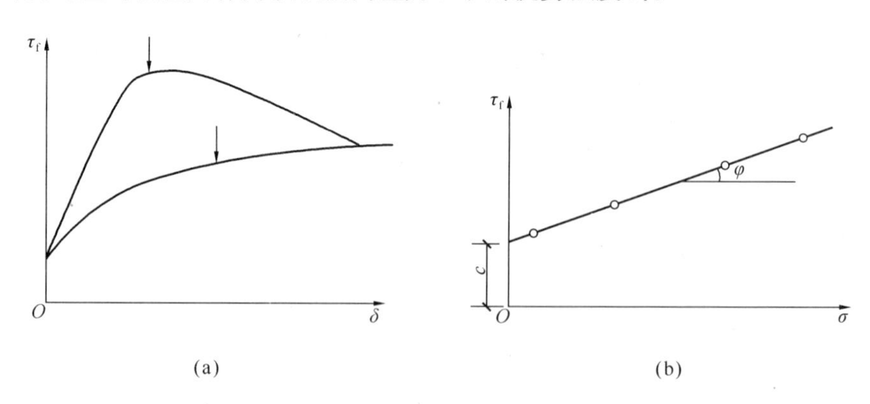

图 4-6　直接剪切试验结果

（a）切应力 σ 与剪切位移 τ 之间的关系；（b）黏性土试验

对同一种土至少取 4 个重度和含水量相同的试样，分别在不同法向压力 σ 下剪切破坏，一般可取垂直压力为 100kPa，200kPa，300kPa，400kPa，将试验结果绘制成图 4-6（b）所示的抗剪强度 τ_f 和法向应力 σ 之间的关系。直剪试验的剪切位移及切应力计算公式如下：

$$\Delta L = \Delta ln - R \tag{4-8}$$

$$\tau = (CR/A_0) \times 10 \tag{4-9}$$

式中　ΔL——剪切位移（0.01mm）；

Δl——手轮转一圈的位移量，一般为 Δl=20×0.01mm；

n——手轮转动的圈数；

R——量表读数（0.01mm）；

τ——试样的剪切力（kPa）；

C——量表率定系数（N/0.01mm）；

A_0——试样的初始断面面积（cm^2），若环刀内径 6.18cm，其面积为 $30cm^2$。

试验结果表明：对于黏性土，其 τ_f-σ 关系曲线基本上成直线关系，该直线与横轴的夹角为内摩擦角 φ，在纵轴上的截距为黏聚力 c，直线方程可用库仑公式（4-2）表示；对于无黏性土，τ_f 与 σ 之间关系则是通过原点的一条直线，可用式（4-1）表示。

为了近似模拟土体在现场受剪的排水体积，直接剪切试验可分为快剪、固结快剪和慢剪三种方法。

（1）快剪试验。对试样施加竖向压力 σ 后，立即快速施加水平切应力使试样剪切破坏，由于剪切的速度很快，对于渗透系数比较低的土，可以认为土样在短暂时间没有排水固结，得到的抗剪强度指标用 c_q、φ_q 表示。

（2）固结快剪。对试样施加竖向压力 σ 后，允许试样充分排水，待固结稳定后，再快速施加水平切应力使试样剪切破坏，得到的抗剪强度指标用 c_{cq}、φ_{cq}表示。

（3）慢剪试验。对试样施加竖向压力 σ 后，允许试样充分排水，待固结稳定后，以缓慢的速率施加水平切应力使试样剪切破坏，使试样在受剪过程中一直充分排水和产生体积变形。得到的抗剪强度指标用 c_s、φ_s 表示。

直接剪切仪是目前室内土的抗剪强度最基本的测定方法，具有构造简单、操作方便等优点。但它也存在若干缺点，主要有：

（1）剪切面限定在上下盒之间的平面，而不是沿土样最薄弱的面剪切破坏。

（2）剪切面上切应力分布不均匀，土样剪切破坏时先从边缘开始，在边缘发生应力集中现象，且竖向荷载会发生偏转。

（3）在剪切过程中，土样剪切面逐渐缩小，而在计算抗剪强度时却是按土样的原截面面积计算的。

（4）试验时不能严格控制排水条件，不能量测孔隙水压力，在进行不排水剪切时，试件仍有可能排水，特别是对于饱和黏性土，由于它的抗剪强度受排水条件的影响显著，故不排水试验结果不够理想。

（5）试验时，上下盒之间的缝隙中易嵌入砂粒使试验结果偏大。

4.2.2　三轴压缩试验

三轴压缩试验是测定土抗剪强度的一种较为完善的方法。三轴压缩仪由压力室、轴向加荷系统、施加周围压力系统、孔隙水压力量测系统等组成，如图 4-7 所示。压力室是三轴压缩仪的主要组成部分，它是一个由金属上盖、底座和透明有机玻璃圆筒组成的密闭容器。

常规试验方法的主要步骤如下：将土切成圆柱体套在橡胶膜内，放在密封的压力室中，然后向压力室内注入液压或气压，使试件在各向受到周围压力 σ_3，并使该周围压力在整个

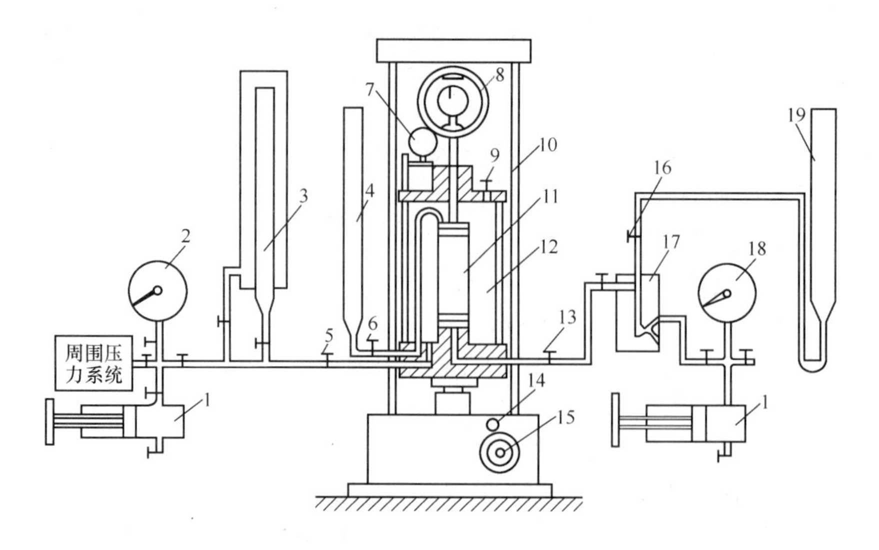

图 4-7　三轴压缩仪

1—调压筒；2—周围压力表；3—体变管；4—排水管；5—周围压力筒；6—排水阀；7—变形量表；8—量力环；9—排气孔；10—轴向加压设备；11—试样；12—压力室；13—孔隙压力阀；14—离合器；15—手轮；16—量管阀；17—零位指示器；18—孔隙水压力表；19—量管

试验过程中保持不变，这时试件内各向的三个主应力都相等，因此不产生切应力，如图 4-8 (a)所示。然后再通过轴向加荷系统对试件施加竖向压力。当水平向主应力保持不变而竖向主应力逐渐增大时，试件终于受剪而破坏，如图 4-8（b）所示。设剪切破坏时由轴向加荷系统加在试件上的竖向压应力为 $\Delta\sigma_1$，则试件上的大主应力为 $\sigma_1=\sigma_3+\Delta\sigma_1$，小主应力为 σ_3。以 σ_1-σ_3 为直径可画出一个极限应力圆，如图 4-8（c）所示。

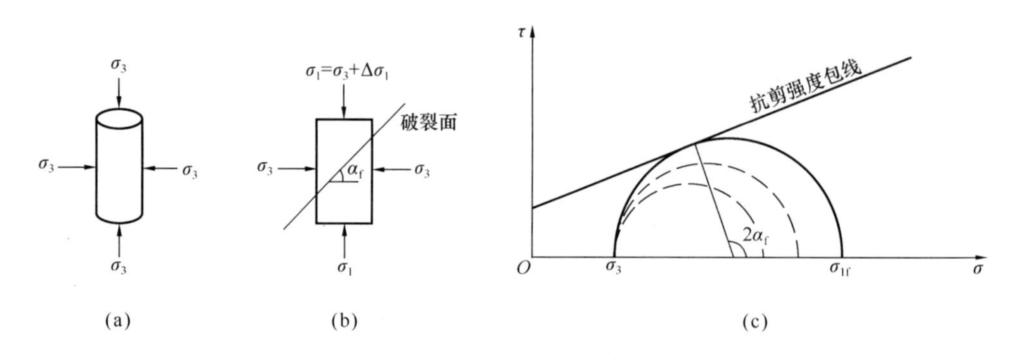

图 4-8　三轴压缩试验原理

(a) 试件受周围压力；(b) 破坏时试件上的主压力；(c) 莫尔破坏包线

用同一种土样的若干个试件（三个以上）分别在不同的周围压力 σ_3 下进行试验，可得一组极限应力圆。根据莫尔-库仑理论，作一条公切线，该直线与横坐标的夹角为土的内摩擦角 φ，在纵轴上的截距为黏聚力 c，如图 4-9 所示。

根据土样剪切固结的排水条件和剪切时的排水条件，三轴压缩试验可分为三种试验方法：

(1) 不固结不排水剪（UU 试验）

试样在施加周围压力和随后施加竖向压力直至剪坏的整个试验过程中都不允许排水，这样，从开始加压直至试样剪坏，土中的含水量始终保持不变，孔隙水压力也不可能消散。这种试验方法所对应的实际工程条件相当于饱和软黏土快速加荷时的应力状况，得到的抗剪强度指标用 c_u、φ_u 表示。

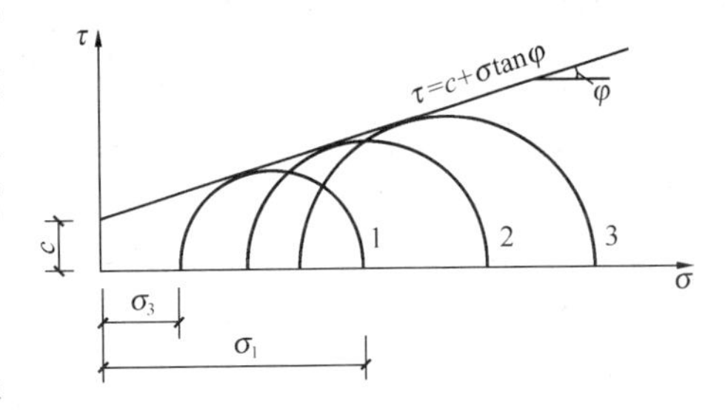

图 4-9　三轴压缩莫尔破坏强度包线

（2）固结不排水剪（CU 试验）

在压力室底座上放置透水板与滤纸，使试样底部与孔隙水压力量测系统相通。在施加周围压力 σ_3 后，将孔隙水压力阀门打开，测定出孔隙水压力 u，然后打开排水阀，使试样中的孔隙水压力消散，直至孔隙水压力消散 95％以上，待固结稳定后关闭排水阀门，然后再施加竖向压力，使试样在不排水的条件下剪切破坏。由于不排水，试样在剪切过程中没有任何体积变形。

固结不排水剪试验是经常要做的工程试验，它适用的实际工程条件常常是一般正常固结土层在工程竣工或在使用阶段受到大量、快速的活荷载或新增加的荷载的作用时所对应的受力情况。得到的强度指标用 c_{cu}、φ_{cu}表示。

（3）固结排水剪（CD 试验）

在施加周围压力 σ_3 时允许排水固结，待固结稳定后，再在排水条件下施加竖向压力直至试件剪切破坏。得到的抗剪强度指标用 c_d、φ_d 表示。

三轴压缩试验的优点是能够控制排水条件以及可以量测土样中孔隙水压力的变化。此外，三轴压缩试验中试件的应力状态也比较明确，剪切破坏时的破裂面在试件的最弱处，不像直接剪切试验那样限定在上下盒之间。三轴压缩仪还可用以测定土的其他力学性质，如土的弹性模量。一般来说，三轴压缩试验的结果还是比较可靠的。常规三轴压缩试验的主要缺点是仪器设备与试验操作较为复杂。

4.2.3　无侧限抗压强度试验

无侧限抗压强度试验实际上是三轴压缩试验的一种特殊情况，即 $\sigma_3=0$ 的三轴试验，设备为无侧限压力仪，如图 4-10 所示。试件直接放在仪器的底座上，摇动手轮，底座缓慢上升，顶压上部量力环，从而产生轴向压应力直至试样破坏。破坏时的轴向压应力用 q_u 表示，

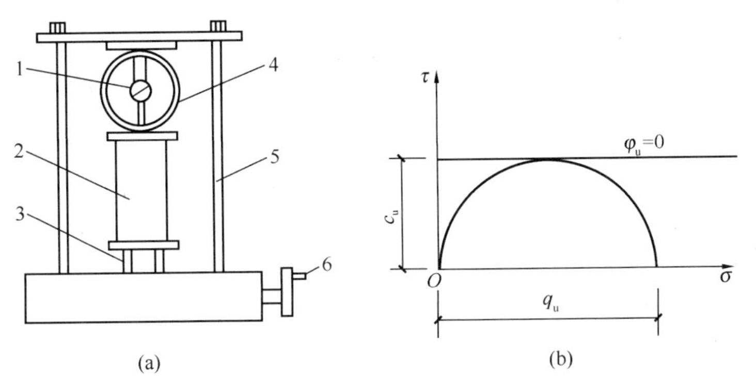

图 4-10　无侧限抗压强度试验

（a）无侧限压力仪；（b）无侧限抗压强度试验结果

1—百分表；2—试样；3—升降螺杆；4—量力环；5—加压框架；6—手轮

称为无侧限抗压强度。因为不能改变围压 σ_3，所以只能作出一个通过圆点极限应力圆，对于非饱和黏性土得不到破坏包线，不能求得抗剪强度指标 c 和 φ，而对于饱和黏性土，根据三轴不排水剪切试验结果，其强度包线近似一水平线，即 $\varphi=0$，故可用无侧限抗压强度换算土的不固结不排水强度 τ_f。

无侧限抗压强度试验还可以用来测定土的灵敏度。其方法是将同一种土的原状和重塑试样分别进行无侧限抗压强度试验，灵敏度 S_r 为原状土与重塑土无侧限抗压强度的比值。土的灵敏度越高，其结构性越强，受扰动后土的强度降低就越多。黏性土受扰动而强度降低的性质，一般来说对工程建设是不利的，如在基坑开挖过程中，因施工可能造成土的扰动而使地基强度降低。

4.2.4　十字板剪切试验

十字板剪切试验适用于难以取样或试样在自重下不能保持原有形状的保护软黏土。为了避免在取土、送土、保存与制备土样工程中扰动而影响试验结果的可靠性，必须采用原位测试抗剪强度的方法。目前广泛采用十字板剪切试验。

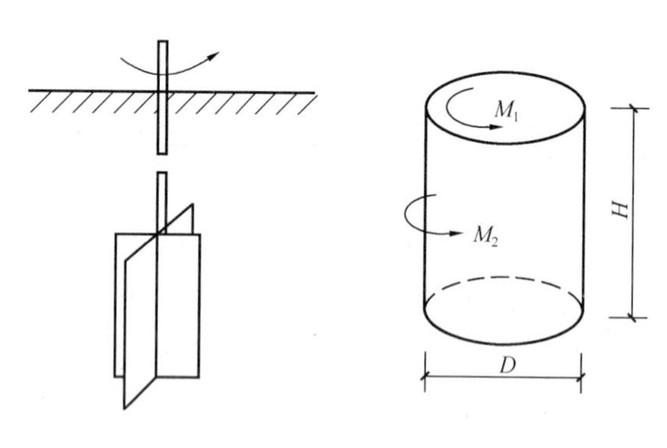

图 4-11　十字板剪切仪

十字板剪力仪的构造如图 4-11 所示。试验时，先把套管打到要求测试的深度以上 750mm，并将套管内的土清除，然后通过套管将安装在钻杆下的十字板压入土中至测试的深度。由地面上的扭力装置对钻杆施加转矩，使埋在土中的十字板转动，直至土体剪切破坏，破坏面为十字板旋转所形成的圆柱面。设土体剪切破坏时所施加的转矩为 M_{max}，则它应该与剪切破坏圆柱面（包括侧面和上下面）上土的抗剪强度所产生的抵抗力矩相等，即：

$$M_{max}=M_1+M_2=\frac{\pi D^3}{6}\tau_H+\frac{\pi D^2 H}{2}\tau_V \tag{4-10}$$

式中　τ_V、τ_H——剪切破坏时圆柱体侧面和上下面土的抗剪强度（kPa）；

D——十字板的直径（m）；

H——十字板的高度（m）。

十字板剪切试验直接在现场进行，不必取土样，故土体所受的扰动较小，被认为是比较能反映土体原位强度的测试方法，在软弱黏性土的工程勘察中得到了广泛应用。如果在软土层中夹有薄层粉砂，测试结果可能失真或偏高。

4.2.5　土的抗剪强度指标的选用

由前所述，土的抗剪强度及其指标的确定与试验方法以及试验条件有关，而实际工程问题的情况又是千变万化的，实际工程中不同试验方法及相应的强度指标的选用条件可归纳如下：

（1）根据工程问题的性质确定分析方法。有效应力法或总应力法，对应地采用土的有效应力强度指标或总应力强度指标。当土中的孔隙水压力能通过试验、计算或其他方法加以确定时，宜采用有效应力法。有效应力法是一种比较合理的分析方法，只要能比较准确地确定孔隙水压力，则应该推荐采用有效应力强度指标。有效应力强度可用直剪的慢剪、三轴排水剪和三轴固结不排水剪（测孔隙水压力）等方法测定。

（2）目前常用的试验手段主要是三轴压缩试验与直剪试验两种，前者能够控制排水条件并能量测土样中孔隙水压力的变化，后者则不能。三轴压缩试验和直剪试验各自的三种试验方法，理论上是一一对应的。直剪试验方法中的“快”和“慢”只是“不排水”和“排水”的等义词，并不是为了解决剪切速率对强度的影响问题，而仅是为了通过快和慢的剪切速率来解决土样的排水条件问题。若建筑物施工速度较快，而地基土的渗透性较小和排水条件不良时，可采用三轴仪不固结不排水试验或直剪仪快剪试验的结果；如果地基荷载增长速率较慢，地基土的渗透性不太小（如低塑性的黏土）以及排水条件又较好时，则可以采用固结排水或慢剪试验；如果介于以上两种情况之间，可用固结不排水或固结快剪试验结果。

（3）上面所述的一些工程情况不一定都是很明确的，如加荷速度的快慢、透水性大小以及加荷过程等都没有定量的界限值与之对应，因此在具体使用中常结合工程经验予以调整和判断，这也是应用土力学原理解决工程实际问题的基本方法。由于实际加荷情况和土的性质是复杂的，而且在建筑物的施工和使用过程中都要经历不同的固结状态，所以在具体确定强度指标时需结合实际工程经验。

（4）直剪试验不能控制排水条件。因此，若用同一剪切速率和同一固结时间进行直剪试验，对渗透性不同的土样来说，不但有效应力不同，而且固结状态也不明确，若不考虑这一点，则使用直剪试验结果就带有很大的随意性。但直剪试验的设备构造简单，操作方便，比较普及，且目前尚不能完全用三轴压缩试验取代直剪试验，故大多仍采用直剪试验方法，但必须注意直剪试验的适用性。

4.3 地基的临塑荷载和临界荷载

4.3.1 地基破坏形式

大量的工程实例表明，建筑地基在荷载的作用下往往由于承载力不足而产生剪切破坏，其破坏形式可以分为整体剪切破坏、局部剪切破坏和冲剪破坏三种，如图 4-12 所示。

（1）整体剪切破坏。整体剪切破坏是一种在荷载作用下地基连续滑动面的地基破坏模式，如图 4-12（a）所示。它的特征是：当基础上荷载较小时，基础下形成一个三角形压密区Ⅰ，这时 p-s 曲线呈直线关系，见图 4-13 中曲线 a。随着荷载增加，压密区向两侧挤压，土中产生塑性区，塑性区先在基础边缘产生，然后逐步扩大形成Ⅱ、Ⅲ塑性区。这时，基础的沉降增长率较前一段增大，故 p-s 曲线呈曲线状。当荷载达到最大值后，土中形成连续滑动面并延伸到地面，土从基础两侧挤出并隆起，基础沉降急剧增加，整个地基失稳破坏。这时，p-s 曲线上出现明显的转折点。

（2）局部剪切破坏。局部剪切破坏是一种在荷载作用下地基某一范围内发生剪切破坏区的地基破坏形式，如图 4-12（b）所示。其破坏特征是：随着荷载的增大，地基中也产生压密区Ⅰ和塑性区Ⅱ，但塑性区仅仅限制在地基某一范围内，土中滑动面并不延伸到地面，基础两侧土体有部分隆起，但不会出现倾斜和倒塌。其 p-s 曲线也有一个转折点，但不像整体剪切破坏那样急剧增加，见图 4-13 中曲线 b。局部剪切破坏介于整体剪切破坏和冲剪破坏之间。

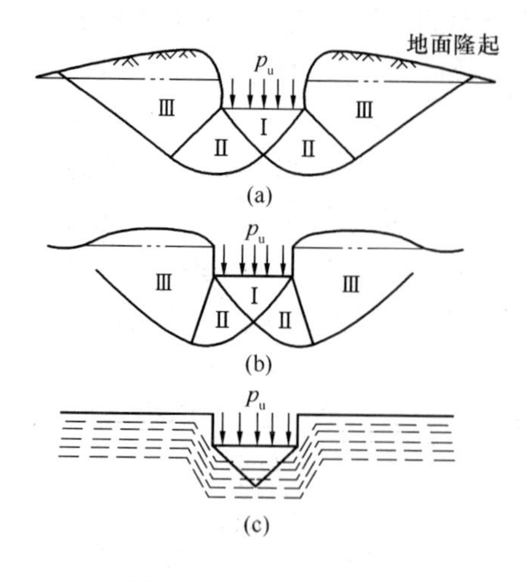

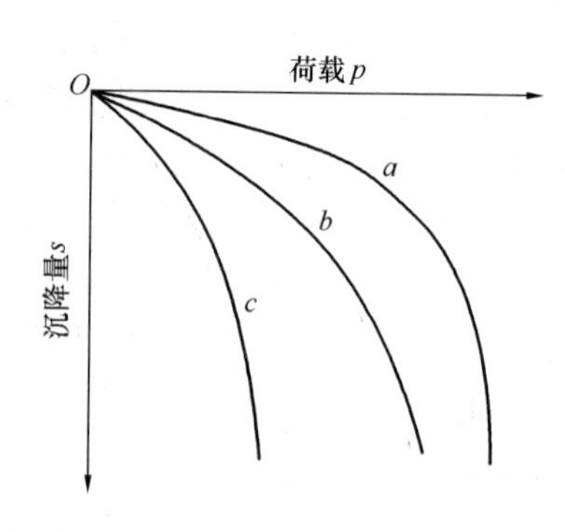

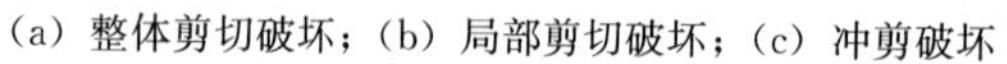

图 4-12 地基破坏模式

（a）整体剪切破坏；（b）局部剪切破坏；（c）冲剪破坏

图 4-13 载荷试验的 p-s 曲线

（3）冲剪破坏。冲剪破坏是一种在荷载作用下地基土体发生垂直剪切破坏使地基产生较大沉降的一种地基破坏模式，也称刺入剪切破坏，如图 4-12（c）所示。其特征是：随着荷载的增加，基础下面的土层发生压缩变形，基础随之下沉并在基础周围附近土体发生竖向剪切破坏，破坏时基础好像“刺入”土中，不出现明显的破坏区和滑动面。从冲剪破坏的 p-s 曲线看，沉降随着荷载的增大而不断增加，但 p-s 曲线上没有明显的转折点，见图 4-13 中曲线 c。

地基的剪切破坏形式，除了与地基土的性质有关外，还同基础埋置深度、加荷速度等因素有关。在密砂和坚硬黏土地基中，一般会出现整体剪切破坏，但当基础埋置很深时，在很大荷载作用下也会产生压缩变形，出现冲剪破坏；而对于压缩性比较大的松砂和软黏土地基中，当加荷速度较慢时，会产生压缩变形而出现冲剪破坏，但当加荷很快时，由于土体不能产生压缩变形，就不可能发生整体剪切破坏。若基础埋置深度较大，无论是砂性土还是黏性土地基，最常见的地基破坏形式都是局部剪切破坏。

4.3.2 地基的临塑荷载

1. 定义

临塑荷载是指基础边缘地基中刚要出现塑性区时基底单位面积上所承担的荷载，它相当于地基土中应力状态从压缩阶段过渡到剪切阶段时的界限荷载。

根据载荷试验结果，地基破坏的过程经历三个发展阶段，如图 4-14 所示。

（1）压密阶段。对应 p-s 曲线的 oa 段。在这个阶段外加荷载较小，p-s 曲线接近于直线，地基中的应力尚处在弹性平衡阶段，地基中任一点的剪应力均小于土的抗剪强度，该阶段沉降主要是土的压密变形引起的，见图 4-14（a）。

（2）剪切阶段。又称塑性变形阶段，对应 p-s 曲线的 ab 段。在这一阶段，地基中局部范围内（首先在基础边缘）土的剪应力达到土的抗剪强度，这部分土体发生剪切破坏，土体处于塑性区。随着荷载的增大，土中塑性区的范围逐步扩大，但塑性区并未在地基中连成一片，地基基础仍有一定的稳定性，地基的安全度则随着塑性区的扩大而降低，如图 4-14（b）所示。

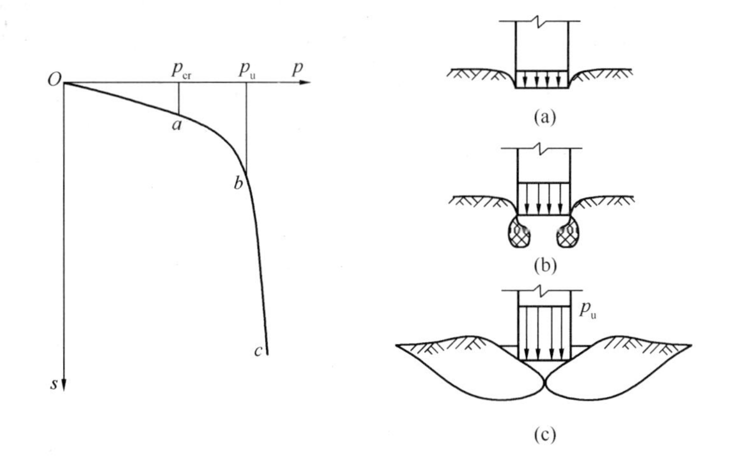

图 4-14　地基土中应力状态的三个阶段

(a) 压密阶段；(b) 剪切阶段；(c) 隆起破坏阶段

(3) 破坏阶段。又称塑性流动阶段，对应 p-s 曲线的 bc 段。该阶段基础以下两侧的地基塑性区贯通并连成一片，基础两侧土体隆起，很小的荷载增量都会引起基础大的沉陷。这时变形主要不是由土的压缩引起，而是由地基土的塑性流动引起，是一种随时间不稳定的变形，其结果是基础向比较薄弱的一侧倾倒，地基发生整体剪切破坏，见图 4-14 (c)。

相应于地基土中应力状态的三个阶段，有两个界限荷载：前一个是相当于从压密阶段过渡到剪切阶段的界限荷载，称为比例界限荷载或临塑荷载，一般记为 P_{cr}，是 p-s 曲线上 a 点所对应的荷载；后一个是相对于从剪切阶段过渡到破坏阶段的界限荷载，称为极限荷载，记为 P_u，是 p-s 曲线上 b 点所对应的荷载。

2. 地基的临塑荷载

假设在均质地基表面上，作用一均布条形荷载 p_0，如图 4-15 (a) 所示。根据弹性理论，它在地表下任一点 M 处产生的大小主应力为：

$$\left.\begin{array}{l}\sigma_1\\ \sigma_2\end{array}\right\}=\frac{p_0}{\pi}(\beta_0\pm\sin\beta_0) \tag{4-11}$$

式中　p_0——均布条形荷载 (kPa)；

β_0——任意点 M 到均布条形荷载两端点的夹角。

其中，σ_1 的作用方向与 β_0 角的平分线一致。实际工程中的基础一般都有埋深 d，如图 4-15 (b) 所示，此时地基中某点 M 的应力除了由基底附加应力 $p_0=p-\gamma_m d$ 产生以外，还

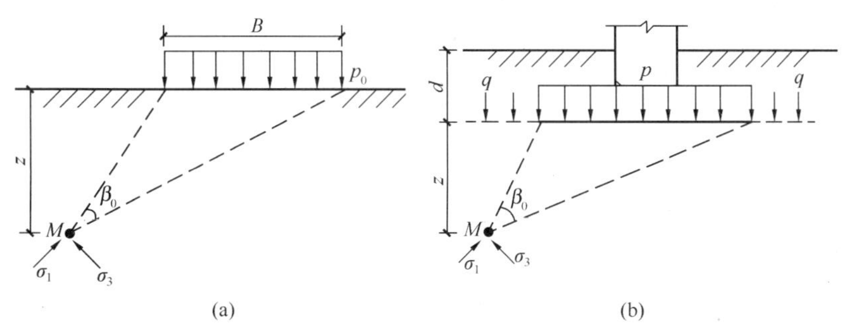

图 4-15　均布条形荷载作用下地基中的主应力

(a) 无埋置深度；(b) 有埋置深度

有土的自重应力。假定土的自重应力在各向相等，即相当土的静止侧压力系数 $K_0=1$，M 点的土自重应力为 $q+\gamma z$，其中 $q=\gamma_m d$ 为条形基础两侧荷载。自重应力场没有改变 M 点附加应力的大小和主应力的作用方向，因此地基中任意点 M 的大小主应力为：

$$\left.\begin{matrix}\sigma_1\\ \\ \sigma_3\end{matrix}\right\}=\frac{p-\gamma_m d}{\pi}(\beta_0\pm\sin\beta_0)+\gamma_m d+\gamma z \tag{4-12}$$

式中 γ_m——基础底面以上土的加权平均重度，地下水位以下取浮重度（kN/m^3）；

d——基础埋深（m）；

γ——基础底面以下土的重度，地下水位以下取浮重度（kN/m^3）；

z——M 点离基底的距离（m）。

当 M 点应力达到极限平衡状态时，该点的大小主应力极限平衡条件为：

$$\sin\varphi=\frac{(\sigma_1-\sigma_3)/2}{c\cot\varphi(\sigma_1+\sigma_3)/2} \tag{4-13}$$

将式（4-12）代入式（4-13）有

$$z=\frac{p-\gamma_m d}{\pi\gamma}\left(\frac{\sin\beta_0}{\sin\varphi}-\beta_0\right)-\frac{1}{\gamma}(c\cot\varphi+q) \tag{4-14}$$

此即满足极限平衡条件的地基塑性区边界方程，给出了塑性区边界上任意一点的坐标 z 与 β_0 角的关系。如果已知荷载 p、基础埋深 d 以及土的指标 γ、γ_m、c、φ，则根据此式可绘出塑性区的边界线。

随着基础荷载的增大，土中塑性区在基础两侧以下对称地扩大。在一定荷载作用下，塑性区的最大深度 z_{max}可从式（4-14）按数学上求极值的方法，由 $dz/d\beta_0$ 的条件求得，即：

$$\frac{dz}{d\beta_0}=\frac{p_0}{\pi\gamma}\left(\frac{\cos\beta_0}{\sin\varphi}-1\right)=0 \tag{4-15}$$

解得：

$$\beta_0=\frac{\pi}{2}-\varphi \tag{4-16}$$

把它代入式（4-14）得 z_{max}的表达式：

$$z_{max}=\frac{p-\gamma_m d}{\pi\gamma}\left(\cot\varphi+\varphi-\frac{\pi}{2}\right)-\frac{1}{\gamma}(c\cot\varphi+\varphi_m d) \tag{4-17}$$

当荷载 p 增大时，塑性区就发展扩大，塑性区的最大深度也增大。

临塑荷载是指基础边缘地基中刚要出现塑性区时基底单位面积上所承担的荷载，即 $z_{max}=0$ 时的荷载，令式（4-17）右侧为零，可得临塑荷载 p_{cr}的公式。

$$p_{cr}=\frac{\pi(c\cot\varphi+\gamma_m d)}{\cot\varphi+\varphi-\pi/2}+\gamma_m d \tag{4-18a}$$

或

$$p_{cr}=cN_c+\gamma_m dN_q \tag{4-18b}$$

式中 N_c，N_q——承载力系数，均为 φ 的函数，可查表 4-1 确定或按下式计算：

$$N_c=\frac{\pi\cot\varphi}{\cot\varphi+\varphi-\pi/2};N_q=\frac{\cot\varphi+\varphi+\pi/2}{\cot\varphi+\varphi-\pi/2}=1+N_c\tan\varphi$$

需要指出的是，以上关于临塑荷载的式子是在均布条形荷载的情况下导出的，通常情况下对于矩形和圆形基础借用这个式子计算，计算结果偏于安全。

表 4-1　地基临塑荷载和临界荷载的承载力系数 N_c、N_q、$N_{1/3}$、$N_{1/4}$数值

φ (°)	$N_{1/4}$	$N_{1/3}$	N_q	N_c	φ (°)	$N_{1/4}$	$N_{1/3}$	N_q	N_c
0	0.00	0.00	0.00	3.14	22	0.61	0.81	3.44	6.04
2	0.03	0.04	1.12	3.32	24	0.72	0.96	3.87	6.45
4	0.06	0.08	1.25	3.51	26	0.84	1.12	4.37	6.90
6	0.10	0.13	1.39	3.71	28	0.98	1.31	4.93	7.40
8	0.14	0.18	1.55	3.93	30	1.15	1.53	5.59	7.94
10	0.18	0.24	1.73	4.17	32	1.33	1.78	6.34	8.55
12	0.23	0.31	1.94	4.42	34	1.55	2.07	7.22	9.27
14	0.29	0.39	2.17	4.69	36	1.81	2.41	8.24	9.96
16	0.36	0.48	2.43	4.99	38	2.11	2.81	9.43	10.80
18	0.43	0.58	2.73	5.31	40	2.46	3.28	10.84	11.73
20	0.51	0.69	3.06	5.66	45	3.66	4.88	15.64	14.64

4.3.3　地基的临界荷载

临界荷载是指允许地基产生一定范围塑性区所对应的荷载。工程实践表明，即使地基发生局部剪切破坏，地基中塑性区有所发展，只要塑性区范围不超出某一限度，就不致影响建筑物的安全和正常使用，因此如用允许地基产生塑性区的临塑荷载 p_{cr} 作为地基承载力，往往不能充分发挥地基的承载能力，取值偏于保守。对于中等强度以上地基土，若控制地基中塑性区较小深度范围内的临界荷载作为地基承载力，使地基既有足够的安全度，保证稳定性，又能比较充分地发挥地基的承载能力，从而达到优化设计，减少基础工程量，节约投资的目的，符合经济合理的原则。允许塑性区开展深度的范围与建筑物重要性、荷载性质和大小、基础形式、地基土的物理力学性质等有关。

根据工程经验，在中心荷载作用下，塑性区最大深度为 $z_{max}=b/4$，在偏心荷载作用下，塑性区最大深度为 $z_{max}=b/3$，对一般建筑物是允许的。$p_{1/4}$、$p_{1/3}$ 分别是允许地基产生 $z_{max}=b/4$ 和 $b/3$ 范围塑性区所对应的两个临界荷载。此时，地基变形会有所增加，须验算地基的变形值不超过允许值。

根据定义，分别将 $z_{max}=b/4$ 和 $b/3$ 代入式（4-17）得：

$$p_{1/4}=\frac{\pi(c\cot\varphi+\gamma_m d+\gamma b/4)}{\cot\varphi+\varphi-\pi/2}+\gamma_m d \tag{4-19a}$$

或

$$p_{1/4}=cN_c+\gamma_m dN_q+\gamma bN_{1/4} \tag{4-19b}$$

$$p_{1/3}=\frac{\pi(c\cot\varphi+\gamma_m d+\gamma b/3)}{\cot\varphi+\varphi-\pi/2}+\gamma_m d \tag{4-20a}$$

或

$$p_{1/3}=cN_c+\gamma_m dN_q+\gamma bN_{1/3} \tag{4-20b}$$

式中　$N_{1/4}$，$N_{1/3}$——承载力系数，均为 φ 的函数，按下式计算：

$$N_{1/4} = \pi/[4(\cot\varphi + \varphi - \pi/2)] = (N_c \tan\varphi)/4$$

$$N_{1/3} = \pi/[3(\cot\varphi + \varphi - \pi/2)] = (N_c \tan\varphi)/3$$

从以上公式看出，两个临界荷载由三部分组成，第一、二部分反映了地基土黏聚力和基础埋深对承载力的影响，这两部分组成了临塑荷载；第三部分为基础宽度和地基土重度的影响，即受塑性区范围的影响。它们都随内摩擦角 φ 的增大而增大。各承载力系数 N_c、N_q、$N_{1/4}$、$N_{1/3}$与土内摩擦角 φ 的关系见表 4-1。

必须指出，临塑荷载和临界荷载两公式都是在条形荷载情况下（平面应变问题）导得的，对于矩形或圆形基础（空间问题），用两公式计算，其结果偏于安全。计算由土的重力产生的主应力时，假定土的侧压力系数 $K_0=1$，这与土的实际情况不符，但可使计算公式简化。临界荷载 $p_{1/4}$、$p_{1/3}$的推导，近似仍用弹性力学解答，所引起的误差随塑性区的扩大而加大。

【例 4-1】 某建筑物地基土的天然重度 $\gamma=19\text{kN/m}^3$，黏聚力 $c=25\text{kPa}$，内摩擦角 $\varphi=20°$，如果设置一宽度 $b=1.20\text{m}$，埋深 $d=1.50\text{m}$ 的条形基础，地下水位与基底持平，基础底面以上土的加权平均重度 $\gamma_m=18\text{kN/m}^3$。计算地基的临塑荷载 p_{cr}和临界荷载 $p_{1/4}$。

【解】 先把内摩擦角化为弧度：$\varphi=20°=20\times2\pi/360=0.349\text{rad}$

由式（4-18a）得临塑荷载：

$$p_{cr} = \frac{\pi(c\cot\varphi + \gamma_m d)}{\cot\varphi + \varphi - \pi/2} + \gamma_m d = \frac{\pi(25\cot20° + 18 \times 1.5)}{\cot20° + 0.349 - \pi/2} + 18 \times 1.5 = 223.8(\text{kPa})$$

由式（4-19a）得临界荷载：

$$p_{1/4} = \frac{\pi(c\cot\varphi + \gamma_m d + \gamma b/4)}{\cot\varphi + \varphi - \pi/2} + \gamma_m d$$

$$= \frac{\pi[25\cot20° + 18 \times 1.5 + (19-10) \times 1.2/4]}{\cot20° + 0.349 - \pi/2} + 18 \times 1.5 = 229.4(\text{kPa})$$

4.4 地基的极限承载力

地基的极限承载力是指地基即将破坏时作用在基底的压力。计算极限承载力的公式很多，但是它们均是根据土体发生整体剪切破坏形式导出的，其求解途径有两类：一类是根据土体的极限平衡，利用已知的边界条件求解，这种方法理论上较为严密，但是运算过程过于复杂；另一类是根据模型试验，先假设出在极限荷载作用时土中滑动面的形状，然后根据滑动土体的静力学平衡条件求解极限荷载，此法采用较多。

1. 太沙基公式

太沙基假定基础底面是粗糙的，基底与土之间的摩擦阻力阻止了基底处剪切位移的发生，因此直接在基底以下的土不发生破坏而处于弹性平衡状态，根据Ⅰ区土楔体的静力学平衡条件可以导出太沙基极限承载力计算公式：

$$p_u = cN + qN_q + \frac{1}{2}\gamma b N_\gamma \tag{4-21}$$

式中 q——基底水平面以上基础两侧的超载（kPa），$q=\gamma_0 d$；

b，d——基底的宽度和埋置深度（m）；

N_c、N_q、N_γ——承载力系数（无量纲），仅与内摩擦角有关，可根据 φ 由图 4-16 所示的实线查得。

式（4-21）适用于条形荷载下的整体剪切破坏（坚硬黏土和密实砂土）。对于局部剪切

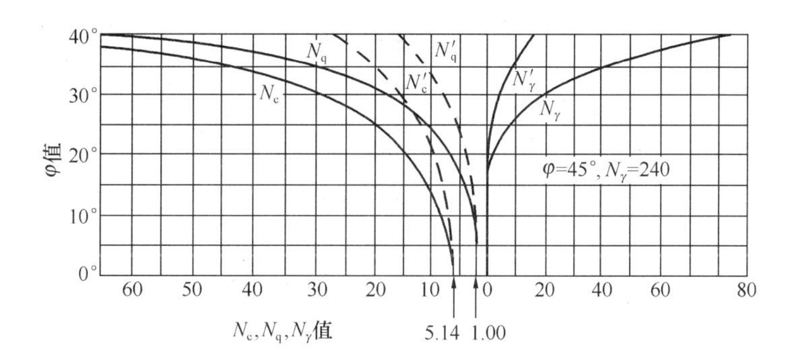

图 4-16 承载力系数值

破坏（软黏土和粗砂），太沙基建议采用经验的方法修正抗剪强度指标 c 和 φ，即以 $c'=2c/3, \varphi'=\arctan(2/3\tan\varphi)$，故有：

$$p_u = \frac{2}{3}cN'_c + qN'_q + \frac{1}{2}\gamma bN'_\gamma \tag{4-22}$$

式中 N'_c，N'_q，N'_γ——相应于局部破坏的承载力系数，可由图 4-16 所示的虚线查得。对于方形和圆形基础，太沙基建议采用经验系数进行修正，具体如下：

方形基础（宽度为 b）：

$$p_u = 1.2cN_c + qN_q + 0.4\gamma bN_\gamma \tag{4-23}$$

圆形基础（半径为 R）：

$$p_u = 1.2cN_c + qN_q + 0.6\gamma RN_\gamma \tag{4-24}$$

对于矩形基础（$b\times l$），可以按 b/l 值在条形基础（$b/l=0$）与方形基础（$b/l=1$）的承载力间的差值求得。

2. 汉森公式

汉森公式是个半经验公式，汉森建议，对于均质地基，基底完全光滑，在中心倾斜荷载作用下地基的竖向极限承载力按下式计算：

$$p_u = cN_cS_cd_ci_cg_cb_c + qN_qS_qd_qi_qg_qb_q + \frac{1}{2}\gamma bN_\gamma S_\gamma i_\gamma g_\gamma b_\gamma \tag{4-25}$$

式中 S_c、S_q、S_γ——基础的形状系数；
i_c、i_q、i_γ——荷载的倾斜系数；
d_c、d_q、d_γ——基础的深度系数；
g_c、g_q、g_γ——地面的倾斜系数；
b_c、b_q、b_γ——基底倾斜系数；

$N_\gamma=1.5(N_q-1)\tan\varphi$，其余符号同前。

上岗工作要点

牢固掌握库仑定律和莫尔-库仑强度理论、土的抗剪强度指标的测定方法及影响因素，掌握不同固结和排水条件下土的抗剪强度指标的意义及其应用。

简单应用：库仑公式的应用；根据直接剪切试验结果求抗剪强度指标。

综合应用：极限平衡条件的运用。能用抗剪强度的基本理论和试验方法，解决实际工程中土的强度和稳定问题。

思 考 题

1. 土的抗剪强度与其他建筑材料如钢材、混凝土的强度比较，有何特点？同一种土，当其矿物成分、颗粒级配及密度、含水量完全相同时，土的抗剪强度是否为一定值？为什么？

2. 土的抗剪强度指标是如何确定的？说明直剪试验的原理，直剪试验具有简单方便的优点，是否可应用于各类工程？

3. 简述三轴压缩试验的原理。三轴压缩试验有哪些优点？适用于什么范围？

4. 十字板剪切试验有何优点？适用于什么条件？试验结果如何计算？

5. 为什么土的颗粒越粗，其内摩擦角越大？相反，土的颗粒越细，其黏聚力越大？

6. 试阐述土体在荷载作用下处于极限平衡的概念。.

7. 在外部荷载作用下，是否切应力最大的平面首先发生剪切破坏？在通常情况下，剪切破坏面与大主应力之间的夹角是多少？

8. 什么是地基的临塑荷载？如何计算？

9. 什么是地基的极限荷载？常用的计算公式有哪些？地基的极限荷载可否作为地基承载力？

10. 建筑物的地基发生破坏的形式有哪些？各类地基发生破坏的条件是什么？如何防止地基发生强度破坏？

习 题

1. 某土样的抗剪强度指标为 $c=20\text{kPa}$，$\varphi=26°$，承受大小主应力分别为 $\sigma_1=400\text{kPa}$，$\sigma_3=150\text{kPa}$，试判断该土样是否达到极限平衡状态？ （答案：未达到极限平衡状态）

2. 某建筑物地基取干砂试样进行直剪试验，当法向压力为 300kPa 时，测得砂样破坏的抗剪强度为 $\tau_f=200\text{kPa}$。求：①此砂土的内摩擦角 φ；②破坏时的最大主应力与最小主应力；③最大主应力与剪切面的夹角。 （答案：33°42′；673kPa，193kPa；28°9′）

3. 某高层建筑地基取原状土进行直剪试验，4 个试样的法向压力分别是 100kPa，200kPa，300kPa，400kPa，测得试样破坏时相应的抗剪强度为 $\tau_f=67\text{kPa}$，119kPa，162kPa，216kPa。用作图法求此土的抗剪强度指标。 （答案：$c=18\text{kPa}$，$\tau=26°20′$）

4. 直剪试验的结果见表 4-2。试求该土样的抗剪强度指标值。

（答案：$\varphi=15°$，$c=9.8\text{kPa}$）

表 4-2 习题 4 表

σ (kPa)	50	100	200	300
τ_f (kPa)	23.4	36.7	63.9	90.8

5. 某建筑物地基土的天然重度 $\gamma=19\text{kN/m}^3$，黏聚力 $c=25\text{kPa}$，内摩擦角 $\varphi=30°$，如果设置宽度 $b=1.20\text{m}$，埋深 $d=1.50\text{m}$ 的条形基础，地下水位与基底持平，基础底面以上土的加权平均重度 $\gamma_m=18\text{kN/m}^3$，试计算地基的临塑荷载 p_{cr}和临界荷载 $p_{1/4}$。

（答案：$p_{cr}=349.09\text{kPa}$，$p_{1/4}=361.46\text{kPa}$）

6. 某建筑独立浅基础，基础底面尺寸：长度 $l=4.0\text{m}$，$b=4\text{m}$，埋深 $d=2\text{m}$。地基土为饱和软黏土，土的抗剪强度指标为 $c=10\text{kPa}$，$\varphi=0$，基础埋深范围内土的重度 $\gamma_m=19\text{kN/m}^3$，试计算极限荷载 p_u。 （答案：$p_u=104\text{kPa}$）

第5章 土压力和土坡稳定分析

重 点 提 示

1. 掌握各种土压力的形成条件、朗肯和库仑土压力理论、地基承载力的计算方法。
2. 无黏性土土坡的稳定分析方法，黏性土土坡稳定分析的基本原理。
3. 掌握摩擦圆弧滑动面的整体稳定分析方法和类型。

5.1 挡土墙的作用与土坡的划分

挡土墙是设置在土体一端，用以防止土体坍塌的构筑物。挡土墙广泛应用于建筑、桥梁、铁路和水利工程等土木工程中，如支撑建筑物周围填土的挡土墙、地下室侧墙、桥台以及贮藏粒状材料的挡墙等。

挡土墙就其结构形式可分为重力式、悬臂式和扶壁式等，可用块石、砖、素混凝土和钢筋混凝土等材料建成。

土体作用于挡土墙背的侧压力，称为土压力。作用在挡土墙上的外荷载主要是土压力。因此，在进行挡土墙设计计算时，首先要确定土压力的性质及其大小、方向和作用位置，再进行后面的工作。土压力计算比较复杂，随挡土墙可能位移的方向分为主动土压力、被动土压力和静止土压力。土压力的大小还与墙后填土的性质、墙背倾斜方向等因素有关。

土坡是指临空面为倾斜坡面的土体。土坡可分为天然土坡和人工土坡。天然土坡为天然形成的坡岸和山坡；人工土坡是为了工程需要，比如开挖基坑、修筑道路而开挖或填筑成的斜坡。土坡的稳定关系到工程施工过程中和工程完工后相关土木建筑形成物的安全，土坡的坍塌常常造成严重的工程事故。因此，应该对稳定性不够的边坡进行处理，如选择适当的边坡截面，采用合理的施工方法和适当的工程措施（如采用挡土墙）等。

本章将分别讨论土压力、挡土墙设计和土坡稳定分析等问题。

5.2 挡土墙的土压力类型

挡土墙土压力的大小及其分布规律受到墙体可能的移动方向、墙后填土的种类、填土面的形式、墙的截面刚度和地基的变形等一系列因素的影响。根据墙的位移情况和墙后土体所处的应力状态，土压力可分为以下三种：

1. 主动土压力

当挡土墙向离开土体方向偏移至土体达到极限平衡状态时，作用在挡土墙上的土压力称为主动土压力，一般用 E_a 表示。

2. 被动土压力

当挡土墙向土体方向偏移至土体达到极限平衡状态时，作用在挡土墙上的土压力称为被动土压力，一般用 E_p 表示。例如：桥台受到桥上荷载推向土体时，土对桥台产生的侧向压力属被动土压力。

3. 静止土压力

当挡土墙静止不动，土体处于弹性平衡状态时，土对墙的压力称为静止土压力，用 E_0 表示。地下室外墙可视为受静止土压力的作用。

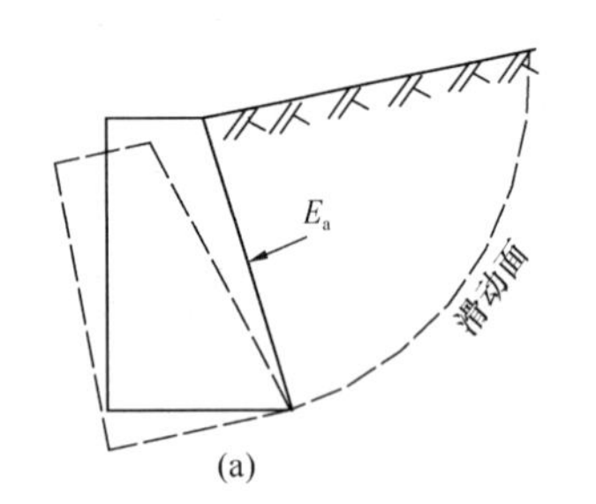

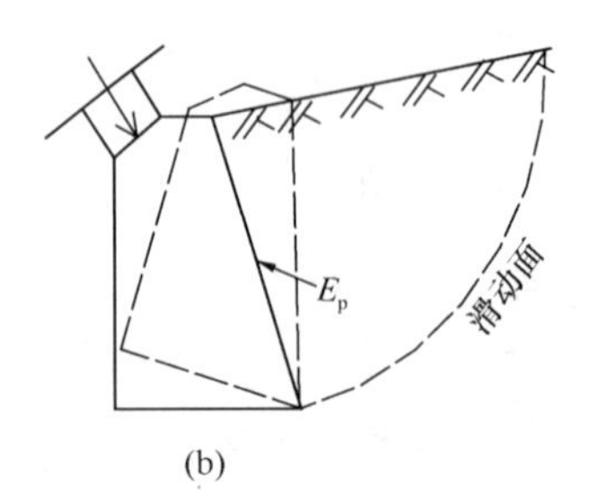

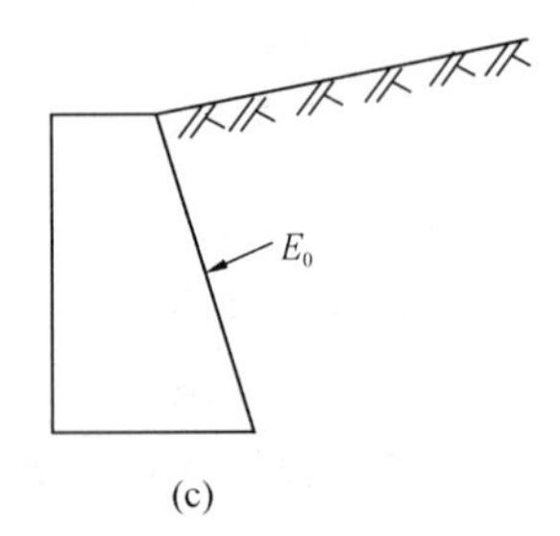

图 5-1 挡土墙的三种土压力

(a) 主动土压力；(b) 被动土压力；(c) 静止土压力

土压力的计算理论主要有古典的朗肯理论和库仑理论。自从库仑理论发表以来，人们先后进行过多次多种的挡土墙模型试验、原型观测和理论研究。实验研究表明在相同条件下，主动土压力小于静止土压力，静止土压力小于被动土压力，即 $E_a<E_0<E_p$，而且产生被动土压力所需的位移量 Δp 大大超过产生主动土压力所需的位移量 Δa 如图 5-2 所示。

静止土压力可按以下所述方法计算。在墙后填土体中任意深度 z 处取一微小单元体，作用于单元体水平面上的应力为 γz，则该点的静止土压力即侧压力强度为：

$$p_0 = K_0 \gamma z \tag{5-1}$$

式中 K_0——土的侧压力系数，即静止土压力系数；

γ——墙后填土重度，kN/m^3。

静止土压力系数可通过侧限条件下的试验测定，此法较可靠。砂土较适合采用经验公式：$K_0=1-\sin\varphi'$确定，φ'为土的有效内摩擦角（°）。另外还可采用经验值。

由式（5-1）可知，静止土压力沿墙高为三角形分布，如图 5-3 所示，取单位墙长计算，则作用在墙上的静止土压力为（由土压力强度沿墙高积分得到）：

$$E_0 = \frac{1}{2}\gamma h^2 K_0 \tag{5-2}$$

式中 h——挡土墙墙高（m）。

图 5-3 所示土压力作用点距墙底 $h/3$ 处（可用静力等效原理求得）。

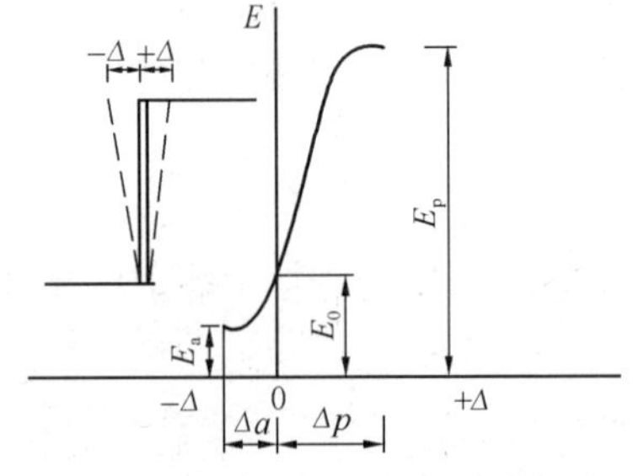

图 5-2 墙身位移和土压力的关系

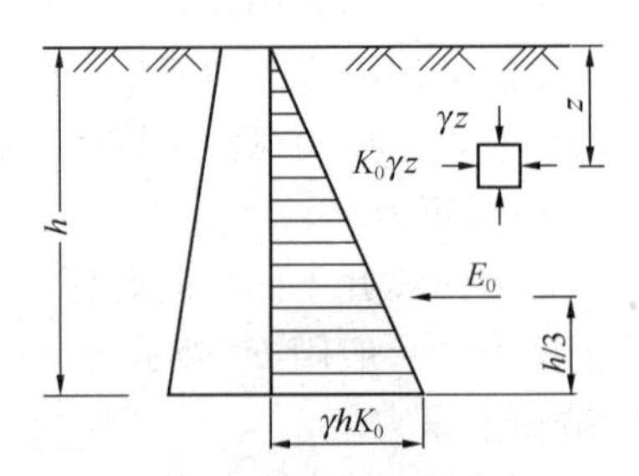

图 5-3 静止土压力分布

5.3 朗肯土压力理论

朗肯土压力理论是根据半空间的应力状态和土体的极限平衡条件而得出的土压力计算方法。图 5-4 表示一表面为水平面的半空间，即土体向下和沿水平方向都伸展至无穷，在离地表 z 处取一单位微体 M，当整个土体处于静止状态时，各点都处于弹性平衡状态。设土的重度为 γ，显然 M 单元水平截面上的法向应力等于处于该处土的自重应力，即：

$$\sigma_z = \gamma z$$

而竖直截面上的法向应力为：

$$\sigma_x = K_0 \gamma z$$

由于土体内每一竖直面都是对称面，因此竖直截面和水平截面上的剪应力都等于零，因而相应截面上的法向应力 σ_z 和 σ_x 都是主应力，此时的应力状态用莫尔圆表示为圆 1，由于该点处于弹性平衡状态，故莫尔圆没有和抗剪强度包线相切。

设想由于某种原因将使整个土体在水平方向均匀地伸展或压缩，使土体由弹性平衡状态转为塑性平衡状态。如果土体在水平方向伸展，则 M 单元在水平截面上的方向应力 σ_z 不变而竖直截面上的法向应力却逐渐减少，直至满足极限平衡条件为止（称为主动朗肯状态），此时 σ_x 达到最低限 σ_a，因此 σ_a 是小主应力，而 σ_z 是大主应力，并且莫尔圆与抗剪强度包线相切，如图 5-4（d）中圆Ⅱ所示。若土体继续伸展，则可造成塑性流动而不致改变其应力状态。反之，如果土体在水平方向压缩，那么 σ_x 不断增加而 σ_z 却保持不变，直到满足极限平衡条件（称为被动朗肯状态）时 σ_x 达最大限值 σ_p，这时 σ_p 是大主应力而 σ_z 是小主应力。莫尔圆为图 5-4（d）中圆Ⅲ。

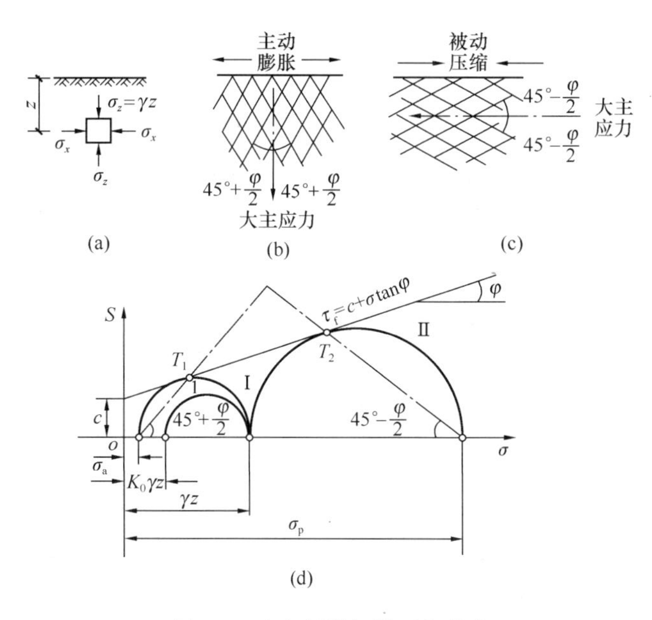

图 5-4 半空间的极限平衡状态

由于土体处于主动朗肯状态时大主应力所作用的面是水平面，故剪切破坏面与竖直面的夹角为$\left(45°-\frac{\varphi}{2}\right)$，当土体处于被动朗肯状态时，大主应力的作用面是竖直面，故剪切破坏面与水平面的夹角为$\left(45°-\frac{\varphi}{2}\right)$，因此整个土体由相互平行的两簇剪切面组成。

朗肯将上述原理应用于挡土墙土压力计算中，他设想用墙背直立的挡土墙代替半空间左边的土，如果墙背与土的接触面上满足剪应力为零的边界应力条件以及产生主动或被动朗肯状态的边界变形条件，则墙后土体的应力状态不变，由此可以推导出主动和被动土压力计算公式。

1. 主动土压力

由土的强度理论可知，当土体中某点处于极限平衡状态时，大主应力 σ_1 和小主应力 σ_3 之间应满足一下关系：

黏性土：
$$\sigma_1 = \sigma_3 \tan^2\left(45° + \frac{\varphi}{2}\right) + 2c\tan\left(45° + \frac{\varphi}{2}\right) \tag{5-3}$$

或
$$\sigma_3 = \sigma_1 \tan^2\left(45° - \frac{\varphi}{2}\right) - 2c\tan\left(45° - \frac{\varphi}{2}\right) \tag{5-4}$$

无黏性土：
$$\sigma_1 = \sigma_3 \tan^2\left(45° + \frac{\varphi}{2}\right) \tag{5-5}$$

或
$$\sigma_3 = \sigma_1 \tan^2\left(45° - \frac{\varphi}{2}\right) \tag{5-6}$$

对于如图 5-5（a）所示的挡土墙，设墙背光滑（为了满足剪应力为零的边界应力条件）、直立、填土面水平。当挡土墙偏离土体时，由于墙后土体中离地表为任意深度 z 处的竖向应力 $\sigma_z = \gamma z$ 不变，即大主应力不变，而水平应力 σ_x 却逐渐减小直至产生主动朗肯状态，此时，σ_x 是最小主应力 σ_a，也就是主动土压力强度，由极限平衡条件式（5-4）和（5-6）得：

无黏性土：
$$\sigma_a = \gamma z \tan^2\left(45° - \frac{\varphi}{2}\right) \tag{5-7}$$

或
$$\sigma_a = \gamma z K_a \tag{5-8}$$

黏性土：
$$\sigma_a = \gamma z \tan^2\left(45° - \frac{\varphi}{2}\right) - 2c\tan\left(45° - \frac{\varphi}{2}\right) \tag{5-9}$$

或
$$\sigma_a = \gamma z K_a - 2c\sqrt{K_a} \tag{5-10}$$

上列各式中　K_a——主动土压力系数，$K_a = \tan^2\left(45° - \frac{\varphi}{2}\right)$；

γ——墙后填土的重度（kN/m^3），地下水位以下用有效重度；

c——填土的黏聚力（kPa）；

φ——填土的内摩擦角（°）；

z——所计算的点距填土面的深度（m）。

由图 5-5 可知无黏性土的主动土压力强度与 z 成正比，沿 H 墙高的压力呈三角形分布，如图 5-5（b）所示。如取单位墙长计算，则主动土压力为：

$$E_a = \frac{1}{2}\gamma H^2 \tan^2\left(45° - \frac{\varphi}{2}\right) \tag{5-11}$$

或
$$E_a = \frac{1}{2}\gamma H^2 K_a \tag{5-12}$$

E_a 通过三角形的形心，即作用在距墙底 $H/3$ 处。

由式 5-10 可知，黏性土的主动土压力强度包括两部分：一部分是由土自重引起的土压

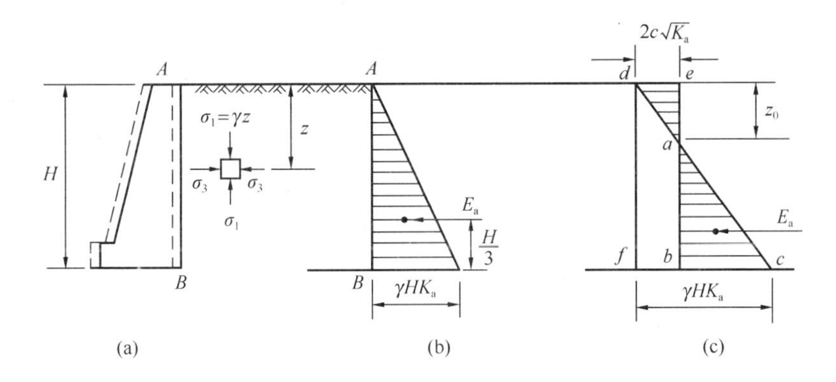

图 5-5　主动土压力的计算

(a) 主动土压力的计算；(b) 无黏性土；(c) 黏性土

力 γzK_a，另一部分是由黏聚力 c 引起的负侧压力 $2c\sqrt{K_a}$，这两部分土压力叠加的结果如图 5-5（c）所示，其中 ade 部分是负侧压力，对墙背是拉力，但实际上墙与土在很小的拉力作用下就会分离，故在计算土压力时，这部分应略去不计，因此黏性土的土压力分布仅是 abc 部分。

由式 5-10 可看出，黏性土的主动土压力是由两部分组成，其中 γzK_a 一项，取决于 γ、φ 和 z，为三角形分布，与 c 无关；而 $2c\sqrt{K_a}$ 一项，为 c 在水平方向造成的土压力负值，不随土的深度增加，其分布图形为矩形，如图 5-5（c）所示。两者叠加后，在深度 z_0 处的土压力强度为 0，可令 $\sigma_a=0$，$z=z_0$ 代入式 5-10，得 z_0（z_0 称为临界深度）值。即：

$$\sigma_a=\gamma z_0K_a-2c\sqrt{K_a}=0$$

或

$$z_0=\frac{2c}{\gamma\sqrt{K_a}} \tag{5-13}$$

如取单位墙长计算，则主动土压力 E_a 为：

$$E_a=\frac{1}{2}(H-z_0)(\gamma HK_a-2c\sqrt{K_a})$$

将式 5-13 代入上式后得：

$$E_a=\frac{1}{2}\gamma H^2K_a-2cH\sqrt{K_a}+\frac{2c^2}{\gamma} \tag{5-14}$$

主动土压力 E_a 通过在三角形压力分布图 abc 的形心，即作用在距墙底（$H-z_0$）/3 处。

2. 被动土压力

如图 5-6 所示，当墙受到外力作用而推向土体时，填土中任意一点的竖向应力 $\sigma_z=\gamma z$ 仍不变，而水平向应力 σ_x 却逐渐增大，直至出现被动朗肯状态。此时 σ_x 达最大限值 σ_p，因此 σ_p 是大主应力，也就是被动土压力强度，而 σ_z 则是小主应力，于是可得：

无黏性土：

$$\sigma_p=\gamma zK_p \tag{5-15}$$

黏性土：

$$\sigma_p=\gamma zK_p-2c\sqrt{K_p} \tag{5-16}$$

式中　K_p——被动土压力系数，$K_p=\tan^2\left(45°+\frac{\varphi}{2}\right)$，其余符号同前。

由式 5-15 和式 5-16 可知，无黏性土的被动土压力强度呈三角形分布，黏性土的被动土压力强度呈梯形分布。如取单位墙长计算，则被动土压力可由式（5-17）和式（5-18）

计算：

无黏性土：

$$E_p = \frac{1}{2}\gamma K^2 K_P \tag{5-17}$$

黏性土：

$$E_p = \frac{1}{2}\gamma K^2 K_P + 2cH\sqrt{K_P} \tag{5-18}$$

被动土压力 E_p 通过三角形或梯形压力分布图的形心。

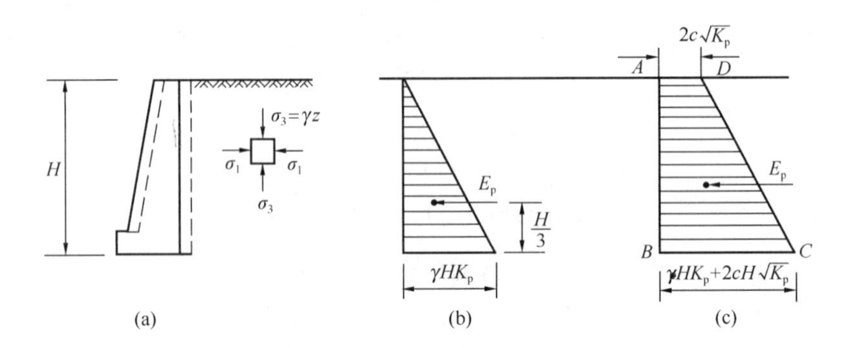

图 5-6 被动土压力计算

(a) 被动土压力的计算；(b) 无黏性土；(c) 黏性土

【例 5-1】 有一挡土墙，高 5m，墙背直立、光滑，填土面水平。填土的物理力学性质指标如下：$c=10$kPa，$\varphi=20°$，$\gamma=18$kN/m³。试求主动土压力及其作用点。

【解】 在墙底处的主动土压力强度为：

$$\begin{aligned}\sigma_a &= \gamma H \tan^2\left(45° - \frac{\varphi}{2}\right) - 2c\tan\left(45° - \frac{\varphi}{2}\right)\\ &= 18\times 5\times \tan^2\left(45° - \frac{20°}{2}\right) - 2\times 10\times \tan\left(45° - \frac{20°}{2}\right)\\ &= 30.1(\text{kPa})\end{aligned}$$

主动土压力：

$$\begin{aligned}E_a &= \frac{1}{2}\gamma H^2\tan^2\left(45° - \frac{\varphi}{2}\right) - 2cH\tan\left(45° - \frac{\varphi}{2}\right) + \frac{2c^2}{\gamma}\\ &= \frac{1}{2}\times 18\times 5^2\times \tan^2\left(45° - \frac{20°}{2}\right) - 2\times 10\times 5\times \tan\left(45° - \frac{20^2}{2}\right) + \frac{2\times 10^2}{18}\\ &= 51.4(\text{kN/m})\end{aligned}$$

临界深度：

$$z_0 = \frac{2c}{\gamma\sqrt{K_a}} = \frac{2\times 10}{18\times\tan\left(45° - \frac{20}{2}\right)} \approx 1.59(\text{m})$$

主动土压力 E_a 作用在离墙底的距离为：

$$\frac{(H - z_0)}{3} = \frac{5 - 1.59}{3} = 1.14(\text{m})$$

3. 几种情况下的土压力计算

(1) 填土面有均布荷载

当填土表面上作用有连续均布荷载 q 时（图 5-7），土压力的计算方法是将均布荷载换算成当量的土重，即用假想的土重代替均布荷载。当填土表面水平时，当量的土层厚度 h' 以

填土的重度 γ 换算为：

$$h' = \frac{q}{\gamma} \tag{5-19}$$

然后，以 $A'B$ 为墙背，按填土面无荷载的情况计算土压力。这时，深度 z 处的主、被动土压力强度为：

$$\sigma_{az} = \gamma(h' + z)K_a - 2c\sqrt{K_a} \tag{5-20}$$

$$\sigma_{pz} = \gamma(h' + z)K_p + 2c\sqrt{K_p} \tag{5-21}$$

以无黏性填土为例，则填土面 A 点的主动土压力强度为：

$$\sigma_{aA} = \gamma h' K_a = qK_a \tag{5-22}$$

墙底 B 点的主动土压力强度

$$\sigma_{aB} = \gamma(h' + h)K_a = (q + \gamma h)K_a \tag{5-23}$$

压力图形如图 5-7 所示，实际的土压力分布图为 $ABCD$ 部分，土压力的作用点在梯形的重心。

当填土为黏性土时，令 $z = z_0$，$\sigma_a = 0$，并代入式（5-20），可得临界深度 z_0 的计算公式：

$$z_0 = \frac{2c}{\gamma\sqrt{K_a}} - \frac{q}{\gamma} \tag{5-24}$$

（2）成层填土

当墙背由明显成层填土组成时，可按各层的土质情况，分别确定每一层土作用于墙背的土压力。图 5-8 所示的挡土墙，墙后有几层不同种类的水平土层，在计算土压力时，第一层的土压力按均质土以 γ_1、φ_1 和 c_1 计算，土压力的分布为图 5-8 中的 abc 部分；计算第二层的土压力时，将第一层土按第二层土的重度换算成与第二层土相当的当量土层厚度 $h'_1 = \frac{\gamma_1 h_1}{\gamma_2}$，然后以（$h'_1 + h_2$）为墙高，以第二层土的物理力学指标 γ_2、φ_2 和 c_2 计算土压力，但只在第二层土层厚度范围内有效，如图 5-8 中的 $bdfe$ 部分。图中是以无黏性填土（$\varphi_1 < \varphi_2$）为例的。其余土层以此类推。

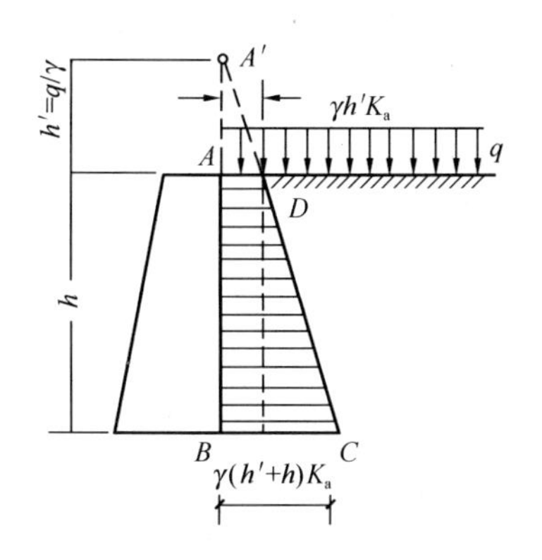

图 5-7　填土表面上有均布荷载作用

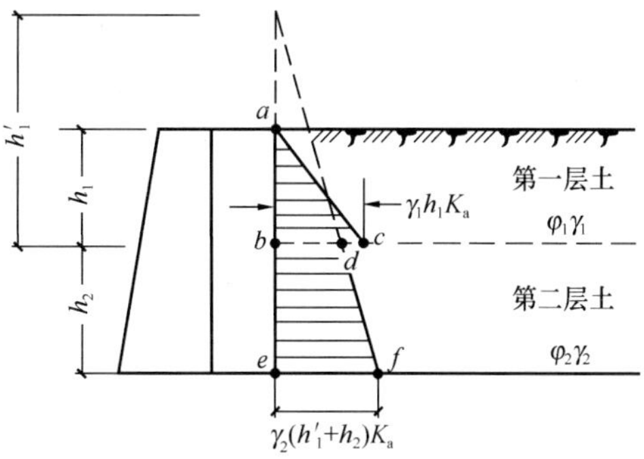

图 5-8　成层填土

（3）墙后填土有地下水

当墙后填土中有地下水存在时，作用在墙背上的侧向压力有土压力和水压力两部分。计算土压力时，地下水位以上采用天然重度 γ 计算，地下水位以下采用有效重度 γ' 计算；土的抗剪强度指标 φ 和 c 认为不受水分的影响，地下水位上、下采用同一个值计算。计算水压力时，从地下水位线起算，以水的重度 γ_w 计算水压力。总侧压力为土压力和水压力之和。

在图 5-9 中，*abdec* 部分为土压力分布图，*cef* 部分为水压力分布图。图中所示的土中水压力的计算也是以无黏性填土为例的。

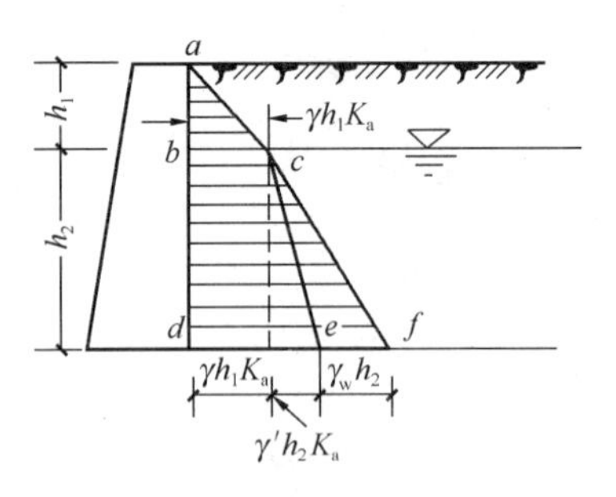

图 5-9　填土中有地下水

【例 5-2】 已知某挡土墙高度 $h=5.2\text{m}$，墙背垂直、光滑，填土表面水平，填土面上作用有均布荷载 $q=8\text{kPa}$，墙后填土重度 $\gamma=18\text{kN/m}^3$，内摩擦角 $\varphi=20°$，黏聚力 $c=12\text{kPa}$，如图 5-10 所示，试计算作用在墙背上的主动土压力的大小、分布及作用点。

【解】 按朗肯理论计算：

$$K_a = \tan^2\left(45° - \frac{\varphi}{2}\right) = \tan^2\left(45° - \frac{20°}{2}\right) = 0.49$$

$$\sqrt{K_a} = 0.70$$

土压力为零处的临界高度：

$$z_0 = \frac{2c}{\gamma\sqrt{K_a}} - \frac{q}{\gamma} = \frac{2\times 12}{18\times 0.70} - \frac{8}{18}$$

$$= 1.90 - 0.44 = 1.46(\text{m})$$

墙底处（点 4）的土压力强度为：

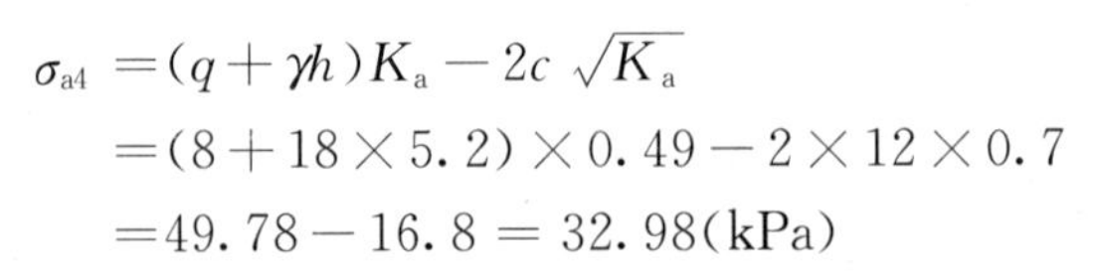

$$\sigma_{a4} = (q + \gamma h)K_a - 2c\sqrt{K_a}$$

$$= (8 + 18\times 5.2)\times 0.49 - 2\times 12\times 0.7$$

$$= 49.78 - 16.8 = 32.98(\text{kPa})$$

土压力强度按三角形分布，其合力为压力图形的面积：

$$E_a = \frac{1}{2}p_{a4}(h - z_0)$$

$$= \frac{1}{2}\times 32.98\times(5.2 - 1.46)$$

$$= 61.67(\text{kN/m})$$

E_a 作用点离墙底为：

$$\frac{1}{3}(h - z_0) = \frac{1}{3}(5.2 - 1.46) = 1.25(\text{m})$$

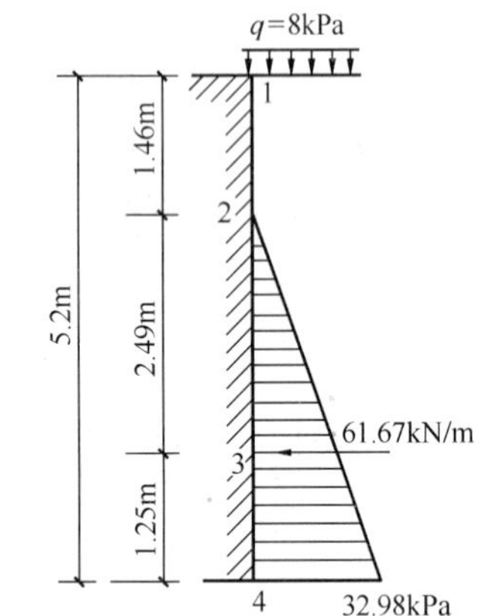

图 5-10　例 5-2 图

【例 5-3】 求图 5-11a 所示挡土墙（墙背垂直、光滑，墙后填土表面水平，墙后填土为砂土）的主动土压力。

【解】（1）第一层土

A 点：　$\sigma_{aA} = qK_{a1} = 10\tan^2\left(45° - \frac{30°}{2}\right) = 10\times 0.333 = 3.3(\text{kPa})$

B 点：　$\sigma_{aB1} = (q + \gamma_1 h_1)K_{a1} = (10 + 18\times 2)\times 0.333 = 15.3(\text{kPa})$

（2）第二层土

B 点：　$\sigma_{aB2} = (q + \gamma_1 h_1)K_{a2} = (10 + 18\times 2)\tan\left(45° - \frac{26°}{2}\right)$

$$= 46\times 0.39 = 17.9(\text{kPa})$$

C 点：　$\sigma_{aC} = (q + \gamma_1 h_1 + \gamma_2 h_2)K_{a2}$

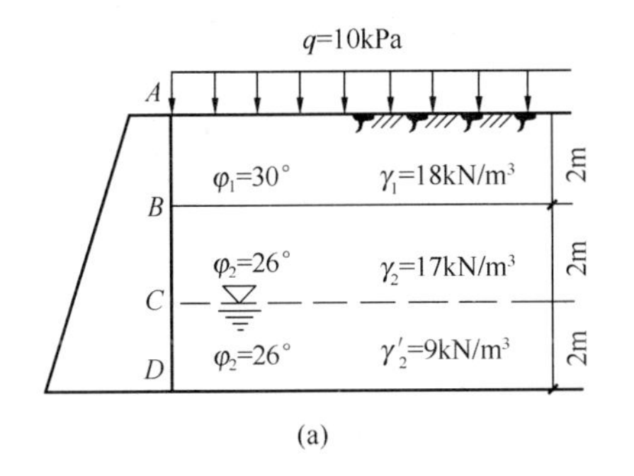

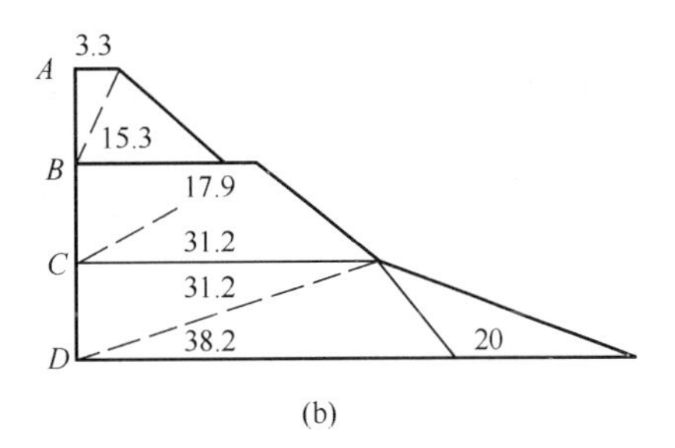

图 5-11　例 5-3 图

（a）土层分布及性质指标；（b）土压力分布

$$=(10+18\times2+17\times2)\times0.39=31.2(\text{kPa})$$

D 点：

土压力：

$$\sigma_{aD}=(q+\gamma_1h_1+\gamma_2h_2+\gamma'_2h_3)K_{a2}$$
$$=(10+18\times2+17\times2+9\times2)\times0.39=38.2(\text{kPa})$$

水压力：

$$p_{wD}=\gamma_wh_3=10\times2=20(\text{kPa})$$

主动土压力和水压力分布如图 5-11 所示，主动土压力的合力（即图形面积）为：

$$E_a=\frac{1}{2}(3.3+15.3)\times2+\frac{1}{2}(17.9+31.2)\times2+\frac{1}{2}(31.2+31.8)\times2$$
$$=137.1(\text{kN/m})$$

水压力合力为：

$$E_w=\frac{1}{2}\times20\times2=20(\text{kN/m})$$

墙背总压力为：

$$E=E_a+E_w=137.1+20=157.1(\text{kN/m})$$

为了求得合力 E 的作用位置，按材料力学求截面形心的方法用合力矩定理求出。即将图 5-11b 所示的压力分布图用虚线分成 6 个小三角形，各三角形的面积为 E_i，其形心距 D 点的垂直距离为 y_i；设合力 E 作用点距 D 点的垂直距离为 y，则据合力矩定理有：

$$Ey=\sum E_iy_i$$

$$157.1y=\frac{1}{2}\times2\times3.3\times\left(\frac{2}{3}\times2+4\right)+\frac{1}{2}\times2\times15.3\times\left(\frac{1}{3}\times2+4\right)+$$
$$\frac{1}{2}\times2\times17.9\times\left(\frac{2}{3}\times2+2\right)+\frac{1}{2}\times2\times31.2\times\left(\frac{1}{3}\times2+2\right)+$$
$$\frac{1}{2}\times2\times31.2\times\left(\frac{2}{3}\times2\right)+\frac{1}{2}\times2\times58.2\times\left(\frac{1}{3}\times2\right)$$
$$=312.3$$

解方程，得　$y=\dfrac{312.3}{157.1}=1.99$（m）

5.4　库仑土压力理论

库仑土压力理论是根据墙后土体处于极限平衡状态并形成一滑动楔体时，从楔体的静力平衡条件得出的土压力计算理论。其基本假设是：(1) 墙后的填土是理想的散粒体（黏聚力 $c=0$）；(2) 滑动破坏面为一平面。

1. 主动土压力

一般挡土墙的计算均属于平面问题，故在下述讨论中均沿墙的长度方向取 1m 进行分析，如图 5-12 所示。当墙向前移动或转动而使墙后土体沿某一破坏面 $\overline{BC}$ 破坏时，土楔 ABC 向下滑动而处于主动极限平衡状态。

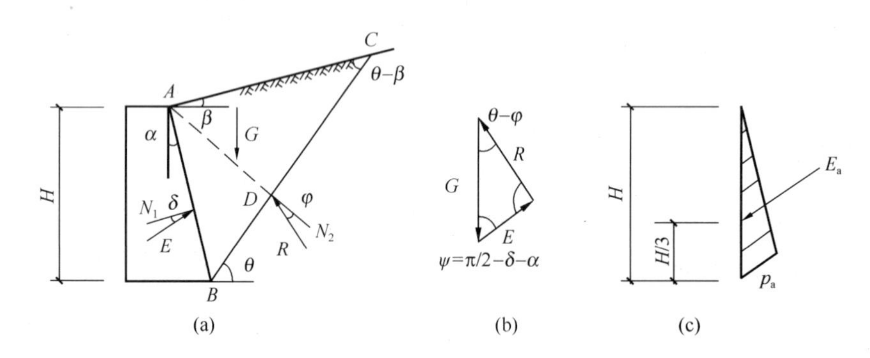

图 5-12　库仑理论求主动土压力

(a) 作用在土楔 ABC 上三个力；(b) 力矢三角形；(c) 主动土压力分布图

此时，作用于土楔 ABC 上的力有：

(1) 土楔体的自重 $G=\Delta ABC\cdot\gamma$，γ 为填土的重度，主要破坏面 $\overline{BC}$ 的位置确定后，G 的大小即可计算出来，其方向向下。

(2) 破坏面 $\overline{BC}$ 上的反力 R，其大小是未知的，但其方向则是已知的。反力 R 与破坏面 $\overline{BC}$ 的法线 N_2 之间的夹角等于土的内摩擦角 φ，并位于 N_2 的下侧。

(3) 墙背对土楔体的反力 E，与它大小相等、方向相反的作用力就是墙背上的土压力。反力 E 的方向必与墙背的法线 N_1 成 δ 角，δ 角为墙背与填土之间的摩擦角，称为内摩擦角。当土楔下滑时，墙对楔体的阻力是向上的，故反力 E 必在 N_1 的下侧。

土楔体在以上三力作用下处于静止平衡状态，因此必构成一闭合的力矢三角形，按正弦定律可得：

$$E=G\frac{\sin(\theta-\varphi)}{\sin[180^\circ-(\theta-\varphi+\psi)]}=G\frac{\sin(\theta-\varphi)}{\sin(\theta-\varphi+\psi)}\tag{5-25}$$

式中　$\psi=90^\circ-\alpha-\beta$，其余符号如图 5-12 所示。

土楔重：

$$G=\gamma\cdot\Delta ABC=\gamma\cdot\frac{1}{2}\overline{BC}\cdot\overline{AD}\tag{5-26}$$

在三角形中，利用正弦规律可得：

$$\overline{BC}=\overline{AB}\cdot\frac{\sin(90^\circ-\alpha+\beta)}{\sin(\theta-\beta)}$$

因为 $AB=H/\cos\alpha$，故：

$$BC = H \cdot \frac{\cos(\alpha-\beta)}{\cos\alpha\sin(\alpha-\beta)} \tag{5-27}$$

通过 A 点作 AD 线垂直于 BC，又 ΔADB 得：

$$\overline{AD} = \overline{AB} \cdot \cos(\theta-\alpha) = H \cdot \frac{\cos(\theta-\alpha)}{\cos\alpha} \tag{5-28}$$

得：

$$G = \frac{\gamma H^2}{2} \frac{\cos(\alpha-\beta)\cos(\theta-\alpha)}{\cos^2\alpha\sin(\theta-\beta)} \tag{5-29}$$

将式（5-29）代入式（5-25）得 E 的表达式为：

$$E = \frac{1}{2}\gamma H^2 \frac{\cos(\alpha-\beta)\cos(\theta-\alpha) \cdot \sin(\theta-\alpha)}{\cos^2\alpha\sin(\theta-\beta)\sin(\theta-\varphi+\psi)} \tag{5-30}$$

在式中，γ、H、α、β 和 φ、δ 都是已知的，而滑动面 $\overline{BC}$ 与水平面的倾角 θ 则是任意假定的，因此，假定不同的滑动面可以得出一系列相应的土压力 E 值，也就是说，E 是 θ 的函数。E 的最大值 E_{max} 即为墙背的主动土压力，其所对应的滑动面即是土楔最危险的滑动面，为求主动土压力，可用微分学中求极值的方法求 E 的极大值，为此可令：

$$\frac{dE}{d\theta} = 0$$

从而解得使 E 为极大值时填土的破坏角 θ_{cr}，这就是真正滑动面的倾角。将 θ_{cr} 代入式，整理后可得库仑主动土压力的一般表达式：

$$E_a = \frac{1}{2}\gamma H^2 \cdot \frac{\cos^2(\varphi-\alpha)}{\cos^2\alpha\cos(\alpha+\delta)\left[1+\sqrt{\dfrac{\sin(\varphi+\delta)\sin(\varphi-\beta)}{\cos(\alpha+\delta)\cos(\alpha-\beta)}}\right]^2} \tag{5-31}$$

令
$$K_a = \frac{\cos^2(\varphi-\alpha)}{\cos^2\alpha\cos(\alpha+\delta)\left[1+\sqrt{\dfrac{\sin(\varphi+\delta)\sin(\varphi-\beta)}{\cos(\alpha+\delta)\cos(\alpha-\beta)}}\right]^2}$$

则
$$E_a = \frac{1}{2}\gamma H^2 K_a \tag{5-32}$$

式中 K_a——库仑主动土压力系数，K_a 是 δ、α、β 和 φ 角的函数，可由表 5-2 查得；

H——挡土墙的高度（m）；

γ——填土的重度（kN/m^3）；

φ——土的内摩擦角（°）；

α——墙背的倾斜角（°），俯斜的取正号，仰斜为取负号；

β——墙后填土面的倾角（°）；

δ——墙背与填料之间的外摩擦角（°）。

表 5-1 为主动土压力系数 K_a 与 δ、φ 的关系。

从表 5-2 可看出，随着土的内摩擦角 φ 的增加以及墙背倾角 α 和填土面坡角 β 的减小，K_a 值相应减小。

表 5-1　主动土压力系数 K_a 与 δ、φ 的关系（$\alpha=0$、$\beta=0$）

δ \ φ (°)	10	12.5	15	17.5	20	25	30	35	40
$\delta=0$	0.71	0.64	0.59	0.53	0.49	0.41	0.33	0.27	0.22
$\delta=\varphi/2$	0.67	0.61	0.55	0.48	0.45	0.38	0.32	0.26	0.22
$\delta=2\varphi/3$	0.66	0.59	0.54	0.47	0.44	0.37	0.31	0.26	0.22
$\delta=\varphi$	0.65	0.58	0.53	0.47	0.44	0.37	0.31	0.26	0.22

表 5-2　主动土压力系数 K_a 值

δ (°)	α (°)	β (°)	φ (°)							
			15	20	25	30	35	40	45	50
0	0	0	0.589	0.490	0.406	0.333	0.271	0.271	0.172	0.132
		15	0.933	0.639	0.505	0.402	0.319	0.251	0.194	0.147
		30				0.750	0.436	0.318	0.235	0.172
	10	0	0.652	0.560	0.478	0.407	0.343	0.288	0.238	0.194
		15	1.039	0.737	0.603	0.498	0.411	0.337	0.274	0.221
		30				0.925	0.565	0.433	0.337	0.262
	20	0	0.736	0.648	0.569	0.498	0.434	0.375	0.322	0.274
		15	1.196	0.868	0.730	0.621	0.529	0.450	0.380	0.318
		30				1.169	0.740	0.586	0.474	0.385
	−10	0	0.540	0.433	0.344	0.270	0.209	0.158	0.117	0.083
		15	0.830	0.562	0.425	0.322	0.243	0.180	0.130	0.090
		30				0.614	0.331	0.226	0.155	0.104
	−20	0	0.497	0.380	0.287	0.212	0.153	0.106	0.070	0.043
		15	0.809	0.494	0.352	0.250	0.175	0.119	0.076	0.046
		30				0.498	0.239	0.147	0.090	0.051
10	0	0	0.533	0.447	0.373	0.309	0.253	0.204	0.163	0.127
		15	0.947	0.609	0.473	0.379	0.301	0.238	0.185	0.141
		30				0.762	0.423	0.306	0.226	0.166
	10	0	0.603	0.520	0.448	0.384	0.326	0.275	0.230	0.189
		15	1.089	0.721	0.582	0.480	0.396	0.326	0.267	0.216
		30				0.969	0.564	0.427	0.332	0.258
	20	0	0.690	0.615	0.543	0.478	0.419	0.365	0.316	0.271
		15	1.298	0.872	0.723	0.613	0.522	0.444	0.377	0.317
		30				1.268	0.758	0.594	0.478	0.388
	−10	0	0.477	0.385	0.309	0.245	0.191	0.146	0.109	0.078
		15	0.847	0.520	0.390	0.297	0.224	0.167	0.121	0.085
		30				0.605	0.313	0.212	0.146	0.098
	−20	0	0.427	0.330	0.252	0.188	0.137	0.096	0.064	0.039
		15	0.772	0.445	0.315	0.225	0.220	0.135	0.082	0.047
		30				0.475	0.220	0.135	0.082	0.047

续表

δ (°)	α (°)	β (°)	φ (°)							
			15	20	25	30	35	40	45	50
10	0	0	0.533	0.447	0.373	0.309	0.253	0.204	0.163	0.127
		15	0.947	0.609	0.473	0.379	0.301	0.238	0.185	0.141
		30				0.762	0.423	0.306	0.226	0.166
	10	0	0.603	0.520	0.448	0.384	0.326	0.275	0.230	0.189
		15	1.089	0.721	0.582	0.480	0.396	0.326	0.267	0.216
		30				0.969	0.564	0.427	0.332	0.258
	20	0	0.690	0.615	0.543	0.478	0.419	0.365	0.316	0.271
		15	1.298	0.872	0.723	0.613	0.522	0.444	0.377	0.317
		30				1.268	0.758	0.594	0.478	0.388
	−10	0	0.477	0.385	0.309	0.245	0.191	0.146	0.109	0.078
		15	0.847	0.520	0.390	0.297	0.224	0.167	0.121	0.085
		30				0.605	0.313	0.212	0.146	0.098
	−20	0	0.427	0.330	0.252	0.188	0.137	0.096	0.064	0.039
		15	0.772	0.445	0.315	0.225	0.220	0.135	0.082	0.047
		30				0.475	0.220	0.135	0.082	0.047

当墙背垂直（$\alpha=0$）、光滑（$\delta=0$），填土面水平（$\beta=0$）时，式（5-32）可写为：

$$E_a=\frac{1}{2}\gamma H^2\cdot\tan^2\left(45°-\frac{\varphi}{2}\right)$$

可见，在上述条件下，库仑公式和朗肯公式相同。

可知，主动土压力 E_a 与墙高的平方成正比，为求得离墙顶为任意深度 z 处的主动土压力强度 σ_a，可将 E_a 对 z 取导数而得，即：

$$\sigma_a=\frac{dE_a}{dz}=\frac{d}{dz}\left(\frac{1}{2}\gamma z^2K_a\right)=\gamma zK_a \tag{5-33}$$

由式（5-33）可见，主动土压力强度沿墙高成三角形分布。主动土压力的作用点在离墙底$H/3$处，方向与墙背法线的夹角为 δ。必须注意，在图 5-12（c）中所示的土压力分布图只表示其大小，不代表其作用方向。

2. 被动土压力

当墙受外力作用推向填土，直至土体沿某一破裂面 BC 破坏时，土楔 ABC 向上滑动，并处于被动极限状态（图 5-13）。此时土楔 ABC 在自重G、反力 R 和 E 作用下平衡，R 和 E 的方向都分别在 BC 和 AB 面法线的上方。

按上述求主动土压力的原理，同样可求得被动土压力的库仑公式：

$$E_p=\frac{1}{2}\gamma h^2\cdot\frac{\cos^2(\alpha+\varphi)}{\cos^2\alpha\cos(\alpha-\delta)\left[1-\sqrt{\dfrac{\sin(\varphi+\delta)\sin(\varphi+\beta)}{\cos(\alpha-\delta)\cos(\alpha-\beta)}}\right]^2} \tag{5-34}$$

令

$$K_p=\frac{\cos^2(\alpha+\varphi)}{\cos^2\alpha\cos(\alpha-\delta)\left[1-\sqrt{\dfrac{\sin(\varphi+\delta)\sin(\varphi+\beta)}{\cos(\alpha-\delta)\cos(\alpha-\beta)}}\right]^2} \tag{5-35}$$

则

$$E_{\mathrm{p}}=\frac{1}{2}\gamma h^{2}K_{\mathrm{p}} \tag{5-36}$$

式中　K_{p}——库仑被动土压力系数，K_{p} 是 δ、α、β 和 φ 角的函数。

其余符号意义同前。

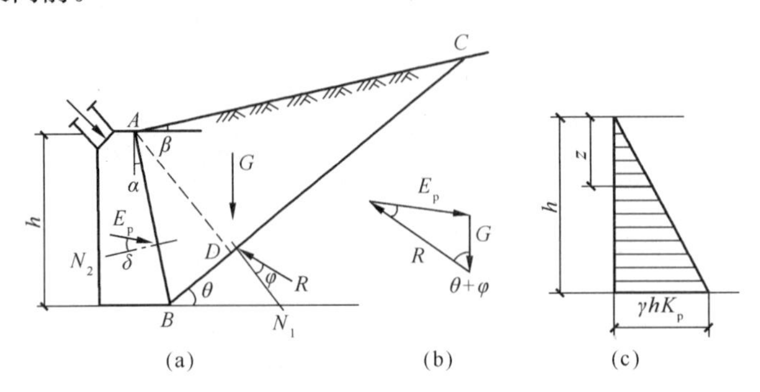

图 5-13　按库仑理论求被动土压力

(a) 土楔 ABC 上的作用力；(b) 力矢量三角形；(c) 主动土压力分布图

当填土表面水平（$\beta=0$），墙背垂直（$\alpha=0$）和光滑（$\delta=0$）时，式（5-34）可写为：

$$E_{\mathrm{p}}=\frac{1}{2}\gamma h^{2}\tan\left(45^{\circ}+\frac{\varphi}{2}\right)$$

可见，在上述条件下，库仑公式与朗肯公式相同。

沿墙高分布的被动土压力强度 p_{p} 可通过将式（5-36）对 z 求导数可得：

$$p_{\mathrm{p}}=\frac{\mathrm{d}E_{\mathrm{p}}}{\mathrm{d}z}=\frac{\mathrm{d}}{\mathrm{d}z}\left(\frac{1}{2}\gamma z^{2}K_{\mathrm{p}}\right)=\gamma zK_{\mathrm{p}}$$

可以看出，被动土压力强度沿墙高也呈三角形分布（图 5-13c）。被动土压力 E_{p} 的作用点在距墙底 $h/3$ 处，方向与墙背法线成 δ 角（与水平面成 $\alpha-\delta$ 角，或 $\delta-\alpha$ 角），并指向墙背（图 5-13c 中未画出）。

按库仑理论计算土压力时，需确定土对挡土墙墙背的摩擦角 δ。δ 与墙背的粗糙程度和排水条件等因素有关，一般在（0～1）φ 之间：

墙背平滑、排水不良：$\delta=\left(0\sim\frac{1}{3}\right)\varphi$

墙背粗糙、排水良好：$\delta=\left(\frac{1}{3}\sim\frac{1}{2}\right)\varphi$

墙背很粗糙、排水良好：$\delta=\left(\frac{1}{2}\sim\frac{2}{3}\right)\varphi$

应当指出，墙后填土达到极限平衡状态时，破裂面是一曲面。在计算主动土压力时，只有当墙背的斜度不大，墙背与填土间的摩擦角较小时，破裂面才接近一平面。不过按库仑公式计算主动土压力时，可以满足实际工程所需要的精度。但计算被动土压力时，其误差却较大，甚至很大。

3. 黏性土的土压力

从理论上说，库仑公式只适用于无黏性填土，但在实际工程中黏性填土是很常见的。对黏性填土的情况，可以采用规范推荐的公式或图解法来计算主动土压力。

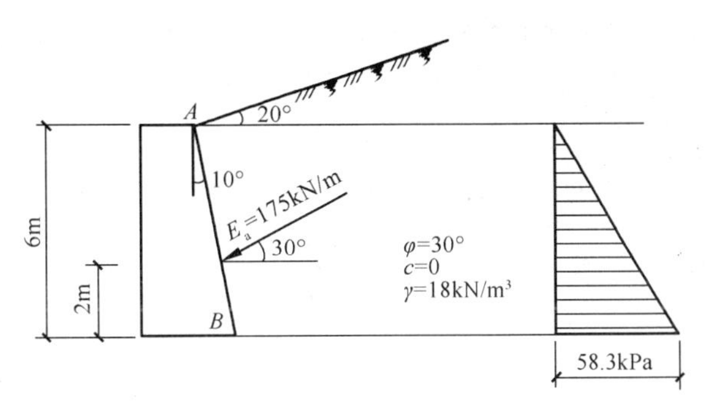

图 5-14　例 5-4 图

【例 5-4】 挡土墙尺寸及填土的性质指标如图 5-14 所示，填土与墙背间的摩擦角 $\delta=20^{\circ}$。试绘出墙背垂直投影面上的主动土压力 E_a 的大小、分布及作用点。

【解】 按所给 δ、α、β 和 φ 角查表 5-1 得：$K_a=0.540$

墙底处土压力强度为：

$$\sigma_{aB}=\gamma h K_a=18\times 6\times 0.540=58.3(\text{kPa})$$

土压力合力为：

$$E_a=\frac{1}{2}\sigma_{aB}h=\frac{1}{2}\times 58.3\times 6^2=175.0(\text{kN/m})$$

土压力的作用点为：$y=h/3=6/3=2\text{m}$

土压力作用方向与水平面的夹角为：$\alpha+\delta=10+20=30^{\circ}$

5.5　挡土墙设计

1. 挡土墙的类型

挡土墙就其结构形式可分为以下三种主要类型：

（1）重力式挡土墙

重力式挡土墙如图 5-15 所示，墙面暴露于外，墙背可以做成倾斜和垂直的。墙基的前缘称为墙趾，后缘称为墙踵。重力式挡土墙通常由块石或素混凝土砌筑而成，因而墙体抗拉强度较小，作用于墙背的土压力所引起的倾覆力矩全靠墙身自重产生的抗倾覆力矩来平衡，因此，墙身必须做成厚而重的实体才能保证其稳定，这样，墙身的断面也就比较大。重力式挡土墙具有结构简单，施工方便，能够就地取材等优点，是工程中应用较广的一种形式。

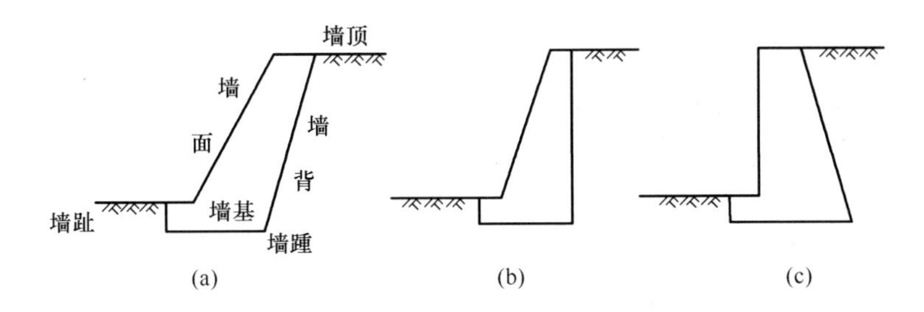

图 5-15　重力式挡土墙

（a）仰斜；（b）垂直；（c）俯斜

（2）悬臂式挡土墙

悬臂式挡土墙一般用钢筋混凝土建造，它由三个悬臂板组成，即立壁、墙趾悬臂和墙踵悬臂，如图 5-16 所示。墙的稳定主要靠墙踵底板上的土重，而墙体内的拉应力则由钢筋承担，因此，这类挡土墙的优点是能充分利用钢筋混凝土的受力特性，墙体截面较小。在市政工程以及厂矿贮库中广泛应用这种挡土墙。

(3) 扶壁式挡土墙

当墙后填土比较高时，为了增强悬臂式挡土墙中立壁的抗弯性能，常沿墙的纵向每隔一定距离设一道扶壁，故称为扶壁式挡土墙。扶壁式挡土墙如图 5-17 所示。

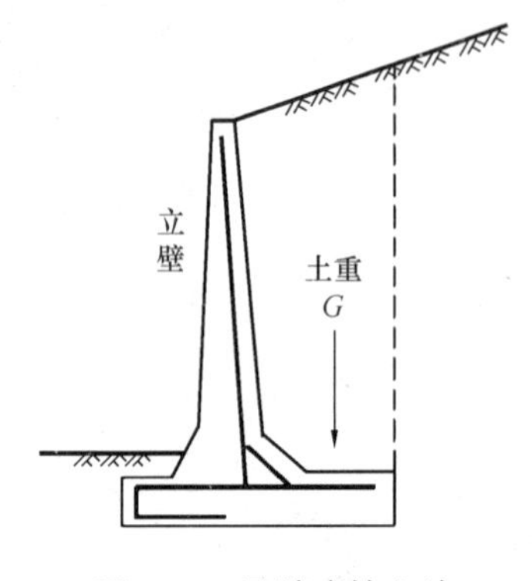

图 5-16 悬臂式挡土墙

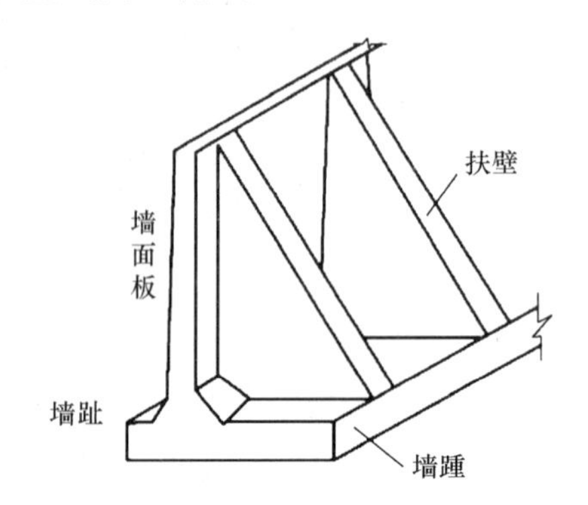

图 5-17 扶壁式挡土墙

近十多年来，国内外发展新型挡土结构方面，提出了不少新型结构，例如锚杆挡土墙、锚定板挡土墙和土工织物挡土墙等，图 5-18 为锚定板挡土墙结构简图，一般由预制的钢筋混凝土墙面、钢拉杆和埋在填土中的锚定板组成，图 5-18 表示锚定板结构的一种，墙面所受的主动土压力完全由拉杆和锚定板承受，只要锚定板的抗拔能力不小于墙面所受荷载引起的土压力，就可使结构保持平衡。它具有结构轻便且经济的特点，较适用于地基承受力不大的软土地基。

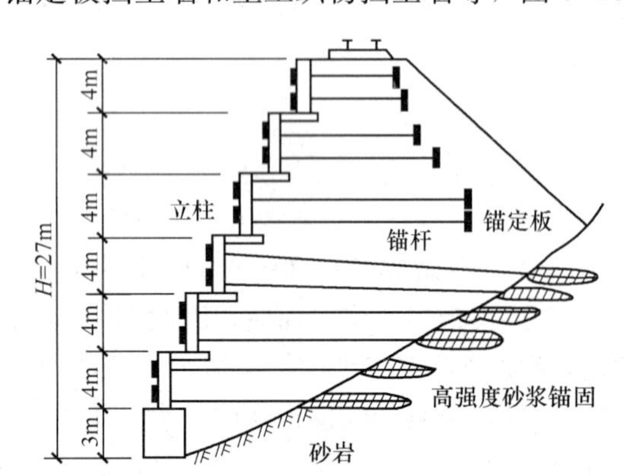

图 5-18 锚杆、锚定板挡土墙结构简图

2. 挡土墙的计算

挡土墙的截面一般按试算法确定，即先根据挡土墙所处的条件（工程地质、填土性质以及墙体材料和施工条件等）凭经验初步拟定截面尺寸，然后进行挡土墙的验算，如不满足要求，则应改变截面尺寸或采用其他措施。

挡土墙的计算通常包括下列内容：

(1) 稳定性验算，包括抗倾覆和抗滑移稳定验算。

(2) 地基的承载力验算。

(3) 墙身强度验算。

在以上计算内容中，地基的承载力验算，一般与偏心荷载作用下基础的计算方法相同，即要求同时满足基底平均应力 $p \leqslant f$ 和基底最大压应力 $p_{max} \leqslant 1.2f$（f 为持力层地基承载力设计值）。至于墙身强度验算应根据墙身材料分别按砌体结构、素混凝土结构或钢筋混凝土结构的有关计算方法进行。

挡土墙的稳定性破坏通常有两种形式：一种是在主动土压力作用下的外倾，对此应进行倾覆稳定性验算；另一种是在土压力作用下沿基底外移，需进行滑动稳定性验算。

(1) 倾覆稳定性验算

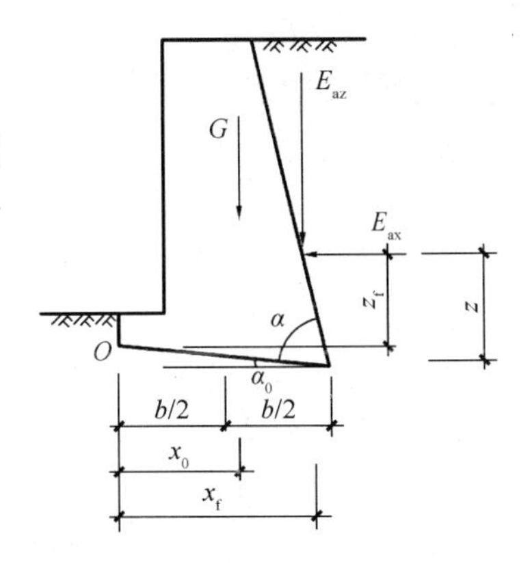

图 5-19 挡土墙倾覆稳定验算

图 5-19 表示一具有倾斜基底的挡土墙，设在挡土墙自重 G 和主动土压力 E_a 作用下，可能绕墙趾 O 点倾覆，抗倾覆力矩与倾覆力矩之比称为抗倾覆安全系数 K_t 并应符合下式的要求：

$$K_t = \frac{Gx_0 + E_{az}x_f}{E_{ax}z_f} \geqslant 1.5$$

其中

$$E_{az} = E_a \cos(\alpha' - \delta)$$
$$E_{ax} = E_a \sin(\alpha' - \delta)$$
$$x_f = b - z\cot\alpha'$$
$$z_f = z - b\tan\alpha_0$$

上列各式中 E_{az}，E_{ax}——主动土压力 E_a 的垂直和水平分力（kN/m）；

G——挡土墙每延米自重（kN/m）；

x_0——挡土墙重心离墙趾的水平距离（m）；

α'——挡土墙墙背与水平面的倾角（°）；

α_0——挡土墙基底的倾角（°）；

δ——土对挡土墙墙背的摩擦角（°）；

z——土压力作用点离墙踵的高度（m）；

b——基底的水平投影宽度（m）；

z_f——土压力作用点离 O 点的高度（m）。

当地基软弱时，在倾覆的同时，墙趾可能陷入土中，因而力矩中心 O 点向内移动，抗倾覆安全系数就会降低，因此在运用式（5-36）时要注意地基土的压缩性。

(2) 滑动稳定性验算

在滑动稳定性验算中，将 G 和 E_a 都分解为垂直和平行于基底的分力，抗滑力与滑动力之比称为抗滑安全系数 K_s 并应符合下式要求：

$$K_a = \frac{(G_n + E_{an})\mu}{E_{at} - G_t} \geqslant 1.3$$

式中 G_n、G_t——挡土墙自重在垂直和平行于基底平面方向的分力，$G_n = G \cdot \cos\alpha_0$，$G_t = G \cdot \sin\alpha_0$（kN/m）；

E_{an}、E_{at}——主动土压力 E_a 在垂直和平行于基底平面方向的分力，$E_{an} = E_a \cdot \cos(\alpha' - \alpha_0 - \delta)$，$E_{at} = E_a \cdot \sin(\alpha' - \alpha_0 - \delta)$（kN/m）；

μ——土对挡土墙基底的摩擦系数，按表 5-3 确定。

表 5-3 土对挡土墙基底的摩擦系数

土的类别		摩擦系数 μ	土的类别	摩擦系数 μ
黏性土	可塑	0.25～0.30	中砂、粗砂、砾砂	0.40～0.50
	硬塑	0.30～0.35	碎石土	0.40～0.60
	坚塑	0.35～0.45	软质岩石	0.40～0.80
粉土	$S_t \leqslant 0.5$	0.30～0.40	表面粗糙的硬质岩石	0.65～0.75

当地基软弱时，基底滑动可能发生在地基持力层之中，对于这种情况可按圆弧滑动面法

验算地基稳定性。

3. 重力式挡土墙的体型选择和构造措施

合理地选择墙型，对安全和经济地设计挡土墙具有重要意义。

（1）墙背的倾斜形式

重力式挡土墙按墙背倾斜方向可分为仰斜、直立和俯斜三种形式，如图 5-15 所示。对于墙背倾斜方法不同的挡土墙，如采用相同的计算方法和计算指标进行计算，其主动土压力以倾斜为最小，直立居中，俯斜最大。因此，就墙背所受的主动土压力而言，仰斜墙背较为合理。如在开挖临时边坡以后筑墙，采用仰斜墙背可与边坡紧密贴合，而俯斜墙则须在墙背回填土，因此仰斜墙比较合理。反之，如果在填方地段筑墙，仰斜墙背填土的夯实比俯斜墙或直立墙困难，此时，俯斜墙和直立墙比较合理。因此，墙背的倾斜形式应根据使用要求、地形和施工等情况综合考虑确定。

（2）墙面坡度的选择

当墙前地面较陡时，墙面坡可取 1∶0.05～1∶0.2（高宽比），亦可采用直立的墙面。在墙前地形较为平坦时，对于中、高挡土墙，墙面坡度可较缓，但不宜缓于 1∶0.4，以免增高墙身或增加开挖宽度。仰斜墙背坡度愈缓，主动土压力愈小，但为了避免施工困难，仰斜墙背坡度一般不宜缓于 1∶0.25，墙面坡应尽量与墙背坡平行。

（3）基底逆坡坡度

在墙体稳定性验算中，滑动稳定常比倾覆稳定更不易满足。为了增加墙身的抗滑稳定性，将基底做成逆坡是一种有效方法，但是基底逆坡过大，可能使墙身连同基底下的一块三角形土体一起滑动，因此一般地质地基的基底逆坡不宜大于 0.1∶1，对岩石地基一般不宜大于 0.2∶1。

（4）墙趾台阶和墙顶宽度

当墙高较大时，基底压力常常是控制截面的重要因素。为了使基底压力不超过地基承载力设计值，可增加墙趾台阶，以便扩大基底宽度，这对墙的倾覆稳定也是有利的。墙趾台阶的高宽比可取 $h:a=2:1$，a 不得小于 20cm。此外，基底法向反力的偏心距应满足 $e\leqslant\frac{b_1}{4}$ 的条件（b_1 为无台阶时的基底宽度）。挡土墙的顶宽如无特殊要求，一般块石挡土墙不应小于 0.5m，混凝土挡土墙最小可为 0.2～0.4m。

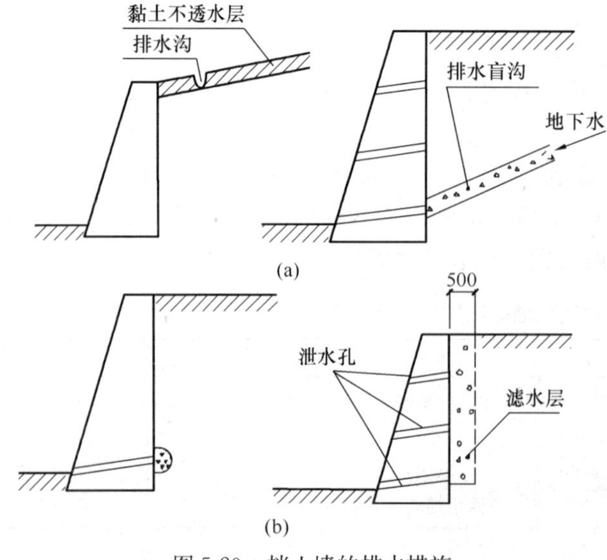

图 5-20　挡土墙的排水措施

（5）排水措施

挡土墙所在地段往往由于排水不良，大量雨水经墙后填土下渗，结果使墙后土的抗剪强度降低，重度增大，土压力增大，有的还受水的渗流或静水压力影响，在一定条件下，因土压力过大或地基软化，造成挡土墙的破坏。图 5-20 为某厂挡土墙的两种排水方案。为使墙后积水易排出，通常在墙身布置适当数量的泄水孔，孔眼尺寸一般为 50mm×100mm、100mm×100mm、150mm×200mm 或 50～100mm 的圆孔，孔眼间距为 2～3m。对于 12m 以上的高挡土墙，应在不同高度假设泄水孔。当墙后排水量较大或在集中水流处（如泉水），为了减少挡土墙背后水分积聚的影响，应增密泄水孔，加大泄水孔尺寸或增设纵向排水措施。泄水孔入口处应用易于渗水的粗颗粒材料（卵石、碎石等）做滤水层以免淤塞。墙后地面宜铺筑黏土隔水层，为防止墙后积水渗入地基，应在最低泄水孔下部铺设黏土层并夯实。为防止墙前积水渗入地基，也应将墙前回填土分层夯实，并修散水沟或排水沟。当墙后有山坡时，应在坡下设置截水沟。

（6）填土质量要求

挡土墙的回填土应尽量选择透水性较大的土，例如砂石、砾石、碎石等，因为这类土的抗剪强度较稳定，易于排水。不应采用淤泥、耕植土、膨胀性黏土等作为填料，填土料中还不应杂有大的冻结土块、木块或其他杂物。实际上所遇到的大多数回填土都多少含有一定的黏性土，这时应适当混以块石。对于重要的、高度较大的挡土墙，用黏性土作回填土料是不合适的，因为黏性土的性能不稳定，在干燥时体积收缩而在雨季时膨胀，回填土的交错收缩与膨胀可能在挡土墙上产生较大的侧压力。这种侧压力在设计中往往无法考虑，其数值还可能比计算压力大许多倍，使挡土墙外移，甚至使挡土墙失去作用。在工程中曾有因采用黏性土作为填料而引起的事故。填土压实质量是挡土墙施工中的一个关键问题，填土时应分层夯实。

5.6 土坡稳定分析方法

5.6.1 土坡稳定性分析

1. 土坡的分类

土坡可分为天然土坡和人工土坡。天然土坡包括天然形成的海、江、河、湖的岸边边坡，天然沉积的山坡坡积土层等；人工土坡包括人工填筑的挡水土坝，海、江、河、湖的防波堤，公路和铁路路堤，人工开挖的基坑坑壁、引水水道的岸坡等。

2. 土坡的滑动

土坡下土体的破坏称为滑动。土坡的滑动是指土坡在一定范围内整体地沿某一滑动面向下和向外移动而丧失其稳定性。土坡的滑动可能会以任意的方式发生，既可能是缓慢的，也可能是很突然的，既可能是有明显的扰动而触发的，也可能是没有明显的扰动而触发的。通常，土坡滑动是由于开挖或现已存在的斜坡坡脚的切断所引起的。在某些情况下，土坡滑动是由于土结构的逐渐破坏所产生的微小裂缝把土体分成不规则的片段而引起的。另外，在某些渗透性异常的土层中，孔隙水压力的升高或斜坡下土层的振动液化也会引起土坡的滑动。由于导致土坡滑动的不利因素的异常变化，土坡稳定性的条件经常与理论分析的结果不同。基于试验结果的稳定性计算，可能仅仅是在本章各节指定的条件被严格满足的条件下才是可靠的。土体中各种未被发现的不连续性，如大量微小的贯通裂缝、残存的老滑动面、含水薄砂层，可能会使得计算结果完全无效。

土坡的失稳常常是在外界的不利因素影响下触发和加剧的，一般有以下几种原因：

（1）土坡作用力发生变化。如由于在坡顶堆放材料或建造建筑物使坡顶受荷，或由于打桩、车辆行驶、爆破、地震等引起的振动改变了原来的平衡状态。

（2）土抗剪强度的降低。如土体中含水量或孔隙水压力的增加。

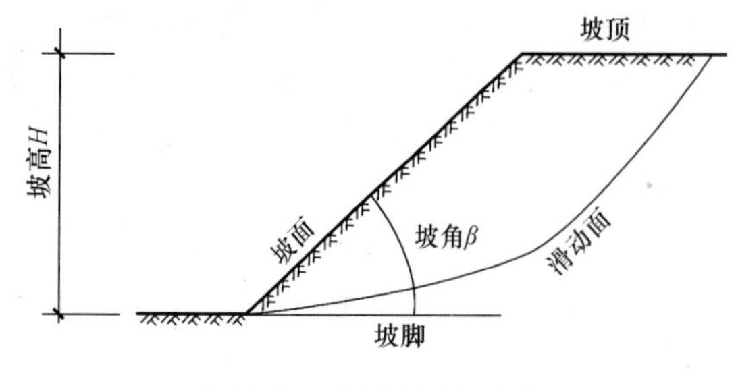

图 5-21　边坡各部位名称

(3) 静水力的作用。如雨水或地面水流入土坡中的竖向裂缝，对土坡产生侧向压力，从而促进土坡的滑动。

(4) 地下水在土坝或基坑等边坡中渗流所引起的渗流力常是边坡失稳的重要因素。

土坡稳定性分析是属于土力学的稳定问题，本节主要介绍简单土坡的稳定性分析方法。简单土坡是指土坡的顶面和底面都是水平的并伸至无穷远，土坡由均质土所组成。图 5-21 所示为简单土坡各部分名称。

5.6.2　无黏性土坡稳定性分析

图 5-22 表示一坡脚为 β 的均质无黏性土坡。假设坡体及其地基都是同一种土，而且完全干燥或淹没水下，此时不存在渗流的影响。由于无黏性土颗粒之间没有黏聚力，只有摩擦力，只要坡面不滑动，土坡就能保持稳定。对于这类土构成的土坡，其稳定性的平衡条件可由图 5-22 所示的力系来说明。

设在斜坡上的土颗粒 M，其自重为 G，砂土的内摩擦角为 φ，则土颗粒的自重 G 在垂直和平行于坡面方向的分力分别为：

$$N = G\cos\beta$$

$$T = G\sin\beta$$

分力 T 将使土颗粒 M 向下滑动，是滑动力，而阻止土颗粒下滑的抗滑力则是由垂直于坡面上的分力引起的摩擦力：

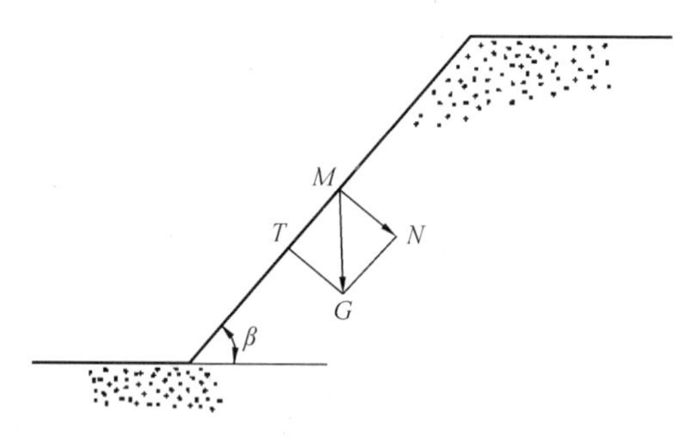

图 5-22　重力作用下无黏性土坡稳定性分析

$$T' = N\tan\varphi = G\cos\beta\tan\varphi$$

抗滑力和滑动力的比值称为稳定安全系数，用 K 表示，即：

$$K = \frac{T'}{T} = \frac{G\cos\beta\tan\varphi}{G\sin\beta} = \frac{\tan\beta}{\tan\varphi} \tag{5-37}$$

由此可见，当坡角与土的内摩擦角相等（$\beta=\varphi$）时，稳定安全系数 $K=1$，此时抗滑力等于滑动力，土坡处于极限平衡状态。土坡稳定的极限坡角等于砂土的内摩擦角 φ，称之为自然休止角。从式 5-37 还可看出，无黏性土坡的稳定性与坡高无关，仅取决于坡角 β，只要 $\beta<\varphi$（$K>1$），土坡就是稳定的。为了保证土坡有足够的安全储备，可取 $K=1.1\sim1.5$。

5.6.3　黏性土坡稳定性分析

1. 均质黏性土坡中滑动的一般特性

黏性土中土坡的破坏通常发生在坡顶边缘张拉裂缝形成以后，如图 5-23 所示。产生裂缝后会使土坡沿某一曲面滑动。通常滑动面的曲率半径顶端最小，中间最大，底端介于两者之间。因此，滑动面曲线是一条椭圆形弧线。如果土坡破坏的滑动面通过坡脚或在其上，则称为斜坡破坏；反之，如果由于坡脚以下某一深度的土体不能承受上覆土体的重力而发生破坏，且破坏面切于坚硬土层顶面，则称为坚硬土层面破坏。

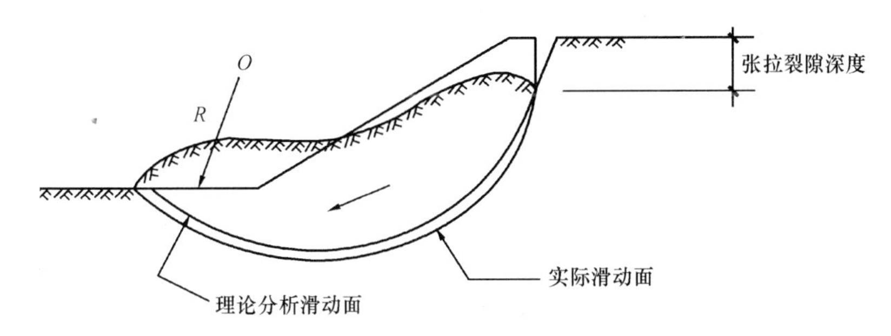

图 5-23　黏性土坡的滑动面

滑动土体在纵向也有一定范围并且也是曲线，为了简化，稳定分析中常假设滑动面为圆筒面，按平面问题进行分析。

2. 研究土坡稳定性的分析方法

为了研究具有已知抗剪强度特性的土坡是否稳定，必须确定代表发生滑动的圆弧面的半径和位置，这个滑弧称为临界滑弧。该滑弧必须满足土体沿滑动面的抗剪强度与产生滑动趋势的剪切力之比为最小。临界滑弧的半径和位置确定后，代表破坏面的土坡稳定安全系数可利用下述关系计算，W_1、W_2 见图 5-24。

$$F = \frac{sr\,\overline{d_1 e_2}}{W_1 l_1 - W_2 l_2}$$

式中　s——滑动面上的平均剪切强度；

r——临界滑弧的半径；

$\overline{d_1 e_2}$——滑动面弧线的长度。

像研究土体的被动土压力一样，研究土坡的稳定问题也需要用试算法，在简单情况下也可以采用简单解析法。采用试算法时，必须先选定若干不同的滑弧，每个滑弧代表一个潜在的滑动面。对每个滑弧，分别计算 F 值，最小的 F 值代表产生滑动的土坡安全系数，相应的滑弧就是临界滑弧，有时也称最危险滑弧。

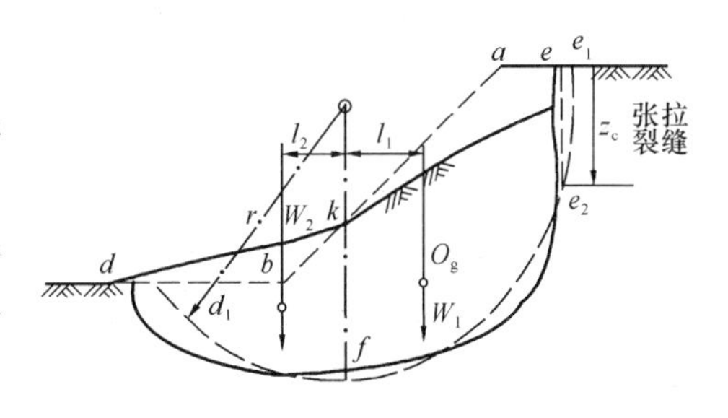

图 5-24　斜坡破坏的变形示意图

由于简单解析法是以非常简单的假设为基础的，因此，该类方法很少用于实际条件下土坡的稳定安全系数的计算，但作为估计临界滑弧的中心位置和了解破坏面的可能特性的一种指导，该类方法是有价值的。此外，它们可以作为判断一个给定的斜坡是否肯定安全、肯定不安全或可能有稳定问题的一种方法。如果存在稳定问题，则相应于破坏面的土坡安全系数应当根据前述的方法计算。

简单解析法的解答是以下述假设为基础得到的：直到坡脚以下一定深度处，土体是理想

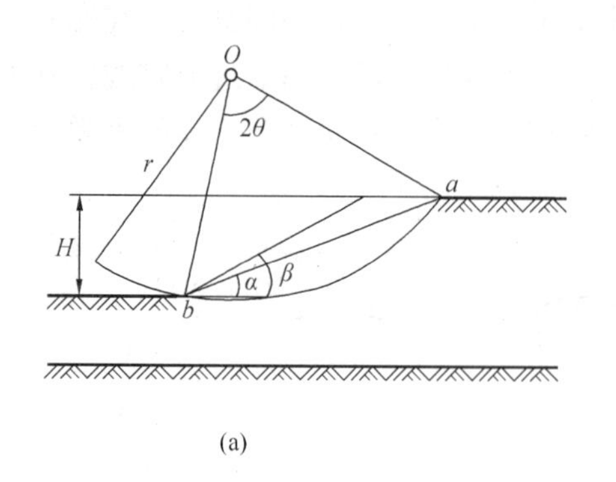

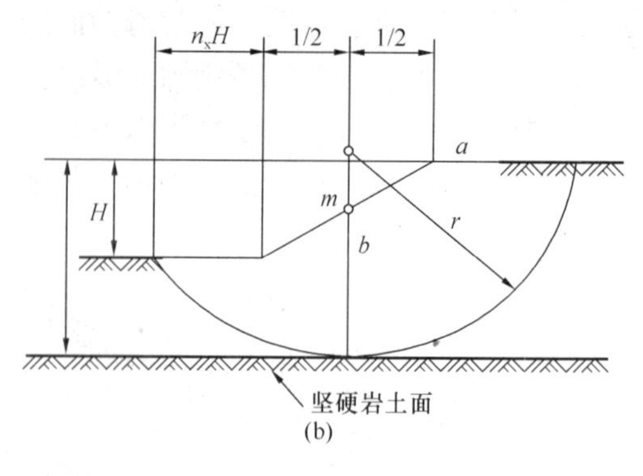

图 5-25　滑动圆弧位置

（a）斜坡破坏；（b）坚硬土层面破坏

均质的；在这一水平处，土体置于坚硬土层的水平面上，该面称为坚硬基底，滑动面不能贯穿该平面；土坡可以视为一平面，位于两个水平面之间，如图 5-25 所示，张拉裂缝的削弱影响忽略不计。

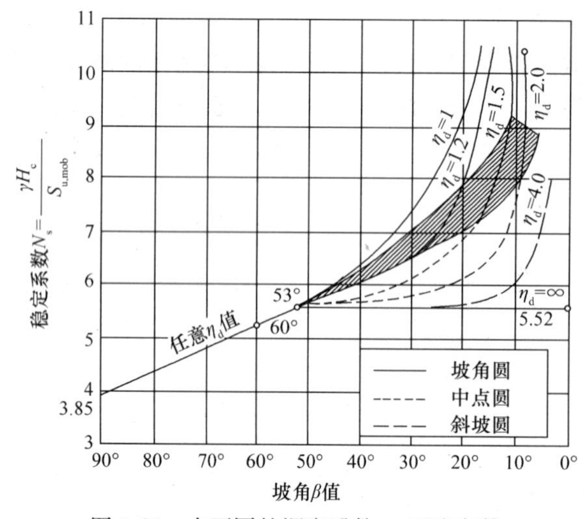

图 5-26　在不同的深度系数 η_d 下稳定数 N_s 和坡角 β 的关系（Taylor，1937）

（1）不排水条件下的土坡稳定性分析

在不排水条件下均质黏土中某潜在滑动面上的平均剪切强度 s 称为已发挥（Mobilized）的不排水剪切强度 S_u。因此：

$$S = S_{u,mob} \tag{5-38}$$

如果 S_u 已知，则对于给定的坡角 β，土坡的临界高度 H_c 可以表示为：

$$H_c = N_s S_u / \gamma \tag{5-39}$$

式中　N_s——稳定数，无量纲数，取决于坡角 β 和深度系数 η_d；

γ——土的重度。

如果发生斜坡破坏，则临界滑弧通常是通过坡脚 b 的坡脚圆。然而，如果坚硬基底位于坡脚 b 以下较小深度处，则临界滑弧可能切于坚硬土层面，并通过坡脚 b 以上斜坡，称为坡圆。如果发生底面破坏，则临界滑弧称为中点圆，因为滑弧的中心位于通过斜坡中点的竖直线上，中点圆切于坚硬土层面，见图 5-25（b）。

对于某一给定的斜坡，临界滑弧的位置取决于坡角 β 和深度系数 η_d。图 5-26 是有关理论研究结果的总结。根据图 5-26，当坡角 $\beta \geqslant 53°$时，土坡破坏的所有滑动面通过坡脚；而当坡角 $\beta < 53°$时，破坏的类型不仅取决于坡角 β，还取决于深度系数 η_d。假如 $\eta_d = 1$，土坡的破坏沿着坡圆发生；假如 $\eta_d > 4$，无论坡角 β 为何值，土坡的破坏均沿着中点圆并切于坚硬土层面。假如 $1 \leqslant \eta_d \leqslant 4$，则当 η_d 和 β 值位于图 5-26 的阴影部分以上时，土坡的破坏将沿着坡圆发生；而当 η_d 和 β 值位于图 5-26 的阴影区内时，土坡的破坏均沿着坡脚圆发生，即滑动面通过坡脚；而当 η_d 位于图 5-26 的阴影部分以下时，土坡的破坏沿着中点圆并切于坚硬土层面。

假如坡角 β 和深度系数 η_d 已知，则可以从图 5-26 得到相应的稳定数 N_s，由 N_s 值可确定土坡的临界高度 H_c。

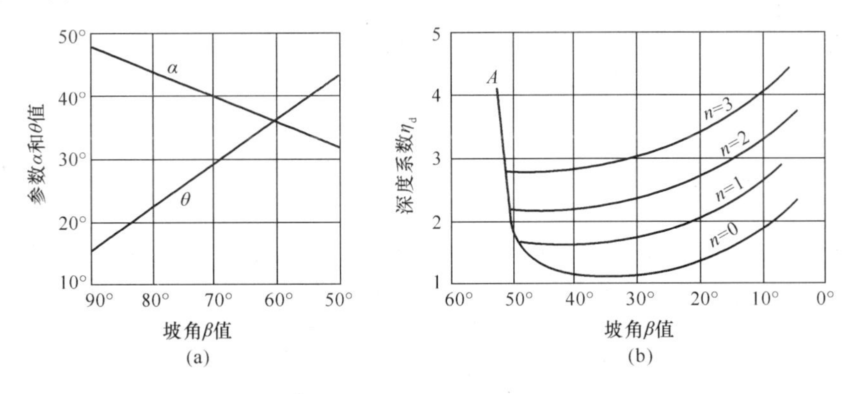

图 5-27 临界滑弧位置参数的确定（W. Fellenius）

（a）参数 α 和 θ 与 β 的关系（$\beta \geqslant 53°$时）；（b）参数 n_x 与坡角 β 和深度系数 η_d 的关系

假如土坡的破坏沿坡脚圆发生，则临界滑弧的中心可以通过画出 α 和 2θ 角来确定，如图 5-25（a）所示。对应于不同坡角 β 的 α 和 θ 值如图 5-27（a）所示。假如土坡的破坏沿中点圆并切于坚硬土层面发生，则临界滑弧的位置可以通过从坡脚到滑弧的水平距离 n_xH 来确定，如图 5-25（b）所示。对应于不同坡角 β 和深度系数 η_d，n_x 值可从图 5-27（b）得到。

假如土坡下的黏土由若干层土组成，每层黏土的平均不排水剪切强度分别为 $[S_u]_1$，$[S_u]_2$，$[S_u]_3$ 等，或者如果土坡表面是不规则的，则临界滑弧的中心必须通过试算法加以确定。由于实际滑动面的最长部分必须位于最软弱的土层内，因此，试算的滑弧也必须满足这一条件。假如上部土层中的某一层土相对较软弱，则由于滑动面的最深部分将整体位于最软弱的土层内，因而相当深处的坚硬土层就可能不会进入滑弧内。例如，在图 5-28 中，假如第二层土的不排水剪切强度 $[S_u]_2$ 比下卧第三层土的不排水剪切强度 $[S_u]_3$ 要小得多，则临界滑弧将切于第三层土的表面，而不是切于坚硬土层面。

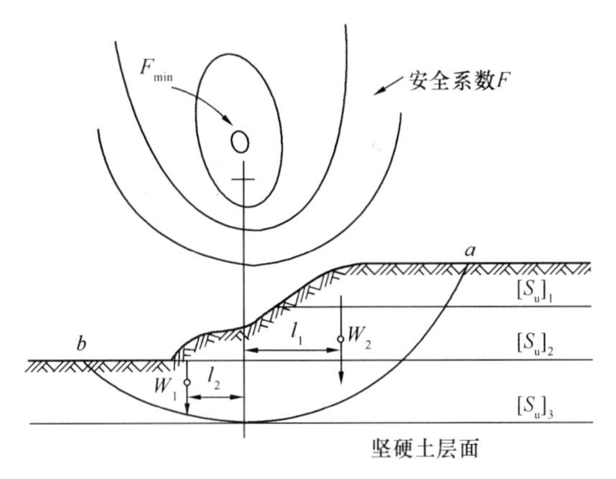

图 5-28 成层黏性土中的坚硬土层面破坏

对每个试算的滑弧，必须计算沿着滑动面作用的平均剪应力 τ。该平均剪应力 τ 将平衡滑动力矩 W_1l_1 和抵抗力矩 W_2l_2 之差值。因此 τ 值可表示为：

$$\tau = \frac{W_1l_1 - W_2l_2}{\gamma \overline{ab}} \tag{5-40}$$

式中 $\overline{ab}$——滑弧 ab 的长度。

根据已知的 $[S_u]_1$，$[S_u]_2$，$[S_u]_3$ 等，可以求得土体沿着滑动面产生的平均值 S_u，则沿着试算滑弧面的抗滑稳定安全系数为：

$$F = \frac{S_u}{\tau} \tag{5-41}$$

计算若干试算滑弧面的 F 值后，可以画出等 F 值线，如图 5-28 所示。这些曲线可以视为沉降等值线。临界滑弧的中心位于这些沉降等值线的底部，F_{min} 值就是相应于滑动的土坡稳定安全系数。

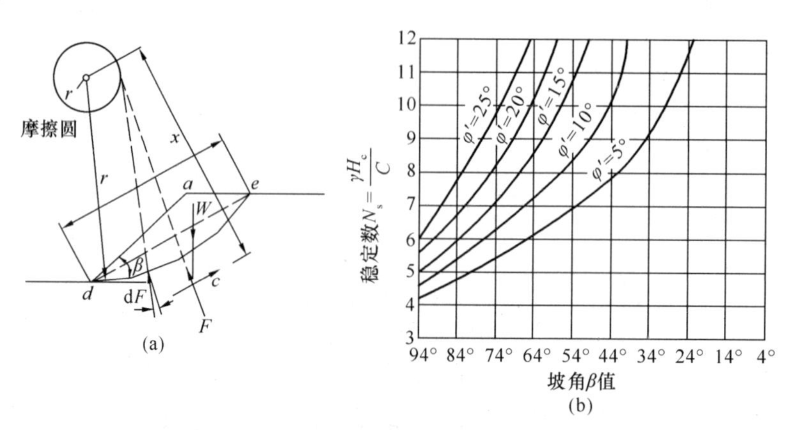

图 5-29　具有黏聚力和内摩擦角的黏性土土坡稳定性

（a）摩擦圆法示意图；（b）不同 φ' 值时稳定数 N_s 与坡角 β 的关系

如果某两层土中的任一层都不能明显地看作是滑弧的坚硬基底层，则对这两层土分别试算每一种可能的滑弧情况并确定其相应的 F_{min} 值。两个 F_{min} 值中较小的就是对应于控制滑动的土坡稳定安全系数，该滑动面切于相应的坚硬基底层。

（2）具有黏聚力和内摩擦角的黏性土土坡稳定性分析

假如土的抗剪强度 s 可以近似地表示为式（5-42），则土坡的稳定性可以用图 5-29（a）所示的方法来研究。

$$s = c' + \sigma' \tan\varphi' \tag{5-42}$$

式中　c'——土的有效黏聚力；

φ'——土的有效内摩擦角；

σ'——有效法向应力。

作用在滑动体上的力有土的重力 W、总黏聚力 C 和作用在滑动面上的法向力与摩擦力的合力 F。总黏聚力 C 的作用方向平行于弦 de，其大小等于有效黏聚力 c' 与弦 de 的长度 L 的乘积，又知 r 为滑弧的半径到转动中心的距离 x 可由下式确定：

$$Cx = c'Lx = c'\overline{de}\,r$$

因此

$$x = \overline{de}r/L$$

由于总黏聚力 C 是已知的，重力 W 也是已知的，而力 C、W、F 是平衡力系，因此力 F 必须通过力 C、W 的交点。所以，力 C 的大小可以通过构造力多边形来确定。

假如抗滑稳定安全系数等于 1，则土坡处于临界状态。在这一条件下，微分反力 dF（图 5-29a）与滑弧法线的夹角必为 φ'，每个微分反力 dF 的作用线均切于一个圆，称为摩擦圆，其半径为：

$$r_f = r\sin\varphi'$$

摩擦圆的圆心处于滑弧的中心。合力 F 的作用线与一个半径稍大于 r_f 的圆相切，但为了方便，近似地假设抗滑稳定安全系数等于1时的力 F 也切于摩擦圆，其相应的误差是很小的，且偏于安全。

对于给定的有效内摩擦角 φ'，沿坡脚圆破坏的土坡临界高度可由下式表示：

$$H_c = N_s \frac{c'}{\gamma} \tag{5-43}$$

图5-29b给出了不同 φ' 值时 N_s 与 β 的关系。对于给定的 β 值，N_s 值先随 φ' 值的增大而缓慢地增大，后随 φ' 值的增大而迅速增大；当 $\varphi'=\beta$ 时，N_s 值为无穷大。

图5-29b中的所有曲线都是对应于滑弧沿坡脚圆破坏的。理论已经证明，除非 $\varphi'<3°$，否则，滑弧切于坚硬土层面破坏的可能性不存在。因此，在一个相当均匀的土层中，假如现场发生典型的滑弧切于坚硬土层面的破坏情况，则可以肯定这是常体积的不排水破坏，$\varphi'=0$，$c'=s_u$。

土坡的稳定分析需要经过试算，计算工作量很大，因此，曾有不少人寻求简化的图表法。图5-30是另一种表示极限状态时均质土坡的有效内摩擦角 φ'、坡角 β、坡高 H_c 与系数 N 之间的关系曲线。其中：

$$N = c/(\gamma H_c)$$

显然，$N=1/N_s$。此法在设计高度小于10m的堤坝时可初步估算堤坝断面。

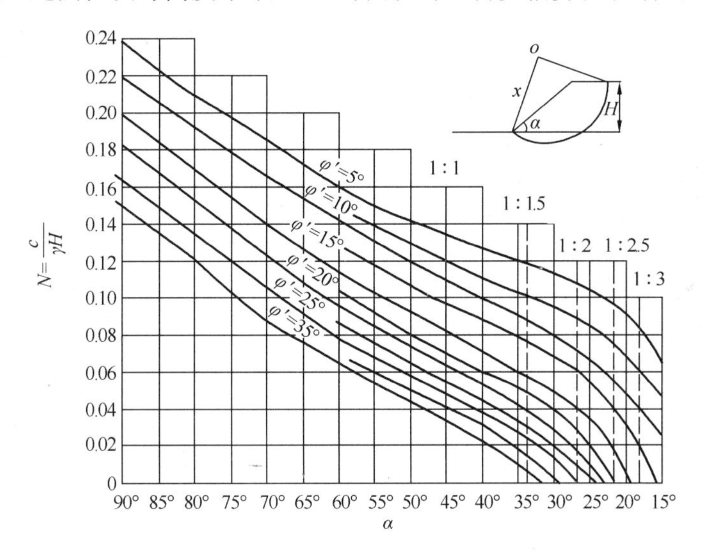

图5-30 土坡稳定计算图

【例5-5】 已知土坡坡高 $H=10.7$m，坡角 $\beta=45°$，土的有效内摩擦角 $\varphi'=15°$，有效黏聚力 $c'=33.5$kPa，重度 $\gamma=19.6\text{kN/m}^3$。试确定土坡的抗滑稳定安全系数 F_s。

【解】 当 $\beta=45°$、$\varphi'=15°$时，从图5-29可得，当土坡破坏时 $N_s\geqslant 12.0$（或从图5-30可得 $N=0.081$，$N_s=1/N=12.35$），因此，相应的临界高度为：

$$H_c = N_s \frac{c}{\gamma} \geqslant 12.0 \times \frac{33.5}{19.6} = 20.51(\text{m})$$

所以，土坡的抗滑稳定安全系数为：

$$F = H_c/H \geqslant 20.51/10.7 = 1.92$$

应指出，$F\geqslant 1.92$ 仅仅是对有效黏聚力 c' 而言的，因为查图时用的 $\varphi'=15°$，即对有效内摩擦角 φ' 而言，$F=1.0$。要使两者具有相同的抗滑稳定安全系数，可按如下方法计算：

先假设对 c' 的安全系数 $F_c=1.50$，则 $c'^*=33.5/1.5=22.3$（kPa），则相应的稳定系数为：

$$N_s=\frac{\gamma H}{c'}=\frac{19.6\times10.7}{22.3}=9.4$$

由坡角 $\beta=45°$ 和稳定系数 $N_s=9.4$ 查图 5-29 可得 $\varphi'=10°$，则对 φ' 而言，其安全系数为 $F_\varphi=15/10=1.50$。此时，对 c' 和 φ' 是具有相同的安全系数的。如按假设的 F_c 求得相应的 F_φ，两者不相等的话，可通过迭代计算求得使两者相等的安全系数值。

【例 5-6】 已知土的有效强度指标 $c'=10$kPa 和 $\varphi'=20°$，重度 $\gamma=16.0$kN/m^3，坡角 $\beta=33°41'$（即边坡高宽比 1/1.5）。试确定土坡的临界高度 H_c。

【解】 当 $\beta=33°41'$、$\varphi'=20°$ 时，从图 5-30 可得 $N=0.038$。故土坡的临界高度为：

$$H_c=\frac{c'}{\gamma N}=\frac{10}{16.0\times0.038}=16.4(\mathrm{m})$$

【例 5-7】 某开挖基坑深 4m，地基土的重度 $\gamma=18$kN/m^3，有效黏聚力 $c'=10$kPa，有效内摩擦角 $\varphi'=10°$，如要求基坑边坡的抗滑稳定安全系数 F 为 1.20，试问边坡的坡度设计成多少最为合适？

【解】 要使抗滑稳定安全系数 $F=1.20$，则基坑边坡的临界高度应为：

$$H_c=FH=1.20\times4=4.80(\mathrm{m})$$

因而

$$N=\frac{c'}{\gamma H_c}=\frac{10}{18\times4.80}=0.116$$

由 $N=0.116$ 和 $\varphi'=10°$ 查图 5-30 可得坡角 $\beta=47°$ 最为合适。

（3）非均质土中具有不规则表面的土坡稳定性分析

假如土坡具有不能用直线表示的不规则表面，或者滑弧面通过具有不同 c' 和 φ' 值的几层土，则土坡的抗滑稳定性可以方便地用“条分法”来研究。根据这一方法，先选择一个试算滑动圆，滑动体被分成若干竖向的土条，如图 5-31（a）所示。每个土条［图 5-31（b）］，例如土条 2，作用有自身的重力 W，侧面上的剪力 T 和法向力 E，以及滑动面上的剪力 S 和法向力 P。作用在每个土条上的力，以及把作用在滑动体上的力作为整体来考虑，必须满足平衡条件。然而，力 T 和 E 取决于滑动土体的变形和应力-应变特性，且不能被精确估计。

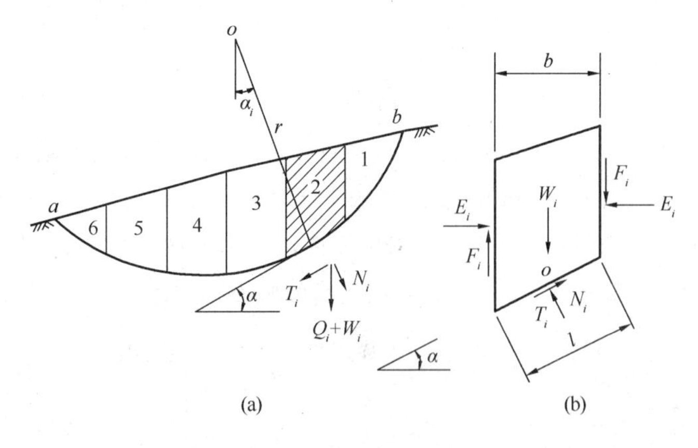

图 5-31　地下水位以上具有不规则表面的土坡稳定分析

（a）土坡几何剖面；（b）作用于土条 2 上的力

下面介绍 A. W. 毕肖普（Bishop，1955）条分法。

条分法是一种试算法，先将土坡剖面按比例画出，如图 5-31 所示。然后任选一圆心 O，以 r 为半径作圆弧，此圆弧 ab 为假定的滑动面，将滑动面以上土体分成任意 n 个宽度相等的土条。设取第 i 条作为隔离体，则作用在土条上的力有土条的自重 W_i，该土条上的荷载 Q_i，滑动面 ef 上的法向反力 N_i 和切向反力 T_i，以及竖直面上的法向力 E_{1i}、E_{2i} 和切向力 F_{1i}、F_{2i}。这一力系是超静定的，为了简化计算手续，假定 E_{1i} 和 F_{1i} 的合力等于 E_{2i} 和 F_{2i} 的合力且作用方向在同一直线上。这样，由土条的静力平衡条件可得：

$$N_i = (W_i + Q_i)\cos\alpha_i \tag{5-44}$$

$$T_i = (W_i + Q_i)\sin\alpha_i \tag{5-45}$$

作用在 ef 面上的正应力及剪应力分别等于：

$$\sigma_i = \frac{N_i}{l_i} = \frac{1}{l_i}(W_i + Q_i)\cdot\cos\alpha_i \tag{5-46}$$

$$\tau_i = \frac{T_i}{l_i} = \frac{1}{l_i}(W_i + Q_i)\cdot\sin\alpha_i \tag{5-47}$$

显然，作用在滑动面 ab 上的总剪切力等于各土条剪切力之和，即：

$$T = \sum T_i = \sum (W_i + Q_i)\sin\alpha_i \tag{5-48}$$

按总应力法，土条 ef 上的抗剪力表示为：

$$S_i = (c_i + \sigma_i\tan\varphi_i)\cdot l_i = c_i l_i + (W_i + Q_i)\cos\alpha_i\cdot\tan\varphi_i \tag{5-49}$$

如采用有效应力法，取 $\sigma_i = \sigma_i - u_i$，则抗剪力表示为：

$$S_i = (c_i + \sigma_i\tan\varphi_i)\cdot l_i = c_i l_i + [(W_i + Q_i)\cos\alpha_i - u_i l_i]\cdot\tan\varphi_i \tag{5-50}$$

有效应力法引入了滑动土体周界上的孔隙水压力 u_i，这样，就可用以进行有渗流作用时的土坡稳定性分析了，此时 u_i 可由流线网定出。以下算式均按有效应力法列出，按总应力法计算时略去 u_i 项并以 c_i、φ_i 代替 c'_i、φ'_i 即可。

沿着整个滑动面上的抗剪力为：

$$S = \sum S_i = \sum \{c'_i l_i + [(W_i + Q_i)\cos\alpha_i - u_i l_i]\cdot\tan\varphi'_i\} \tag{5-51}$$

抗剪力与剪切力的比值称为稳定安全系数 K，即：

$$K = \frac{S}{T} = \frac{\sum \{c'_i l_i + [(W_i + Q_i)\cos\alpha_i - u_i l_i]\cdot\tan\varphi'_i\}}{\sum (W_i + Q_i)\sin\alpha_i} \tag{5-52}$$

如果考虑 E_i、F_i 的影响，可以提高分析的精度，此时作用在土条 ef 上的法向总有效应力 $N'_i = N_i - u_i l_i$，对于图 5-31 所示的单元体来说，数值方向上各力的平衡方程为：

$$(W_i + Q_i) + (F_{1i} - F_{2i}) = N_i\cdot\cos\alpha_i + T_i\cdot\sin\alpha_i \tag{5-53}$$

或

$$N'_i\cdot\cos\alpha_i = (W_i + Q_i) + (F_{1i} - F_{2i}) - T_i\cdot\sin\alpha_i - u_i l_i\cos\alpha_i \tag{5-54}$$

如果边坡还未临近破坏（$K>1$），则切向力 T_i 等于 ef 上的抗剪力 S_i 除以 $K_i = K$，即：

$$T_i = \frac{1}{K}(c'_i\cdot l_i + N'_i\tan\varphi'_i) \tag{5-55}$$

将式（5-55）求解得 N'_i 为：

$$N'_i = \left[(W_i + Q_i) + (F_{1i} - F_{2i}) - T_i\cdot\sin\alpha_i - u_i l_i\cos\alpha_i - \frac{c'_i}{K}\cdot l_i\cdot\sin\alpha_i\right]\times \frac{1}{\cos\alpha_i + (\tan\varphi'_i\cdot\sin\alpha_i/K)} \tag{5-56}$$

安全系数为：

$$K=\frac{c'_i \cdot l_i+N'_i\tan\varphi'_i}{\sum(W_i+Q_i)\sin\alpha_i} \tag{5-57}$$

将式（5-57）代入式（5-56）中可得：

$$K=\frac{\sum\{c'_i \cdot l_i \cdot \cos\alpha_i+[(W_i+Q_i-u_i l_i\cos\alpha_i)+(F_{1i}-F_{2i})]\tan\varphi'_i\}}{\sum(W_i+Q_i)\sin\alpha_i[\cos\alpha_i+\tan\varphi'_i \cdot \sin\alpha_i/K]} \tag{5-58}$$

为了求得安全系数 K 值，（$F_{1i}-F_{2i}$）值必须采用逐次逼近法计算。可用满足每个土条的静力平衡条件的 E_{1i} 和 F_{1i} 试算值及下列条件求得：

$$\sum(E_{1i}-E_{2i})=0,\sum(F_{1i}-F_{2i})=0$$

如果假定$\sum(F_{1i}-F_{2i})\tan\varphi'_i=0$，则式（5-58）的计算将大大简化。首先要假定一个任意 K 值，把这个假定值连同土的性质 c'_i 和 φ'_i、u_i 和边坡的几何形状 α_i 一并代入式（5-58），即可算出一个新的 K 值，这样反复进行直至计算值与假定值相符为止。

由于试算的滑动圆心是任意选定的，因此所选的滑弧就不一定真正是最危险的滑弧。为了求得最危险滑弧，必须用试算法，即选择若干个滑弧圆心，按上述方法分别算出相应的稳定安全系数，与最小安全系数相应的滑弧就是最危险滑弧。最小安全系数大于 1 时土坡是最稳定的，工程上一般要求 K 大于 1.1～1.5。这种试算法工作量很大，目前已可用电子计算机进行工作。陈惠发（美国肯塔基州立大学，1980）根据大量计算经验指出，最危险滑弧两端距坡顶点和坡脚点为 $0.1nH$ 处，且最危险滑弧中心在$\overline{ab}$线的垂直平分线上。这样，只需在此垂直平分线上取若干点作为滑弧圆心，按上述方法分别计算相应的稳定安全系数，就可求得最小的安全系数了。

5.6.4　复合滑动面的土坡稳定性分析

1. 复合滑动面土坡稳定性分析的简化计算法

假如土坡地基中存在一层或几层软弱薄层，滑动面就可能由三部分或三部分以上组成，且这几部分的曲线并不平滑连接。这种情况下的稳定性计算中，滑动面不可能由一条连续曲线来代替而引入的误差是偏于安全的。

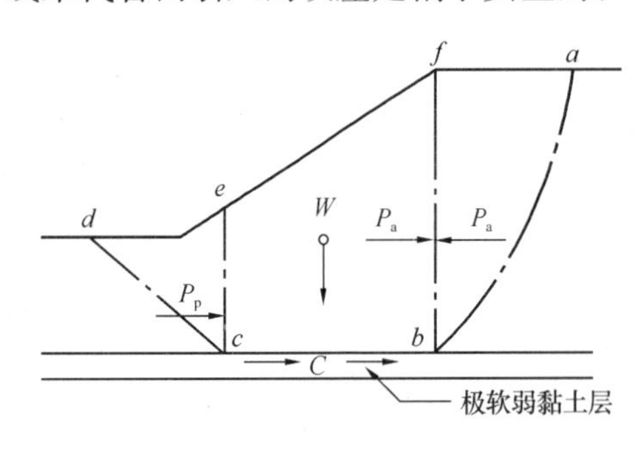

图 5-32　复合滑动面的简化分析

图 5-32 代表下卧不排水强度为 s_u 的极软弱薄黏土层的土坡，是最简单的一种计算方法。假如土坡发生破坏，则滑动将沿着复合滑动面 $abcd$ 发生。由面积 abf 代表的滑动体的右边部分，由于土体在自重作用下将发生水平向的伸展，将发生主动破坏；滑动体的中间部分 $bcef$ 由于作用在 bf 边上的主动土压力的影响，将发生向左的移动；而滑动体的左边部分 cde 由于中间部分 $bcef$ 的刺入，将发生被动破坏。

对于这种复合滑动面的稳定分析，首先要计算位于坡脚附近的试选的竖直截面 ec 左边的被动土压力 P_p，可以保守地假设 P_p 作用在水平方向；其次，估计潜在滑动面水平部分 cb 的右边界 b 的位置和计算作用在竖直截面 bf 右边的主动土压力 P_a，也假设作用在水平方向。滑动体 $bcef$ 发生向左移动的趋势受到被动土压力 P_p 和沿 bc 边总的抗剪力 C 的抵抗作用。如果土坡是稳定的话，则这些抗力之和必须大于主动土压力 P_a。因此，土坡的抗滑稳定安全系数为：

$$F = \frac{P_p + C}{P_a} \tag{5-59}$$

$$C = c'l + W\tan\varphi'$$

式中 l——滑动面在软弱薄层面 cb 段的长度。

同样，由于三部分滑动面的连接点 c 和 b 的位置是任选的，因此，应选择不同的 c、b 点的位置重复进行计算，直到找到抵抗滑动能力最小的面，即抗滑稳定安全系数最小的面。

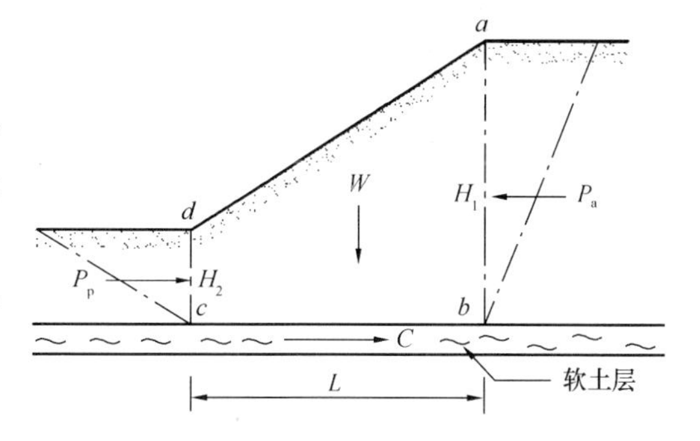

图 5-33 例题 5-8 复合滑动面稳定性分析示意图

【例 5-8】 图 5-33 中的土坡坡高 10m，软弱土层在坡底以下 2m，$L=16$m。土坡本身土的重度 $\gamma=19\text{kN/m}^3$，有效抗剪强度指标 $c'=10$kPa 和 $\varphi'=30°$，软弱土层的不排水强度 $s_u=12.5$kPa，$\varphi_u=0°$。试求该土坡沿复合滑动面的抗滑稳定安全系数。

【解】 假定复合滑动面的交接点在坡肩和坡脚的竖线下端，如例图 5-33 所示。而 P_a 与 P_b 分别为 ab 与 dc 面上的主动土压力和被动土压力，按朗肯土压力理论计算，则：

$$K_a = \tan^2(45° - \varphi'/2) = \tan^2 30° = 0.333, \sqrt{K_a} = 0.577$$

$$z_0 = \frac{2c'}{\gamma\sqrt{K_a}} = \frac{2\times 10}{19\times 0.577} = 1.82(\text{m})$$

$$K_p = \tan^2(45° + \varphi'/2) = \tan^2 60° = 3.0, \sqrt{K_p} = 1.732$$

因此

$$P_a = 1/2\gamma(H_1 - z_0)^2 K_a = 1/2\times 19\times(12-1.82)^2\times 0.333 = 327.8(\text{kN/m})$$

$$P_p = 1/2\gamma H_2^2 K_p + 2c'H_2\sqrt{K_p} = 1/2\times 19\times 2^2\times 3.0 + 2\times 10\times 2\times 1.732 = 183.3(\text{kN/m})$$

总的不排水抗剪力

$$C = s_u L = 12.5\times 16 = 200(\text{kN/m})$$

抗滑稳定安全系数

$$F = \frac{P_p + C}{P_a} = \frac{183.3 + 200}{327.8} = 1.17$$

2. 不平衡力传递法

山区一些土坡常常覆盖在起伏变化的岩基面上，土坡滑动多数沿这些界面发生，形成折线滑动面，对这类土坡的稳定分析可采用不平衡力传递法。

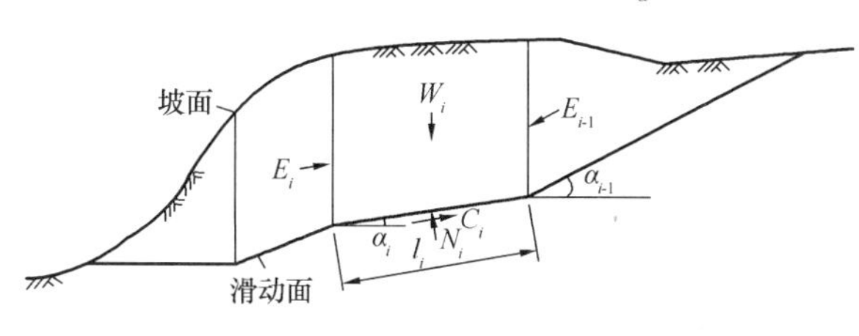

图 5-34 折线滑动面稳定计算简图

按折线滑动面将滑动土体分成条块，而假定条间力的合力与上一条土条底面平行，如图 5-34 所示，然后，根据力的平衡条件，逐条向下推求，直到最后一条的推力为零。

对任一土条，取竖向与平行于土条底面方向力的平衡，有：

$$P_i - W_i\cos\alpha_i - E_{i-1}\sin(\alpha_{i-1} - \alpha_i) = 0 \tag{5-60}$$

$$S_i + E_i - W_i\sin\alpha_i - E_{i-1}\cos(\alpha_{i-1} - \alpha_i) = 0 \tag{5-61}$$

根据抗滑稳定安全系数 F 的定义，有：

$$S_i = \frac{c_i l_i + P_i \tan\varphi_i}{F} \tag{5-62}$$

联合解以上三式并消去 S_i、P_i 得：

$$E_i = W_i \sin\alpha_i - (c_i l_i + W_i \cos\alpha_i \tan\varphi_i)/F + E_{i-1}\psi_i \tag{5-63}$$

式中　ψ_i——传递系数，以式（5-64）表示：

$$\psi_i = \cos(\alpha_{i-1} - \alpha_i) - \tan\varphi_i \sin(\alpha_{i-1} - \alpha_i)/F \tag{5-64}$$

在解题时要先假定 F，然后从坡顶第一条开始逐条向下推求，直到求出最后一条的推力 E_n，E_n 必须为零，否则，要重新假定 F，进行试算。

《建筑地基基础设计规范》将式（5-63）改写为：

$$E_i = FW_i \sin\alpha_i - (c_i l_i + W_i \cos\alpha_i \tan\varphi_i) + E_{i-1}\psi_i \tag{5-65}$$

$$\psi_i = \cos(\alpha_{i-1} - \alpha_i) - \tan\varphi_i \sin(\alpha_{i-1} - \alpha_i) \tag{5-66}$$

c、φ 值可根据土的性质及当地经验，采用试验和滑坡反算相结合的方法确定。另外，因为土条之间不能承受拉力，所以，任何土条的推力 E_i 如果为负值，该 E_i 就不再向下传递，而对下一土条取 $E_{i-1}=0$。本法也常用来按照设定的安全系数，反推各土条和最后一条土条承受的推力大小，以便确定是否需要和如何设置挡土建筑物。F 值根据滑坡现状及其对工程的影响可取 1.05～1.25。

5.6.5　饱和黏性土土坡稳定性分析的讨论

1. 填方土坡的稳定性问题

为简单计算，假设土坡由同一种饱和黏性土组成。土中 a 点的应力状态在图 5-35 和图 5-36中描述。a 点的剪应力随填土高度增加而增大，并在竣工时达到最大值。初始的孔隙水压力 u_0 等于静水压力 $h_0\gamma_w$。由于黏土具有低渗透性，因此，在施工期间的体积变化量或排水量极小，可假定在施工过程中不发生排水，孔隙水压力 u 也不消散。于是，可假定黏土是在不排水条件下受荷的。一直到竣工以前孔隙水压力随填土增高而增大，如图 5-35（b）所示。按照 $u=\Delta\sigma_3 + A(\Delta\sigma_1 - \Delta\sigma_3)$（对饱和土有 $B=1$），除非 A 具有较大的负值，孔隙水压力 u 总是正值。竣工时土的抗剪强度继续保持与施工开始时的不排水强度 s_u 相等。

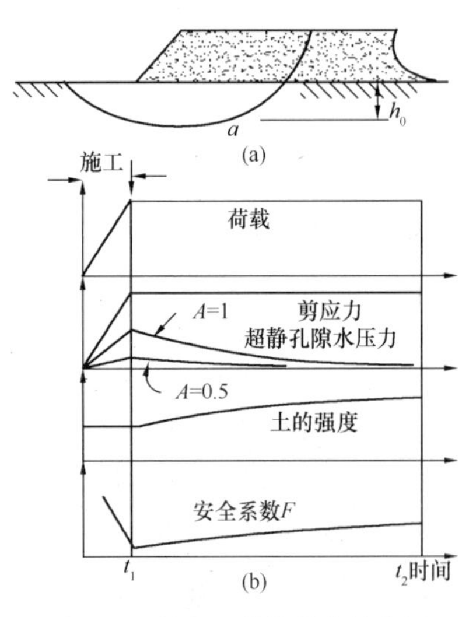

图 5-35　填方土坡的稳定性分析

（a）饱和黏性土上的土堤；

（b）土堤的稳定性条件

竣工以后，总应力保持常数，而超静孔隙水压力 u 则由于固结而消散。固结使孔隙水压力下降，同时使有效应力与抗剪强度增加。在较长的一段时间之后，在时间 t_2 时超静孔隙水压力 $u=0$ 即排水条件。只要孔隙水压力已知（因而有效应力已知），任何时间的抗剪强度就可由有效应力指标 c' 和 φ' 估计而得。由于在时间 t_2 时超静孔隙水压力为零，因此，有效应力可从外荷载、土体重量和静水压力算出。

因此，竣工时土坡的稳定性用总应力法和不排水强度 s_u 来分析，而土坡的长期稳定性则用有效应力法和有效应力指标 c' 和 φ' 来分析。从图5-35（b）可清楚地看出，在时间 t_1 即施工刚结束时，土坡的稳定性是最小的。如土坡渡过了这个状态，则安全系数会与日俱增。

2. 挖方土坡的稳定性问题

假设土坡由同一种饱和黏性土组成，挖土使 a 点的平均上覆压力减小，并引起孔隙水压力的降低，即出现负值的超静孔隙水压力，如图 5-36 所示。这种下降取决于孔隙压力系数 A 以及应力变化的大小，因土体完全饱和，$B=1$，因此，孔隙压力的变化量 $\Delta u=\Delta\sigma_3+A(\Delta\sigma_1-\Delta\sigma_3)$。开挖过程中土中的小主应力 $\Delta\sigma_3$ 要比大主应力 $\Delta\sigma_1$ 下降得多。于是，$\Delta\sigma_3$ 为负值，而 $\Delta\sigma_1\sim\Delta\sigma_3$ 为正值。

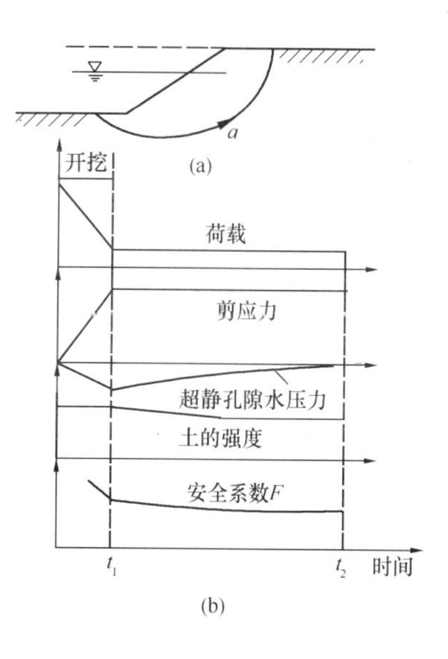

图 5-36　挖方土坡的稳定性分析
（a）饱和黏性土中的挖方；
（b）开挖的稳定性条件

a 点的剪应力在施工结束时达到最大值。假定施工期间土处于不排水状态，则竣工时土的抗剪强度等于土的不排水强度 s_u。负的超静孔隙水压力随时间增长而消散，同时伴随着黏性土的膨胀和抗剪强度的下降。在开挖后较长时间土中负的超静孔隙水压力完全消散，$\Delta u=0$。因此，竣工时土坡的稳定性用总应力法和不排水强度 s_u 来分析，而土坡的长期稳定性则用有效应力法和有效应力指标 c' 和 φ' 来分析。但是，最不利的条件是土坡的长期稳定性。

3. 邻近土坡加载引起的土坡稳定性问题

土坡的稳定性条件如图 5-37 所示。假设有一现存的饱和黏性土土坡，在离坡顶一定距离处作用有荷载 q。由于荷载 q 作用在一定距离处，故它并不改变沿滑弧上的应力，并且剪应力随时间而保持为常数。荷载 q 的施加使 b 点的孔隙水压力瞬时上升，又随固结而消散。a 点的孔隙水压力由于 b 点起始的辐射向排水而暂时增大；孔隙水压力的增大使土的抗剪强度和安全系数下降。可以看到，在某一中间时间 t_2 时，抗滑稳定安全系数达到最小值。这种情况潜伏着很大的危险，因为不管土坡具有足够的瞬时或长期的稳定性，土坡的滑动仍然有可能发生。

图 5-37（b）说明了一种孔隙水压力随时间而先增大后减小的情况。这种条件产生在由于建造建筑物或打桩引起超静孔隙水压力的情况。在荷载 q 作用下的超静孔隙水压力沿辐射向排水而消散，从而使水从 b 点向 a 点流动，并使 a 点的孔隙水压力增加。

4. 土坡稳定分析时强度指标的选用和容许安全系数

土坡稳定分析结果的可靠性，很大程度上取决于填土和地基土的抗剪强度的正确选取。因为，对任意一种给定的土来讲，抗剪强度变化幅度之大远远超过不同计算方法之间的差别。所以，在测定土的强度时，原则上应使试验的模拟条件尽量符合土在现场的实际受力和排水条件，使试验指标具有一定的代表性。因此，对于控制土坡稳定的各个时期，应分别采用不同的试验方法和测定结果。总的说来，对于总应力分析，在土坡（坝、堤）施工期，应采用不排水指标 c_u 和 φ_u；在土坡（水库）水位骤降期，也可采用固结不排水指标 c_{cu} 和 φ_{cu}。在土坡的稳定渗流期，不管采用何种分析方法，实质上均属于有效应力分析，应采用有效应力强度指标 c'、φ' 或排水剪强度指标 c_u 和 φ_u。对于软弱地基受压固结或土坡（坝、堤）施

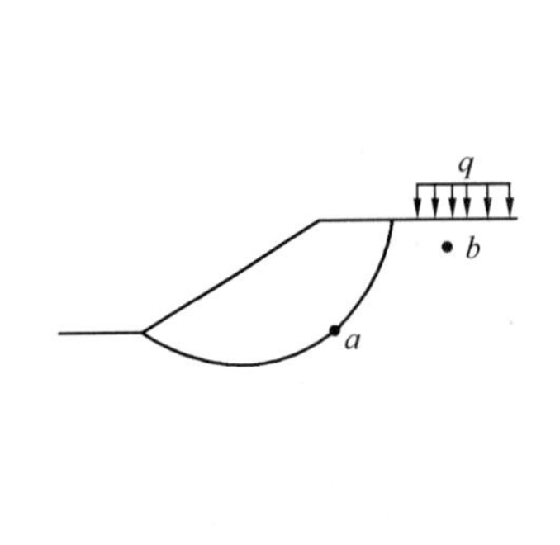

(a)

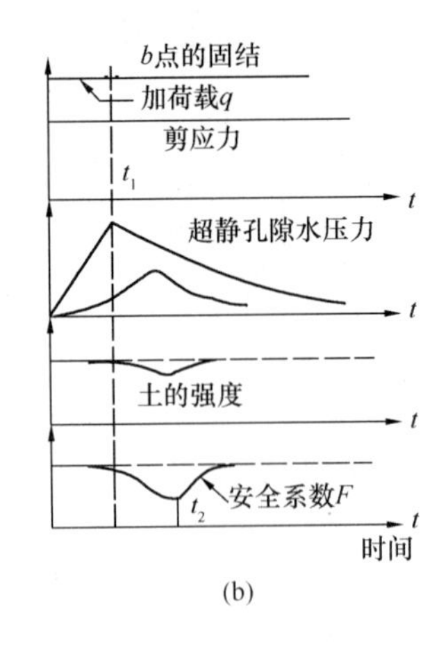

(b)

图 5-37　邻近土坡加载引起的土坡稳定性条件

（a）邻近土坡的荷载；（b）受荷土坡的稳定性条件

工期孔隙应力消散的影响，要考虑不同时期的固结度，采用相应的强度指标。

如果采用有效应力分析，当然应该采用有效应力强度指标，但此时对算出的孔隙水压力的正确程度要有足够的估计，最好能通过现场观测，由实测孔隙水压力资料加以验证。

从理论上讲，处于极限平衡状态时土坡的抗滑稳定安全系数 F 应等于 1。因此，如设计土坡的 F 大于 1，理应能满足稳定要求，但在实际工程中，有些土坡的抗滑稳定安全系数虽大于 1，还是发生了滑动，而有些土坡的抗滑稳定安全系数虽小于 1，却是稳定的。产生这些情况的主要原因是影响抗滑稳定安全系数的因素很多，如土的抗剪强度指标、稳定计算方法和稳定计算条件的选择等。目前，对于土坡稳定的容许抗滑稳定安全系数的取值，各部门尚未有统一标准，考虑的角度也不一样，在选用时要注意计算方法、强度指标和容许抗滑稳定安全系数必须相互配套，并根据工程不同情况，结合当地的实践经验加以确定。

上岗工作要点

根据各种土压力的形成条件、朗肯和库仑土压力理论、地基承载力的计算方法，以及无黏性土土坡和黏性土土坡的圆弧稳定分析方法，能处理各种特殊情况下的土压力计算，解决土工程中存在的实际问题。

简单应用：无黏性土土坡稳定分析；静止土压力的计算；无黏性土主动土压力的计算。

综合应用：几种常见情况下的主动土压力计算；重力式挡土墙的抗倾覆、抗滑移稳定验算。

习　　题

1. 挡土墙高 5m，墙背垂直、光滑，墙后填土面水平，填土的重度 $\gamma=19\text{kN/m}^3$，$c=10\text{kPa}$，$\varphi=30°$，试确定：(1) 主动土压力沿墙高的分布；(2) 总主动土压力的大小和作用点位置。（答案：$E_a=32\text{kN/m}$）

2. 某挡土墙高 4m，墙背倾斜角 $\alpha=20°$，填土面倾角 $\beta=10°$，填土的重度 $\gamma=20\text{kN/m}^3$，$c=0$，$\varphi=30°$，填土与墙背的摩擦角 $\delta=15°$，试用库仑土压力理论计算：(1) 主动土压力的

大小、作用点的位置和方向；(2) 主动土压力沿墙高的分布。　　（答案：E_a=89.6kN/m）

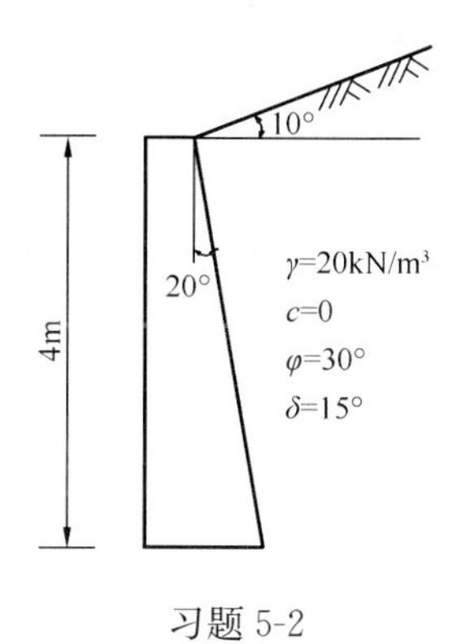

习题 5-2

3. 挡土墙高 6m，墙背垂直、光滑，墙后填土面水平，填土的重度 γ=18kN/m³，c=0，φ=30°，试求：(1) 墙后无地下水时的总主动土压力；(2) 当地下水离墙底 2m 时，作用在挡土墙上的总应力（包括土压力和水压力），地下水位以下填土的饱和重度 γ_{sat}=19kN/m³。　　（答案：E_a=108kN/m；E=122kN/m）

4. 某 6m 深开挖采用悬臂式支护挡墙，挡墙插入基坑以下 6m。土的指标为 γ=18kN/m³，c=15kPa，φ=22°，填土表面作用均布超载 q=20kPa。求支护挡墙稳定的安全系数 K 值（定义 K 值为挡墙两边被动土压力和主动土压力对墙底 B 点力矩的比值）。

（答案：K=1.35）

5. 图示挡土墙高 9m，墙背倾角 ε=10°，填土坡角 β=20°，填土指标为 γ=16kN/m³，c=10kPa，φ=30°。填土与墙背的摩擦角 δ=25°，黏着力 c=10。试用楔体试算法求作用在墙上的主动土压力合力。试算面可采用与竖直线成夹角 θ=25°、30°、40°和 45°

（答案：E_a=210kN/m）。

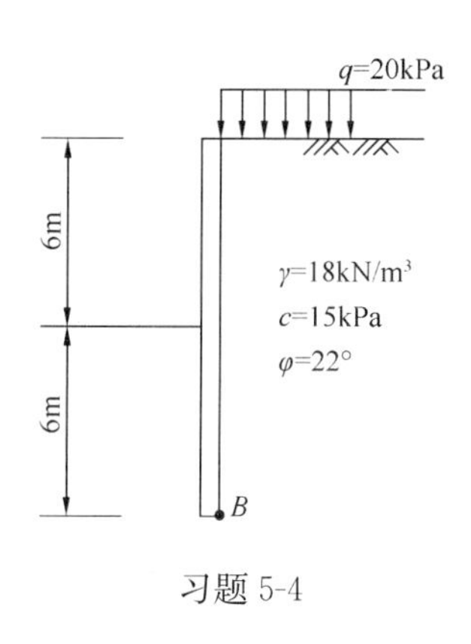

习题 5-4

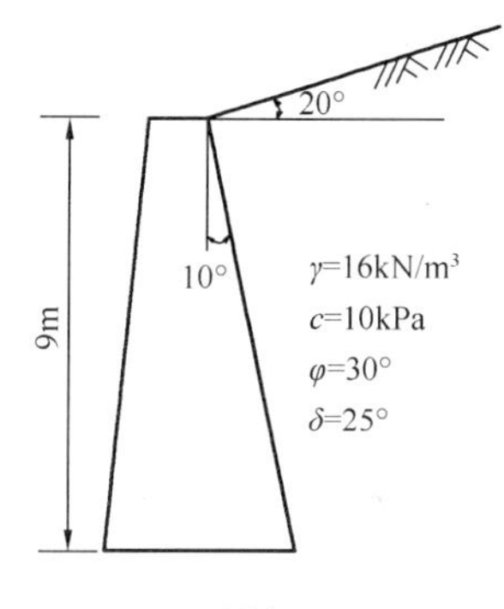

习题 5-5

6. 在软黏土进行大面积开挖，地表水平，开挖边坡的坡角 β=30°。基岩位于原始地面以下 12m 深处。当开挖深度达到 7.5m 时发生边坡滑动。假如黏土的重度 γ=19.2kN/m³，滑动时黏土所发挥的不排水剪切强度为多大？滑动面的特征如何？滑动面与开挖底面的交点离坡脚的水平距离为多少？　　（答案：24kPa；中点圆；5.25m）

7. 在某软黏土层中进行开挖，开挖深度可达 9m，黏土的重度 γ=18.3kN/m³，不排水剪切强度 S_u=34kPa。该软黏土层下卧一硬土层，且位于原始地面以下 12m 深处。土坡滑动时坡脚可能为多大？　　（答案：β=69°）

8. 某软黏土的重度 γ=19.2kN/m³，不排水剪切强度 S_u=12kPa。在该软黏土层中开挖的坡角 β=80°。开挖深度达到多大时将发生边坡坍陷？滑动面与地面的交点离坡顶边缘的距离为多少？　　（答案：H_c=2.75m；2.46m）

第6章　建筑场地的工程地质勘察

重　点　提　示

1. 可行性研究、勘察与详细勘察、验槽、钎探等概念。
2. 工程地质勘察报告的阅读与使用。
3. 常见地基局部处理的方法。

6.1　概　　述

建筑场地是指建筑物所处的有限面的土地。建筑场地的概念是宏观的，建筑场地勘察应广泛研究整个工程在建设施工和使用期间，场地内可能发生的各种岩体、土体的失稳，自然地质及工程地质灾害等问题。

6.1.1　工程地质勘察的目的

工程地质勘察的目的是使用各种勘察手段和方法，调查研究和分析评价建筑场地和地基的工程地质条件，为设计和施工提供所需的工程地质资料。

建筑场地地形平坦，地表土坚实，但并不能保证地基土均匀与坚实。优良的设计方案，必须以准确的工程地质资料为依据，地基土层的分布、土的松密、压缩性高低、强度大小、均匀性、地下水埋深及水质、土层是否会液化等条件都关系着建筑物的安危和能否正常使用。结构工程师只有对建筑场地的工程地质资料全面深入的研究，才能做出好的地基基础设计方案。

在工程实践中，有不少因不经过调查研究而盲目进行地基基础设计和施工造成严重工程事故的案例，但是，更常见的是勘察不详或分析结论有误，以致延误设计进度，浪费大量资金，甚至遗留后患。因此，地基勘察工作应该遵循基本建设程序，走在设计和施工前面，采取必要的勘察手段和方法，提供准确无误的工程地质勘察报告。

6.1.2　工程地质勘察的任务

（1）调查场地的地形地貌。即场地地形地貌的形态特征、地貌的成因类型及地貌单元的划分。

（2）查明建筑场地的地层成层条件。包括岩土的性质、成因类型、时代、厚度和分布范围。对岩层尚应查明风化程度及地层的接触关系；对土层应着重区分新近沉积黏性土、特殊性土的分布范围及工程地质特征。

（3）调查场地的地质构造。包括岩层的产状及褶曲类型；裂隙的性质、产状、数量及填充胶结情况；断层的位置、类型、产状、断距、破碎带宽度及填充情况；接近地质时期构造活动形迹；评价其对建筑场地所造成的不利或有利的地质条件。

(4) 查明场地水文及水文地质条件。即洪水淹没范围、河流水位和地表径流条件等；地下水的类型、补给来源、排泄条件、埋藏深度、水位变化幅度、化学成分及污染情况等。

(5) 确定场地有无不良地质现象。如滑坡、崩塌、岩溶塌陷、冲沟、泥石流、岸边冲刷及地震等。如有，则应判断它们对场地和地基的危害程度。

(6) 测定地基土的物理力学性质指标。包括重度、相对密度、含水量、液限、塑限、压缩系数、压缩模量、内摩擦角、黏聚力、渗透系数、自然休止角及地基承载力等，并要研究在建筑物的施工和使用期间，这些性质可能发生的变化。

(7) 对场地的稳定性和适宜性、地基的均匀性和承载力进行评价或提出建议。预测天然的和人为的因素对场地和地基的工程地质条件的影响，有危害时提出处理的措施。

这些任务中，内容的增减及研究的详细程度，常取决于场地的地质条件及建筑物的性质和设计、施工要求，不是所有的建筑场地都是一样的，但大多数建筑场地的工程地质勘察都应完成这些任务。

6.1.3 工程地质勘察与岩土工程等级的关系

在布置和从事工程地质勘察工作时，应综合考虑场地的地质、地貌（指地壳表面由于内力和外力地质作用形成各种不同成因、类型和规模的起伏形态，按地形的成因和形态类型等的不同，可划分为不同的地貌单元）和地下水等场地条件，地基土质条件以及工程条件。这三方面条件的具体内容是：

(1) 场地条件。包括抗震设防烈度和可能发生的震害异常、不良地质作用的存在和人类对场地地质环境的破坏、地貌特征以及获得当地已有建筑经验和资料的可能性。

(2) 地基土质条件。指是否存在极软弱的或非均质的需要采取特别处理措施的地层、极不稳定的地基或需要进行专门分析和研究的特殊土类，对可借鉴的成功建筑经验是否仍需进行地基土的补充性验证工作。

(3) 工程条件。建筑物的安全等级（见第7章）、建筑类型（超高层建筑、公共建筑、工业厂房等）、建筑物的重要性（具有重大意义和影响的，或属于纪念性、艺术性、附属性或补充性的建筑物）、基础工程的特殊性（进行深基开挖、超长桩基、精密设备或有特殊工艺要求的基础，高填斜坡，高挡土墙，基础托换或补强工程）。

国家标准《岩土工程勘察规范》（GB 50021—2001）根据上述三方面的情况，将岩土工程划分为一级、二级和三级三个等级。其中，一级岩土工程的自然条件复杂，技术难度和要求高，且工作环境最为不利。

对岩土工程进行等级划分，将有利于对岩土工程各个工作环节按等级区别对待，确保工程质量和安全，因此它也是确定各个勘察阶段的工作内容、方法以及详细程度所应遵循的准则。

6.1.4 工程地质勘察工作的基本程序

工业与民用建筑工程的设计分为可行性研究、初步设计和施工图设计三个阶段，所以工程地质勘察相应地也分为可行性研究勘察（选址勘察）、初步勘察（初勘）和详细勘察（详勘）三个阶段。对于工程地质条件复杂或有特殊施工要求的高重建筑地基，尚应进行施工勘察。而对面积不大，工程地质条件简单的建筑场地，其勘察阶段可以适当简化。不同的勘察阶段，其勘察任务和内容不同。总的说来，勘察工作的基本程序是：

（1）开始勘察工作以前，由设计单位和兴建单位按工程要求向勘察单位提出《工程地质勘察任务（委托）书》，以便制订勘察工作计划。

（2）对地质条件复杂和范围较大的建筑场地，在选址或初勘阶段，应先到现场踏勘观察，并以地质学方法进行工程地质测绘（用罗盘仪确定勘察点的位置，以文字描述、素描图和照片来说明该处的地质构造和地质现象）。

（3）布置勘探点以及由相邻勘探点组成的勘探线，采用坑探、钻探、触探、地球物理勘探等手段，探明地下的地质情况，取得岩、土及地下水等试样。

（4）在室内或现场原位进行土的物理力学性质测试和水质分析试验。

（5）整理分析所取得的勘察成果，评价场地的工程地质条件，并以文字和图表等形式编制成《工程地质勘察报告书》。

6.2 工程地质勘察的内容和要求

建筑场地的岩土工程勘察，应在搜集建筑物或构筑物（以下简称建筑物）上部荷载、功能特点、结构类型、基础形式、埋置深度和变形限制等方面资料的基础上进行。建筑场地的岩土工程勘察宜分阶段进行，可行性研究勘察应符合选择场址方案的要求；初步勘察应符合初步设计的要求；详细勘察应符合施工图设计的要求；场地条件复杂或有特殊要求的工程，宜进行施工勘察。

场地较小且无特殊要求的工程可合并勘察阶段。当建筑物平面布置已经确定且场地或其附近已有岩土工程资料时，可根据实际情况，直接进行详细勘察。

6.2.1 可行性研究勘察

在可行性研究阶段，勘察的主要任务是取得几个场址方案的主要工程地质资料，作为比较和选择场址的依据。主要侧重于搜集和分析区域地质、地形地貌、地震、矿产和附近地区的工程地质资料及当地的建筑经验。在搜集和分析已有资料的基础上，抓住主要问题，通过踏勘，了解场地的地层岩性、地质构造、岩石和土的性质、地下水情况以及不良地质现象等，根据具体情况，进行工程地质测绘以及继续完成其他必要的勘探工作。因此，本阶段应对各个场址的稳定性和建筑的适宜性进行正确的评价，勘察工作如下：

（1）搜集区域地质、地形地貌等，当地的工程地质、岩土工程和建筑经验等资料。

（2）在充分搜集和分析已有资料的基础上，通过勘察了解场地的地层、构造、岩性、不良地质作用和地下水等工程地质条件。

（3）当拟建场地工程地质条件复杂，已有资料不能满足要求时，要根据具体情况进行工程地质测绘和必要的勘探工作。

（4）当有两个或两个以上拟选场地时，应进行比较分析。

选择场址时，应进行经济技术分析，一般情况下宜避开下列工程地质条件恶劣的地区或地段：

1）存在不良地质发育现象且对场地稳定性有直接危害或潜在威胁，如有大滑坡、强烈发育岩溶、地表塌陷、泥石流及江河岸边强烈冲淤区等。

2）地震基本烈度较高，可能存在地震断裂带及地震时可能发生滑坡、山崩、地表断裂的场地。

3）因洪水或地下水造成严重不良影响的建筑场地。

4）地下有尚未开采的有价值矿藏或未稳定的地下采空区。

6.2.2 初步勘察

在场址选定批准后要进行初步勘察。为了评价场地内各建筑地段的稳定性，初勘的任务之一就在于查明建筑场地不良地质现象的成因、分布范围、危害程度及其发展趋势，以便使场地主要建筑物的布置避开不良地质现象发育的地段，为建筑总平面布置提供依据。

初勘的工作是在已有资料和进行地质测绘与调查的基础上，对场址进行勘探和测试。勘探线的布置应垂直于地貌单元边界线、地质构造线和地层界线。勘探点应该布置在这些界线上，并在变化最大的地段加密。在地形平坦地区，可按方格网布置勘探点。勘探线和勘探点间距、勘探孔深度，应根据岩土工程等级和勘探孔种类选定。在井、孔中取试样或进行原位测试的间距，应按地层特点、土的均匀性和建筑要求来确定。

初步勘察应对场地内拟建建筑地段的稳定性做出评价并进行下列主要工作：

（1）搜集拟建工程的有关文件、工程地质和岩土工程资料以及工程场地范围的地形图。

（2）初步查明地质构造、地层结构、岩土工程特性、地下水埋藏条件。

（3）查明场地不良地质作用的成因、分布、规模、发展趋势，并对场地的稳定性做出评价。

（4）对抗震设防烈度等于或大于 6 度的场地，应对场地和地基的地震效应做出初步评价。

（5）季节性冻土地区，应调查场地土的标准冻层深度。

（6）初步判定水和土对建筑材料的腐蚀性。

（7）高层建筑初步勘察时，应对可能采取的地基基础类型、基坑开挖与支护和工程降水方案进行初步分析评价。

6.2.3 详细勘察

经过可行性研究勘察和初步勘察之后，场地工程地质条件基本查明，详细勘察的任务就在于针对具体建筑物地基或具体工程的地质问题，为进行施工图设计和施工提供可靠的依据或设计计算参数。因此，详细勘察应按单体建筑物或建筑群提出详细的岩土工程资料和设计、施工所需的岩土参数，对建筑物地基做出岩土工程评价，并对地基类型、基础形式、地基处理、基坑支护、工程降水和不良地质作用的防治等提出建议。主要进行下列工作：

（1）搜集所有坐标和地形的建筑总平面图、场区的地面调整标高、建筑物的性质、规模、荷载、结构特点、基础形式、埋置深度、地基允许变形等资料。

（2）查明不良地质作用的类型、成因、分布范围、发展趋势和危害程度，提出整治方案和建议。

（3）查明建筑范围内岩土层的类型、深度、工程特性，分析和评价地基的稳定性、均匀性和承载力。

（4）对需进行沉降计算的建筑物，提供地基变形计算参数，预测建筑物的变形特征。

（5）查明埋藏的河道、墓穴、防空洞、孤石等对工程不利的埋藏物。

（6）查明地下水的埋藏条件，提供地下水位及变化幅度。

（7）在季节性冻土地区，提供场地土的标准冻结深度。

（8）判定水和土堆建筑材料的腐蚀性。

对抗震设防烈度等于或大于6度的场地，应进行场地和地基地震效应的岩土工程勘察，并应根据国家批准的地震震动参数区划和有关规范，提出勘察场地的抗震设防烈度、设计基本地震加速度和设计特征周期。应划分场地的类型，区分对抗震有利、不利或危险的地段，进行液化判别。

当建筑物采用桩基时，应查明场地各岩层土的类型、深度、分布、工程特性和变化规律；当采用基岩作为桩的持力层时，应查明基岩的岩性、构造、岩面变化、风化程度，确定其坚硬程度、完整程度和基本质量等级，判定有无洞穴、临空面、破碎岩体或软弱岩层；查明水文地质条件，评价地下水对桩基础设计和施工的影响，判定水质对建筑材料的腐蚀性；查明不良地质作用，可液化土层和特殊性岩土的分布及其对桩基础的危害程度，并提出防治措施的建议；评价成桩可能性，论证桩的施工条件及其对环境的影响。

工程需要时，详细勘察应论证地基土和地下水在建筑施工和使用期间可能产生的变化及其对工程和环境的影响，提出防治方案、防水设计水位和抗浮设计水位的建议。遇下列各种情况，都应配合设计、施工单位进行施工勘察，解决施工中的工程地质问题，并提出相应的勘察资料。

（1）遇较重要建筑物的复杂地基。

（2）基槽开挖后，地质条件与原勘察资料不符并可能影响工程质量。

（3）深基础施工设计及施工中需进行有关地基检测工作。

（4）当软弱地基处理时，需进行设计和检验工作。

（5）地基中溶洞或土洞较发育，需进一步查明及处理。

（6）施工中出现边坡失稳，需进行观测和处理。

当需进行基坑开挖、支护和降水设计时，勘察工作应包括基坑工程勘察的内容。在初步设计阶段，应根据岩土工程条件，初步判定开挖可能发生的问题和需要采取的支护措施；在详细勘察阶段，应针对基坑工程设计的要求进行勘察；在施工阶段，必要时尚应进行补充勘察。

6.2.4 勘察任务书

设计人员在拟定工程地质勘察任务书时，应该把地基、基础与上部结构作为互相影响的整体来考虑，并在初步调查研究场地工程地质资料的基础上，下达工程地质勘察任务书。

提交给勘察单位的工程地质勘察任务书应说明工程的意图、设计阶段、要求提交勘察报告书的内容和现场、室内的测试项目，以及提出勘察技术要求等。同时应提供勘察工作所需要的各种图表资料。这些资料可视设计阶段的不同而有所差异。

为配合初步设计阶段进行的勘察，在任务书中应说明工程的类别、规模、建筑面积及建筑物的特殊要求、主要建筑物的名称、最大荷载、最大高度、基础最大埋深和重要设备的有关资料等，并向勘察单位提供附有坐标的比例为（1∶1000）～（1∶2000）的地形图，图上应划出勘察范围。

详细设计阶段，在勘察任务书中应说明需要勘察的各建筑物的具体情况。如建筑物上部结构特点、层数、高度、跨度及地下设施情况、地面整平标高、采取的基础形式、尺寸和埋深、单位荷重或总荷重以及有特殊要求的地基基础设计和施工方案等，并提供经上级部门批准附有坐标及地形的建筑总平面布置图（1∶500）～（1∶200）或单幢建筑物平面布置图。如有挡土墙，还应在图中注明挡土墙位置、设计标高以及建筑物周围边坡开挖线等。

6.3　岩土工程勘察方法

6.3.1　测绘与调查

工程地质测绘的基本方法是在地形图上布置一定数量的观察点和观测线，以便按点和线进行观测和描绘。

工程地质测绘与调查的目的是通过对场地的地形地貌、地层岩性、地质构造、地下水、地表水、不良地质现象进行调查研究和测绘，为评价场地工程地质条件及合理确定勘探工程提供依据。对建筑场地的稳定性进行研究是工程地质调查和测绘的重点。

在可行性研究阶段进行工程地质测绘与调查时，应搜集、研究已有的地质资料，进行现场踏勘。在初勘阶段，当地质条件较复杂时，应继续进行工程地质测绘；详勘阶段，仅在初勘测绘基础上，对某些专门地质问题做必要的补充。测绘与调查的范围，应包括场地及其附近与研究内容有关的地段。

6.3.2　勘探方法

常用的勘探方法有坑探、钻探和触探。地球物理勘探只在弄清某些地质问题时才采用。

勘探是工程地质勘察过程中查明地下地质情况的一种必要手段，是在地面的工程地质测绘和调查所取得的各项定性资料的基础上，进一步对场地的工程地质条件进行定量的评价。

1. 坑探

坑探是一种不必使用专门机具的勘探方法。通过探坑的开挖可以取得直观资料和原状土样，特别是在场地地质条件比较复杂时，坑探能直接观察地层的结构和变化，但坑探的深度较浅，不能了解深层的情况。

坑探是一种挖掘探井（槽）（图 6-1）的简单勘探方法。探井的平面形状一般采用 1.5m×1.0m 的矩形或直径为 0.8～1.0m 的圆形，其深度视地层的土质和地下水埋藏深度等条件而定，较深的探坑需进行坑壁支护。

在探井中取样可按下列步骤进行，图 6-1（b）：先在井底或井壁的指定深度处挖一土柱，土柱的直径必须稍大于取土筒的直径。将土柱顶面削平，放上两端开口的金属筒并削去筒外多余的土，一面削土一面将筒压入，直到筒已完全套入土柱后切断土柱。削平筒两端的土体，盖上筒盖，用熔蜡密封后贴上标签，注明土样的上下方向，如图 6-1（c）所示。坑探的取土质量常较好。

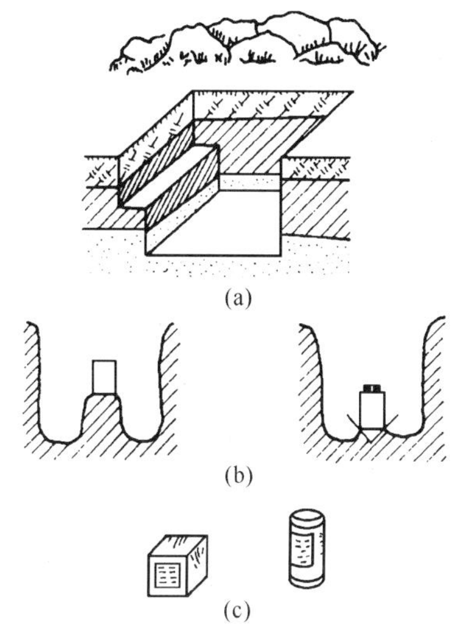

图 6-1　坑探

（a）探井；（b）在探井中取样；（c）原状土样

2. 钻探

钻探是用钻机在地层中钻孔以鉴别和划分地层，也可沿孔深取样，用以测定岩石和土层的物理力学性质，同时也可直接在孔内进行某些原位测试。

钻机一般分回转式与冲击式两种。回转式钻机是利用钻机的回转器带动钻具旋转，磨削孔底的地层而钻进，这种钻机通常使用管状钻具，能取柱状岩样。冲击式钻机则利用卷扬机钢丝绳带动钻具，利用钻具的重力上下反复冲击，使钻头冲击孔底，破碎地层形成钻孔，在成孔过程中，它只能取出岩石碎块或扰动土样。

场地内布置的钻孔，一般分技术孔和鉴别孔两类。钻进时，仅取扰动土样，用以鉴别土层分布、厚度及状态的钻孔称鉴别孔。如在钻进中按不同的土层和深度采取原状土样的钻孔，称为技术孔。原状土样的采取常用取土器。实践证明，取土器的结构和规格决定了土样保持原状的程度，影响着试样的质量和随后土工试验的可靠性。按不同土质条件，取土器可分别采用击入取土或压进取土两种方式，以便从钻孔中取出原状土样。

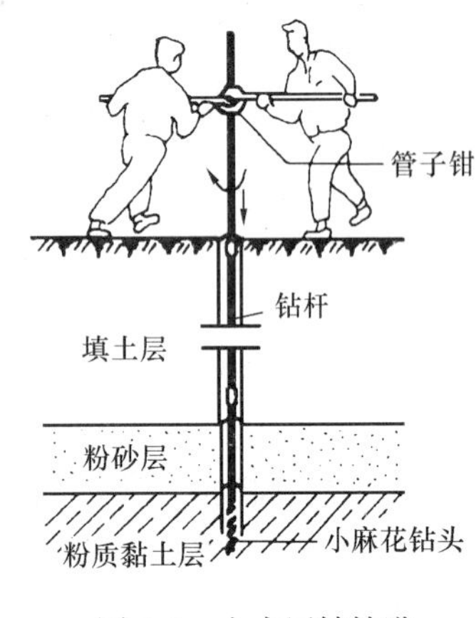

图 6-2　人力回转钻进

在一些地质条件简单（三级岩土工程）的小型工程（安全等级为三级）的简易勘探中，可采用小型麻花（螺旋）钻头，以人力回转钻进，如图 6-2 所示。这种钻孔直径较小，深度只达 10m，且只能取扰动黏性土样，以便在现场鉴别土的性质。简易勘探常与坑探和轻便触探配合使用。

3. 触探

触探是用静力或动力将金属探头贯入土层，根据土对触探头的贯入阻力或锤击数来间接判断土层及其性质。触探是一种勘探方法，又是一种原位测试技术。作为勘探方法，触探可用于划分土层，了解地层的均匀性；作为测试技术，则可估计土的某些特性指标或估计地基承载力。触探按其贯入方式的不同，分为静力触探和动力触探。

（1）静力触探

静力触探借静压力将触探头压入土层，利用电测技术测得贯入阻力来判定土的力学性质。与常规的勘探手段比较，它能快速、连续地探测土层及其性质的变化。采用静力触探试验时，宜与钻探相配合，以期取得较好的结果。

触探头是静力触探设备中的核心部分，是土层阻力的传感器。触探杆将探头匀速向土层贯入时，探头附近一定范围内的土体对探头产生贯入阻力。在贯入过程中，贯入阻力的变化反映了土的物理力学性质的变化。一般说来，同一种土，贯入阻力大，土层的力学性质好。反之，贯入阻力小，土层软弱。因此，只要测得探头的贯入阻力，就能据此评价土的强度和其他工程性质。触探头贯入土中时，探头套所受的土层阻力通过顶柱传到空心柱上部，使空心柱与贴在其上面的电阻应变片一起产生拉伸变形。这样，便可把探头贯入时所受的土层阻力转变成电信号并通过接收仪器量测出来。

根据触探头构造和测量贯入阻力方法的不同，探头分单用和双用两类。以一个测力电桥来量测探头总贯入阻力的称为单用探头，又称单桥探头；用两个测力电桥分别量测探头锥尖阻力和侧壁摩阻力的称为双用探头，又称双桥探头。

单桥探头可测得包括锥尖阻力和侧壁的摩阻力在内的总贯入阻力 p（kN）。将其除以探头截面积就称为比贯入阻力 p_s（kPa）：

$$p_s = \frac{p}{A} \tag{6-1}$$

式中　A——探头截面积（cm^2）。

双桥探头可分别测出锥尖总阻力 Q_c（kN）和侧壁总摩阻力 P_f（kN）。通常以锥尖阻力 q_c 和侧壁摩阻力 f_s 来表示：

$$q_c = \frac{Q_c}{A} \tag{6-2}$$

$$f_s = \frac{P_f}{A_s} \tag{6-3}$$

式中　A_s——外套筒的总表面积（cm^2）。

A——锥底截面面积（cm^2）。

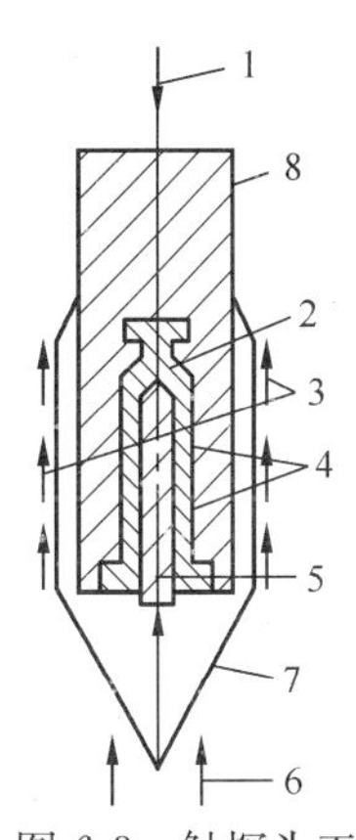

图 6-3　触探头工作原理示意图

1—贯入力；2—空心柱；3—侧壁摩阻力；4—电阻片；5—顶柱；6—锥尖阻力；7—探头套；8—触探杆

根据锥尖阻力 q_c 和侧壁摩阻力 f_s 可计算同一深度处的摩阻比 n 如下：

$$n = \frac{f_s}{q_c} \times 100\% \tag{6-4}$$

为了直观地反映勘探深度范围内土层的力学性质，触探成果可绘成 p_s-z、q_s-z、f_s-z 和 n-z 曲线（z 为深度）。

根据比贯入阻力 p_s 的大小可确定土的承载力、压缩模量 E_s 和变形模量 E_0。单桥探头试验结果可用来划分土层，主要是根据 p_s 的大小和 p_s-z 曲线的特征：黏性土的 p_s 值一般较小，p_s-z 曲线较平缓；砂土的 p_s 值较大，且 p_s-z 曲线高低起伏大。此外，双桥探头试验结果也可用来估计单桩承载力。

（2）动力触探

动力触探是将一定质量的穿心锤，以一定的高度（落距）自由下落，将探头贯入土中，然后记录贯入一定深度所需的锤击数，并以此判断土的性质。

勘探中常用的动力触探类型及规格见表 6-1，触探前可根据所测土层种类、软硬、松密等情况而选用不同的类型。下面重点介绍标准贯入试验（SPT）和轻便触探试验。

表 6-1　国内常用的动力触探类型及规格

类型		锤的质量（kg）	落　距（mm）	探头或贯入器	贯入指标	触探杆外径（mm）
轻型		10	500	圆锥头，规格详见图 6-5，锥底面积 12.6cm^2	贯入 300mm 的锤击数 N_{10}	25
中型		28	800	圆锥头，锥角 60°，锥底直径 6.18cm，锥底面积 30cm^2	贯入 100mm 的锤击数 N_{28}	33.5
重型	（1）	63.5	760	管式贯入器，规格详见图 6-4	贯入 300mm 的锤击数 N	42
	（2）			圆锥头，锥角 60°，锥底直径 7.4cm，锥底面积 43cm^2	贯入 100mm 的锤击数 $N_{63.5}$	42

标准贯入试验以钻机作为提升架，并配用标准贯入器、钻杆和穿心锤等设备（图 6-4）。试验时，将质量为 63.5kg 的穿心锤以 760mm 的落距自由下落，先将贯入器竖直打入土中 150mm（此时不计锤击数），然后记录每打入土中 300mm 的锤击数（实测锤击数 N'）。在拔出贯入器后，可取出其中的土样进行鉴别描述。

进行标准贯入试验时，随着钻杆入土长度的增加，杆侧土层的摩阻力以及其他形式的能量消耗也增大了，因而使得锤击数 N' 值偏大。因此，当钻杆长度大于 3m 时，锤击数应按下式校正：

$$N = \alpha N' \tag{6-5}$$

式中　N——标准贯入试验锤击数；

α——触探杆长度校正系数，按表 6-2 确定。

表 6-2 触探杆长度校正系数

触探杆长度（m）	≤3	6	9	12	15	18	21
α	1.00	0.92	0.86	0.81	0.77	0.73	0.70

由标准贯入试验测得的锤击数 N，可用于估计黏性土的变形指标与软硬状态、砂土的内摩擦角与密实度，以及估计地震时饱和砂土、粉土液化的可能性和地基承载力等，因而被广泛采用。

轻便触探试验的设备简单（图 6-5），操作方便，适用于黏性土和黏性素填土地基的勘探，其触探深度只限于 4m 以内。试验时，先用轻便钻具开孔至被测试的土层，然后提升质量为 10kg 的穿心锤，使其以 500mm 的落距自由下落，把尖锥头竖直打入土中。每贯入 300mm 的锤击数以 N_{10} 表示。根据轻便触探锤击数 N_{10}，可确定黏性土和素填土的地基承载力，也可按不同位置的 N_{10} 值的变化情况判定地基持力层的均匀程度。

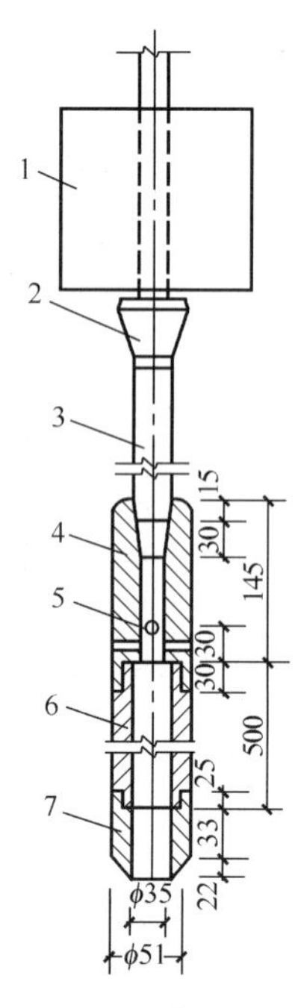

图 6-4 贯入设备

1—穿心锤；2—锤垫；3—钻杆；4—贯入器头；5—出水孔；6—由两半圆形管并合而成的贯入器身；7 一贯入器靴

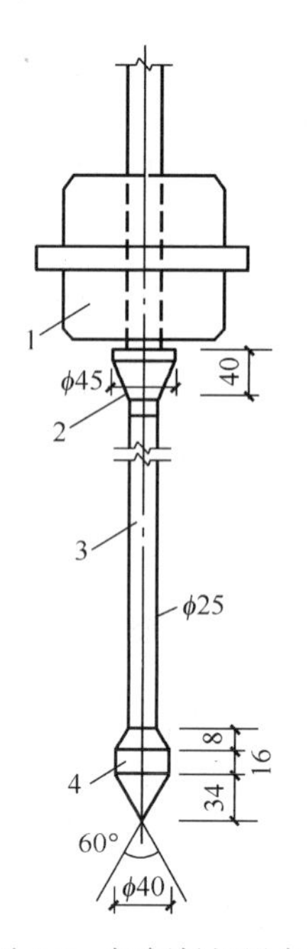

图 6-5 轻便触探设备

1—穿心锤；2—锤垫；3—触探杆；4—尖锥头

6.4 地 下 水

存在于地表下面土和岩石的孔隙、裂隙或溶洞中的水，称为地下水。地下水的存在，常给地基基础的设计和施工带来麻烦。在地下水位以下开挖基坑，需要考虑降低地下水位及基坑边坡的稳定性，建筑物有地下室时则尚应考虑防水渗漏、抵抗水压力和浮力以及地下水的腐蚀性等问题。下面简要介绍地下水与工程建设密切相关的一些问题。

6.4.1 地下水的埋藏条件

人们常把透水的地层称为透水层，而相对不透水的地层称为隔水层。地下水按埋藏条件可分为上层滞水、潜水和承压水三种类型（图 6-6）。

（1）上层滞水。指埋藏在地表浅处、局部隔水层（透镜体）的上部且具有自由水面的地下水。

上层滞水的来源主要是大气降水补给，其动态变化与气候等因素有关，只有在融雪后或大量降水时才能聚集较多的水量。

（2）潜水。埋藏在地表以下第一个稳定隔水层以上的具有自由水面的地下水称为潜水，其自由水面称为潜水面。此面用高程表示称为潜水位。自地表至潜水面的距离为潜水的埋藏深度。

潜水的分布范围很广，它一般埋藏在第四纪松散沉积层和基岩风化层中。潜水直接由大气降水、地表江河水流渗入补给，同时也由于蒸发或流入河流而排泄。潜水位的高低随气候条件而变化。

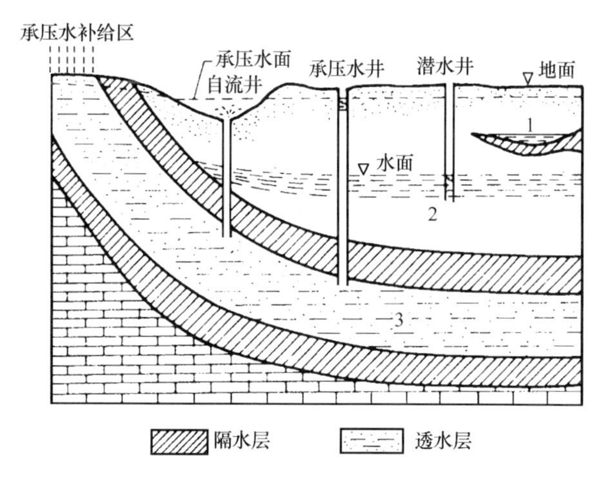

图 6-6　各种类型的地下水埋藏示意图

1—上层滞水；2—潜水；3—承压水

（3）承压水。指充满于两个稳定隔水层之间的含水层中的地下水。它承受一定的静水压力。在地面打井至承压水层时，水便在井中上升，有时甚至喷出地表，形成自流井（图 6-6）。由于承压水的上面存在隔水顶板的作用，它的埋藏区与地表补给区不一致，因此承压水的动态变化受局部气候因素影响不明显。

6.4.2 地下水的腐蚀性

地下水含有各种化学成分，当某些成分含量过多时，会腐蚀混凝土、石料及金属管道而造成危害。下面仅介绍地下水对混凝土的腐蚀作用。

地下水中硫酸根离子 SO_4^{2-} 含量过多时，将与水泥硬化后生成的 $Ca(OH)_2$ 起作用，生成石膏结晶 $CaSO_4 \cdot 2H_2O$。石膏再与混凝土中的铝酸四钙 $4CaO \cdot Al_2O_3$ 起作用，生成铝和钙的复硫酸盐 $3CaO \cdot Al_2O_3 \cdot 3CaSO_4 \cdot 31H_2O$，这一化合物的体积比化合前膨胀 2.5 倍，能破坏混凝土的结构。

氢离子浓度（负对数值）$pH<7$ 的酸性地下水对混凝土中 $Ca(OH)_2$ 及 $CaCO_3$ 起溶解破坏作用。

地下水中游离的 CO_2 可与混凝土中 $Ca(OH)_2$ 化合生成一层 $CaCO_3$ 硬壳，对混凝土起保护作用。但 CO_2 含量过多时，又会与 $CaCO_3$ 化合，生成 $Ca(HCO_3)_2$ 而溶于水。这种过多的、能与 $CaCO_3$ 起作用的游离 CO_2 称为腐蚀性二氧化碳。

在评价地下水是否具有腐蚀性时，尚应结合场地的地质条件和物理风化条件综合考虑，《勘察规范》规定有详细的评定标准和宜采用的抗腐蚀水泥品种及其他防护措施。

6.4.3 土的渗透性

土的渗透性（透水性）是指水流通过土中孔隙的难易程度。地下水的补给（流入）与排泄（流出）条件以及土中水的渗透速度都与土的渗透性有关。在考虑地基土的沉降速率和地下水的涌水量时都需要了解土的渗透性指标。

地下水在土的孔隙或微小裂隙中以不大的速度连续渗透时属于层流运动（流线基本平行的流动）。它的渗透速度一般可按达西根据实验得到的直线渗透定律计算。达西定律的表达式（图 6-7）如下：

$$v = ki \tag{6-6}$$

式中 v——水在土中的渗透速度（mm/s），它不是地下水在孔隙中流动的实际速度，而是在单位时间（s）内流过土的单位面积（mm^2）的水量（mm^3）；

i——水力梯度或称水力坡降，等于（H_1-H_2）$/l$，在图 6-7 中，M_1和M_2两点的水头[①]分别为H_1和H_2，M_1和M_2两点的水头差（H_1-H_2）与水流过的距离l之比，就是水力梯度，但当地下水面较平缓时，水的流线与水平线的夹角小，故M_1和M_2两点的距离l可按两点的水平距离考虑；

k——土的渗透系数（m/s），表示土的透水性质的常数。

在式（6-6）中，当$i=1$时，$k=v$，即土的渗透系数的数值等于水力梯度为 1 时的地下水的渗透速度，k值的大小反映了土透水性的强弱。

实验证明：在砂土中水的运动符合于达西定律（图 6-8）；而在黏性土中只有当水力梯度超过所谓起始梯度时才开始发生渗流。如图 6-8 中b线所示，当水力梯度i不大时，渗透速度v为零，只有当$i>i_1$（起始梯度）时，水才开始在黏性土中渗透（$v>O$）。在渗透速度v与水力梯度i的关系曲线上有 1 和 2 两个特征点。点 1 相应于起始梯度i_1，在点 1 与点 2 之间渗透速度和水力梯度成曲线关系，达到点 2（相应的梯度为i_2）后转为直线（图中直线 2-3），该直线的延长线与横坐标相交于点 1′。为了简化计算，如采用该直线在横坐标上的截距i'_1作为计算起始梯度，则用于黏性土的达西定律的公式如下：

$$v = k(i-i'_1) \tag{6-7}$$

土的渗透系数可以通过室内渗透试验或现场抽水试验来测定。各种土的渗透系数变化范围参看表 6-3。

① “水头”是水力学中经常使用的一个名词。土中某一点的水压力p，可用该点以上高度为h的水柱（水平截面积为 $1m^2$）来表示：$h=p/\gamma_w$（γ_w为水的重度），水柱高度（压力水头）h与该点至某一取定的基准面的垂直距离（位置水头）z之和，就是该点的总水头。如图 6-7 中的M_1点，总水头$H_1=h_1+z_1$。由于所取的基准面的位置不同，总水头的数值也不同，但两点（如M_1、M_2）的水头差（H_1-H_2）却一样。

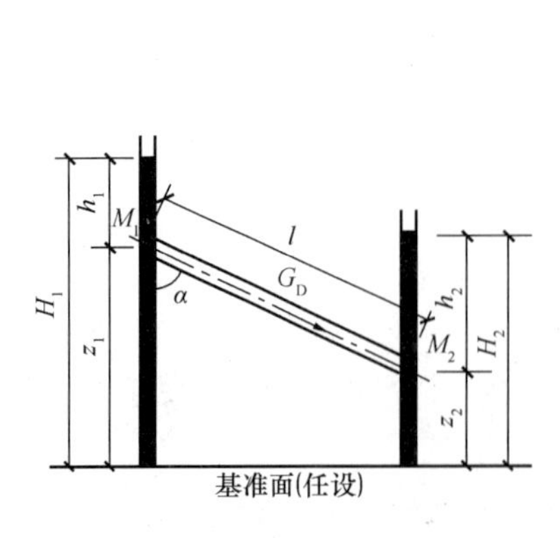

图 6-7 水的渗流图

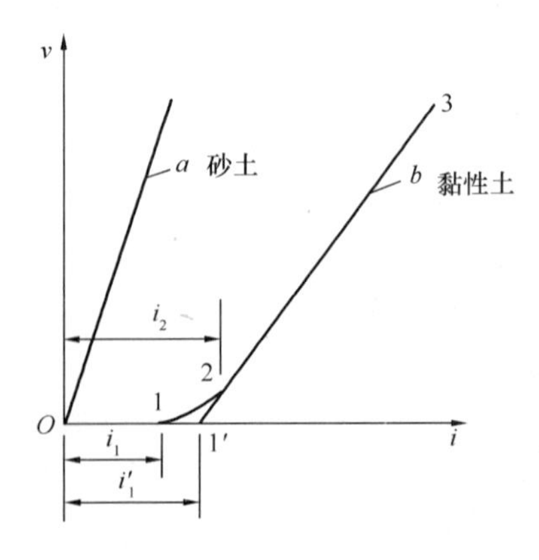

图 6-8 渗透速度v与水力梯度z的关系

表 6-3　各种土的渗透系数参考值

土的名称	渗透系数（cm/s）	土的名称	渗透系数（cm/s）
致密黏土	$<10^{-7}$	粉砂、细砂	$10^{-2}\sim10^{-4}$
粉质黏土	$10^{-6}\sim10^{-7}$	中砂	$10^{-1}\sim10^{-2}$
粉土、裂隙黏土	$10^{-4}\sim10^{-6}$	粗砂、砾石	$10^{2}\sim10^{-1}$

6.4.4　动水力和渗流破坏现象

地下水的渗流对土单位体积内的骨架产生的力 G_D（kN/m^3）称为动水力或渗透力，（图 6-9，该图是从图 6-7 中取出脱离体 M_1M_2 来分析的）。动水力与土单位体积内渗流水受到的土骨架阻力 T（kN/m^3）大小相等，方向相反（作用力与反作用力）。如图 6-9 所示，沿水流方向的土柱体长度为 l，横截面积为 A，两端点 M_1 和 M_2 的水头差为(H_1-H_2)。由于地下水的渗流速度一般很小，加速度更小，所以惯性力可以忽略不计。计算动水力时，假想所取的土柱体内完全是水，并将土柱体中骨架对渗透水的阻力影响考虑进去，则作用于此土柱体内水体上的力有：①$\gamma_w h_1 A$ 和 $\gamma_w h_2 A$，分别为作用在假想水柱体 M_1 和 M_2 点横截面上的总静水压力，前者的方向与水流方向一致，后者则相反；②$\gamma_w lA$ 为水柱体的重力（等于饱和土柱中孔隙水的重力与土骨架所受浮力的反力之和）；③TlA 为土柱体中骨架对渗流水的总阻力。

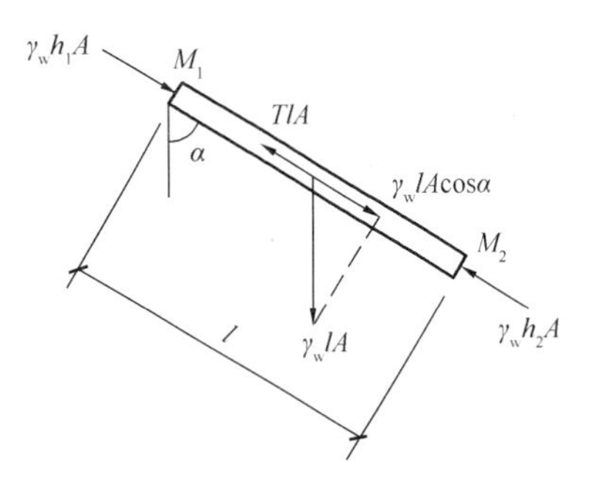

图 6-9　饱和土体中动水力的计算

根据静力学原理列出作用于假想水柱体上的力的平衡方程如下：

$$\gamma_w h_1 A + \gamma_w lA\cos\alpha - TlA - \gamma_w h_2 A = 0 \tag{6-8}$$

式（6-8）除以 A，并将 $\cos\alpha=\frac{z_1-z_2}{l}$，$h_1=H_1-z_1$，$h_2=H_2-z_2$ 代入，得

$$T = \gamma_w \frac{H_1-H_2}{l} = \gamma_w i \tag{6-9}$$

$$G_D = T = \gamma_w i \tag{6-10}$$

式中　G_D——动水力（kN/m^3）；

T——渗透水受到土骨架的阻力（kN/m^3）；

γ_w——水的重度，一般为 $9.8kN/m^3$，近似取 $10kN/m^3$；

i——水力梯度。

当渗透水流自下而上运动时，动水力方向与重力方向相反，土粒间的压力将减少。当动水力等于或大于土的有效重度 γ'时，土粒间的压力被抵消，于是土粒处于悬浮状态，土粒随水流动，这种现象称为流砂。

动水力等于土的有效重度时的水力梯度称为临界水力梯度 i_{cr}，$i_{cr}=\frac{\gamma'}{\gamma_w}$。土的有效重度 γ'一般在 $8\sim12kN/m^3$，因此 i_{cr}可近似地取 1。

在地下水位以下开挖基坑时，如从基坑中直接抽水，将导致地下水从下向上流动而产生向上的动水力。当水力梯度大于临界值时，就会出现流砂现象。这种现象在细砂、粉砂和粉土中较常发生，给施工带来很大的困难，严重的还将影响邻近建筑物地基的稳定。

防治流砂的原则主要是：（1）沿基坑四周设置连续的截水帷幕，阻止地下水流入基坑内；（2）减小或平衡动水力，例如将板桩打入坑底一定深度，增加地下水从坑外流入坑内的渗流路线，减小水力梯度，从而减小动水力，防止流砂发生；（3）使动水力方向向下，例如采用井点降低地下水位时，地下水向下渗流，使动水力方向向下，增大了土粒间的压力，从而有效地制止流砂现象的发生。

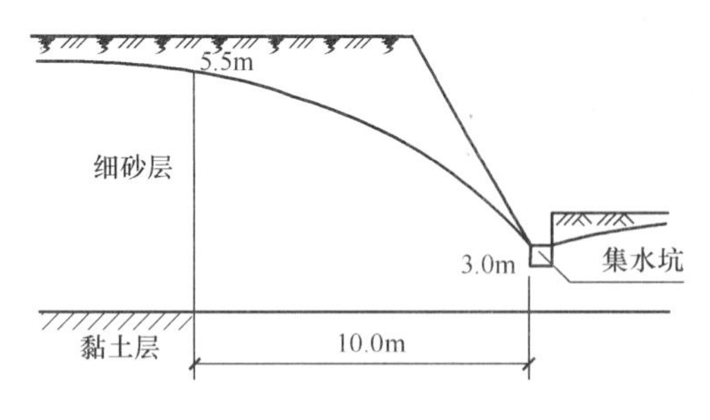

图 6-10　例 6-1 图基坑开挖示意图

当土中渗流的水力梯度小于临界水力梯度时，虽不致诱发流砂现象，但土中细小颗粒仍有可能穿过粗颗粒之间的孔隙被渗流挟带而去，时间长了，在土层中将形成管状空洞。这种现象称为管涌或潜蚀。

【例 6-1】 某基坑在细砂层中开挖，经施工抽水，待水位稳定后，实测水位情况如例图 6-10 所示。据场地勘察报告提供：细砂层饱和重度 $\gamma_{sat}=18.7kN/m^3$，渗透系数 $k=4.5\times10^{-2}$ mm/s。试求渗透水流的平均水力梯度 i、渗透速度 v 和动水力 G_D，并判别是否会产生流砂现象。

【解】

①$i=\dfrac{5.50-3.0}{10}=0.25$

②$v=ki=4.5\times10^{-2}\times0.25=1.125\times10^{-2}$（mm/s）

③$G_D=\gamma_w i=10\times0.25=2.5$（$kN/m^3$）

④判别流砂现象是否发生。

当渗流流向集水坑时，其中有的流线是竖直向上的，且各点的水力梯度有所不同。这里只能按平均梯度考虑，并按下列方法验算。细砂层的有效重度：

$$\gamma' = \gamma_{sat} - \gamma_w = 18.7 - 10 = 8.7(kN/m^3)$$

所以，$\gamma'=8.7kN/m^3>G_D=2.5$（$kN/m^3$）

可见，不会因基坑抽水而产生流砂现象。

6.5　不良地质条件

6.5.1　滑坡

1. 滑坡及其形成条件

滑坡是斜坡上的岩土体在重力作用下失去原有的稳定状态，沿斜坡内某些滑动面（带）整体向下滑移的现象。滑坡形成的条件首先是滑动的岩土体具有整体性，除了滑坡边缘线一带和局部地方有较少的崩塌和裂隙外，总的来看，它大体上保持着原有岩土体的整体性；其次，斜坡上岩土体的移动方式为滑动，不是倾倒或滚动，因而滑坡体的下缘常在滑动面或滑动带的位置。此外，规模大的滑坡一般是缓慢地往下滑动，其位移速度多在突变加速阶段才显著，有时会造成灾难。有些滑坡一开始滑动速度就很快，在滑坡体的表层会出现翻滚现象，因而称这种滑坡为崩塌性滑坡。

一个发育完全的滑坡的基本构造特征如图 6-11 所示。它包括滑坡体、滑动面、滑动带和滑坡床、滑坡后壁、滑坡台地、滑坡鼓丘、滑坡舌、滑坡裂缝（如拉张裂缝、鼓张裂缝、剪切裂缝和扇形张裂缝）和滑坡主轴等组成要素。

应当注意，上述各种要素并非在所有滑坡中都很明显，一般情况下较新的滑坡比较明显，较老的滑坡，由于受风化、剥蚀作用及人类工程的影响，滑坡要素不太明显。

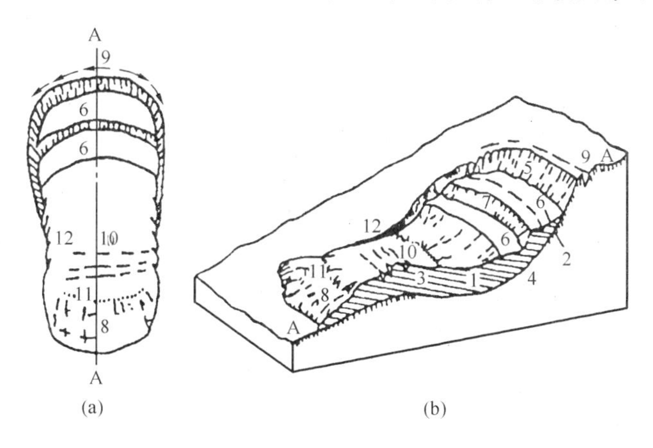

图 6-11　滑坡形态和构造示意图

1—滑坡体；2—滑动面；3—滑动带；4—滑坡床；5—滑坡后壁；
6—滑坡台地；7—滑坡台地陡坎；8—滑坡舌；9—拉张裂缝；
10—滑坡鼓丘；11—扇形张裂缝；12—剪切裂缝

2. 滑坡的分类

滑坡发生的地质条件、形态特征以及影响因素等往往是多种多样的，因此，在研究滑坡时，必须注意区分类别，分别对待。只有这样，才能有效地预测滑坡的发生和发展，掌握其变化规律，合理进行治理。

根据我国的滑坡类型，滑坡可划分为：

（1）按滑坡体的主要物质组成及其与地质构造的关系，可划分为覆盖层滑坡、基岩滑坡和特殊滑坡。

（2）按滑坡体的厚度，可划分为浅层滑坡、中层滑坡、深层滑坡和超深层滑坡。

（3）按滑坡规模的大小，可划分为小型、中型、大型和巨型滑坡。

（4）按滑坡形成的年代，可划分为新滑坡和古滑坡。

（5）按发生滑坡的力学条件，可划分为牵引式滑坡和推动式滑坡。

3. 滑坡的发育过程

研究滑坡发育的过程对认识滑坡和正确地选择防滑措施具有很重要的意义。一般来说，滑坡的发生是一个长期的变化过程，其发育过程可大致划分为蠕动变形、滑动破坏和渐趋稳定三个阶段。

（1）蠕动变形阶段

在自然条件和人为因素的影响下，斜坡岩土体的强度会逐渐降低，这将使斜坡原有的稳定状态遭到破坏。最初是在斜坡内部某一部分产生微小的移动，继而在斜坡坡面上出现断续的拉张裂缝，拉张裂缝不断加宽，并在两侧形成逐渐贯通的剪切裂缝，直至斜坡上的滑动面全部形成便开始整体向下滑动。从斜坡的稳定状态受到破坏到斜坡开始整体滑动之前，称为滑坡的蠕动变形阶段，这一阶段长的可达数年之久，短的只有几天或几个月的时间。滑坡的规模愈大，蠕动变形阶段持续的时间愈长。

在此阶段，滑坡的整体滑动尚未出现，上述蠕动变形等是滑坡的前兆现象，及早注意观测，识别这些现象的性质和变化规律，对于预测滑坡的发生，避免滑坡的危害，采取合理的防治措施等都是十分重要的。

（2）滑动破坏阶段

滑坡整体滑动时，滑坡后缘迅速下陷，滑坡壁越露越高，滑坡体分裂成数块并在地面上形成阶梯状地形。随着滑坡体向前滑动、伸出，逐渐形成滑坡台。此时滑坡上的树木东倒西歪，形成醉林，滑坡上的建筑物产生严重的变形以至毁坏。滑坡滑动的速度大小取决于滑动过程中岩土抗剪强度降低的绝对值，并与滑动面的形状、滑坡体的规模及其在斜坡上的位置等因素有关。

（3）渐趋稳定阶段

滑坡体在滑动过程中具有动能，因此将越过平衡位置滑到更远的地方，由此形成特殊的滑坡地形，其岩性、构造和水文地质条件等都会相继发生变化。经过若干时期，当滑坡体上的台地已变平缓，滑坡后壁变缓并生长草木，没有崩塌发生，滑坡体中岩土压密，地表没有明显裂缝，滑坡前缘无渗出水（或清澈的泉水）时，说明滑坡已基本趋于稳定。值得注意的是：滑坡体的稳定与不稳定决定于引起滑坡的因素，如果滑坡稳定后，产生滑坡的主要因素尚未完全消除，不稳定因素重新积累，当达到某一程度之后，稳定后的滑坡会再次出现滑动。

4. 斜坡稳定性评价

斜坡稳定性评价主要包括稳定性分析及稳定性验算两方面内容。

（1）稳定性分析

主要是根据斜坡的工程地质条件及其特征，对斜坡稳定性作出定性评价。

①分析斜坡滑动前的迹象及滑动因素的变化

滑动的迹象包括裂隙产生、泉水复合成带、前缘隆起、鼓胀等。导致滑坡的人为及自然因素有冲刷、挖方、填土等。考察这些迹象和因素，可判定斜坡的稳定性。

②根据斜坡处的地貌特征判定其稳定性

稳定边坡坡度平缓，坡面平直，杂草丛生，土体无松塌现象，两侧沟谷下切至基岩；斜坡壁上无擦痕，坡壁较高，斜坡平台宽大且已夷平。不稳定斜坡则相反，坡面较陡，一般为30°左右，坡面高低起伏，有陷落松塌现象等。

（2）稳定性计算

稳定性计算是在滑坡处于相对稳定的情况下进行的，其目的在于判断斜坡的稳定程度，为滑坡的预防和治理提供依据。计算方法有概率法、有限单元法和极限平衡法，其中极限平衡法是常用的最基本的方法，下面主要介绍这种方法。

滑动面为平面的滑坡稳定性计算：

此时滑坡体的稳定安全系数 K 为滑动面上的总抗滑力 F 与岩土体重力 Q 所产生的总下滑力 T 之比，如图 6-12（a）所示，即：

$$K=\frac{\text{总抗滑力}}{\text{总滑动力}}=\frac{F}{T} \tag{6-11}$$

当 $K<l$ 时，发生滑坡；当 $K>1$ 时，滑坡体稳定或处于极限平衡状态。

（3）滑动面呈近圆弧形的滑坡稳定性计算

节理发育的岩石边缘、弃石堆边坡和均质上边坡的滑动面呈圆弧形。

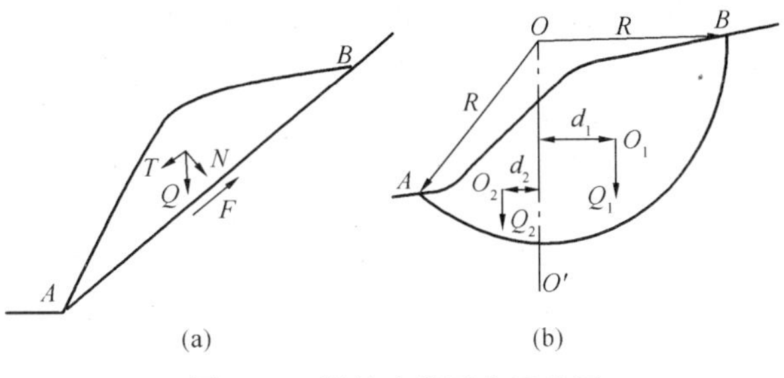

图 6-12　滑坡力学平衡示意图

(a) 平面滑动；(b) 圆弧滑动

如图 6-12 (b) 所示，滑动圆心为 O，滑弧半径为 R。经过圆心 O 作一直线$\overline{OO'}$，将滑坡体分为两部分。$\overline{OO'}$线的右侧为滑动部分，其重量为 Q_1，它能绕 O 点形成滑动力矩 $Q_1 d_1$，$\overline{OO'}$线左侧土体的重量为 Q_2，可形成抗滑力矩 $Q_2 d_2$。滑坡的稳定安全系数 K 为总抗滑力矩与总滑动力矩之比，即：

$$K=\frac{\text{总抗滑力矩}}{\text{总滑动力矩}}=\frac{Q_2 d_2+\tau \widehat{ABR}}{Q_1 d_1} \tag{6-12}$$

式中　τ——滑动面上岩土体的抗剪强度。

当 $K<1$ 时，斜坡失去平衡而发生滑动。

5. 主要的滑坡因素

引起斜坡岩土体失稳的因素称为滑坡因素。主要的滑坡因素有：

(1) 斜坡外形

斜坡愈陡、高度愈大以及当斜坡中上部突起而下部凹进，且坡脚无抗滑地形时，滑坡容易发生。

(2) 岩性

滑坡主要发生在易亲水软化的土层中和一些软岩中。例如黏性土、黄土和黄土类土、山坡堆积土、风化岩以及遇水易膨胀和软化的土层。软岩有页岩、泥岩和泥灰岩、千枚岩以及风化凝灰岩等。

(3) 构造

斜坡内的软弱面（如层面、节理、断层、片理等）若与斜坡坡面倾向一致，则此斜坡的岩土体容易失稳形成滑坡，此类软弱面组合成为滑动面。

(4) 水

水的作用可使岩土软化，强度降低，使岩土体加速风化；地表水还可以侵蚀冲刷坡脚；地下水水位上升可使岩土体软化，增大水力坡度等。

(5) 地震

地震诱发滑坡在山区非常普遍。地震首先将斜坡岩体结构破坏，使粉砂层液化，从而降低岩土体抗剪强度；其次，地震波在岩土体内传递，使岩土体承受地震惯性力，增加滑坡体的下滑力，促进滑坡的发生。

(6) 人为因素

①兴建土建工程时切坡不当，斜坡的支撑被破坏，或者在斜坡上方任意堆填岩土方、兴建工程、增加荷载试验，破坏原来斜坡的稳定条件。

②人为地破坏表层覆盖物，引起地表水下渗作用增强，或破坏自然排水系统，或排水设备布置不当，泄水断面大小不合理而引起排水不畅，漫溢乱流，使坡体水量增加。

③引水灌溉或排水管道漏水，使水渗入斜坡内，促使滑动因素增加。

6. 滑坡的治理

滑坡的治理原则是：预防为主，防治结合；查明情况，对症下药；综合整治，有主有次；早治小治，贵在及时；力求根治，以防后患；因地制宜，就地取材；安全经济，正确施工。

滑坡的治理措施如下：

（1）绕避滑坡

在选择场址时，应通过工程地质勘察，对场址的稳定性进行判断，查明是否有滑坡存在，对大中型滑坡，以绕避为宜，以免对场址造成危害。

（2）削坡减载

主要是通过削减坡角或降低坡高来减轻斜坡不稳定部位的重量，以减少滑坡下滑力。

（3）支挡

采用抗滑桩、挡土墙和抗滑锚杆等形式增加滑坡下部的抗滑力。

（4）排水防水

做好地表和地下排水工作，减轻水对滑坡造成的危害性。

6.5.2 崩塌

陡峻斜坡上的某些大块岩块突然崩落或滑落，顺山坡猛烈地翻滚跳跃。岩块相互撞击破碎，最后堆积于坡脚，这一现象称为崩塌，如图 6-13 所示。大规模的崩塌叫山崩，单个或几个岩块的崩落叫坠石。可能发生崩落的岩体称为危岩，堆积于山脚的崩落物称为崩积物。

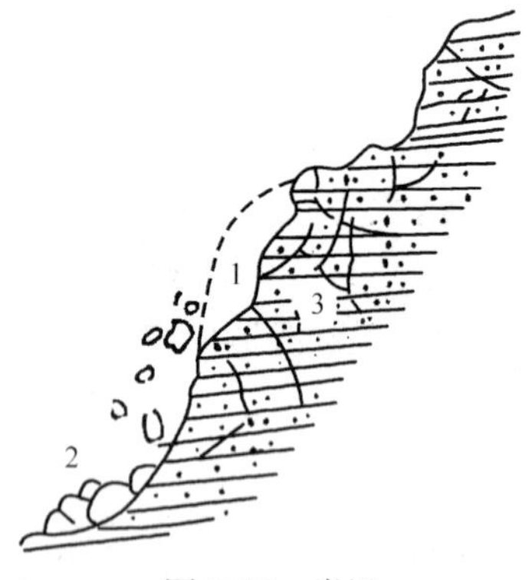

图 6-13 崩塌

1—崩塌体；2—堆积碎块；3—裂隙

1. 崩塌产生的条件及影响因素

（1）地形条件

崩塌多产生在陡峻斜坡地段，其坡度往往达 55°～75°，斜坡愈陡则崩塌发生的强度和规模越大。发生崩塌的边坡高度一般在 30m 以上。如果山坡表面凹凸不平，则沿突出部分可能发生崩塌。

（2）岩性和节理

不同性质的岩石具有不同的强度、抗风化和抗冲刷能力以及渗水条件。如果陡坡是由软硬岩层交叠组成的，由于软岩层的风化，使硬岩层失去支持，就会引起崩塌。在大多数情况下，岩石节理的发育程度是决定山坡稳定性的主要因素之一。如果岩石的节理顺坡发育，尤其是发育在山坡表面的突出部分时，则最利于发生崩塌。

（3）地质构造条件

在地质构造复杂、新构造运动强烈的地区，断层、节理、褶皱发育，这些地区的岩体中，可存在多组结构面，将斜坡岩体切割成不连续的块体，为崩塌的发生创造了有利条件。斜坡岩体的不稳定程度与其结构面的空间产状和岩体的破碎程度密切相关。

（4）环境条件的变化

自然条件的变化和人为因素的影响可诱发崩塌，其中包括地震、火车运行引起的振动、地下水的侵蚀和地下水位的变化、雨水的冲刷和浸润以及人力对斜坡岩土体的破坏等。

2. 崩塌的防治

崩塌会造成重大损失。例如，崩塌可毁坏建筑物甚至整个居民点；使铁路和公路被掩埋，中断交通运输；造成河流堵塞，淹没上游建筑物和农田；使河流改道或造成急湍河段等。因此，在工程建设前应对崩塌地段进行防治。

根据山坡的地质构造和变形发展特征，可对崩塌进行工程评价、按崩塌发生的规模和破坏程度由大到小的次序，可将其分为Ⅰ、Ⅱ、Ⅲ类。对于Ⅰ类的大型崩塌只好绕避，不能修建各类线路，也不能用作建筑物场地；对于Ⅱ、Ⅲ类的中小型崩塌，防治的措施分为防止崩塌和拦挡防御两种。

（1）防止崩塌的措施

①通过爆破或打楔的方式来削缓陡崖，清除危石。

②堵塞岩体裂隙或向裂隙内灌浆，以胶结岩石，提高危岩的稳定性。

③引导地表水，以免岩石强度发生迅速变化。

④对斜坡进行铺砌覆盖，或在坡面上喷浆以防止岩坡风化，避免斜坡进一步变形，提高其稳定性。

（2）拦挡防御的措施

① 筑明洞或防坍洞，见图 6-14。

② 筑护墙和围护棚、围护网以阻挡石块坠落。

③ 在软弱岩石出露处修筑挡土墙以支持上部岩体的重量。

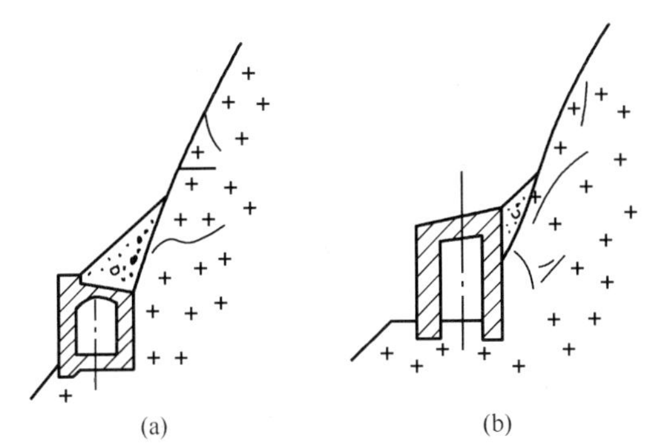

图 6-14　拦挡防御的措施

（a）明洞；（b）防坍洞

以上治理措施根据具体情况可联合使用，也可单独使用。必要时，应对崩塌地段的危险性作出判断，经常观察张裂缝的发展情况，对巨大的崩塌发生的时间、规模、滚落方向、影响范围等要作出预报。

6.5.3　泥石流

1. 概念

泥石流是山区特有的一种不良地质现象，是由暴雨或上游冰雪消融形成的携带有大量泥土和石块的间歇性洪流。它具有突然发生、来势凶猛、历时短暂、破坏力强的特点，可沿途冲毁道路、桥梁，淹没房屋、农田，阻塞河道，在顷刻间造成巨大灾害。泥石流的流域可划分为形成区、流通区和排泄区。

2. 泥石流的形成条件

形成泥石流必须具备丰富的松散泥石物质来源、陡峻的山坡和较大的沟谷，以及能大量集中水源的地形、地质和水文气象条件。

（1）地形条件

泥石流发生于山高沟深、地形陡峻、河床纵坡大、流域形状便于水流汇集的地区。上游形成区往往三面环山，出口呈瓢形或漏斗状，周围山体光秃破碎，植物生长不良，该地形有利于水和固体碎屑的集中；中游流通区多为狭窄、坡陡的深谷，使泥石流得以迅猛直泻；下游排泄区地形开阔平缓，便于泥石流的倾泻和固体物质的堆积。

（2）地质条件

汇水区有分布广泛、厚度大、结构松软、易于风化或软硬相间、层理发育的岩层，它为泥石流提供大量的泥石物质。此外，人为采石、采矿的弃渣及滥伐山林造成的山坡水土流失等，也可为泥石流提供大量的物质来源。

（3）水文气象条件

水既是泥石流的组成部分，又是搬运泥石流物质的基本动力。泥石流的发生与短时间内的大量流水密切相关。

3.泥石流的防治措施

在泥石流地区进行工程建设时，应做好勘察工作。掌握泥石流的特征、规模及破坏程度。对泥石流一般以防为主，采取避强制弱、局部防护、重点处理和综合治理的原则。

（1）预防措施

①上游地段应做好水土保持工作

植树造林，种植草皮，保护地表土层不受冲刷和流失。

②疏导地表水和地下水

修筑排水沟系，以疏干土壤或不使其受潮。

③修筑防护工程

如沟头防护、岩坡和边坡防护。

④修筑支挡工程

在易产生坍塌、滑坡地段修筑支挡工程，以加固土层，稳定边坡。

（2）治理措施

①拦截措施

在泥石流沟中修筑各种形式的拦渣坝，以拦截泥石流中的石块；设置停淤场，将泥石流中的固体物质导入停淤场，以减小泥石流的动力。

②滞流措施

在泥石流沟中修筑各种低短拦挡坝（谷坊坝），其作用是拦蓄泥砂石块，减小泥石流规模；固定泥石流沟床，防止沟床下切及谷坊坍塌；平缓纵坡，减缓泥石流流速。

③疏排和利导措施

在下游堆积区修筑排洪道、急流槽、导流堤等，其目的是固定沟槽，约束水流，改善沟床平面。

6.5.4 岩溶与土洞

1. 岩溶

岩溶也称喀斯特（Karst），它是由地表水或地下水对可溶性岩石的溶蚀作用而产生的一系列地质现象。

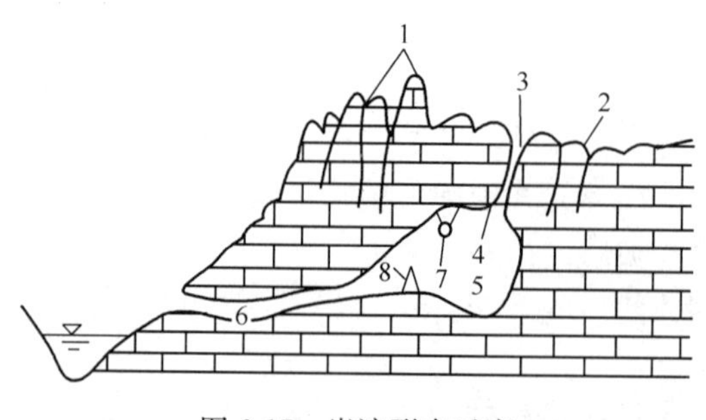

图 6-15　岩溶形态示意

1—石林；2—溶沟；3—漏斗；4—落水洞；5—溶洞；6—暗河；7—钟乳石；8—石笋

（1）岩溶的主要形态

岩溶形态是可溶岩被溶蚀过程中形成的地质形态，可分为地表岩溶形态和地下岩溶形态两类。地表岩溶形态有溶沟（槽）、石芽、漏斗、溶蚀洼地、坡立谷、溶蚀平原等；地下岩溶形态有落水洞（井）、溶洞、暗河、天生桥等。岩溶形态见图 6-15。

①溶沟溶槽、石芽和石林

地表水对地表可溶性岩层表面进行溶蚀和冲刷，使岩层表面形成一些大小不同的沟槽，分别称为溶沟和溶槽。溶沟、溶槽进一步发展后，沟槽间的石脊遭受切割破碎，残留着顶端尖下部粗的锥状柱体，称为石芽，石芽林立即称石林（云南石林即为一例）。

②岩溶漏斗

地下可溶性岩石被水侵蚀形成溶洞，由溶洞导致地面塌陷而在地表处形成漏斗状形态，称为岩溶漏斗。漏斗底部常有裂隙通道，通常为落水洞的生成处，使地表水能进入深部的岩体中。如果漏斗底部的通道被堵塞，则漏斗内积水形成湖泊。

③溶蚀洼地

由许多漏斗不断扩大汇合而成，平面上呈圆形或椭圆形，直径由数米到数百米。溶蚀洼地周围常有溶蚀残丘，底部有落水洞。

④坡立谷和溶蚀平原

坡立谷是山溶蚀洼地不断扩大而形成的大型封闭洼地，也称溶蚀盆地。坡立谷继续发展就形成溶蚀平原。在坡立谷和溶蚀平原内常有湖泊、沼泽和湿地等。

⑤落水洞和竖井

落水洞和竖井是岩体裂隙受流水溶蚀、冲刷、扩大而形成的，是由地表通向地下河或溶洞的通道，常出现在漏斗、槽谷、溶蚀洼地和坡立谷的底部，呈串珠状排列。

⑥溶洞和暗河

地下水在流动过程中，对岩石以溶蚀作用为主，间有冲蚀、潜蚀和塌陷作用而造成的地下洞穴，称为溶洞。溶洞内常有支洞，并有钟乳石、石笋和石柱等岩溶产物。暗河是地下岩溶水汇集和排泄的主要通道。部分暗河与地面的溶沟（槽）、漏斗和落水洞相通。

⑦天生桥

当溶洞或暗河洞道大部分塌陷直达地面而局部洞道顶板不发生塌陷时，就形成一个横跨水流的石桥，称为天生桥。

（2）岩溶的形成条件

岩溶是水对岩石溶蚀的结果，因而岩溶的形成条件是有水和可溶于水且透水的岩石，而且水在其中是流动的，有侵蚀力的。

1）岩体

岩体首先要可溶解。能形成岩溶的岩石分为碳酸盐类（如石灰岩、白云岩和泥灰岩）、硫酸盐类（如石膏和硬石膏）和卤素类（如岩盐）三大类，其中碳酸盐类岩石的溶解度最低，卤素岩的溶解度最大。其次，岩体必须具有透水性，这一方面要求岩石本身可透水，另一方面是岩体内要有裂隙，造成岩溶的裂隙，以构造裂隙和层理裂隙的影响最大。

2）水质

水对岩石的侵蚀性是形成岩溶的必要条件之一，而水对岩石具有溶解能力是由于水中含有一定量的侵蚀性 CO_2。

3）水在岩体中的活动

水在可溶性岩体中的活动是造成岩溶的主要原因。水在岩体中渗流，地表水和地下水不断交替，水流一方面溶蚀岩体，另一方面造成对岩体的冲刷，这两种作用是同时发生的。在一些裂隙或小溶洞中溶蚀作用占主要地位，而在大的地下暗河中，地下水的冲刷能力很强。在岩溶地区，地下水流动有垂直分带现象，因而形成的岩溶也有垂直分带的特征。

2. 土洞与潜蚀

地表水和地下水对土层的溶蚀和冲刷作用导致产生空洞，空洞扩展导致地表陷落，形成土洞。地表水或地下水流入地下土体内，将颗粒间可溶成分溶滤，带走细小颗粒，使土体淘空成洞穴，这种地质作用称为潜蚀。

（1）土洞的形成条件

潜蚀是形成土洞的主要原因，分机械潜蚀和溶滤潜蚀两种。当土体内不含可溶成分时，地下水流仅将细小颗粒从大颗粒间的孔隙中带走，这种现象称为机械潜蚀，亦称内部冲刷。机械潜蚀作用除了与土体的结构和级配成分有关外，还受地下水流速度的影响。表 6-4 给出了不同粒径大小的颗粒能够被搬运的最小地下水流速（临界速度 v_{cr}）。当土体中含有可溶成分时，地下水流先将土中可溶成分溶解，而后将细小颗粒从大颗粒间的孔隙中带走，称为溶滤潜蚀，它可以减弱和破坏土中颗粒间的联结，为机械潜蚀创造条件。

表 6-4　临界速度 v_{cr}

被挟出的颗粒直径 d（mm）	水流临界速度 v_{cr}（cm/s）	被挟出的颗粒直径 d（mm）	水流临界速度 v_{cr}（cm/s）
1	10	0.05	2
0.5	7	0.01	0.5
0.1	3		

（2）土洞的类型

根据土洞的生长特点和水的作用形式，其可分为由地表水下渗发生机械潜蚀作用形成的土洞和岩溶水流潜蚀作用形成的土洞两种。

1）由地表水下渗发生机械潜蚀作用形成的土洞

形成这种土洞的三个主要因素为：

①土层的性质，含碎石的砂质粉土层内最易发育土洞。

②土层底部有排泄水流和土粒的良好通道。例如土层底部有岩溶发育的地区，一般土洞发育较剧烈。

③地表水流能直接渗入土层中，可通过土中的孔隙渗入，可沿土中的裂隙渗入，也可通过洞穴或管道流入。

2）由岩溶水流潜蚀作用形成的土洞

这类土洞分布于岩溶地区基岩面与上覆土层（一般是饱水的松软土层）接触处，土洞发育的快慢取决于基岩面上覆土层的性质、地下水的活动强度以及基岩面附近岩溶和裂隙的发育程度。基岩面上覆土的性质软弱或含水量高、地下水位变化大以及基岩面上岩溶和裂隙发育地区，易形成土洞。

3. 岩溶与土洞的工程地质问题

岩溶和土洞对建（构）筑物的稳定性和安全性有不利影响。这是因为：

（1）岩溶水对可溶岩体进行溶蚀，使岩石产生孔洞，结构变得松散，从而降低了岩石的强度，增大其透水性。

（2）石芽、溶沟和溶槽造成地表基岩面不均匀起伏，地基不均匀。

（3）漏斗的形成和扩张影响地面的稳定性。

（4）溶洞和土洞的分布密度、发育情况和埋深等对地基的稳定性有影响，尤其是当场地抽水影响到土洞和溶洞顶板的稳定时，将造成地表塌陷，危及地面建筑物的安全。

4. 岩溶与土洞地基的防治

在工程建设前，首先应勘察场地是否存在岩溶和土洞，以及它们所处的位置。为了确保建（构）筑物安全，应设法避开有威胁的岩溶和土洞区，无法避开时，可考虑以下处理方案。

（1）挖填

即挖除溶洞或土洞中的软弱充填物，回填以碎石、块石或混凝土等并分层夯实，以达到改良地基的目的。在土洞回填的碎石上应设置反滤层以防潜蚀发生。

（2）跨盖

当洞埋藏较深或洞顶板不稳定时，可采用跨盖方案，如采用长梁式基础或行架式基础或刚性大平板等跨越。梁板的支承点必须放置在较完整的岩石上或可靠的持力层上，并注意其承载能力和稳定性。

（3）灌注

当溶洞或土洞埋藏较深，不可能采用挖填和跨盖方法处理时，对于溶洞，可采用水泥或水泥黏土混合灌浆于岩溶裂隙中；对于土洞，可在洞体范围内的顶板打孔灌砂或砂砾，应注意灌满和密实。

（4）排导

洞中水的活动可使洞壁和洞顶溶蚀、冲刷或潜蚀，造成裂隙和洞体扩大或洞顶坍塌，因而应防止自然降雨和生产用水下渗，采用截排水措施，将水引导至他处排出。

（5）打桩

土洞埋深较大时，可用桩基处理，如采用混凝土桩、木桩、砂桩或爆破桩等，其目的除提高支承能力外，还具有靠桩来挤压挤紧上层和改变地下水渗流条件的功效。对打在岩溶持力层中的桩基，要注意其持力层的稳定性。

6.5.5 地震

1. 地震及其产生的原因

地震是由于地球的内力作用而产生的一种地壳振动现象，主要发生于近代造山运动区和地球的大断裂带上，即形成于地壳板块的边缘地带。这是由于在板块边缘处，可能因上地幔的对流运动引起地壳的缓慢位移，岩石内的差动位移引起弹性应变和应力，当应力增大超过岩石的强度时就会产生断层。发生断层时，岩石释放的弹性能以振波的形式传播到周围岩石上，引起相邻岩石的振动，称为地震。在地球内部，因岩石破裂产生地壳振动的发源地称为震源，震源在地表上的垂直投影称为震中（见图 6-16），震源与震中之间的距离称为震源深度。

在地震的时候，最初地面在短时间内不断地产生微振动，称为前震；接着便发生剧烈振动，称为主震；主震之后继续发生的大量小地震称为余震。

地震可按成因分为四类：构造地震、火山地震、陷落地震和人工触发地震。

（1）构造地震

由地壳运动而引起的地震。其特点是传播范围广，振动时间长且强烈，具有突然性和灾害性。世界上发生的地震 90%属于构造地震。

（2）火山地震

由火山活动岩浆突然喷发而引起的地壳震

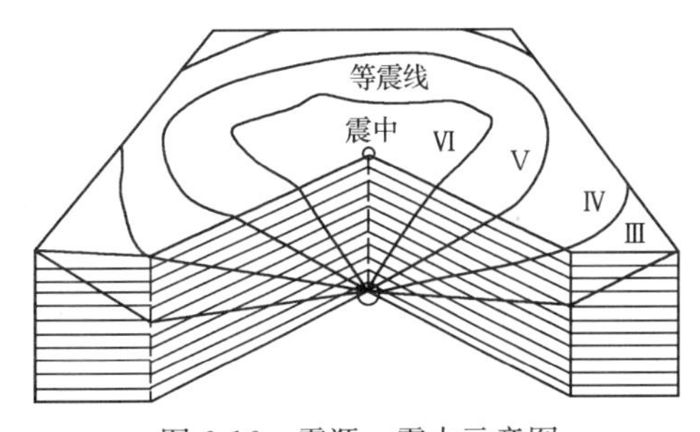

图 6-16　震源、震中示意图

动。火山地震影响的范围不大，强度也不大，地震前有火山发作，占世界总地震次数的7%左右。

（3）陷落地震

由山崩或地面陷落而引起的地震。陷落地震影响范围很小，一般不超过几平方公里，强度也很低，这种地震只占世界总地震次数的3%左右。

（4）人工触发地震

由人类工程活动引起的地震。例如，修建水库或人工向地下大量灌水时，将增大地下岩石的负荷，如果地下存在大断裂带或构造破碎带，就会促使该地段岩层变形，触发地震。一般来说，人工触发地震小震多，震动次数多，目前记录的最大震级不超过6.5级，震源深度较浅。

2. 地震波动传播特性

地震时，震源释放的能量以波动的形式向四面八方传播，这种波称为地震波。地震波又分为体波和面波。

（1）体波

地壳内部传播的波称为体波。体波分为纵波（P波）和横波（S波）两种。纵波质点的振动方向与震波的传播方向一致，靠介质的扩张及收缩而传播，传播速度是所有震波中最快的，平均7～13km/s，其能量占地震波总能量的7%，振动的摧毁力较小。横波的质点振动方向与震波传播方向垂直，是各质点间发生的周期性的剪切振动，平均波速4～7km/s，其能量占地震波总能量的26%，振动摧毁力较强。

（2）面波

地震波到达地表面时，就使地面发生波动且沿地面传播，称为面波，面波又分为瑞雷（Rayleigh）波（R波）和勒夫波。R波具有如下特点：

①地面质点在平行于波传播方向的垂直面内振动，运动轨道为椭圆形。椭圆轨道的长轴垂直于地面，约为横轴的1.5倍，因此当面波经过时，地面质点同时发生水平方向的位移和垂直方向的位移。

②随着离地表深度的加深，瑞雷波迅速减弱。

③面波的传播速度是所有震波中最慢的，约为横波波速的0.9倍，但振动能量占地震波总能量的73%。

④在地面离开震中较远的位置上，表面波比体波相对地占优势，其振动主要是表面波。

振动系统的能量与振幅的平方成正比。地震波在传播的过程中能量逐渐减少，振幅逐渐减小，即发生阻尼振动，因此，离震源愈远，振动越小；在地面上距震中愈远的地方，震动强度越低。

3. 地震震级和地震烈度

地震震级和地震烈度是用于衡量地震的大小和地面破坏轻重程度的两个标准。

（1）震级

震级是依据地震释放出的能量来划分的，地震释放的能量越多，震级就越大。目前国际上通用古登堡-李希特的震级定义：震级是在离震中100km处的标准地震仪所记录的最大振幅（以μm为单位）的对数值（例如所记的最大振幅为10mm，即10000μm，则震级为4）。所谓标准地震仪是指周期为0.8s，衰减常数为1，放大倍数为2800倍的地震仪。

地震能量E与地震震级M间的关系如下：

$$\lg E = 4.8 + 1.5M \tag{6-13}$$

式中，E 的单位是焦耳。M 与 E 的关系见表 6-5。

表 6-5　震级与能量的关系

震级 M	能量 E（J）	震级 M	能量 E（J）
0	6.3×10^{4}	5	2.0×10^{12}
1	2.0×10^{6}	6	6.3×10^{13}
2	6.3×10^{7}	7	2.0×10^{15}
2.5	2.55×10^{8}	8	6.3×10^{16}
3	2.0×10^{9}	8.5	3.55×10^{17}
4	6.3×10^{10}	8.9	1.4×10^{18}

（2）烈度

地震烈度是表示某地受地震影响的破坏程度，它不仅取决于地震的能量，同时也受震源深度、与震中的距离、地震波的传播介质以及表土性质等条件的影响。

按地震时破坏程度的不同，可将地震影响的强弱按一定次序排列作为确定地震烈度的标准，通常将地震烈度划分为 12 度，编制地震烈度表。表中同时列出了地震烈度与地震加速度和地震系数的关系，以便在工程中应用。

对地区进行工程地质调查时，必须收集该地区的地震烈度资料。地震烈度在 5 度以下的地区，不会引起建筑物的地震破坏；地震烈度为 6 度的地区，一般不对建筑物采取地震加固措施，但应注意地震影响；地震烈度为 7～9 度的地区，必须对建筑物进行抗震设计以确保其稳定性和耐久性；10 度以上的地震区不应建造建筑物。

地震烈度可分为基本烈度、建筑场地烈度和设计烈度三种。基本烈度是指一个地区可能遭遇的最大地震烈度，可根据《中国地震烈度区划图》确定。建筑场地烈度也称小区域烈度，是指因建筑场地地质条件、地形地貌和水文地质条件不同而引起的基本烈度的提高或降低，一般来说，它比基本烈度提高（或降低）半度至一度。设计烈度是指抗震设计所采用的烈度，是根据建筑物的重要性、耐久性、抗震性及经济性等方面的要求对基本烈度的调整。

（3）震级与地震烈度的关系

震级与地震烈度虽有区别但又是相互联系的。震级是地震大小的量级，而烈度则是某处遭受到的破坏程度。对浅源地震（震源埋深 10～30km），可由经验大致确定震级和震中烈度的关系，如表 6-6 所示。深源地震不适用该表，非震中区也不适用该表。

表 6-6　震级与烈度关系表

震级（级）	3 以下	3	4	5	6	7	8	8 以上
震中烈度（度）	1～2	3	4～5	6～7	7～8	9～10	11	12

4. 地震效应及其破坏形式

地震对场地产生的破坏效应有地震力效应、地震破裂效应、地震液化效应和地震激发地质灾害效应等。地震破坏方式有共振破坏、驻波破坏、相位差动破坏和地震液化破坏四种。

（1）地震力效应

地震时，地震波将对地震区内的建筑物直接产生惯性力，称为地震力。当地震力超过建筑物的承受能力时，建筑物就会发生变形、开裂，甚至倒塌。

力与加速度有关。设建筑物的重量为Q，则作用其上的地震力P可如下表示：

$$P=\frac{\alpha_{max}}{g}Q=KQ \tag{6-14}$$

式中 g——重力加速度；

α_{max}——地震时地面最大加速度；

K——地震系数。

地震时产生的地震加速度有水平向的也有垂直向的，因此地震力具有方向性。在地表面离震中较远的地方，作用于建筑物的地震力以水平向地震力为主，而且，在大多数情况下，建筑物（特别是高层建筑）的水平向刚度小于垂直向刚度，因此，建筑物的损坏主要是由水平力造成的，因而在抗震设计中必须考虑水平力的影响。地震烈度表中给出的加速度也是水平加速度。

上述地震分析属于拟静力法，也称静力系数法，它没有考虑地震时建筑物和地基的动力反应。一般来说，拟静力法对振动周期短的低层砖砌或混凝土建筑物比较适用，而对振动周期长的高层或细长建（构）筑物，则宜按动力法计算，即考虑地震波对地基土和对建筑物的振动反应。

由震源发出的地震波在土层中传播时，经过不同性质界面的多次反射，将出现不同的周期。若某一地震波的周期与地基土层的固有周期相近，由于发生共振，该地震波的振幅将被放大，此周期称为卓越周期。根据地震记录统计，地基土随其软硬程度不同，卓越周期可划分为四级：

Ⅰ级——稳定岩层，卓越周期为0.1～0.2s，平均0.15s；

Ⅱ级——一般土层，卓越周期为0.21～0.4s，平均0.27s；

Ⅲ级——松软土层，卓越周期在Ⅱ～Ⅳ级之间；

Ⅳ级——异常松散软土层，卓越周期为0.3～0.7s，平均0.5s。

地震时，由于地面运动的影响，建筑物产生自由振动。如果建筑物的自振周期与地基土的卓越周期相近，则由于共振，其遭受的震害就严重。一般低层建筑物的刚度比较大，自振周期比较短，大多低于0.5s。高层建筑物的刚度较小，自振周期一般大于0.5s。经实测，软土场地上的高层（柔性）建筑和坚硬场地上的拟刚性建筑的震害严重，就是由上述原因引起的。因此，为了准确估计和防止上述震害发生，必须使建筑物的自振周期避开场地的卓越周期。

（2）地震破裂效应

由震源发出的地震波传播于相邻的岩石上，将引起振动并产生力的作用。当作用力超过岩石的强度时，岩石就会突然破裂并产生位移，形成断层和地裂缝，引发建筑物的变形和破坏，称为地震破裂效应。

地震的强度越大，发生地震断层的可能性就越大。据统计，当震级$M\geqslant7$时，可能出现地质断层；当$M\geqslant8$时，一定会出现地震断层。若$M<7$，则出现地震断层的可能性很小。地震震级降低一级，地震断层的长度就会大大减小。地裂缝是地震区常见的一种地震效应，是地震产生的构造应力作用于岩土层产生的破裂现象，对建筑物的危害极大。

（3）地震液化与震陷

对饱和粉、细砂土来说，在地震过程中，振动使得饱和土层中的孔隙水压力骤然上升，孔隙水压力来不及消散，将减小砂粒间的有效压力。若有效压力全部消失，则砂土层完全丧失抗剪强度和承载能力，呈现液态特征，这就是地震引起的砂土液化现象。地震液化的宏观表现有喷水冒砂和地下砂层液化两种。

地震液化会导致地表沉陷和变形，称为震陷。震陷将直接引起地面建筑物的变形和损坏。

(4) 地震激发地质灾害效应

强烈的地震作用还能激发斜坡上岩土体松动、失稳，引起滑坡和崩塌等不良地质现象，称为地震激发地质灾害效应。这种灾害往往是巨大的，可以摧毁房屋和道路交通，甚至掩埋村落，堵塞河道。因此，对可能受地震影响而激发地质灾害的地区，应避开建筑场地和主要线路。

6.6 工程地质勘察报告

6.6.1 工程地质勘察报告的编制

地质勘察的最终成果是以报告书的形式提出的。勘察工作结束后，将取得的野外工作和室内试验的记录和数据以及搜集到的各种直接和间接资料进行分析整理、检查校对、归纳总结后，作出建筑场地的工程地质评价。这些内容，最后以简要明确的文字和图表编制成报告书。

岩土工程勘察报告应资料完整、真实准确、数据无误、图表清晰、结论有据、建议合理、便于使用和适宜长期保存，并应因地制宜，重点突出，有明确的工程针对性。

岩土工程勘察报告应根据任务要求、勘察阶段、工程特点和地质条件等具体情况编写，并应包括下列内容：

(1) 勘察目的、任务要求和依据的技术标准。

(2) 拟建工程概况。

(3) 勘察方法和勘察工作布置。

(4) 场地地形、地貌、地层、地质构造、岩土性质及其均匀性。

(5) 各项岩土性质指标，岩土的强度参数、变形参数、地基承载力的建议值。

(6) 地下水埋藏情况、类型、水位及其变化。

(7) 土和水对建筑材料的腐蚀性。

(8) 可能影响工程稳定不良地质作用的描述和对工程危害程度的评价。

(9) 岩土工程勘察报告应对岩土利用、整治和改造的方案进行分析论证，提出建议；对工程施工和使用期间可能发生的岩土问题进行预测，提出监控和预防措施的建议。

成果报告应附下列图件：

(1) 勘探点平面布置图。

(2) 工程地质柱状图。

(3) 工程性质剖面图。

(4) 原位测试成果图表。

(5) 室内试验成果图表。

(6) 当需要时，尚可附综合工程地质图、综合地质柱状图、地下水等水位线图、素描、照片、综合分析图表，以及岩土利用、整治和改造方案的有关图表，岩土工程计算简图及计算成果图表等。

6.6.2 勘察报告的阅读、使用及实例

为了充分发挥勘察报告在设计和施工中的作用，必须重视对勘察报告的阅读和使用。阅读勘察报告应该熟悉勘察报告的主要内容，了解勘察结论和岩土参数的可靠程度，进而判断报告中的建议对该工程的实用性，从而正确地使用勘察报告。这里，应把场地的工程地质条件与拟建建筑物具体情况和要求联系起来进行综合分析，既要从场地工程地质条件出发进行设计施工，又要在设计施工中发挥主观能动性，充分利用有利的工程地质条件。在阅读和使用地质报告的过程中，工程技术人员必须重视以下几点：

1. 场地稳定性评价

这里涉及区域稳定性和场地地基稳定性两方面问题：前者是指一个地区的整体稳定，如有无新的、活动的结构断裂带通过；后者是指一个具体的工程建筑场地有无不良地质现象及其对场地稳定性的直接与潜在的危害。原则上采取区域稳定性和地基稳定性相结合的观点。当地区的区域稳定性条件不利时，找寻一个地基好的场地，会改善趋于稳定性条件。对勘察报告中指明宜避开的危险场地，则不宜进行建筑，如不得不在其中较为稳定的地段进行建筑，也需事先采取有力的防范措施，但往往会花费较高的处理费用。对建筑场地可能发生的不良地质现象，如泥石流、滑坡、崩塌、熔岩、坍塌等，应查明其成因、类型、分布范围、发展趋势及危害程度，采取适当的整治措施。因此，勘察报告的综合分析首先是评价场地的稳定性和适宜性，然后才是地基土的承载力和变形问题。

2. 持力层的选择

如果建筑场地是稳定的，地基基础的设计就必须满足地基承载力和基础沉降这两项基本要求。基础的形式有深浅之分，前者主要把所承受的荷载相对集中传递到地基深部，而后者则通过基础底面，把荷载扩散分布到浅层地基，因而基础形式不同、持力层选择时侧重点也不一样。

对浅基础而言，在满足地基稳定和变形要求的前提下，基础应尽量浅埋。如果上层土地为基承载力大于下层土时，尽量利用上层土作为地基持力层，若遇软弱地基，宜利用上部硬壳层作为持力层。冲填土、建筑垃圾和性能稳定的工业废料，当均匀和密实度好时，亦可利用作为持力层，不应一概予以挖除。如果荷载影响范围内的地层不均匀，有可能产生不均匀沉降时，应采取适当的防治措施，或加固处理，或调整上部荷载的大小。如果持力层承载力不能满足设计要求，则可采取适当的地基处理措施，如软弱地基的深层搅拌、预压堆载、化学加固，湿陷性地基的强夯密实等。需要指出的是，由于勘察详细程度有限，加之地基土工程性质和勘察手段本身的局限性，勘察报告不可能完全准确地反映场地的全部特征，因而在阅读和使用勘察报告时，应注意分析和发现问题，对有疑问的关键性问题应设法进一步查明，以确保工程质量。

对埋深基础而言，主要的问题是选择桩尖持力层。一般来说，桩尖持力层宜选择层位稳定的硬塑至坚硬状态的低压缩性黏土层和粉土层，中密以上的砂土和碎石层，中至微风化的基岩。当以第四纪松散的沉积层作为桩尖持力层时，持力层的厚度宜超过 6～10 倍桩身直径或桩身宽度。持力层的下部不应有软弱地基和可液化地层，应从持力层的整体强度及变形要求考虑，保证持力层有足够的厚度。此外，还应结合底层的分布情况和岩土特征，考虑成桩时穿过持力层以上各地层的可能性。

任何一个基础设计方案的实施不可能仅局限于拟建场地范围内，它或多或少，或直接或间接要对场地周围的环境甚至工程自身产生影响，如排水时地下水位要下降，基坑开挖时要引起坑外土体的变形、打桩时产生的挤土效应、灌注桩施工时泥浆排放对环境的污染等。因此选定基础方案时就要预测到施工过程中可能出现的岩土工程问题，并提出相应的防治措施和合理的施工方法。《岩土工程勘察规范》（GB 50021—2001）已经对这些问题的分析、计算与论证作了相应的规定，设计和施工人员在阅读和使用勘察报告时，也不应仅局限于掌握有关的工程地质资料，而要从工程建设的全过程来分析和考虑问题。以下为工程勘察报告实例：

××市西郊乡土管所办公楼岩土工程勘察报告
（详细勘察）（勘察编号：2003—043）

（1）工程概况

拟建××市西郊乡土管所办公楼，由××市西郊乡筹建，××市××建筑设计院设计，××市××建筑设计院进行岩土工程勘察。拟建工程为办公楼，东西长 14m，南北宽 50m，6 层，框架结构。场地位于江洲路东侧。拟建工程概况见表 6-7。

表 6-7　拟建工程概况

建筑物名称	地上层数	基础埋深深度（m）	基础形式	结构类型
办公楼	6	待定	条形基础	框架

本次勘察的任务和要求：查明场地底层的分布及其物理力学性质在水平方向和竖直方向的分布情况；地基土的性质；地下水情况；提供地基土的承载力；评价场地的稳定性和适宜性；对场地条件和地震液化进行判定；评价水和土对建筑材料的腐蚀性；对地基和基础设计方案提出建议；对基槽开挖和地下水位的控制提出建议；对不良地质现象提出治理意见；提出地基处理的方案。

（2）场地描述

①位置和地形。场地位于江洲路东侧，场地地势较平坦。

②标高。本次勘察标高采用相对标高系统，标高节测点为场地东侧江洲南路路中心线处（与工程勘探点平面图的 J1 点对应），假设该处标高为 0.00m，平面、剖面图中勘探点的标高均由该引测点接测，场地标高一般在 0.00～0.15m。地貌上为长江中下游第四纪全新世冲积平原。

③地层分布。场地钻孔平面位置、工程地质剖面图分别见图 6-17、图 6-18。据钻探显示，在钻探所达深度范围内，场地土可分为 4 层，将其物理力学性质逐层分述，见表 6-8。

表 6-8　地　层　描　述

地层层序及名称	地　层　描　述
（1）素填土	以灰色为主，粉质黏土，松散，厚约 0.7～1.9m，该层土物理力学性质较差，为低强度高压缩性地基土
（2）粉土	灰黄色至灰色，含白云母碎片，稍密为主，摇震反应中等、干强度较低、韧性较低、无光泽反应，层厚较均匀，一般在 4.0m 左右，该层土物理力学性质一般，为中等压缩性地基土

续表

地层层序及名称	地 层 描 述
（3）粉质黏土	可塑为主，局部硬塑，局部为黏土，光泽反应少有光滑，无摇震反应、中等干强度，层厚较均匀，在5.8～6.1m，为中等压缩性地基土
（4）粉质黏土	软塑，局部夹粉土，光泽反应少有光滑、无摇震反应、中等偏低于干强度，该层土最大厚度为8.2m

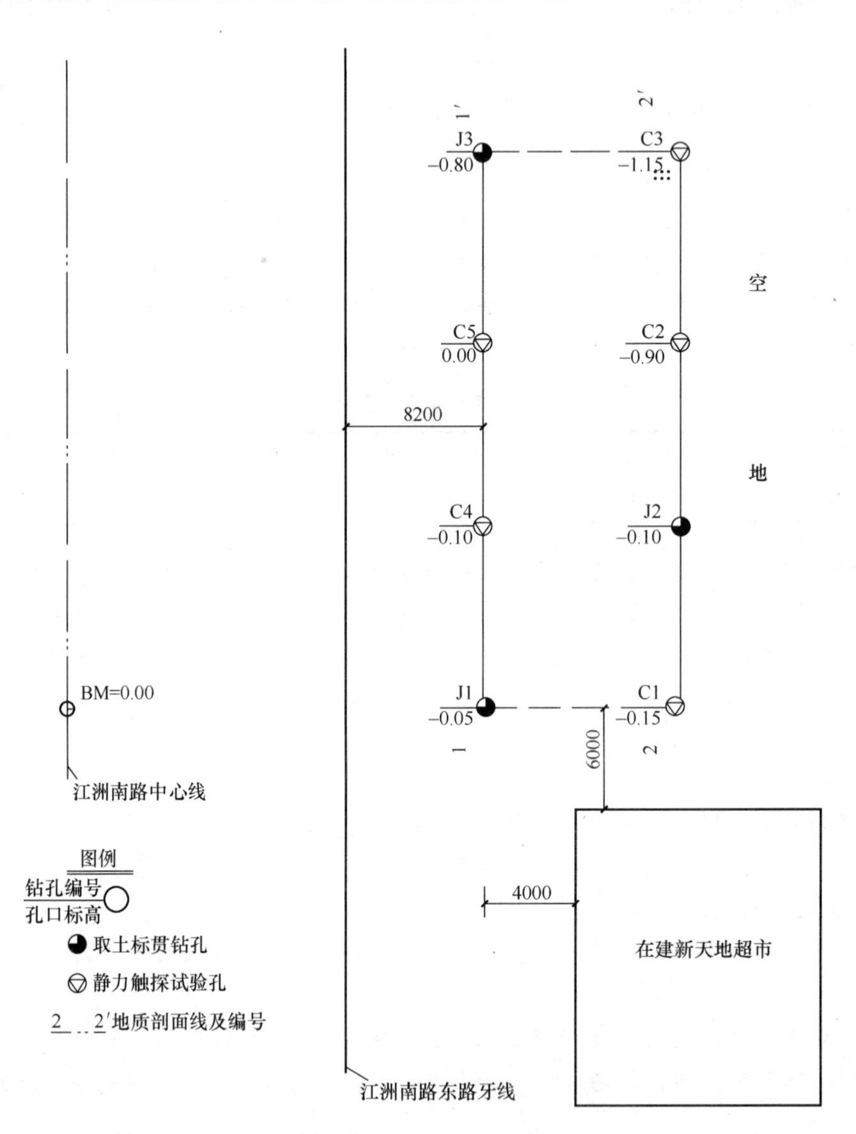

图6-17 西郊乡土管所办公楼工程勘探点平面位置图

④地下水和土对建筑材料的腐蚀性评价。在本次勘察深度范围内浅层地下水为潜水类型，勘察期间实测稳定水位为假设标高－1.50m左右，但地下水位会受大气降水渗透补给、蒸发、自然排泄等因素的影响。现场踏勘查明场地四周无明显污染源，根据区域水文地质、工程地质资料，可判定地下水和土对混凝土无腐蚀性，对钢筋有弱的腐蚀性。

（3）岩土工程分析评价

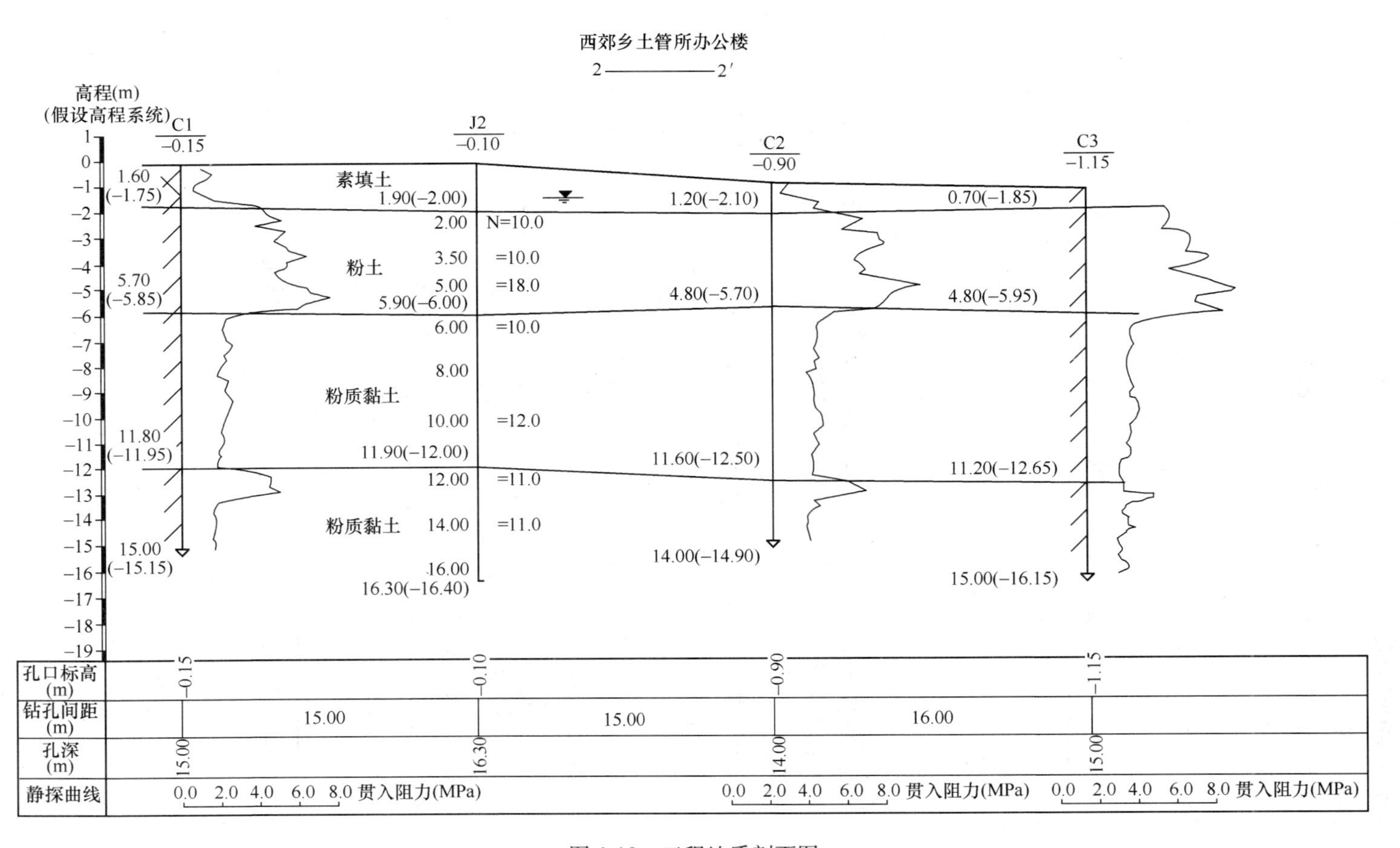

图 6-18 工程地质剖面图

1）场地的稳定性和适宜性：本次勘察结果表明，拟建场地地基土在勘探深度范围内分布基本稳定，无明显的软弱下卧层，无发生滑坡、泥石流、崩塌等地质灾害的可能性，场地的稳定性较好，适宜进行本工程的建设。

2）地基土力学性质评价

①地基土常规物理力学性质见岩土工程试验成果表（略）。

②各层土的主要物理力学性质指标统计见分层统计表（略）。

（4）地基方案

1）地基土承载力、压缩性等设计指标的评价。地基土承载力根据本次勘察结果并结合地区勘察经验综合确定，压缩性指标根据土工试验结果取平均值，见表6-9。

表6-9　地基土承载力、压缩性等设计指标

地层层序及名称	地基土承载力特征值	压缩模量平均值	地层层序及名称	地基土承载力特征值	压缩模量平均值
（1）素填土	120kPa	5.82	（3）粉质黏土	240kPa	7.91
（2）粉土	130kPa	9.84	（4）粉质黏土	160kPa	6.45

2）地基方案的选择。根据拟建工程特点及场地土物理力学性质，拟建工程可采用天然地基方案，基础持力层为第二层粉土，基槽开挖深度参见图6-18工程地质剖面图，采用天然地基时应注意以下问题：

①开挖基槽时如地下水位高于坑底，应采取坑内明排及时降低地下水位。

②局部超深的应将表层填土全部挖除，用1∶1砂石回填。

（5）场地地震效应

根据《建筑抗震设计规范》（GB 50011—2001）有关规定，本场地的抗震设防烈度为7度，设计基本抗震加速度为0.10m/s^2，设计地震分组为第一组，该工程抗震设防分类为丙类。

1）场地土类型的划分。根据国家标准《建筑抗震设计规范》（GB 50011—2001）第4.1.3条之规定，根据土层名称和性状，按表4.1.3划分土的类型，再利用当地经验在表4.1.3的剪切波速范围内估算各土层剪切波速的规定。现以J1孔为例，经计算及拟建场地土层等效剪切波速值约为185.2m/s，见表6-10，故拟建场地土综合判定为中软场地土。

表6-10　土层等效剪切波速

孔号	层号	土层名称	地基承载力特征值（kPa）	土层剪切波速（m/s）	层厚（m）	传播时间 t（s）	土层等效剪切波速（m/s）
J1	1	素填土	120	100.0	1.60	0.016	185.2
	2	粉土	130	160.0	4.00	0.025	
	3	粉质黏土	240	300.0	6.20	0.021	
	4	粉质黏土	160	180	8.2	0.046	

2）建筑场地类别的划分。根据国家标准《建筑抗震设计规范》（GB 50011—2001）第4.1.6条之规定，场地土类型为中软场地土，场地覆盖层厚度依据区域地质资料，可知大于50m，故建筑场地类别为Ⅲ类。

3）场地地段的划分。根据国家标准《建筑抗震设计规范》（GB 50011—2001）第 4.1.1 条之规定，拟建建筑场地地段为可进行建设的一般场地。

4）拟建场地 15m 深度范围内饱和砂性土的液化判别。依据《建筑抗震设计规范》（GB 50011—2001）有关液化判别规定，经计算可知第二层粉土为非液化土层。具体判断见表 6-11。

表 6-11　标准贯入试验液化判别表

层号	孔号	试验底深度（m）	实测击数（击）	水位深度（m）	黏粒含量	临界击数（击）	液化指数	液化等级
1	J1	2.7	9	0.5	9.7	3.73		不液化
		4.2	14		5.8	5.48		不液化
2	J2	2.3	10		9.2	3.7		不液化
		3.8	16		6.1	5.18		不液化
		5.7	18		3.1	8.38		不液化

（6）建议和结论

①地基方案：拟建工程可采用天然地基，以第二层粉土为基础持力层。

②开挖基槽时，基槽底不宜夯拍，防止对持力层土的扰动，破坏土的原状结构，使地基土承载力降低。

③基槽开挖后应通知勘察单位，会同各有关部门，做好验槽工作。

④为避免差异沉降对结构的影响，应适当加强基础和上部结构的强度。

⑤15m 深度范围内，第二层粉土为非液化土层。

6.7　基槽检验与地基的局部处理

6.7.1　基槽检验

基槽检验就是通常所说的验槽，它是在基槽开挖时，根据施工揭露的地层情况，对地质勘察成果与评价建议等进行现场的检查，校核施工所揭露的土层是否与勘察成果相符，结论和建议是否符合实际情况。如果有出入，应进行补充修正，必要时尚应作施工勘察。

1. 验槽的目的

验槽是一般工程地质勘察工作中的最后一个环节。当施工单位开挖完基槽并普遍钎探后，由甲方约请勘察、设计、监理与施工单位技术负责人，共同到工地验槽。验槽的主要目的为：

（1）检验岩土工程勘察成果及结论建议是否正确，是否与基槽开挖后的实际情况相一致。

（2）根据挖槽后的直接揭露，设计人员可以掌握第一手工程地质和水文地质资料，对出现的异常情况及时提出分析处理意见。

（3）解决勘察报告中未解决的遗留问题，必要时布置施工勘察项目，以便进一步完善设计，确保施工质量。

2. 验槽的内容

验槽检验主要以细致的观察为主，并以钎探、夯声等手段配合，这一过程的主要内容包括：

（1）校核基槽开挖的平面位置与槽底标高是否符合勘察设计要求。

（2）检验槽底持力层土质与勘察报告是否相同。参加验槽的五方代表需下槽底，依次逐段检验。发现可疑之处，用铲铲出新鲜土面，用野外土的鉴定方法进行鉴定。

（3）当发现基槽平面土质显著不均匀，或局部有古井、菜窖、坟穴、河沟等不良地基，可用钎探查明平面范围与深度。

（4）检查基槽钎探情况。钎探位置：条形基槽宽度小于800mm时，可沿中心线打一排钎探孔；槽宽大于800mm时，可打两排错开孔。钎探孔间距1.5～2.5m。

基槽土质局部软弱、不均匀的情况经常遇到，应处理得当，避免严重不均匀沉降导致墙体开裂等事故。

3. 验槽注意事项

（1）验槽前应完成合格钎探，提供验槽的数据。

（2）验槽时间应抓紧，基槽挖好立即组织验槽。尤其夏季要避免下雨浸泡，冬季要防冰冻，不可形成隐患。

（3）槽底设计标高位于地下水位以下较深时，必须做好基槽排水，保证槽底不泡水。

（4）验槽时，应验看新鲜土面，清除加填虚土。冬季冻结地表土或夏日晒干土，都是虚假状态。

4. 基槽的防护处理

（1）采用较大型机械开挖槽底时，应先挖至设计标高以上30～50cm，然后用人工挖掘的方法挖至设计标高，防止地基土遭受破坏而降低承载力。

（2）如果地基土比较软弱，施工运料不应直接从槽顶将砖石抛进槽内，而应沿斜坡滑下，以免扰动基底土的结构。

（3）若槽底土被扰动，基础施工前应先清除扰动部分，做适当垫层后再施工基础。

（4）干砂地基，基础施工前应适当洒水夯实。

6.7.2 地基的局部处理

如果根据勘察报告局部存在异常地基，或经基槽检验局部分布异常土层时，可根据地基的实际情况、工程要求和施工条件，采取必要的局部处理措施。处理方法要遵循减小地基不均匀沉降的原则，使建筑物各个部分的沉降尽量趋于一致。下面列举了一些常见的地基局部处理的方法。

1. 古井、坑穴及局部淤泥层的处理

（1）将其中的虚土或淤泥全部挖除，然后采用与天然土压缩性相近的土回填，分层夯实至设计标高，保持地基的均匀性。如天然土为砂石，可用砂石回填，分层洒水夯实；天然土为密实的黏性土，可用3∶7的灰土分层夯实回填；天然土为中等密实可塑状态的黏性土或新近沉积的软弱土，则可用1∶9或2∶8的灰土分层夯实回填。

（2）坑井范围较大，全部挖除有困难时，则应将坑槽适当放坡。用砂石或黏性土回填时，坡度为1∶1；用灰土回填时，坡度为1∶0.5；如用3∶7灰土回填而基础刚度较大时，可不放坡。

（3）坑井埋藏深度较大，可部分挖除虚土，挖除深度一般为槽宽的2倍，再行回填。

（4）在独立柱基础下，如坑井范围大于槽宽的 1/2 时，应尽量挖除虚土将基底落深，但相邻柱基础的基底高差在黏性土中不得大于相邻基底的净间距，在砂土中不得大于相邻基底净间距的 1/2。

（5）在墙下条形基础下，如虚土的范围较大，可采用高低基础相接，降低局部基底标高，如图 6-19 所示。

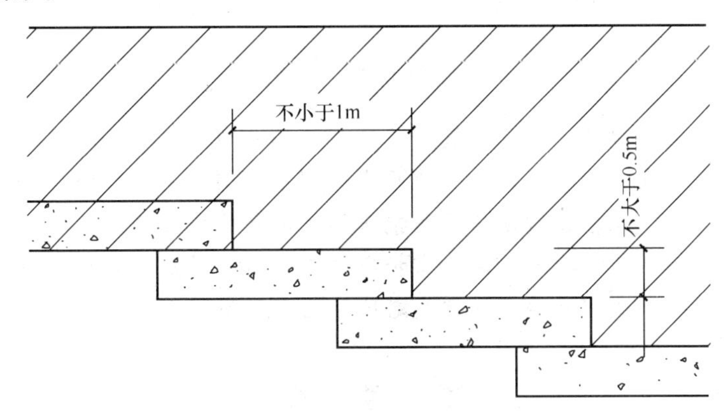

图 6-19　高低基础相接

（6）在上述情况下若通过地基局部处理仍不能解决问题时，可采取加强上部结构刚度或采用梁板形式跨越的方法，以抵抗可能发生的不均匀沉降，或者改变基础形式，如采用桩基础穿越坑井或软弱土层。

2. 局部坚硬土层的处理

在桩基或分基槽下，有可能碰到局部坚硬层，如压实的路面、旧房墙基、老灰土、孤石、大树根及基岩等，均应挖除，然后再按上述办法回填处理，以防建筑物产生不均匀沉降而使上部结构和基础开裂。

3. 管道的处理

如基槽以上有下水管道，应采取措施防止漏水浸湿地基土，特别是当地基土为填土、湿陷性黄土或膨胀土时，尤其应引起重视。如管道在基槽以下，也应采取保护措施，避免管道被挤出压坏，此时可考虑在管道周围包筑混凝土，或用铸铁管代替缸瓦管等。如管道穿过基础或基础墙而基础又不允许被切断时，则应在管道周围留出足够空隙，使管道不致因基础沉降而产生变形或损坏。管道穿墙的处理见图 6-20。

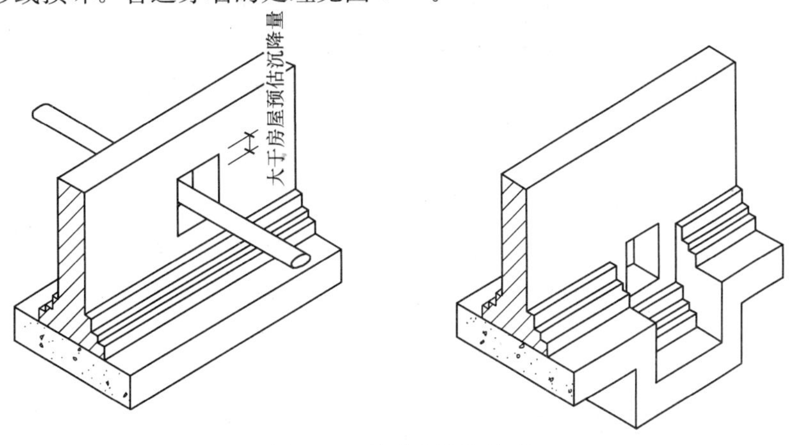

图 6-20　管道穿墙的处理

4. 其他情况处理

如遇人防通道，一般均不应将拟建建筑物设在人防工程或人防通道上。若必须跨越人防通道，基础部分可采取跨越措施。如在地基中遇有文物、古墓、战争遗弃物，应及时与有关部门联系，采取适当保护或处理措施。如在地基中发现事先未标明的电缆、管道，不应自行处理，应与主管部门共同协商解决办法。

上岗工作要点

从拟建工程概况、勘探点平面布置图、工程地质剖面图、其他勘察成果图表、分析评价、结论和建议方面入手，通过工程地质勘察报告阅读、验槽、地基局部处理等实践环节，结合工程实际，学会工程地质勘察报告的使用和验槽方法。

简单应用：了解常用的勘察方法，掌握勘探点的布置原则和验槽方法。

综合应用：勘察报告书的主要内容及对地基土层性质的初步评价。

思 考 题

1. 工程地质勘察的目的是什么？
2. 工程地质勘察分为哪几个阶段？
3. 工程地质勘察常用的方法有哪几种？
4. 钻孔有哪两类钻孔？其区别是什么？
5. 触探试验可分为哪几种？
6. 工程地质勘察报告有哪些内容？
7. 地下水按埋藏条件分为哪几种类型？
8. 什么是土的渗透性？哪种土的渗透性小？为什么？
9. 什么叫动水力？它与土粒对水的阻力有什么区别？
10. 什么叫临界水力梯度？
11. 什么叫滑坡？在滑坡尚未出现整体滑动之前，根据什么特征可以判断滑坡即将产生？
12. 什么叫崩塌？崩塌产生的条件及其影响因素是什么？
13. 什么叫泥石流？什么情况下会产生泥石流？防治泥石流的原则是什么？
14. 什么叫岩溶？岩溶对建筑工程有何影响？
15. 试述地震震级和烈度的基本概念及如何确定建筑场地的地震烈度。
16. 地震对建筑物可能产生哪些不利的影响？

习 题

1. 某土样长25cm，其截面积为103cm^2，作用于土样两端的固定水头差为75cm，此时通过土样流出的水量为100cm^3/min。求：(1) 该土样的渗透系数K是多少？(2) 试判断该土属于哪种土？

（答案：$K=5.4\times10^{-2}$mm/s；细砂）

2. 已知某土样的水头差$h=20$cm，土样长度$l=30$cm，试求土样的动水力是多少？若已知土样的$d_s=2.72$，$e=0.63$，问该土样是否会发生流砂现象？

（答案：G_D=6.7kN/m^3；不会）

3. 有细砂层厚 1.5m，e=0.54，d_s=2.65，向上的压力水头 h=2.0m。求抵抗流砂的安全系数 k=2 时，细砂层上需要的粗砂层厚度（假定粗砂的 e 和 d_s 与细砂层相同，不计粗砂层中的水头损失）是多少？

（答案：2.24m）

第7章　天然地基上浅基础设计

> **重　点　提　示**
>
> 1. 常用的刚性基础、扩展基础的设计方法。
> 2. 掌握浅基础的类型及适用条件；基础埋置深度的选择；地基承载力设计值；基础底面尺寸的确定；软弱下卧层地基承载力的验算方法。
> 3. 掌握刚性基础剖面尺寸确定及扩展基础的配筋计算。

任何建筑物都建造在一定的地层上，建筑物的全部荷载都由它下面的地层来承担。受建筑物影响的那一部分地层称为地基，建筑物与地基接触的部分称为基础。基础工程包括建筑物的地基与基础的设计与施工。

地基与基础在各种荷载作用下将产生附加应力和变形。为了保证建筑物的正常使用与安全，地基与基础必须具有足够的强度和稳定性，变形也应在允许范围之内。根据地层变化情况、上部结构的要求、荷载特点和施工技术水平，可采用不同类型的地基和基础。

从建筑物的安全和正常使用方面来说，基础设计是整个建筑物设计的重要组成部分。必须根据建筑物的用途和安全等级、建筑布置和上部结构类型，充分考虑建筑场地条件和地基土、岩性状，结合施工方法以及工期、造价等各方面因素，合理地确定基础方案，因地制宜、精心设计，以保证建筑物的安全和正常使用。

工程实践表明：建筑物地基与基础的设计和施工质量的优劣，对整个建筑物的质量和正常使用起着根本的作用。基础工程是隐蔽工程，如有缺陷，较难发现，也较难弥补和修复，而这些缺陷往往直接影响整个建筑物的使用甚至安全。基础工程的进度，经常控制整个建筑物的施工进度。基础工程的造价，通常在整个建筑物造价中占相当大的比例，尤其是在复杂的地质条件下或深水中修建基础更是如此。因此，对基础工程必须做到精心设计、精心施工。

基础按照埋置深度分为浅基础和深基础两类。一般在天然地基上修筑浅基础施工简单且较经济，人工地基及深基础往往造价较高，施工也比较复杂，因此在保证建筑物的安全和正常使用的前提下，应首先选用天然地基上浅基础方案。

本章主要介绍天然地基上浅基础的设计。

7.1　浅基础的类型

7.1.1　按材料分类

基础按其所采用的材料不同可分为刚性基础和柔性基础两大类。由砖、毛石、灰土、混凝土等材料修建的基础，其抗压强度较大，却不能承受拉力或弯矩，这类基础称为刚性基础。由钢筋混凝土修建的基础，因基础内部配置足够的钢筋来承受拉力或弯矩，因而称为柔性基础。下面分别加以简单介绍。

1. 砖基础

砖砌体具有一定的抗压强度，但抗拉强度和抗剪强度较低。砖基础的强度及抗冻性较差，对砂浆与砖的强度等级，根据地区的潮湿程度和寒冷程度有不同的要求。砖基础所用的砖，强度等级不得低于 MU7.5，砂浆不低于 M2.5。地下水位以下或地基土潮湿时应采用水泥砂浆砌筑。砖基础底面以下一般设置垫层。

砖基础具有取材容易、价格便宜、施工简便的特点，因此，在干燥和温暖的地区，被广泛应用于 6 层及 6 层以下的民用建筑和墙承重厂房，见图 7-1。

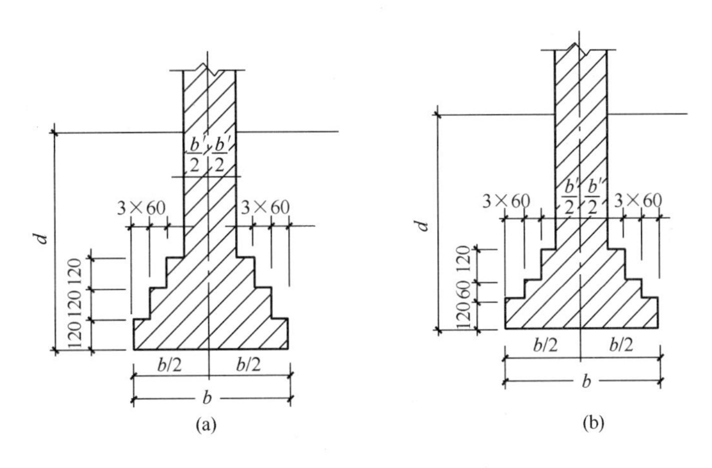

图 7-1　砖基础

(a) 两皮一收；(b) 二一间隔收

2. 毛石基础

毛石是指未经加工凿平的石材。毛石基础是选用未经风化的硬质岩石砌筑而成。由于毛石之间的空隙较大，如果砂浆粘结的性能较差，则不能用于层数较多的建筑物，且不宜用于地下水位以下。为了保证锁结作用，每一阶梯宜用 3 排或 3 排以上的毛石（图 7-2）。阶梯形毛石基础的每一阶伸出宽度不宜大于 200mm。由于毛石尺寸较大，毛石基础的宽度和台阶高度不得小于 400mm。

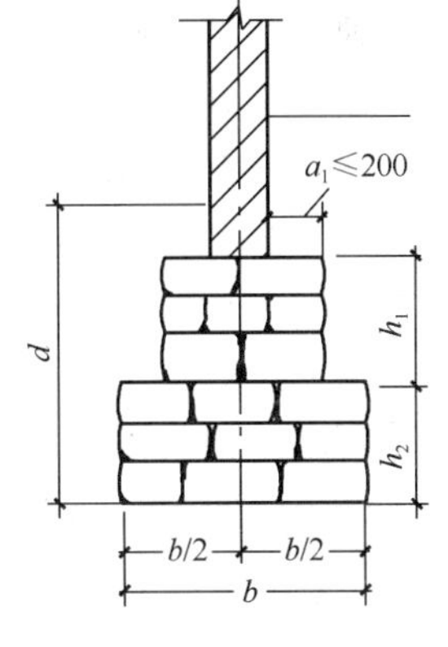

图 7-2　毛石基础

3. 灰土基础

我国在 1000 多年前就采用过灰土基础，有的至今还保存完整。灰土是用石灰和土料配制而成的。石灰以块状生石灰为宜，经熟化（加水化开）1～2d 后，过 5～10mm 筛即可使用。土料应以有机质含量低的粉土和黏性土为宜，使用前也应过 10～2mm 的筛。常用的石灰和土料的体积比为 3∶7 或 2∶8（分别称为三七灰土和二八灰土），加适量水拌匀，然后铺入基槽内。每层虚铺 200～250mm，夯至 150mm，称为一步灰土，一般可铺 2～3 步，即厚度为 300mm 或 450mm。

灰土基础宜在比较干燥的土层中使用，合格灰土的承载力可达 250～300kPa。灰土的缺点是早期强度较低，抗冻性较差，尤其是在水中硬化很慢。因此，灰土作基础材料时，通常只适用于地下水位以上。

4. 混凝土基础

混凝土的强度、耐久性、抗冻性都优于砖。当荷载较大或位于地下水位以下时，常采用混凝土基础。但混凝土基础水泥用量较大，造价较砖、毛石基础高。如基础体积较大，为了节约混凝土用量，可掺入基础体积20%～30%的毛石做成毛石混凝土基础（图7-4）。掺入的毛石尺寸不得大于300mm，使用前须冲洗干净。混凝土标号常用C10。

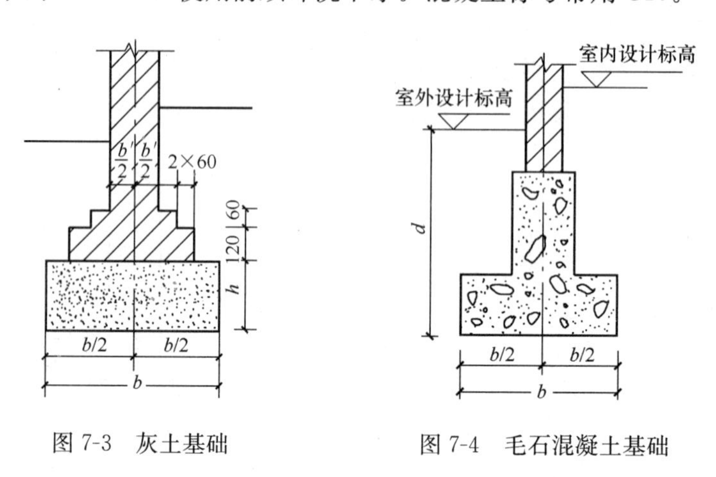

图7-3　灰土基础　　图7-4　毛石混凝土基础

5. 钢筋混凝土基础

钢筋混凝土是基础的良好材料，其强度、耐久性和抗冻性都较理想。由于它承受弯矩和剪力的性能较好，故在相同的条件下可减少基础的高度。当建筑物的荷载较大或土质较软弱时，常采用这类基础。

7.1.2 按结构形式分类

1. 独立基础

独立基础又称单独基础。通常框架结构柱基、高炉、烟囱、水塔基础均为独立基础。

独立基础按支承的上部结构形式可分为柱下独立基础和墙下独立基础。

（1）柱下独立基础

独立基础是柱基础的主要类型。它所用材料依柱的材料和荷载大小而定，常采用砖、毛石、混凝土和钢筋混凝土等。

现浇柱下常采用钢筋混凝土独立基础。基础截面可做成阶梯形或锥形如图7-5（a）、（b）所示。预制柱下一般采用杯型基础，如图7-5（c）所示。砌体柱下可采用刚性基础，材料一般为砖和素混凝土等。

（2）墙下独立基础

墙下独立基础是当上层土质松散而在不深处有较好的土层时，为了节省基础材料和减少开挖土方量而采用的一种基础形式。如在膨胀土地基上的墙基础，往往采用独立基础，并在独立基础的顶面架一道钢筋混凝土过梁，再在过梁上砌筑砖墙。图7-6（a）是在单独基础之间放置钢筋混凝土过梁以承受上部结构传来的荷载。在我国北方为防止梁下土受冻膨胀而使梁破坏，需在梁下留60～90mm空隙，两侧用砖挡土，空隙下面铺500～600mm厚的松砂或干煤渣。

当上部结构荷载较小时，也可用砖拱承受上部结构传来的荷载，如图7-6（b）所示。

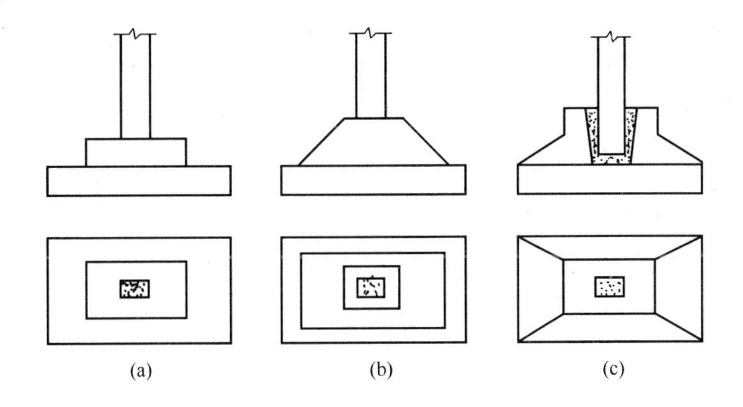

图 7-5 柱下独立基础

(a) 阶梯形基础；(b) 锥形基础；(c) 杯形基础

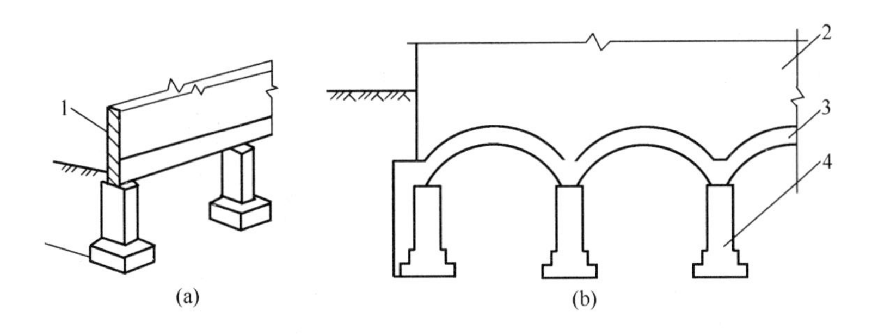

图 7-6 墙下独立基础

(a) 过梁；(b) 砖拱

1—过梁；2—砖墙；3—砖拱；4—独立基础

因砖拱有横向推力，墙两端的单独基础要适当加大，柱基周围填土要密实以抵抗横向推力，有时将端部一跨基础改为条形基础，以增加其稳定性。

2. 条形基础

当基础的长度大于或等于基础宽度的 10 倍时，称为条形基础。条形基础设计时，可取长度方向 1 延米按平面问题进行计算。通常砖混结构的墙基、挡土墙基础都是条形基础。

按上部结构形式，条形基础可分为墙下条形基础和柱下条形基础。

(1) 墙下条形基础

条形基础是承重墙基础的主要形式，常用砖、毛石和灰土建造。当上部结构荷重较大而土质较差时，也可采用混凝土或钢筋混凝土建造。墙下钢筋混凝土条形基础一般做成无肋式，见图 7-7 (a)；如地基在水平方向上压缩性不均匀，为了增加基础的整体性，减小不均匀沉降，也可做成带肋式的条形基础，如图 7-7 (b) 所示。

(2) 柱下钢筋混凝土条形基础

遇到上部结构荷载较大，而地基承载力较低时，排柱的单独基础互相靠近，为施工方便，可采用柱下钢筋混凝土独立基础（图 7-8)。

3. 柱下十字交叉形基础

荷载较大的高层建筑，如遇地基土质较弱，采用条形基础不能满足地基承载力要求时，可在柱网下纵横方向设置钢筋混凝土条形基础，形成如图 7-9 所示的十字交叉形基础。

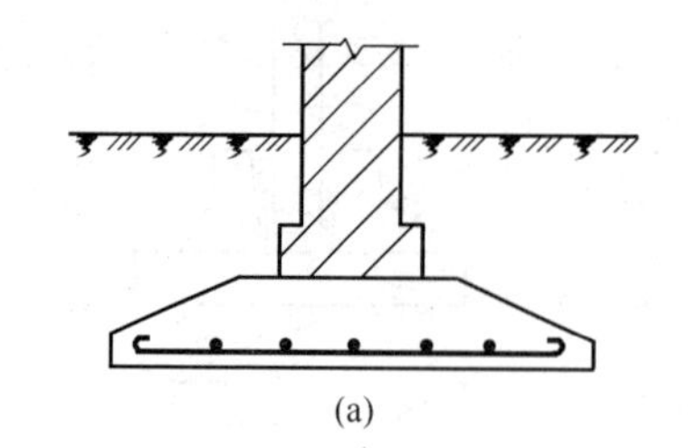

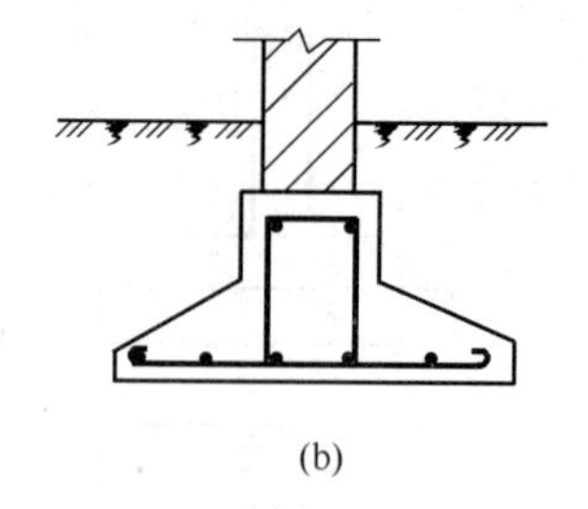

图 7-7　墙下钢筋混凝土条形基础

(a) 无肋式；(b) 有肋式

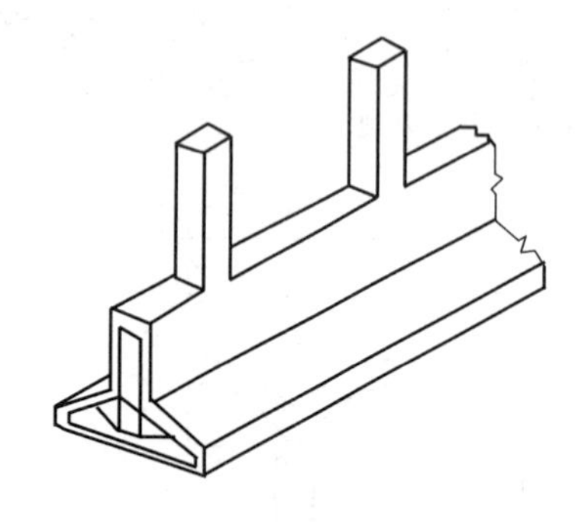

图 7-8　柱下钢筋混凝土条形基础

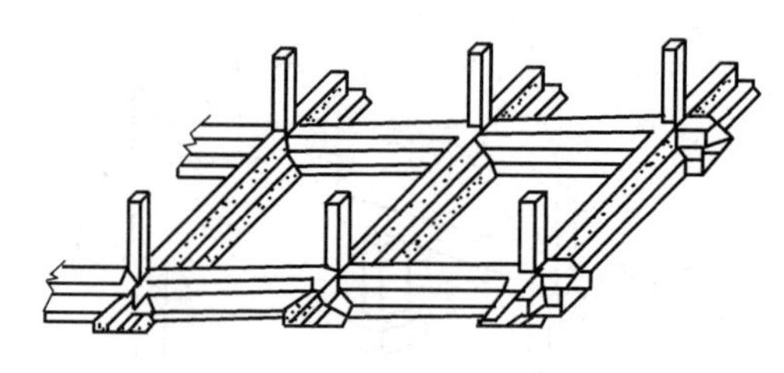

图 7-9　柱下十字形基础

4. 片筏基础

如地基软弱而荷载较大或地下防渗需要时，采用十字交叉形基础仍不能满足要求或相邻基槽距离很小时，可采用钢筋混凝土做成整块的片筏基础。片筏基础又称筏板基础，俗称满堂基础。南京、江苏一带的多层民居多采用这种基础。按构造不同，它可分为平板式和梁板式两类（图 7-10）。

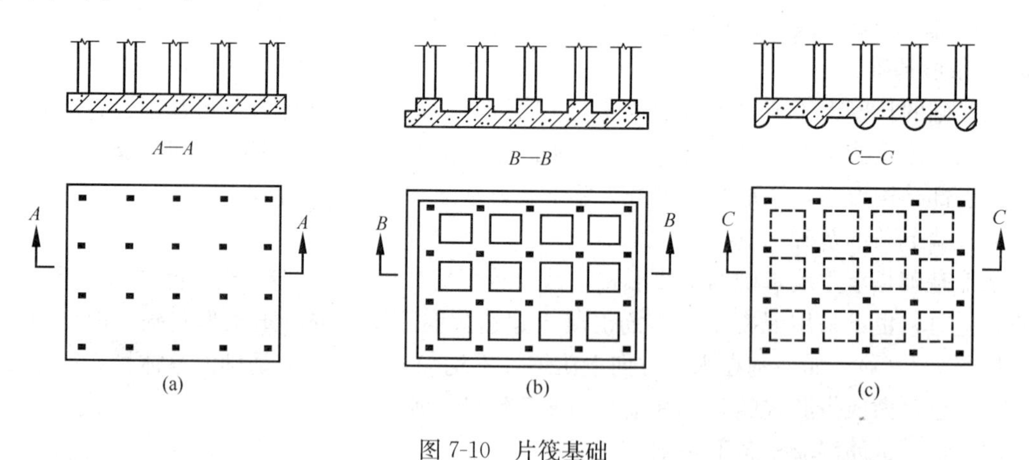

图 7-10　片筏基础

(a) 平板式；(b)、(c) 梁板式

5. 箱形基础

高层建筑荷载大，高度大，按照地基稳定性的要求，基础埋深也大，这种情况下可采用箱形基础。

箱形基础是由钢筋混凝土底板、顶板和纵横交叉的隔墙构成的箱形整体，整体刚度非常好（图 7-11），与实体基础相比可减小基底压力，其基础中空部分构成的地下室，可被充分利用作为地下停车场、地下商场、储藏室、设备层等。

箱形基础、柱下条形基础、柱下独立基础、十字交叉形基础、片筏基础等都需用钢筋混凝土，尤其是箱形基础，使用的钢筋及混凝土量更大，故采用这类基础时，应与其他类型的地基基础（如桩基或人工地基等）进行经济、技术比较后确定。

除上述的几种基础形式外，在实际工程中还有一些浅基础形式，如壳体基础、圆环基础等。

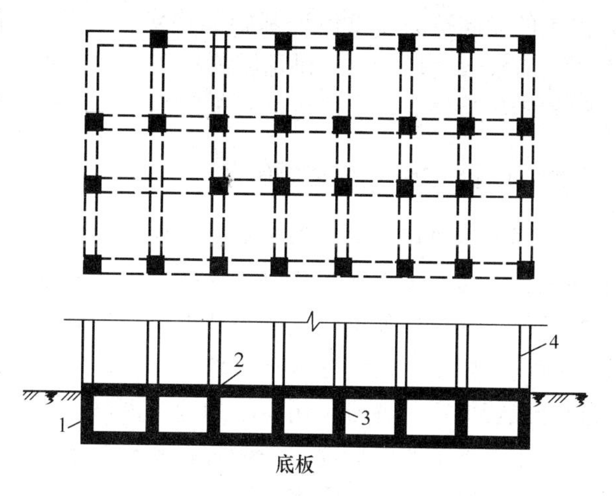

图 7-11　箱形基础

1—外墙；2—顶板；3—内墙；4—上部结构

7.2　基础埋置深度

基础之所以要选择一定的埋置深度，主要为了防止基础长期暴露在外，受到日晒雨淋及人来车往的破坏。基础埋置深度是指基础底面至地面（一般指设计地面）的距离。为了保护基础不受人类和生物活动的影响，基础宜埋置在地表以下的最小埋深为 0.5m。

选择基础埋置深度也就是选择合适的地基持力层。基础埋置深度的大小对于建筑物的安全和正常使用、基础施工技术措施、施工工期和工程造价影响很大。因此合理确定基础埋置深度是十分重要的，设计时必须综合考虑建筑物自身条件（如使用条件、结构形式、荷载的大小和性质等）以及所处的环境（如水文地质条件、气候条件、相邻建筑的影响等），寻找技术上可靠、经济上合理的埋置深度。以下分述选择基础埋深时应考虑的几个因素。

7.2.1　上部结构情况

在保证建筑物基础安全稳定、耐久使用的前提下，为了节省投资，方便施工，应尽量浅埋。

埋置深度，采用天然地基时可不小于建筑高度的 1/12。

对高层建筑物尤其应该注意到基础的埋置深度必须满足地基变形和稳定的要求，要减少建筑的整体倾斜，防止倾覆及滑移。按抗震稳定性要求，基础埋深不小于建筑物地面以上高度的 1/10～1/15。

具有地下室或半地下室的建筑物，其基础埋深必须结合建筑物地下部分的设计标高来选定，一般不低于 3m。

7.2.2　基础上荷载大小及性质

荷载大小及性质不同，对持力层的要求也不同。一般来说，上部结构荷载大，则要求基础埋置于较好的持力土层上。同一深度的土层，对荷载小的基础可能是很好的持力层，而对荷载大的基础就可能不宜作为持力层。对于承受水平荷载的基础，必须有足够的埋置深度来获得土的侧向抗力，以保证基础的稳定性；对于某些承受上拔力的基础（如输电塔基础），也要求有较大的埋深以提供足够的抗拔阻力；对于承受动荷载的基础，则不宜选择饱和疏松的粉细砂作为持力层，以免这些土层由于振动液化而丧失承载力，造成基础失稳。

7.2.3 工程地质和水文地质条件

不同的建筑场地土质固然不同，即使同一地点，因深度不同土质也会有变化。因此，场地的工程地质和水文地质状况往往就可以决定基础的埋置深度。一般当上层土的承载力能满足要求时，就应选择上层土作为持力层。若其下有软弱土层时，则应验算软弱下卧层的承载力是否满足要求。对于在基础延伸方向土性不均匀的地基，有时可以根据持力层的变化，将基础分成若干段，各段采用不同的埋置深度以减小基础的不均匀沉降。

对于有地下水的场地，一般宜将基础置于地下水位以上，以免施工排水的麻烦。如按设计必须将基础埋置在地下水位以下时，则应在施工时采取降水或排水措施及基坑维护措施，同时应考虑地下水对基础是否有侵蚀性。

当持力层为隔水层而其下方存在承压水层时（图 7-12），为了避免承压水冲破槽底而破坏地基，应注意开挖基槽时保留槽底安全厚度 h_0。安全厚度可按下式估算：

$$h_0 > \frac{\gamma_w}{\gamma} h \qquad (7\text{-}1)$$

式中 γ——隔水层土的重度（kN/m^3）；

γ_w——水的重度，取 10（kN/m^3）；

h——承压水的上升高度（从隔水层地面算起）（m）；

h_0——隔水层剩余厚度（槽底安全厚度）（m）。

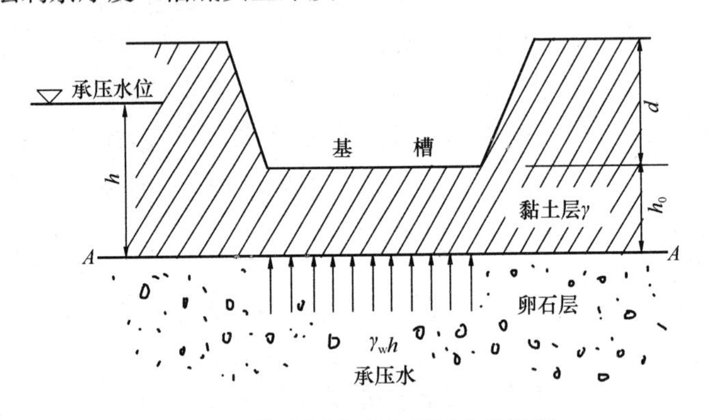

图 7-12 持力层中存在承压水的情况

7.2.4 季节性冻土的影响

冻土分季节性冻土和多年冻土。季节性冻土指在一年内冬季冻结，春季融化的地基。我国大部分地区都属于季节性冻土。

在季节性冻土地区，因冻土的冻胀性与融陷性是相互关联的，所以决定基础的埋置深度时应考虑地基土的冻胀性。

地基基础规范根据土的类别、含水量大小和地下水位高低将地基土分为不冻胀、弱冻胀、冻胀和强冻胀 4 类。

对于不冻胀土的基础埋深，可不考虑冻深的影响；对于弱冻胀和强冻胀土的基础，最小埋深可按下式确定：

$$d_{min}=Z_0\psi_t-d_{fr} \tag{7-2}$$

式中 Z_0——标准冻深（m）；

ψ_t——采暖对冻深的影响系数；

d_{fr}——基底下允许残留冻土层的厚度（m）。

7.2.5 相邻基础的影响

如设计的新建筑附近有旧建筑时（图 7-13），为了保证原有建筑物的安全和正常使用，一般应设计新建筑基础的埋深小于或等于旧建筑的基础埋深。若不可避免时，应取新旧基础之间的距离 $l=(1\sim2)h$，h 指新旧基础的基底标高差。

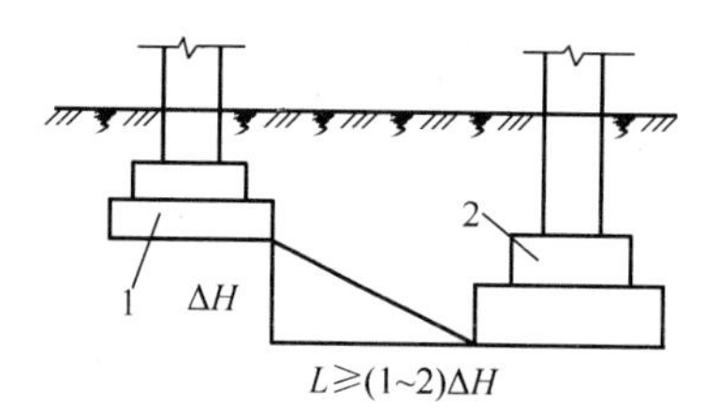

图 7-13 相邻基础的埋深

1—原有基础；2—新基础

如果以上要求均不能满足时，应在施工过程中考虑有效的工程措施，如分段施工、设置临时支撑、打板桩及采用地下连续墙等措施，以确保原有建筑物的安全使用。

7.3 地基承载力的确定

地基承载力是指地基在保证其稳定性前提下，满足建筑物各类变形要求时的承载能力。

地基承载力的确定在地基基础设计中是一个非常重要而又十分复杂的问题，它不仅与土的物理、力学性质有关，而且还与基础形式、底宽、埋深、建筑类型、结构特点和施工速度等因素有关。

7.3.1 地基承载力基本值及特征值

地基承载力基本值及特征值指地基承载力基本值 f_0、特征值 f_{ak} 和修正后的承载力特征值 f_a。地基承载力有几种不同的确定方法，可按通过室内土工试验获得的土的物理力学指标，现场原位试验如标准贯入、轻便触探等方法或野外鉴别结果来确定地基的承载力。根据这些确定方法的特点可获得承载力的不同结果，这里要首先介绍承载力的几个概念。

地基承载力特征值指通过现场原位试验的方法，获得基础宽度 $b=3.0$m，基础埋深 $d=0.5$m 时地基的承载力值。

地基承载力基本值是指通过对土样的室内土工试验方法获得的力学性质指标，查地基基础规范的表格获得的地基承载力。因为室内土工试验本身存在一定的误差，所以要对用土工试验指标获得的土的承载力进行修正，以获得承载力的基本值，即 f_0。地基承载力修正后的特征值是设计中要使用的地基承载力值。

下面分别介绍地基承载力的几种确定方法。

根据《地基基础规范》表格确定：

（1）直接获取承载力特征值 f_{ak}

根据《地基基础规范》表格，对于岩石和碎石土，可根据野外鉴别结果，分别按表 7-1 和表 7-2 确定其承载力特征值。

表 7-1　岩石承载力特征值 f_{ak}　(kPa)

岩石类别＼风化程度	强风化	中等风化	微风化
硬质岩石	500～1000	1500～2500	≥400
软质岩石	200～500	700～1200	1500～2000

注：1. 对于微风化的硬质岩石，其承载力如取用大于 4000kPa 时，应由试验确定。
2. 对于强风化的岩石，当与残积土难以区分时按土考虑。

表 7-2　碎石土承载力特征值 f_{ak}　(kPa)

土的名称＼密实度	稍密	中密	密实
卵石	300～500	500～800	800～1000
碎石	250～400	400～700	700～900
圆砾	200～300	300～500	500～700
角砾	200～250	250～400	400～600

注：1. 表中取值适用于骨架颗粒空隙全部由中砂、粗砂或硬塑、坚硬状态的黏性土或稍湿的粉土所充填；
2. 当粗颗粒为中等风化或强风化时，可按其风化程度适当降低承载力，当颗粒间呈半胶结状时，可适当提高承载力。

(2) 查表获取承载力基本值 f_0，并修正为承载力特征值 f_{ak}

①查表获取承载力基本值 f_0

粉土、黏性土、沿海地区淤泥和淤泥质土、红黏土、素填土的承载力基本值由表 7-3～表 7-7 查得。

表 7-3　粉土承载力基本值 f_0　(kPa)

第一指标孔隙比＼第二指标含水量	10	15	20	25	30	35	40
0.5	410	390	(365)				
0.6	310	200	280	(270)			
0.7	250	240	225	215	(205)		
0.8	200	190	180	170	(165)		
0.9	160	150	145	140	130	(125)	
1.0	130	125	120	115	110	105	(100)

注：1. 有括号者仅供内插使用。
2. 折算系数为 0。
3. 在湖、塘、沟、谷与河漫滩地段新近沉积的粉土其工程性质一般较差，应根据当地实践经验取值。

表 7-4 黏性土承载力基本值 f_0 (kPa)

第一指标孔隙比 \ 第二指标液性指数	0	0.25	0.50	0.75	1.00	1.20
0.5		430	390	(360)		
0.6	475	360	325	295	(265)	
0.7	400	295	265	240	210	170
0.8	325	240	220	200	170	135
0.9	275	210	190	170	135	105
1.0	230	180	160	135	115	
1.1	200	160	135	115	105	

注：1. 有括号者仅供内插使用。

2. 折算系数为 0.1。

3. 在湖、塘、沟、谷与河漫滩地段新近沉积的黏性土其工程性能一般较差。第四纪晚更新世及其以前沉积的老黏性土，其工程性能通常较好。这些土均应根据当地实践经验取值。

4. 第四纪晚更新世系距今较近的地质年代，约 100 万年。

表 7-5 沿海地区淤泥和淤泥质土承载力基本值 f_0 (kPa)

天然含水量	36	40	45	50	55	65	75
f_0	100	90	80	70	60	50	40

注：对于内陷淤泥和淤泥质土，可参考使用。

表 7-6 红黏土承载力基本值 f_0 (kPa)

土的名称 \ 第一指标含水量		0.5	0.6	0.7	0.8	0.9	1.0
红黏土	≤1.7	380	270	210	180	150	140
	≥2.3	280	200	160	130	110	100
次生红黏土		250	190	150	130	110	100

注：1. 本表仅适用于定义范围内的红黏土。

2. 折算系数为 0.4。

表 7-7 素填土承载力基本值 f_0

压缩模量 E_{s1-2}（MPa）	7	5	4	3	2
f_0（kPa）	160	135	115	85	65

②确定地基承载力特征值 f_{ak}

将由上述表中查得的承载力基本值乘以回归修正系数，即得到其承载力特征值，即：

$$f_{ak}=\psi_f f_0 \tag{7-3}$$

回归修正系数 $\psi_f<1$，其实质是根据所统计的指标的数据个数（即样本数）和离散程度，将承载力基本值用数理统计的方法进行折减，作为承载力标准值。

回归修正系数按下式计算：

$$\psi_f=1-\left(\frac{2.884}{\sqrt{n}}+\frac{7.918}{n^2}\right)\delta \tag{7-4}$$

式中 n——样本数，一般要求 $n\geq6$；

δ——变异系数。

变异系数 δ 按下列规定计算：

当仅用一个土性指标查表确定 f_{ak} 时：

$$\delta = \frac{\sigma}{\mu} \tag{7-5}$$

$$\mu = \sum_{i=1}^{n} \mu_i \tag{7-6}$$

$$\sigma = \sqrt{\left(\sum_{i=1}^{n} \mu_i^2 - n\mu^2\right)/(n-1)} \tag{7-7}$$

式中 μ——样本的平均值；

μ_i——样本第 i 次试验值；

σ——样本的标准差。

当用两个指标查表确定地基承载力基本值时，应采用由该两个指标的变异系数折算并叠加后得出的综合变异系数：

$$\delta = \delta_1 + \xi\delta_2 \tag{7-8}$$

式中 δ_1——第一指标变异系数；

δ_2——第二指标变异系数；

ξ——第二指标的折算系数。

按上述计算所得的回归修正系数一般不应小于 0.75，否则应分析变异系数偏大的原因。

【例 7-1】 某建筑物地基土试样，根据试验结果，其塑性指数为 $I_P=16$，液性指数为 $I_L=0.4$，孔隙比为 $e=0.8$，试确定其承载力基本值 f_0。

【解】 ①根据题意：$10<I_P=16<17$，属于黏性土。故应查表 7-4 确定承载力基本值 f_0。

②查表 7-4，内插得：

承载力基本值 $f_0 = 220 + \frac{0.5-0.4}{0.5-0.25} \times (240-220) = 228(\text{kPa})$

则该地基的承载力基本值 f_0 为 228kPa。

(3) 确定地基承载力修正后的特征值 f_a

地基承载力除了与土的性质有关外，还与基础底面尺寸及埋深等因素有关。当基础底面宽度大于 3m 或埋置深度大于 0.5m 时，除岩石地基外，其地基承载力修正后的特征值应由地基承载力特征值按下式进行宽度和埋深修正得到：

$$f_a = f_{ak} + \eta_b\gamma(b-3) + \eta_d\gamma_0(d-0.5) \tag{7-9}$$

式中 f_a——修正后的地基承载力特征值（kPa）；

f_{ak}——承载力特征值（kPa）；

η_b、η_d——分别为基础宽度和深度的地基承载力修正系数，查表 7-8；

γ——基底以下土的重度，地下水位以下取浮重度（kN/m^3）；

b——基础底面宽度（m）；当基宽小于 3m 时取 3m，大于 6m 时取 6m；

γ_0——基础底面以上土的加权平均重度，地下水位以下部分取浮重度（kN/m^3）；

d——基础埋置深度（m），一般自室外地面标高算起。在填方整平地区，可自填土地面标高算起，但填土在上部结构施工后完成时，应从天然地面标高算起。在其他情况下，应从室内地面标高算起。

当按公式（7-9）计算所得的地基承载力修正后的特征值 $f_a < 1.1f_{ak}$时，取 $f_a = 1.1f_{ak}$。

表 7-8　承载力修正系数

土的类别		η_b	η_d
淤泥和淤泥质土	$f_a < 50\text{kPa}$	0	1.0
	$f_{ak} \geqslant 50\text{kPa}$	0	1.1
人工填土		0	1.1
$e \geqslant 0.85$ 或 $I_L \geqslant 0.85$ 的黏性土		0	1.1
$e \geqslant 0.85$ 或 $S_r \geqslant 0.5$ 的粉土		0	1.1
红黏土	含水比 $\alpha_w > 0.8$	0	1.2
	含水比 $\alpha_w \leqslant 0.8$	0.15	1.4
$e < 0.85$ 及 $I_L < 0.85$ 的黏性土		0.3	1.6
$e < 0.85$ 及 $S_r \leqslant 0.5$ 的粉土		0.5	2.2
粉砂、细砂（不包括很湿与饱和时的稍密状态）		2.0	3.0
中砂、粗砂、砾砂和碎石土		3.0	4.4

【例 7-2】 某建筑物基础埋深为 $d=1.5\text{m}$，基础宽 $b=3.2\text{m}$，地下水距地表 1.2m。地基土为碎石，其承载力特征值为 $f_{ak}=600\text{kPa}$。地下水位以上重度为 $\gamma=19.5\text{kN/m}^3$，地下水位以下的饱和重度为 $\gamma_{sat}=20.5\text{kN/m}^3$。试确定地基土的承载力修正后的特征值 f_a。

【解】 ①根据题意，基础埋深范围内土的加权平均重度为：

$$\gamma_0 = \frac{1.2 \times 19.5 + (1.5 - 1.2) \times (20.5 - 10)}{1.5} = 17.7(\text{kN/m}^3)$$

②承载力深度、宽度修改系数查表 7-8，

碎石土：$\eta_b = 3.0$，$\eta_d = 4.4$

③地基土的承载力修正后的特征值为：

$$\begin{aligned} f_a &= f_{ak} + \eta_b \gamma (b-3) + \eta_d \gamma_0 (d-0.5) \\ &= 600 + 3.0 \times 19.5 \times (3.2-3) + 4.4 \times 17.7 \times (1.5-0.5) \\ &= 689.58(\text{kPa}) \end{aligned}$$

故该地基承载力修正后的特征值为 689.58kPa。

7.3.2　按静载荷试验方法确定地基承载力

静载荷试验方法第 3 章已经介绍过。根据载荷试验可得到压力与沉降关系曲线，即 p-s 曲线。以下讨论如何利用 p-s 曲线确定地基承载力的方法。

当载荷试验 p-s 曲线上有明显的起始直线和比例界限时，如图 7-14（a）所示，取该比例界限所对应的荷载 p_a作为地基承载力基本值 f_0。

当极限荷载 p_u能确定，且该值小于比例界限荷载 p_a值的 1.5 倍时，取极限荷载 p_u的一半作为地基承载力基本值 f_0。

不能按上述两点确定时，据图 7-14（b）可按限制沉降量取值，即在 p-s 曲线中，以一定的试验容许沉降值所对应的荷载作为地基的承载力基本值。

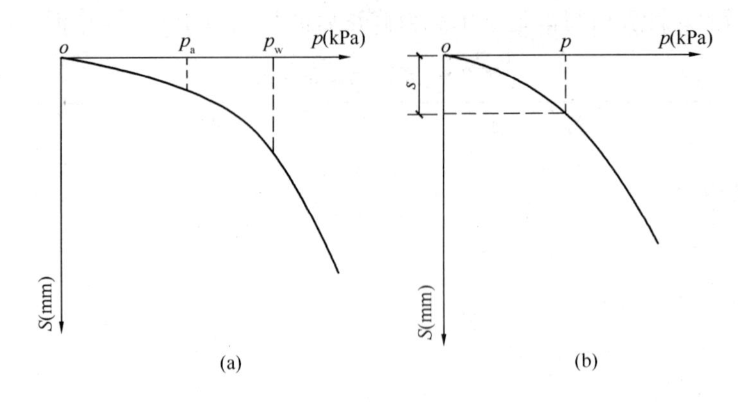

图 7-14　静载荷试验的 p-s 曲线

(a) 有明显的 p_a、p_u 值；(b) p_a、p_u 值不明显

同一土层参加统计的试验点不应少于三点，基本值的极差（最大值与最小值之间的差值）不应超过平均值的 30%。当符合以上规定时取其平均值作为地基承载力的特征值 f_{ak}。由特征值推求修正后的特征值仍按式（7-9）进行。

当荷载偏心距 e 小于或等于 0.033 倍基础底面宽度，即 $e<0.033b$，根据由试验和统计得到的土的抗剪强度指标标准值，可按下式计算地基承载力修正后的特征值为：

$$f_a = M_b\gamma b + M_d\gamma_0 d + M_c c_k \tag{7-10}$$

式中　f_a——由土的抗剪强度指标确定的地基承载力特征值（kPa）；

M_b，M_d，M_c——承载力系数，按土的内摩擦角标准值查表 7-9 确定。

b——基础宽度（m），大于 6m 时按 6m 考虑，对于砂土小于 3m 时按 3m 考虑；

c_k——基底下一倍基宽深度内土的黏聚力标准值（kPa）。

按公式（7-10）确定地基承载力时还应进行地基变形验算。

表 7-9　承载力系数

φ_k（°）	M_b	M_d	M_c	φ_k（°）	M_b	M_d	M_c
0	0.00	1.0	3.14	22	0.61	3.44	6.04
2	0.03	1.12	3.32	24	0.80	3.87	6.45
4	0.06	1.25	3.51	26	1.10	4.37	6.90
6	0.10	1.39	3.71	28	1.40	4.93	7.40
8	0.14	1.55	3.93	30	1.90	5.59	7.95
10	0.18	1.73	4.17	32	2.60	6.35	8.55
12	0.23	1.94	4.42	34	3.40	7.21	9.22
14	0.29	2.17	4.69	36	4.20	8.25	9.97
16	0.36	2.43	5.00	38	5.00	9.44	10.80
18	0.43	2.72	5.31	40	5.80	10.84	11.73
20	0.51	3.06	5.66				

7.3.3　按当地建筑经验确定地基承载力

调查原有建筑物的地基情况、基础类型、尺寸大小以及上部结构形式和采用的承载力数值，具有一定的参考价值。对于简单场地上的中小工程，可通过综合分析，参考邻近场地的经验确定其地基承载力。

在应用建筑经验法时，首先要注意了解拟建场地有无新填土、软弱夹层、地下沟洞等不利情况。对于地基持力层，可通过现场开挖进行现场鉴别，根据土的名称和所处状态估计地基承载力。这些工作也可与基坑验槽相结合进行。

7.4 基础底面尺寸

7.4.1 中心荷载作用下的基础

如图 7-15，在中心荷载作用下，作用在基底上的压应力为：

$$p_k = \frac{F_k + G_k}{A} \tag{7-11}$$

式中 p_k——基底压应力设计值（kPa）；

F_k——上部结构传至基础顶面的荷载设计值（kPa）；

G_k——基础及其上回填土的自重（kN），$G_k = Ad\gamma_G$，γ_G 为基础及其上回填土的平均密度。水上取 20kN/m³，水下取 10kN/m³；

A——基础底面积（m²）。

地基按承载力设计时，要求作用在基础底面上的压力小于或等于地基承载力修正后的特征值，即：

$$p_k \leqslant f_a \tag{7-12}$$

将式（7-11）代入式（7-12），解得：

$$A \geqslant \frac{F_k}{f_a - \gamma_G d} \tag{7-13}$$

对于矩形基础：

$$A = bl \geqslant \frac{F_k}{f_a - \gamma_G d} \tag{7-14}$$

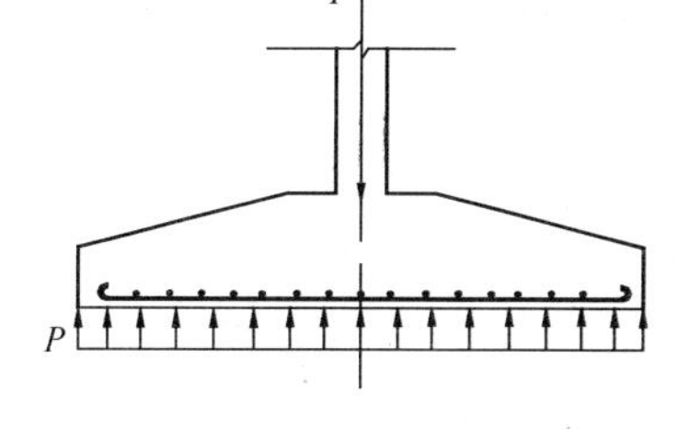

图 7-15 单独基础中心荷载作用

按上式计算出 A 后，按$b/l=$（1∶1～1∶1.2）选定 b 或 l，再计算出另一边长。

对于条形基础，沿基础长度方向，取 1m 作为计算单元，故基底宽度为：

$$b \geqslant \frac{F_k}{f_a - \gamma_G d} \tag{7-15}$$

式中 b——条形基础宽度（m）；

F_k——沿长度方向 1m 范围内上部结构传递的荷载设计值（kN/m）。

【例 7-3】 某工厂职工 6 层住宅楼，设计砖混结构条形基础底面尺寸 b，基础埋深 $d=1.10$m，上部中心荷载传至基础顶面 $F_k=180$kN/m。地基表层为杂填土，其重度为 $\gamma_1=18.6$kN/m³，厚度 $h_1=1.10$m；第二层为粉质黏土，$e=0.85$，$I_L=0.75$。墙厚 380mm，设 $\psi_f=1.0$，确定基础的宽度。

【解】 ①确定地基承载力设计值

首先，据题意确定地基承载力基本值 f_0，查表 7-4，并进行内插，得：

$$f_0 = \frac{200+170}{2} = 185(\text{kPa})$$

因回归修正系数 $\psi_f=1.0$，则地基承载力特征值 f_{ak} 为：

$$f_{ak} = \psi_f f_0 = 1.0 \times 185 = 185(\text{kPa})$$

根据题意，查表 7-8，得地基承载力宽度、深度修正系数为 $\eta_b=0$，$\eta_d=1.1$

而 $\gamma_0=\gamma=\gamma_1=18.6\text{kN/m}^3$，则：

$$f_a = f_{ak} + \eta_b\gamma(b-3) + \eta_d\gamma_0(d-0.5) = 185+0+1.1\times18.6\times(1.1-0.5) = 197.3(\text{kPa})$$

$$1.1f_{ak} = 1.1\times185 = 203.5(\text{kPa})$$

因

$$f_a = 197.3 < 1.1f_{ak} = 203.5(\text{kPa})$$

按规范要求，应取 $f_a=203.5\text{kPa}$

②设计条形基础底面尺寸 b

按照条形基础底面尺寸 b 的计算公式有

$$b \geqslant \frac{F_k}{f_a - \gamma_G d} = \frac{180}{203.5-20\times1.1} = 0.99(\text{m})$$

为施工方便，工程上可取 $b=1.0\text{m}$。

7.4.2 偏心荷载作用下的基础

如图 7-16 所示，在荷载 F_k、G_k和单向弯矩 M_k的共同作用下，基础底面受力不均匀，为不利条件，需要加大基础底面面积，通常采用试算法确定基础尺寸。步骤如下：

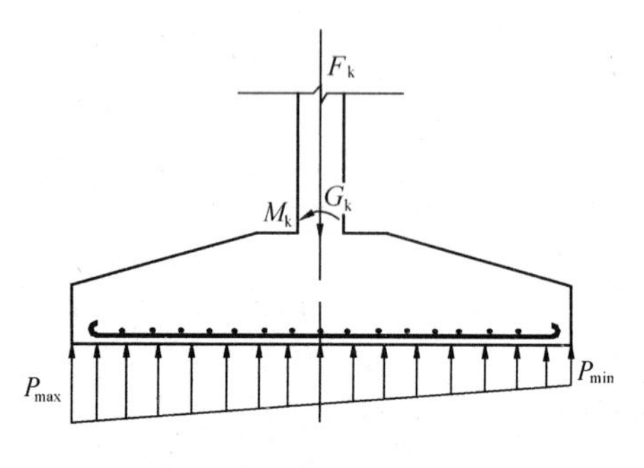

图 7-16 单独基础偏心荷载作用

（1）先按中心荷载作用下的公式（7-13），初算基础底面积 A_0。

（2）考虑偏心不利影响，加大基础底面积 10%～40%。偏心小时可用 10%，偏心大时可用 40%。则偏心荷载作用下的基础底面积为：

$$A = (1.1 \sim 1.4)A_0 \tag{7-16}$$

（3）计算基础底边缘最大与最小压应力：

$$p_{\substack{max\\min}} = \frac{F_k+G_k}{A} \pm \frac{M_k}{W} = \frac{F_k+G_k}{A}\left(1\pm\frac{6e_k}{l}\right) \tag{7-17}$$

式中 p_{max}——基础底面边缘的最大压应力标准值（kPa）；

p_{min}——基础底面边缘的最小压应力标准值（kPa）；

M_k——作用于基础底面的弯矩标准值（kN·m）；

W——基础底面的抵抗矩，矩形基础：$W=lb^2/6$（m³）。

（4）基底压应力验算：

$$\frac{1}{2}(p_{max}+p_{min}) \leqslant f_a \tag{7-18}$$

$$p_{max} \leqslant 1.2f_a \tag{7-19}$$

若公式均满足要求，说明按公式确定的基底面积 A 合适，否则，应加大 A 值，重新计算 p_{max}与 p_{min}，直至满足公式为止。

7.4.3 验算地基软弱下卧层强度

基础底面尺寸按上述方法初步确定后，如地基变形计算深度范围内有软弱下卧层时（图7-17），还应验算软弱下卧层的地基承载力，要求作用在下卧层顶面处的总应力不超过下卧层的承载力设计值。即：

$$\sigma_{cz}+\sigma_z \leqslant f_{az} \tag{7-20}$$

式中 σ_{cz}——软弱下卧层顶面处土的自重应力标准值（kPa）；

σ_z——软弱下卧层顶面处的附加应力设计值（kPa）；

f_{az}——软弱下卧层顶面处经深度修正后地基土的承载力特征值（kPa）。

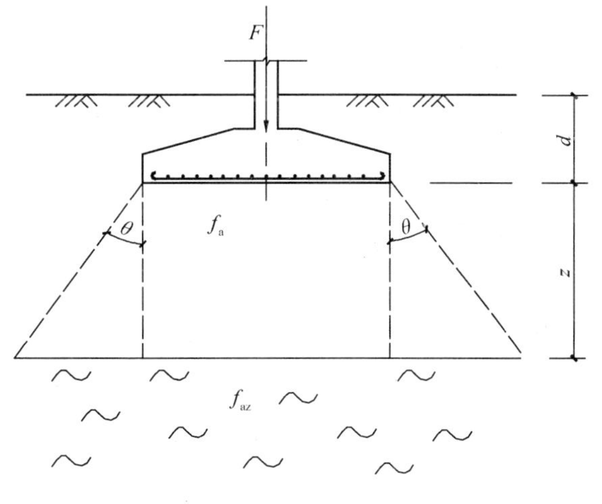

图 7-17 软弱下卧层计算简图

其中，f_{az}应按下式进行计算：

$$f_{az}=f'_{ak}+\eta_d\gamma'_0(D-0.5) \tag{7-21}$$

式中 f'_{ak}——软弱下卧层顶面地基土的承载力特征值（kPa）；

η_d——软弱下卧层的地基承载力修正系数，查表 7-8；

γ'_0——软弱下卧层顶面以上土层的加权平均重度（kN/m^3）；

D——软弱下卧层埋深（m）。

当上层土的压缩模量 E_{s1} 与软弱下卧层土的压缩模量 E_{s2} 比值 $E_{s1}/E_{s2}\geqslant 3$ 时，对于条形基础和矩形基础，公式（7-20）中的 σ_z 可按扩散角原理简化计算：

矩形基础

$$\sigma_z=\frac{p_0 bl}{(b+2z\tan\theta)(l+2z\tan\theta)} \tag{7-22}$$

式中 p_0——基底附加应力（kPa）；

b、l——矩形基础的宽度、长度（m）；

z——基础底面至软弱下卧层顶面处的距离（m）；

θ——地基压力扩散角（°），查表 7-10 确定。

条形基础

$$\sigma_z=\frac{p_0 b}{b+2z\tan\theta} \tag{7-23}$$

式中 b——条形基础的宽度（m）。

如果下卧层承载力验算不满足式（7-20）要求，基础的沉降可能较大，或地基土可能产生剪切破坏，这时应考虑增大基础底面积或减小埋深。如果这样处理仍未能符合要求，则应考虑另拟地基基础方案。

表 7-10　地基压力扩散角 θ

$a=E_{s1}/E_{s2}$	$Z=0.25b$	$z\geqslant 0.50b$
3	6°	23°
5	10°	25°
10	20°	30°

注：1. E_{s1}为上层土压缩模量，E_{s2}为下层土压缩模量。

2. 当 $z<0.25b$ 时，一般取 $\theta=0°$，必要时由试验确定。

7.4.4　地基变形验算

对于一般建筑物，按地基承载力计算已满足地基变形要求，不必进行沉降计算。但对于一级建筑物及一些重要的二级建筑物，应进行变形计算，其具体验算方法见第 3 章有关内容。

7.5　刚性基础设计

刚性基础是指用抗压性能较好而抗拉、抗剪性能很差的材料建造的基础，用砖、石、素混凝土、灰土和三合土等材料砌筑的基础均属此类。为保证刚性基础不因受拉或受剪而破坏，要求基础的宽度和高度之比不超过相应材料要求的容许值。

刚性基础台阶的宽高比应满足

$$\frac{b'}{h}\leqslant\left[\frac{b'}{h}\right] \tag{7-24}$$

式中　$\left[\frac{b'}{h}\right]$——刚性基础台阶宽高比的容许值，查表 7-11；

b'——刚性基础台阶外伸宽度（m）；

h——刚性基础高度（m）。

对于砖基础，各部分的尺寸应符合砖的模数。砖基础一般做成台阶式，俗称“大放脚”。其砌筑方式有两种：一种是“两皮一收”砌法，即每层为两皮砖，高度为 120mm，挑出 1/4 砖长，即 60mm，如图 7-18（a）；另一种是“二、一间隔收砌法”，即“放脚”形状为每层台阶面宽均为 60mm，底层一般砌筑高度为 120mm，往上一层砌筑高度为一皮砖即 60mm，以上各层高度依此类推，如图 7-18（b）。为了保证砖基础的砌筑质量，砖基础底面以下一般要设置垫层。垫层材料可选用灰土、三合土或素混凝土，垫层厚度一般为 100mm。

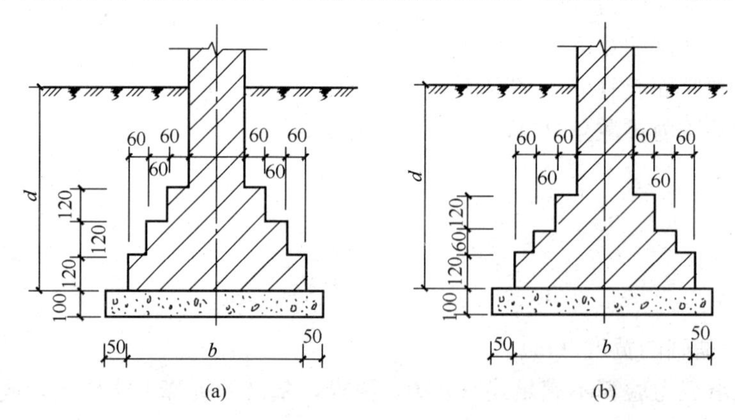

图 7-18　砖基础砌筑

（a）两皮一收砌法；（b）二、一间隔收砌法

表 7-11　刚性基础的质量要求和基础台阶宽高比 b'/h 的容许值

基础材料	质量要求		$[b'/h]$		
			$p\leqslant100$	$100<p\leqslant200$	$200<p\leqslant300$
混凝土基础	C10 混凝土		1∶1.00	1∶1.00	1∶1.00
	C7.5 混凝土		1∶1.25	1∶1.50	1∶1.50
毛石混凝土基础	C7.5～C10 混凝土		1∶1.00	1∶1.25	1∶1.50
砖基础	砖不低于 MU7.5	M5 砂浆	1∶1.50	1∶1.50	1∶1.50
		M2.5 砂浆	1∶1.50	1∶1.50	
毛石基础	M2.5～5 砂浆		1∶1.25	1∶1.50	
	M1 砂浆		1∶1.50		
灰土基础	体积比为 3∶7 或 2∶8 的灰土		1∶1.25	1∶1.50	
三合土基础	体积比为（1∶2∶4）～（1∶3∶6）（石灰∶砂∶集料），每层约铺 220mm，夯至 150mm		1∶1.50	1∶2.00	

【例 7-4】 某民用建筑为四层砖混结构，底层承重墙厚 240mm，墙传至±0.000 地面处的荷载设计值 $F=175\text{kN/m}$，地质情况如图 7-19 所示，试作刚性基础设计。

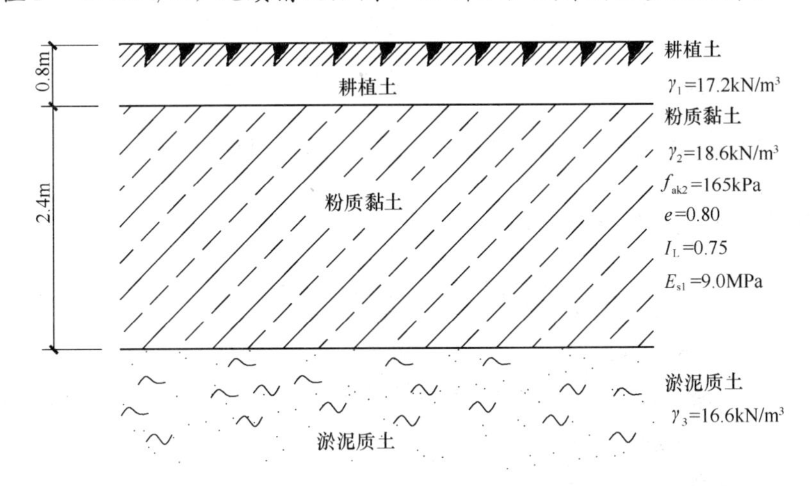

图 7-19　地质情况

【解】 ①根据地基情况，基础埋深选择 $d=0.8\text{m}$。采用条形基础。

②持力层承载力修正后的特征值 f_a

首先，因基础埋深 d 与第一层土层厚 $h_1=0.8\text{m}$ 相等，因此 $\gamma_0=\gamma_1=17.2\text{kN/m}^3$。

其次，查表 7-8，得地基土承载力深度修正系数 $\eta_d=1.6$（注：因基础宽度尚未设计出来，无法进行承载力宽度修正，所以这里先只对承载力进行深度修正）。

经深度修正的承载力特征值 f'_a 为：

$$f'_a=f_{ak2}+\eta_d\gamma_0(d-0.5)=165+1.6\times17.2\times(0.8-0.5)$$
$$=173.256(\text{kPa})$$
$$1.1f'_a=1.1\times165=181.5(\text{kPa})$$

根据规范，应取 $f'_a=181.5\text{kPa}$

③条形基础宽度

$$b \geqslant \frac{F_k}{f_a - \gamma_G d} = \frac{175}{181.5 - 20 \times 0.8} = 1.06(\text{m})$$

取 $b=1.1\text{m}$。

因 $b=1.1\text{m}<3\text{m}$，所以承载力特征值不必进行宽度修正。

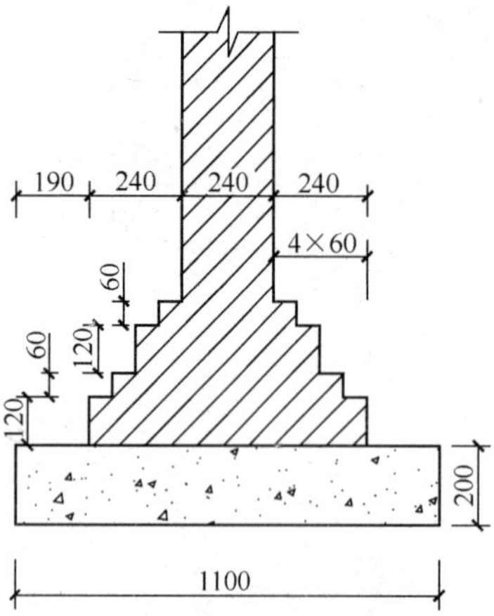

④基础材料和构造

按照规范，基础下部采用 200mm 厚的 C10 混凝土，其上用 MU10 红砖，用 M5 水泥砂浆砌筑。采用砌法，基础高 560mm，保护层厚度为 240mm。如图 7-20 所示。

验算：砖基础台阶宽高比：$b'/h=240/360=1:1.5$，符合表 7-11 要求。

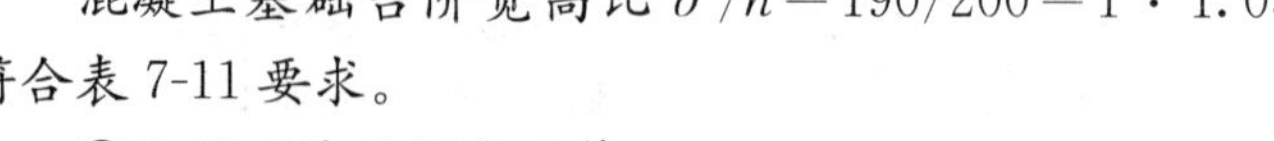

混凝土基础台阶宽高比 $b'/h=190/200=1:1.053$，符合表 7-11 要求。

图 7-20　基础构造示意

⑤软弱下卧层强度验算

软弱下卧层底面处的自重应力为 σ_{cz}：

$$\sigma_{cz} = \gamma_1 h_1 + \gamma_2 h_2 = 17.2 \times 0.8 + 18.6 \times 2.4 = 58.4(\text{kPa})$$

$$\sigma_z = \frac{p_0 b}{b + 2z\tan\theta}$$

基底附加应力 p_0 为：

$$p_0 = \frac{F+G}{b} - \gamma_0 d = \frac{F}{b} + (\gamma_G - \gamma_0)d = \frac{175}{1.1} + (20 - 17.2) \times 0.8 = 161.33(\text{kPa})$$

据 $\frac{E_{s1}}{E_{s2}} = 3.0$，查表 7-10，得压力扩散角 $\theta=23°$，则：

$$\sigma_z = \frac{161.33 \times 1.1}{1.1 + 2 \times 2.4 \times \tan 23°} = 56.56(\text{kPa})$$

$$\sigma_{cz} + \sigma_z = 58.4 + 56.56 = 115(\text{kPa})$$

接下来，计算软弱下卧层顶面处的承载力设计值 f_{az}。

查表 7-8 得承载力深度修正系数 $\eta_d=1.1$。

软弱下卧层顶面至地表土的加权平均重度为：

$$\gamma'_0 = \frac{\gamma_1 h_1 + \gamma_2 h_2}{h_1 + h_2} = \frac{17.2 \times 0.8 + 18.6 \times 2.4}{0.8 + 2.4} = 18.25(\text{kN/m}^3)$$

下卧层埋深 $D=0.8+2.4=3.2$ (m)

则软弱下卧层顶面处的修正后承载力特征值 f_{az} 为：

$$f_{az} = f'_{ak3} + \eta_d \gamma'_0 (D - 0.5) = 70 + 1.1 \times 18.25 \times (3.2 - 0.5) = 123.2(\text{kPa})$$

经比较，$\sigma_{cz}+\sigma_z<f_{az}$，则软弱下卧层安全。

7.6　扩展基础设计

扩展基础的底面向外扩展，基础外伸的宽度大于基础高度，基础材料承受拉应力，因此，扩展基础必须采用钢筋混凝土材料。常见的扩展基础指柱下钢筋混凝土独立基础和墙下钢筋混凝土条形基础。

7.6.1 扩展基础的构造要求

（1）基础边缘高度。锥形基础的边缘高度不宜小于 200mm，见图 7-21（a）；阶梯形基础的每阶高度宜为 300～500mm，见图 7-21（b）。

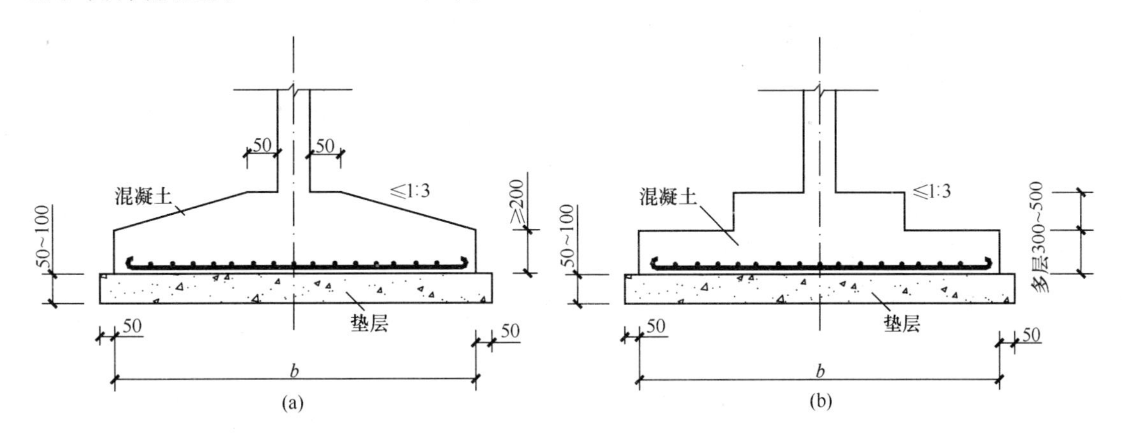

图 7-21 扩展基础构造的一般要求

（a）锥形基础；（b）阶梯形基础

（2）基底垫层。通常在底板下浇筑一层素混凝土垫层，垫层的厚度一般为 50～100mm，混凝土的强度等级一般为 C10，垫层两边各伸出底板 50mm。

（3）底板受力钢筋。直径不宜小于 8mm，间距不大于 200mm。底板钢筋的保护层厚度：设置垫层时不宜小于 35mm；无垫层时不宜小于 70mm。

肋式梁，肋的纵向钢筋和箍筋等一般按经验确定。

（4）混凝土。混凝土强度等级应不小于 C15。

7.6.2 扩展基础的计算

1. 墙下钢筋混凝土条形基础的底板厚度和配筋

（1）中心荷载作用

墙下钢筋混凝土条形基础构造示意见图 7-22。在均布线荷载 F（kN/m）作用下的受力分析可简化为如图 7-23 所示。它的受力况如同一受力作用下的倒置悬壁板。若沿墙长度方

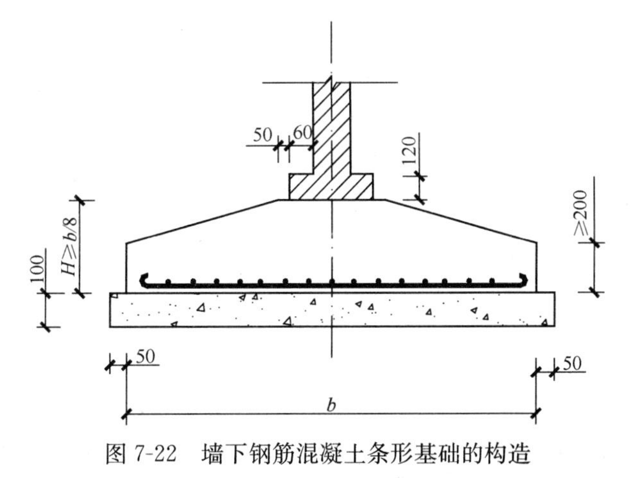

图 7-22 墙下钢筋混凝土条形基础的构造

向取 $l=1\text{m}$ 分析，则基底地基净反力为：

$$p_n = \frac{F}{b} \tag{7-25}$$

式中 p_n——地基净反力设计值（kPa）；

F——上部结构传至基础顶面处的荷载设计值（kN/m）；

b——墙下钢筋混凝土条形基础宽度（m）。

在 p_n的作用下，将在基础底板内产生弯矩 M 和剪力 V，其值在图 7-23 中Ⅰ-Ⅰ截面处（悬臂板“支座”）最大，即：

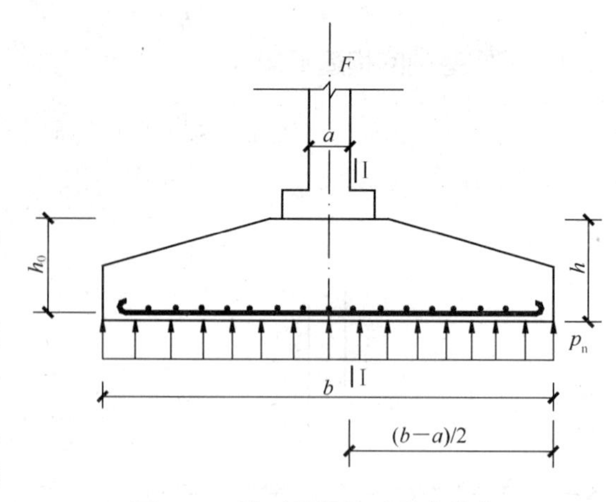

图 7-23 墙下柔性基础受力简化

$$V = \frac{1}{2}p_n(b-a) \tag{7-26}$$

$$M = \frac{1}{8}p_n(b-a)^2 \tag{7-27}$$

式中 V——基础底板支座的剪力设计值（kN/m）；

M——基础底板支座的弯矩设计值（kN · m/m）；

a——砖墙厚（m）；

b——墙下钢筋混凝土条形基础宽度（m）。

为了防止因 V、M 作用而使基础底板发生强度破坏，基础底板应有足够的厚度并按计算进行配筋。

①基础底板厚度

基础内不配箍筋和弯筋，故基础底板厚度应满足下式要求：

$$V \leqslant 0.07 f_c h_0 \tag{7-28}$$

或

$$h_0 \geqslant \frac{V}{0.07 f_c} \tag{7-29}$$

式中 f_c——混凝土轴心抗压强度设计值（kPa）；

h_0——基础底板有效高度（m）。

当设置垫层时

$$h_0 = h - 40 - \frac{1}{2}\phi \tag{7-30}$$

当无垫层时

$$h_0 = h - 70 - \frac{1}{2}\phi \tag{7-31}$$

式中 ϕ——主筋直径（mm）。

②基础底板配筋

按下式计算：

$$A_s = \frac{M}{0.9 h_0 f_y} \tag{7-32}$$

式中 A_s——条形基础每米长基础底板受力钢筋截面积（mm^2/m）；

f_y——钢筋抗拉强度设计值（N/mm^2）。

（2）偏心荷载作用

首先计算基底净反力的偏心距 e_{m0}：

$$e_{m0} = \frac{M}{F} \tag{7-33}$$

然后计算基础边缘处的最大和最小净反力：

$$p_{nmin}^{nmax} = \frac{F}{b}\left(1 \pm \frac{6e_{m0}}{b}\right) \tag{7-34}$$

则悬臂支座处截面Ⅰ-Ⅰ（图 7-24）处的地基净反力为：

$$p_{nI} = p_{nmin} + \frac{b-a}{2b}(p_{nmax} - p_{nmin}) \tag{7-35}$$

基础高度和配筋仍旧按公式（7-29）和公式（7-32）进行计算，但在计算剪力 V 和弯矩 M 时应将公式（7-26）和公式（7-27）中的 p_n 改为（$p_{max}+p_{min}$）/2。

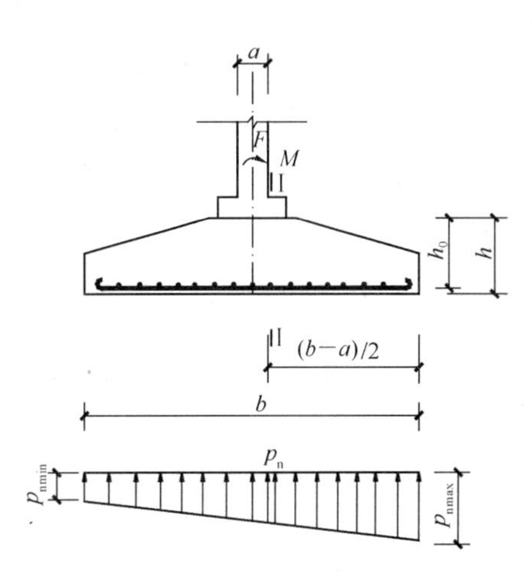

图 7-24 墙下条形基础受偏心荷载作用

2. 柱下钢筋混凝土独立基础底板厚度及配筋计算

（1）中心荷载作用

①基础底板厚度

在柱中心荷载 F 作用下，如果基础高度（或阶梯高度）不足，则将沿着柱周边（或阶梯高度变化处）产生冲切破坏，形成 45°斜裂面的锥体，如图 7-25（a）所示。因此，由冲切破坏锥体以外的地基净反力所产生的冲切力应小于冲切面处混凝土的抗冲切能力。对于矩形基础，往往柱短边一侧冲切破坏较柱长边一侧危险，这时只需要根据短边一侧冲切破坏条件来确定底板厚度，即要求：

$$F_l \leqslant 0.7 f_t a_m h_0 \cdot \beta_{hp} \tag{7-36}$$

式中 F_l——地基净反力在冲切面（A_l）上产生的剪力设计值，$F_l = p_n A_l$（kN）；

p_n——地基净反力设计值（kPa），$p_n = \dfrac{F}{lb}$；

β_{hp}——取 1.0；

l，b——独立基础底面长与宽（m）；

A_l——冲切力的作用面积，图 7-25 中的斜影线部分（m^2）；

f_t——混凝土抗拉强度设计值（kPa）；

a_m——冲切破坏锥体斜截面的上边长 a_t 与下边长 a_b 的平均值，$a_m = \dfrac{a_t + a_b}{2}$。

h_0——基础有效高度（m），有垫层时，$h_0 = h - 40 - \dfrac{\phi}{2}$；无垫层时，$h_0 = h - 70 - \dfrac{\phi}{2}$；

h——基础总高度（m）；

ϕ——钢筋直径，可按 20mm 考虑。

当 $b \geqslant b_c + 2h_0$ 时，见图 7-25（b），

$$A_1=\left(\frac{l}{2}-\frac{a_c}{2}-h_0\right)b-\left(\frac{b}{2}-\frac{b_c}{2}-h_0\right)^2$$

$$a_b=b_c+2h_0, a_t=b_c, a_m=b_c+h_0$$

将 A_1、a_m代入公式（7-36），即为柱下独立基础抗冲切验算公式：

$$p_n\left[\left(\frac{l}{2}-\frac{a_c}{2}-h_0\right)b-\left(\frac{b}{2}-\frac{b_c}{2}-h_0\right)^2\right]\leqslant 0.7f_t(b_c+h_0)h_0 \tag{7-37}$$

或

$$h_0\geqslant\frac{1}{2}\sqrt{b_c^2+\frac{2b(l-a_c)-(b-b_c)^2}{1+0.6\left(\frac{f_t}{p_n}\right)}}-\frac{b_c}{2} \tag{7-38}$$

式中　a_c、b_c——分别为柱长边、短边长度（m）；

　　　h_0——基础的有效高度（m）。

其余符号同前。

当 $b<b_c+2h_0$时，如图 7-25（c），

$$A_1=\left(\frac{l}{2}-\frac{a_c}{2}-h_0\right)b$$

$$a_b=b_c+2h_0, a_t=b_c, a_m=b_c+h_0$$

则公式（7-37）变成

$$p_n\left[\left(\frac{l}{2}-\frac{a_c}{2}-h_0\right)b\right]\leqslant 0.7f_t(b_c+h_0)h_0 \tag{7-39}$$

当基础剖面为阶梯形时，如图 7-26 所示，除可能在柱子周边开始沿 45°斜面拉裂形成冲切锥体外，还可能从变阶处开始沿 45°斜面拉裂。因此，还应验算变阶处的有效高度 h_{01}。验算方法与上述基本相同，仅需将上述公式中的 b_c、a_c、h_0换成变阶处的尺寸 b_1、a_1、h_{01}即可。

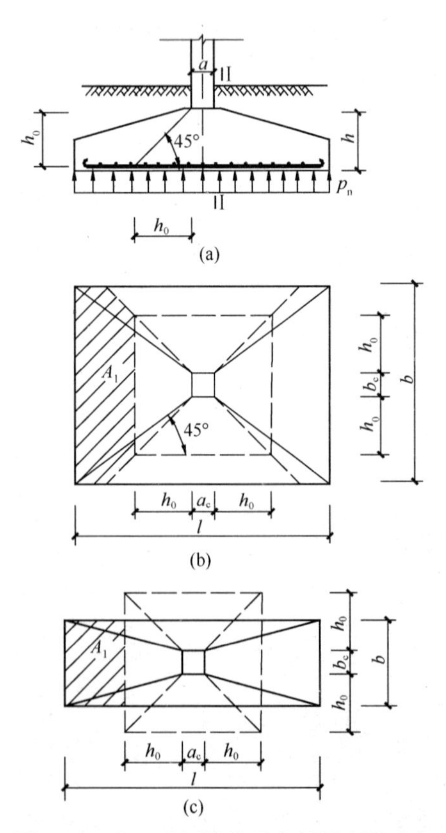

图 7-25　中心受压柱基础底板厚度的确定

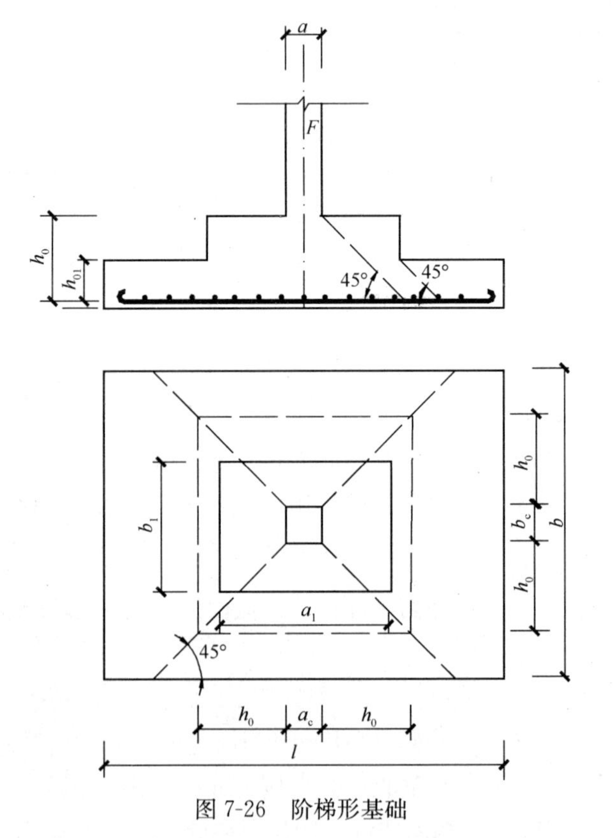

图 7-26　阶梯形基础

②基础底板配筋

由于单独基础底板在 p_n 作用下，在两个方向均发生弯曲，所以两个方向都要配受力钢筋，钢筋面积按两个方向的最大弯矩分别计算，如图 7-27（a）所示。

Ⅰ-Ⅰ截面：

$$M_{\mathrm{I}}=\frac{p_n}{24}(l-a_c)^2(2b+b_c) \tag{7-40}$$

$$A_{s\mathrm{I}}=\frac{M_{\mathrm{I}}}{0.9h_0f_y} \tag{7-41}$$

Ⅱ-Ⅱ截面：

$$M_{\mathrm{II}}=\frac{p_n}{24}(b-b_c)^2(2l+a_c) \tag{7-42}$$

$$A_{s\mathrm{II}}=\frac{M_{\mathrm{II}}}{0.9h_0f_y} \tag{7-43}$$

阶梯形基础还应按阶面Ⅲ-Ⅲ和Ⅳ-Ⅳ计算 $A_{s\mathrm{III}}$、$A_{s\mathrm{IV}}$，如图 7-27（b）所示。

Ⅲ-Ⅲ截面：

$$M_{\mathrm{III}}=\frac{p_n}{24}(l-a_1)^2(2b+b_1) \tag{7-44}$$

$$A_{s\mathrm{III}}=\frac{M_{\mathrm{III}}}{0.9h_0f_y} \tag{7-45}$$

Ⅳ-Ⅳ截面：

$$M_{\mathrm{IV}}=\frac{p_n}{24}(b-b_1)^2(2l+a_1) \tag{7-46}$$

$$A_{s\mathrm{IV}}=\frac{M_{\mathrm{IV}}}{0.9h_0f_y} \tag{7-47}$$

（2）偏心荷载作用

①构造要求

（a）一般要求

轴心受压基础的底面一般采用正方形。偏心受压基础的底面应采用矩形，长边与弯矩作用方向一致，长、短边边长的比例在 1.5～2.0 之间，不应超过 3.0。

锥形基础的边缘高度不宜小于 300mm；阶梯形基础的每阶高度宜为 300～500mm。

混凝土强度等级不应低于 C15，常用 C15 或 C20。基础下面通常要做素混凝土垫层（常用 C10 混凝土），厚度一般采用 100mm，垫层面积比基础底面积大，通常每端伸出基础边 100mm。

底板受力钢筋一般采用 HRB335 或 HPB235 级钢筋，其最小直径不宜小于 8mm，间距宜为 100～200mm。当有垫层时，受力钢筋的保护层厚度不宜小于 40mm，无垫层时不宜小于 70mm。

基础底板的边长大于 3m 时，沿此方向的钢筋长度可减短 10%，但应交错布置。

（b）预制基础的杯口形式和柱的插入深度

当预制柱的截面为矩形及工字形时，柱基础采用单杯口形式。

预制柱插入基础杯口应有足够的深度，使柱可靠地嵌固在基础中，插入深度 h_1 应满足表 7-12 的要求。

基础的杯底厚度 a_1 和杯壁厚度 t 可按表 7-13 选用。

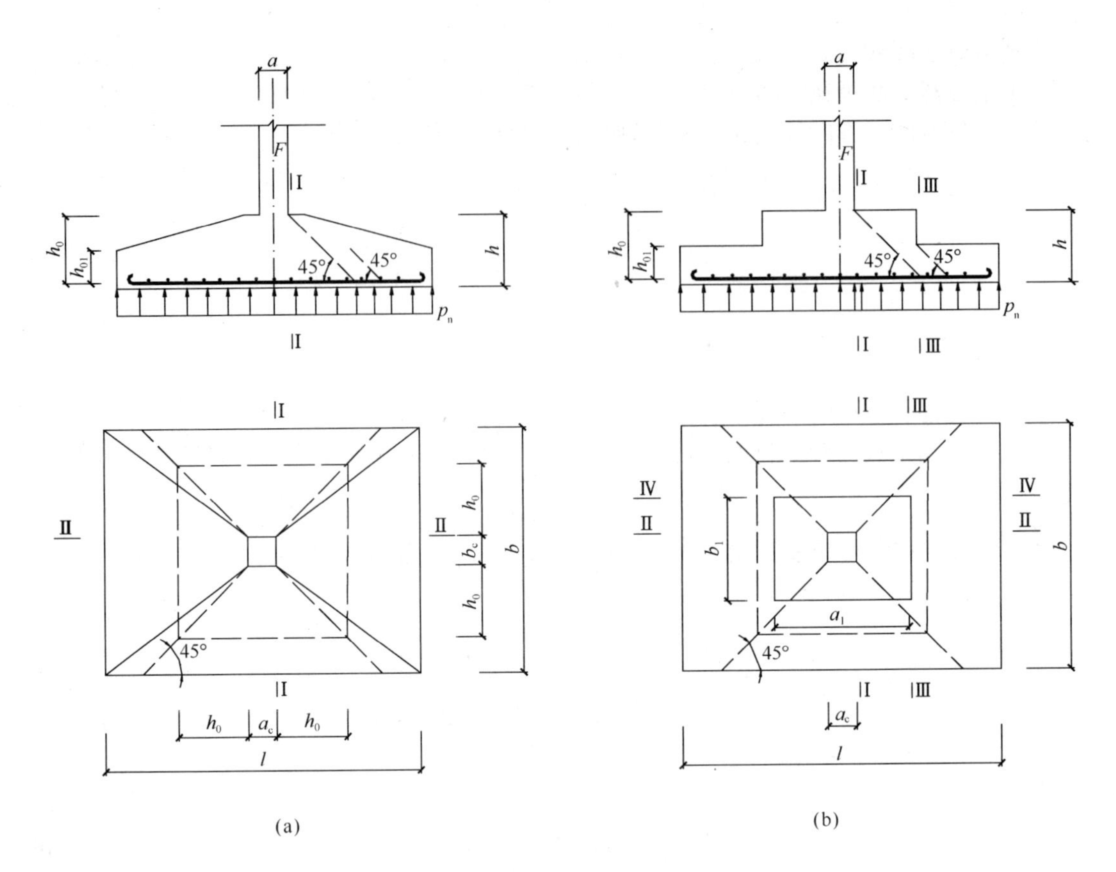

图 7-27 中心荷载柱基础底板配筋计算

(a) 锥形基础；(b) 阶梯形基础

表 7-12 柱的插入深度 h_1 (mm)

矩形或工字形柱				单肢管柱	双肢管柱
<500	500≤h<800	800≤h<1000	1000<h		
h～1.2h	h	0.9h	0.8h	1.5d	(1/3～2/3) h_a
		≥800	≥1000	≥500	(1.5～1.8) h_b

注：1. h 为柱截面长边尺寸；d 为管柱的外直径；h_a 为双肢柱整个截面长边尺寸；h_b 为双肢柱整个截面短边尺寸。
2. 柱轴心受压或小偏心受压时，h_1 可适当减小，偏心距大于 2h（或 2d）时，h_1 应适当加大。

表 7-13 基础的杯底厚度和杯壁厚度

柱截面长边尺寸 h（mm）	杯底厚度 a_1（mm）	杯壁厚度 t（m）
h<500	≥150	150～200
500≤h<800	≥200	≥200
800≤h<1000	≥200	≥300
1000≤h<1500	≥250	≥350
1500≤h<2000	≥300	≥400

②确定基础底面尺寸

先按轴心受压估算：

$$A \geqslant \frac{F_k}{f_a - \gamma_G d}$$

将其增大10%～40%，初步选定底面尺寸为$A=bl$。

③地基承载力的验算

要求：$p_{max}\leqslant 1.2f_a$

$p_{min}\geqslant 0$

$p\leqslant f_a$

其中：$p_{\substack{max\\min}}=\frac{F_k+G_k}{bl}\left(1\pm\frac{6e_k}{l}\right)$，$e_k=\frac{M_k}{F_k+G_k}$，而$G_k=\gamma_G Ad$

$$p=\frac{1}{2}(p_{max}+p_{min})$$

④基础抗冲切承载力验算

基础抗冲切承载力验算目的是确定基础底板厚度，偏心受压基础底板厚度计算简图见图7-28。

基础边缘处的最大和最小净反力：

$$p_{\substack{nmax\\nmin}}=\frac{F}{bl}\left(1\pm\frac{6e_{m0}}{l}\right) \tag{7-48}$$

其中，基底净反力的偏心距：

$$e_{m0}=\frac{M}{F} \tag{7-49}$$

若$F_l\leqslant 0.7f_t a_m h_0$满足，说明该基础台阶边缘或角锥边缘高度满足抗冲切承载力要求，其中冲切力$F_l=p_{nmax}A_l$。

⑤基础底板配筋

偏心受压基础底板配筋计算图见图7-29。

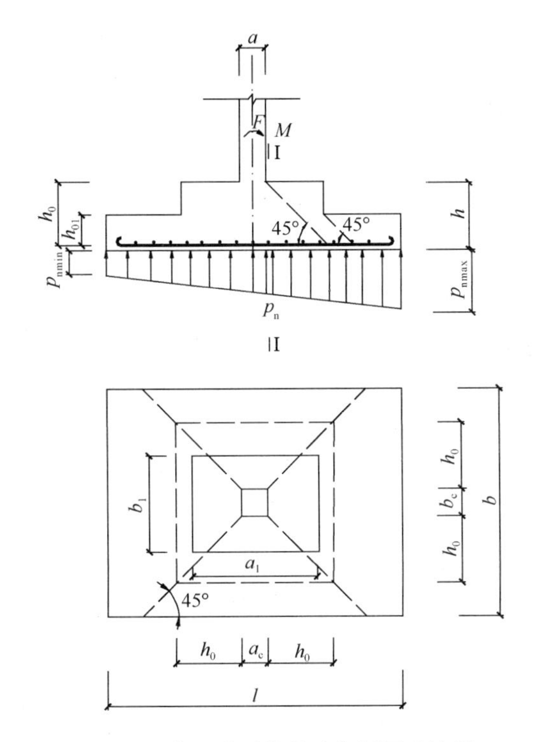

图7-28 偏心受压柱基础底板厚度计算

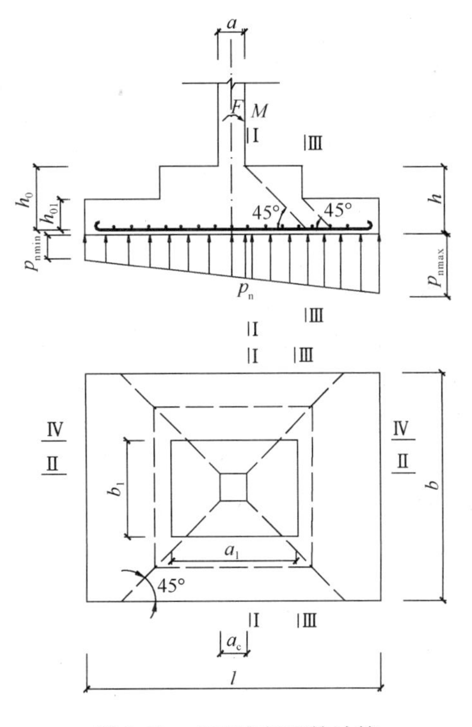

图7-29 基础底板配筋计算

按比例可求得相应于柱边缘、变阶处及冲切破坏锥体外边缘处的地基净反力值。

柱边缘：
$$p_{n\mathrm{I}}=p_{n\min}+\frac{l+a_c}{2l}\times(p_{n\max}-p_{n\min})$$

变阶处：
$$p_{n\mathrm{III}}=p_{n\min}+\frac{l+a_1}{2l}\times(p_{n\max}-p_{n\min})$$

冲切破坏锥体外边缘处：$p_{nj}=p_{n\min}+\dfrac{l+a_1+2h_0}{2l}\times(p_{n\max}-p_{n\min})$

沿基础长边方向，对柱边截面Ⅰ-Ⅰ处的弯矩M_I按下式计算：

$$M_\mathrm{I}=\frac{1}{24}\left(\frac{p_{n\max}+p_{n\mathrm{I}}}{2}\right)(l-a_c)^2(2b+b_c) \tag{7-50}$$

配筋面积：
$$A_{s\mathrm{I}}=\frac{M_\mathrm{I}}{0.9f_yh_{0\mathrm{I}}} \tag{7-51}$$

变阶处截面Ⅲ-Ⅲ处的弯矩：

$$M_\mathrm{III}=\frac{1}{24}\left(\frac{p_{n\max}+p_{n\mathrm{III}}}{2}\right)(l-a_1)^2(2b+b_1) \tag{7-52}$$

按变阶处进行配筋：

$$A_{s\mathrm{II}}=\frac{M_\mathrm{III}}{0.9f_yh_0} \tag{7-53}$$

沿基础短边方向计算与上相仿，但应按轴心受压考虑。

柱边缘处弯矩：

$$M_\mathrm{II}=\frac{1}{24}\left(\frac{p_{n\max}+p_{n\min}}{2}\right)(b-b_c)^2(2l+a_c) \tag{7-54}$$

配筋：
$$A_{s\mathrm{II}}=\frac{M_\mathrm{II}}{0.9f_yh_{0\mathrm{II}}} \tag{7-55}$$

变阶处截面Ⅳ-Ⅳ处的弯矩：

$$M_\mathrm{IV}=\frac{1}{24}\left(\frac{p_{n\max}+p_{n\min}}{2}\right)(b-b_1)^2(2l+a_1) \tag{7-56}$$

按变阶处进行配筋：

$$A_{s\mathrm{IV}}=\frac{M_\mathrm{IV}}{0.9f_yh_0} \tag{7-57}$$

【例 7-5】 已知：某单层厂房预制排架柱的截面为 400mm×600mm，采用柱下扩展基础，杯口顶面的轴向力设计值 $F=715$kN，弯矩设计值 $M=208$kN · m，剪力设计值 $V=26$kN，地基承载力设计值（已修正）$f_a=195$kPa，基础埋置深度 $d=1.45$m，基础混凝土强度等级采用 C20，垫层采用 C10，厚度 100mm；采用 HPB235 级钢筋。试设计此混凝土基础。

【解】 ①初步确定基础高度和杯口尺寸

由表 7-12，柱的插入深度 $h_1=600$mm，所以杯口深度为 600＋50＝650mm。杯口顶部尺寸，宽为 400＋2×75＝550mm，长为 600＋2×75＝750mm；杯口底部尺寸，宽为 400＋2×50＝500mm，长为 600＋2×50＝700mm。

根据表 7-13，取杯壁厚度 $t=200$mm，杯底厚度 $a_1=200$mm，杯壁高度 $h_2=300$mm，$a_2=200$mm。

根据以上尺寸，初步确定基础总高度为 600＋50＋200＝850mm，如图 7-30 所示。

②确定基础底面尺寸

先按轴心受压估算，这时基础埋置深度按室内标高和天然地坪高平均值考虑，即 $d=(1.45+1.15)/2=1.30\text{m}$。

$$A \geqslant \frac{F_k}{f_a-\gamma_G d}=\frac{715/1.35}{195-20\times1.3}=3.13(\text{m}^2)$$

将其增大 10%～40%，初步选定底面尺寸为：b=3.0m，l=2.0m。

$$G_k=\gamma_G Ad=20\times3\times2\times1.30=156(\text{kN})$$

基底反力的偏心距 e_k：

$$e_k=\frac{M_k}{F_k+G_k}=\frac{(208+26\times0.85)/1.35}{715/1.35+156}=0.2486(\text{m})$$

基础边缘处的最大和最小反力：

$$p_{\substack{\max\\ \min}}=\frac{F_k+G_k}{bl}\left(1\pm\frac{6e_k}{l}\right)=\frac{715/1.35+156}{2\times3}\times\left(1\pm\frac{6\times0.2486}{3}\right)=\begin{matrix}171.1(\text{kPa})\\ 57.5(\text{kPa})\end{matrix}$$

③地基承载力的验算

$$p_{\max}=171.1\text{kPa}\leqslant1.2f_a=1.2\times195=234\text{kPa}$$

$$p_{\min}=57.5\text{kPa}\geqslant0$$

$$p=\frac{1}{2}(p_{\max}+p_{\min})=\frac{1}{2}\times(171.1+57.5)=114.3\text{kPa}\leqslant f_a$$

故基础底面积满足地基承载力的要求。

④基础抗冲切承载力验算

基底净反力的偏心距 e_{m0}：

$$e_{m0}=\frac{M}{F}=\frac{208+26\times0.85}{715}=0.322(\text{m})$$

基础边缘处的最大和最小净反力：

$$p_{\substack{n\max\\ n\min}}=\frac{F}{bl}\left(1\pm\frac{6e_{m0}}{l}\right)=\frac{715}{2\times3}\times\left(1\pm\frac{6\times0.322}{3}\right)=\begin{matrix}195.9(\text{kPa})\\ 42.5(\text{kPa})\end{matrix}$$

因杯壁厚 t=200mm，小于杯壁高度 300mm，说明上阶底落在破坏锥体以内，故仅需对台阶以下进行冲切验算。按有垫层且纵筋直径暂按 20mm 考虑，冲切锥体的有效高度取：

$$h_0=550-40-20/2=500(\text{mm})$$

按比例可求得相应于柱边缘、变阶处及冲切破坏锥体外边缘处的地基净反力值（见图 7-30）分别为：

柱边缘：
$$p_{nI}=p_{n\min}+\frac{l+a_c}{2l}\times(p_{n\max}-p_{n\min})$$
$$=42.5+\frac{3+0.6}{2\times3}\times(195.9-42.5)=134.54(\text{kPa})$$

变阶处：

$$p_{n\text{III}}=p_{n\min}+\frac{l+a_1}{2l}\times(p_{n\max}-p_{n\min})=42.5+\frac{3+1.15}{2\times3}\times(195.9-42.5)$$
$$=148.6(\text{kPa})$$

因：$b_1+2h_0=950+2\times500=1950\text{mm}\leqslant b=2000\text{mm}$，故冲切破坏锥体最不利一侧斜截面上边长 a_t 和下边长 a_b 分别为：

$$a_t=b_1=950\text{mm},a_b=a_t+2h_0=950+2\times500=1950(\text{mm})$$

则 $a_m=\frac{a_t+a_b}{2}=\frac{950+1950}{2}=1450(\text{mm})$

$$A_l=\left(\frac{l}{2}-\frac{a_1}{2}-h_0\right)b-\left(\frac{b}{2}-\frac{b_1}{2}-h_0\right)^2$$

$$=\left(\frac{3}{2}-\frac{1.15}{2}-0.5\right)\times 2-\left(\frac{2}{2}-\frac{0.95}{2}-0.5\right)^2=0.85(\text{m}^2)$$

冲切力： $F_l=p_{nmax}A_l=195.9\times 0.85=166.4(\text{kN})$

抗冲切力： $0.7f_t a_m h_0=0.7\times 1.1\times 1450\times 500=558.25(\text{kN})$

$F_l\leqslant 0.7f_t a_m h_0$ 满足，说明该基础台阶边缘高度满足抗冲切承载力要求。

⑤基础底板配筋

沿基础长边方向，对柱边截面Ⅰ-Ⅰ处的弯矩为：

$$M_{\text{I}}=\frac{1}{24}\left(\frac{p_{nmax}+p_{n\text{I}}}{2}\right)(l-a_c)^2(2b+b_c)$$

$$=\frac{1}{24}\times\left(\frac{195.9+134.54}{2}\right)(3-0.6)^2(2\times 2+0.4)=174.5(\text{kN}\cdot\text{m})$$

配筋面积 $A_{s\text{I}}=\frac{M_{\text{I}}}{0.9f_y h_{0\text{I}}}=\frac{174.5\times 10^6}{0.9\times 210\times 800}=1154(\text{mm}^2)$

其中 $h_{0\text{I}}=850-40-20/2=800$ (mm)

变阶处截面Ⅲ-Ⅲ处的弯矩：

$$M_{\text{III}}=\frac{1}{24}\left(\frac{p_{nmax}+p_{n\text{III}}}{2}\right)(l-a_1)^2(2b+b_1)$$

$$=\frac{1}{24}\times\left(\frac{195.9+148.6}{2}\right)(3-1.15)^2(2\times 2+0.95)=121.6(\text{kN}\cdot\text{m})$$

按变阶处进行配筋：

$$A_{s\text{II}}=\frac{M_{\text{III}}}{0.9f_y h_0}=\frac{121.6\times 10^6}{0.9\times 210\times 500}=1286.8(\text{mm}^2)$$

故基础长边方向应按 $A_{s\text{III}}=1286.8\text{mm}^2$ 进行配筋，则每米选筋面积应不小于 $\frac{A_{s\text{III}}}{b}=\frac{1286.8}{2.0}=643.4\text{mm}^2/\text{m}$，可选用 $\phi 10@120$，实配 $654\text{mm}^2/\text{m}$。

沿基础短边方向计算与上相仿，但应按轴心受压考虑。

柱边缘处弯矩：

$$M_{\text{II}}=\frac{1}{24}\left(\frac{p_{nmax}+p_{nmin}}{2}\right)(b-b_c)^2(2l+a_c)$$

$$=\frac{1}{24}\times\left(\frac{195.9+42.5}{2}\right)(2-0.4)^2(2\times 3+0.6)=83.9(\text{kN}\cdot\text{m})$$

配筋：$A_{s\text{II}}=\frac{M_{\text{II}}}{0.9f_y h_{0\text{II}}}=\frac{83.9\times 10^6}{0.9\times 210\times 800}=555(\text{mm}^2)$

变阶处截面Ⅳ-Ⅳ处的弯矩：

$$M_{\text{IV}}=\frac{1}{24}\left(\frac{p_{nmax}+p_{nmin}}{2}\right)(b-b_1)^2(2l+a_1)$$

$$=\frac{1}{24}\times\left(\frac{195.9+42.5}{2}\right)(2-0.95)^2(2\times 3+1.15)=39.2(\text{kN}\cdot\text{m})$$

按变阶处进行配筋：

$$A_{s\mathrm{IV}} = \frac{M_{\mathrm{IV}}}{0.9f_y h_0} = \frac{39.2\times10^6}{0.9\times210\times500} = 414.8(\mathrm{mm}^2)$$

因计算配筋面积太小，考虑构造配筋，选用 $\phi10@200$，实配 $392\mathrm{mm}^2/\mathrm{m}$。

⑥基础施工图

基础施工图绘制如图 7-30 所示。

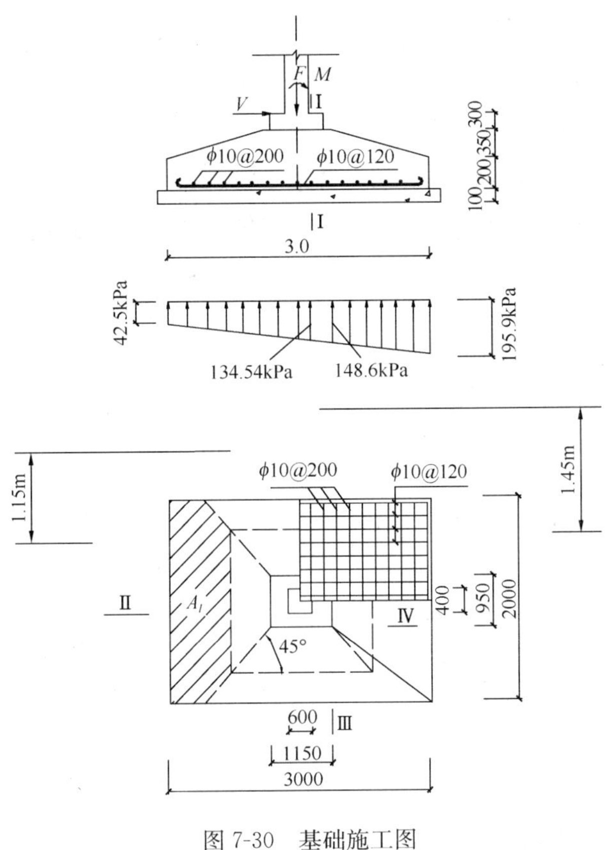

图 7-30　基础施工图

7.7　减轻不均匀沉降的措施

在软弱地基上建造建筑物，一方面要采用合适的地基处理方案，同时也不能忽视在建筑、结构设计和施工中采取相应的措施，以减轻不均匀沉降对建筑物的危害。在地基条件较差时，如果在建筑、结构设计及施工中处理得当，可减少地基处理的费用，有时甚至不必处理。

7.7.1　建筑措施

1. 建筑平面力求简单，高差不宜过大。建筑平面简单、高度一致的建筑物，基底应力较均匀，圈梁容易拉通，整体刚度好，即使沉降较大，建筑物也不易产生裂缝和损坏。

2. 建筑物体型（平面及剖面）复杂，不但削弱建筑物的整体刚度，而且使房屋构件中应力状态复杂化，是造成不均匀沉降的因素之一。例如，平面为“L”、“T”、“H”、“山”、“I”等形状的建筑物，在纵横单元相交处基础密集，则地基应力叠加，构件受力复杂，使该处地基沉降量增加，建筑物容易因不均匀沉降而产生裂损。

3. 控制建筑物的长高比及合理布置纵横墙

砖石承重的建筑物，当其长度与高度之比较小时，建筑物的刚度好，在一定沉降范围内，能有效防止建筑物开裂。相反，长高比大的建筑物其整体刚度小，纵墙很容易因挠曲变形过大而开裂。根据建筑实践经验，当基础计算沉降量大于120mm时，建筑物的长高比不宜大于2.5。对于平面简单，内外墙贯通，长高比可适当放宽，但一般不宜大于3.0。

合理布置纵横墙是增强建筑物刚度的重要措施之一，建造在软弱地基上的建筑物，内外墙应避免中断、转折，横墙间距应减小，以增强建筑物的整体刚度。

4. 设置沉降缝

用沉降缝将建筑物从屋面到基础分割成若干个独立的沉降单元，使得建筑物的平面变得简单、长高比减小，从而可有效地减轻地基的不均匀沉降。沉降缝通常设置在以下部位：

（1）平面形状复杂的建筑物转折处。

（2）建筑物高差或荷重差别很大处。

（3）长高比过大的建筑物的适当部位。

（4）地基土压缩性有显著变化处。

（5）建筑物结构或基础类型不同处。

（6）分期建筑的交接处。

沉降缝应留有足够的宽度，缝内一般不填充材料，以保证沉降缝上端不致因相邻单元互倾而顶住。沉降缝的宽度与建筑物的层数有关，可按表7-14采用。

表7-14　建筑物沉降缝的宽度　（m）

建筑物层数	沉降缝宽度	建筑物层数	沉降缝宽度
2～3	50～80	5层以上	≥120
4～5	80～120		

5. 控制相邻建筑物的间距

相邻建筑物太近，则由于地基应力扩散作用会彼此影响，引起相邻建筑物产生附加沉降。所以，建造在软弱地基上的建筑物，应隔开一定距离。如分开后的两个单元之间需要连接时，应设置能自由沉降的连接体或用简支、悬臂结构连通。相邻建筑物基础间净距参见表7-15。

表7-15　相邻建筑物基础间净距　（m）

影响建筑物的预估平均沉降量 S（mm）	被影响建筑物的长高比	
	$2.0 \leqslant \frac{L}{H_f} < 3.0$	$3.0 \leqslant \frac{L}{H_f} < 5.0$
70～150	2～3	5～6
160～250	3～6	6～9
260～400	6～9	9～12
＞400	9～12	≥12

注：1. 表中 L 为建筑物长度或沉降缝分隔的单元长度（m）；H_f 为自基础底面算起的建筑物高度（m）；

2. 当被影响建筑物的长高比为 $1.5 < L/H_f < 2.0$ 时，其间隔净距可适当缩小。

6. 调整建筑物的某些标高

确定建筑物各部分的标高，应考虑沉降引起的变化。根据具体情况，可采取如下相应措施：

（1）室内地坪，应根据预估的沉降量予以提高。

（2）建筑物各部分（或设备之间）有联系时，可将沉降大者的标高适当提高。

（3）建筑物与设备之间应留有足够的净空；当建筑物有管道通过时，管道上方应预留足够尺寸的孔洞，或采用柔性的管道接头。

7.7.2 结构措施

在软弱地基上，减小建筑物的基底压力及调整基底的附加应力是减小基础不均匀沉降的根本措施；加强结构的刚度和强度是调整不均匀沉降的重要措施；将上部结构做成静定体系是适应地基不均匀沉陷的有效措施。

1. 减小建筑物的基底压力

传到地基上的荷载包括上部结构和基础、基础上方土的永久荷载及可变荷载（如楼面、屋面活荷载、风荷载、雪荷载等）。其中上部结构和基础、基础上方土的永久荷载占总荷载的比重较大，据调查民用建筑占60％～75％，工业建筑占40％～50％，所以应设法减轻结构的重量，其减重的主要方法有如下几种：

（1）减轻建筑物的自重。对于砖石承重结构的房屋，墙体的重量只占结构总重量的一半以上，故宜选用轻质的墙体材料，如陶粒混凝土、空心砌块、多孔砖等。

（2）采用轻型结构。如采用预应力混凝土结构、轻钢结构以及轻型屋面（如自防水预制轻型屋面板、石棉水泥瓦）等。

（3）采用覆土少而自重轻的基础。例如，采用浅埋钢筋混凝土基础、空心基础、空腹沉井基础、薄壳基础等。

2. 调整基底压力或附加压力

（1）设置地下室或半地下室，以减小基底附加压力。

（2）改变基底尺寸，调整基础沉降。对于上部结构荷载大的基础，可采用较大的基底面积，以减小基底附加压力，使沉降量减小。

3. 增强建筑物的刚度和强度

如前所述，控制建筑物的长高比和适当加密横墙可增加建筑物的刚度和整体性。此外，还可在砌体中设置圈梁提高砌体的整体性或增强基础的刚度，这样即使建筑物发生较大的沉降，也不致产生过大的挠曲变形。

在砌体内的适当部位设置圈梁、以提高砌体的抗剪、抗拉强度，防止建筑物出现裂缝。圈梁一般沿外墙设置在楼板下或窗顶上，设在窗顶上的圈梁可兼作过梁用。当建筑物太长时，在主要的内墙上也要适当设置圈梁，并与外墙的圈梁连成一个整体。

4. 上部结构采用静定体系

当发生不均匀沉降时，在静定结构体系中，构件不致引起很大的附加应力，故在软弱地基上的公共建筑物、单层工业厂房、仓库等，可考虑采用静定结构体系，以减轻不均匀沉降产生的不利后果。

7.7.3 施工措施

在基坑开挖时，不要扰动基底土的原来结构。通常在坑底保留约200mm厚的土层，待垫层施工时再铲除。如发现坑底土已被扰动，应将已扰动的土挖去，并用砂、碎石回填夯实至要求标高。

当建筑物存在高低或轻重不同部分时，应先建造高、重部分，后施工低、轻部分。如果在高低层之间使用连接体时，应最后修建连接体，以部分消除高低层之间沉降差异的影响。

上岗工作要点

地基基础设计是建筑结构设计的重要内容之一，与建筑物的安全和正常使用有密切关系。设计时必须熟知上部结构的使用要求、建筑物的安全等级、上部结构类型特点、工程地质条件、水文地质条件以及施工条件、造价和环境保护等各种条件，合理选择地基基础方案，因地制宜，精心设计，以确保建筑物的安全和正常使用。力求做到基础工程安全可靠、经济合理、技术先进和施工方便；减轻地基不均匀沉降损害不应单从地基基础的角度出发，而应综合考虑其他结构措施和建筑、施工措施。

简单应用：根据地基承载力基本值或标准值确定地基承载力设计值。

综合应用：按地基持力层承载力，计算墙下条形基础和柱下单独基础的底面尺寸；软弱下卧层承载力的验算。

思考题

1. 天然浅基础有哪些结构类型？它们的适用条件如何？
2. 刚性基础和柔性基础有何区别？
3. 选择基础埋深应考虑哪些因素？
4. 确定地基的承载力有哪些方法？
5. 基础底面积如何计算？中心荷载与偏心荷载作用下，基底面积计算有何不同？
6. 软弱下卧层强度验算有哪些内容？
7. 减轻不均匀沉降的危害应采取哪些措施？

习题

1. 某6层住宅设计条形基础，基础底宽 $b=1.80\text{m}$，埋深 $d=1.50\text{m}$。地基表层为素填土，天然重度 $\gamma=17.5\text{kN/m}^3$，层厚 $h_1=1.50\text{m}$；第二层为黏土，$\gamma=18.5\text{kN/m}^3$，w 为33.0%，$w_L=51.6\%$，$w_p=26.8\%$，$e=0.80$。设 $\psi_f=0.95$。试确定地基承载力基本值、特征值和修正后的特征值。

（答案：$f_0=240\text{kPa}$；$f_{ak}=228\text{kPa}$；$f_a=256\text{kPa}$）

2. 一重型设备重 $F_k=900\text{kN}$，设计独立基础，埋深拟取 $d=1.0\text{m}$。地基土的物理性指标：$\gamma=18.6\text{kN/m}^3$，$f_a=220\text{kPa}$，试确定该独立基础尺寸。

（答案：$b=2.2\text{m}$）

3. 某5层住宅楼，设计砖混结构，砖墙承重。底层墙厚360mm。墙传至±0.00地面处的荷载标准值 $F_k=200\text{kN/m}$，地质情况如图7-31所示。试进行刚性基础设计。

（答案：埋深 d 选1.0m，则 $b=1.3\text{m}$，二一间隔收做法，混凝土垫层厚取200mm，台阶数 $n=5$）

4. 墙下条形灰土基础受中心荷载 $F_k=230\text{kN/m}$，基础埋深 $d=1.5\text{m}$，地基承载力特征

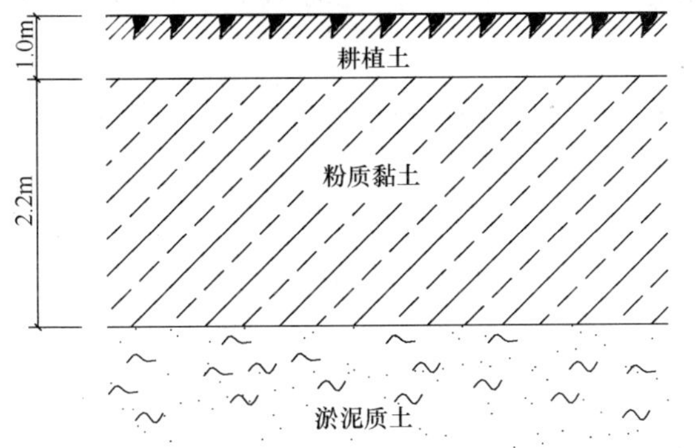

图 7-31　习题 3 图

值 $f_{ak}=160kPa$，墙体宽度 380mm，灰土基础厚度 $H_0=450mm$，试确定灰土基础底面宽度 b 及墙体大放脚台阶数。

（答案：$b=1.5m$，台阶数 $n=5$）

5. 某单层厂房排架柱下独立杯形基础，柱截面尺寸 $a_c=900mm$，$b_c=400mm$，变阶处尺寸 $a_1=3070mm$，$b_1=1150mm$。荷载及剖面形式如图 7-32 所示，$F=1129.1kN$，$M=445.39kN\cdot m$，$V=11.1kN$。试设计该混凝土独立基础。

（答案：$b\times l=2.5m\times4.0m$，基础短边配筋 $A_s=1686mm^2$，选取 $\phi12@160$。

短边 $A_s=764mm^2$，按构造配筋，选取 $\phi10@200$）

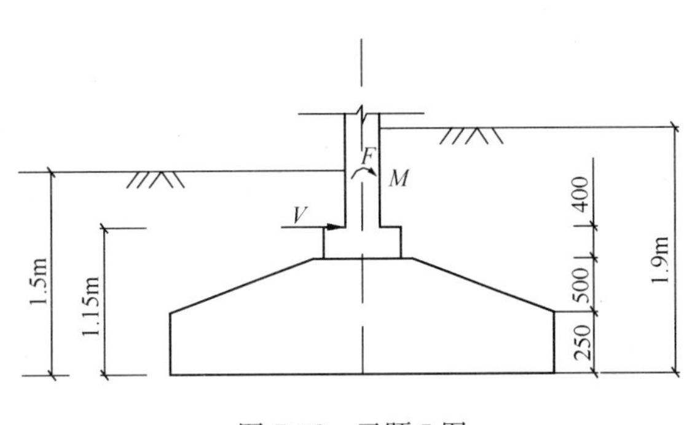

图 7-32　习题 5 图

6. 设计某教学楼外墙钢筋混凝土基础，上部结构传至基础顶面的荷载设计值 $F=240kN/m$，修正后的地基承载力特征值 $f_a=155kPa$；混凝土强度等级为 C20，钢筋 HPB235 级，基底标高−1.75m，基底垫层厚 100mm。设计该钢筋混凝土墙下条形基础。

（答案：基础宽度：$b=2.0m$；基础底板厚度应≥128mm，按构造取 300mm；基础底板配筋 $A_s=1377mm^2$，纵向每米长度内可选 $9\phi14$ 钢筋：$A_s=153.9\times9=1385mm^2$ 均布即可）

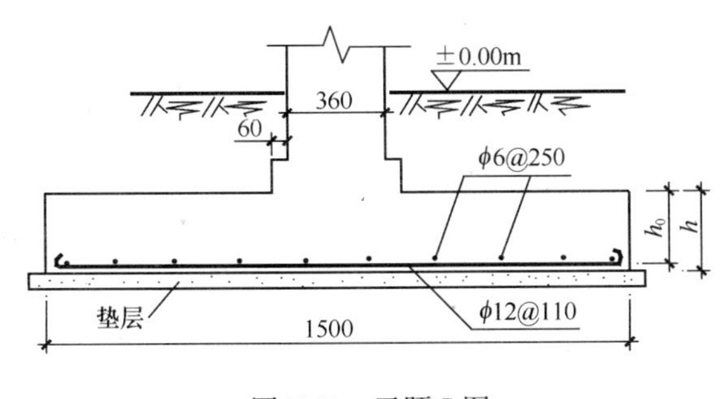

图 7-33　习题 7 图

7. 某建筑的承重墙采用钢筋混凝土条形基础，墙体厚度 360mm，基础顶面荷载设计值 $F=300kN/m$，基础底面宽度 $b=1.5m$，地基土承载力满足荷载要求。设基础混凝土强度等级为 C20，$f_t=1.1N/mm^2$，采用 HPB235 级钢筋，$f_y=210N/mm^2$，基底铺设垫层，试确定该条形基础底板的厚度及配筋。

（答案：底板厚度 h 应≥148mm，按构造应取 300mm；受力筋截面总面积：$A_s=1109mm^2$，选用 $\phi12@110$，分布筋选用 $\phi6@250$）

8. 一上部结构荷载设计值 $F=700kN$ 的柱基，柱截面 350mm×350mm，相当于室内地面的基础埋深1.8m，$f_a=180\text{kPa}$，基础拟采用HPB235级钢筋，混凝土强度等级为C25，基底铺设垫层100mm，试设计该基础。

（答案：基础底面积$A=4.86\text{m}^2$；基础底边长$l=b=\sqrt{A}=2.2\text{m}$；基础底板厚度$h=350\text{mm}$；基础底板配筋$A_s=1699\text{mm}^2$）

第8章　桩基础与其他深基础简介

重　点　提　示

1. 重点了解端承桩和摩擦桩的概念及桩的设置效应、单桩轴向荷载传递机理。

2. 掌握按照静载荷试验和现行规范的经验公式确定单桩竖向承载力和群桩承载力的方法。

3. 熟悉桩基础设计与计算的各项内容和方法，初步了解桩基础的设计与施工技术。

8.1　概　　述

在建筑工程中，一般的低层和多层工业与民用建筑应尽量采用天然地基上的浅基础，因为浅基础技术简单，造价低，工期短。

当地基浅层土质软弱，或遇到高层建筑，或遇到重型设备时，浅基础将无法满足地基强度或变形的要求，此时可考虑选择深层较为坚实的土层作为地基持力层，用深基础来支承上部荷载。

深基础主要有桩基础、沉井和地下连续墙等。其中，桩基础因其历史悠久、经济有效、施工经验成熟等特点，被广泛应用于工业与民用建筑、桥梁、港口等工程中。

桩基础的主要适用范围有：

（1）地基的上层土质太差而下层土质较好，或地基软硬或荷载不均，不能满足上部结构对不均匀变形的要求。

（2）地基软弱，采用地基加固措施不合适，或地基土性特殊，如存在可液化土层、自重湿陷性黄土、膨胀土及季节性冻土等。

（3）除承受较大垂直荷载外，尚有较大偏心荷载、水平荷载、动力或周期性荷载作用。

（4）上部结构对基础的不均匀沉降相当敏感，或建筑物受到大面积地面超载的影响。

（5）地下水位很高，采用其他基础施工困难，或位于水中的构筑物基础如桥梁、码头、钻采平台。

（6）需要长期保存、具有重要历史意义的建筑物。

本章主要介绍桩基础的特点及设计，只对沉井和地下连续墙等深基础类型进行简要介绍。

8.2　桩基础的类型

混凝土桩常用桩径为300～500mm，长度不超过25m。按施工方法不同又分为预制桩及灌注桩两类。预制桩是在工厂或工地事先将桩制作好，就位后，采用打（振、压、旋）入或射水等方法将桩送入土中。

适用于中小型工程承压桩及深基坑护坡桩。作为施工期间临时性护坡的工程桩，待基础完工，基坑回填至地面后报废。

8.2.1 按承载性状分类

1. 端承型桩

这种桩穿过软弱土层，到达坚实土层，如图 8-1 所示。根据桩在极限荷载作用下桩端阻力及桩侧阻力承担的比例，又可将其分为端承桩和摩擦端承桩两类。

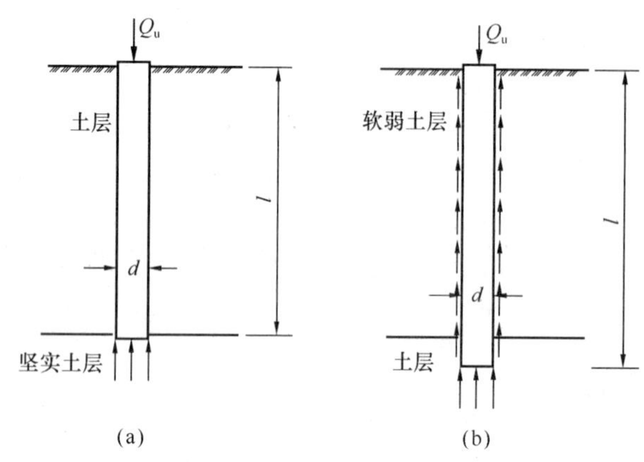

图 8-1 端承桩与摩擦型桩

2. 摩擦型桩

桩未达到坚硬土层，桩顶荷载由桩侧摩阻力和桩端阻力共同承担。根据桩侧阻力分担的比例，又可分为摩擦桩和端承摩擦桩两类。

8.2.2 按桩身材料分类

1. 木桩

木桩的长度一般为 4～10m，直径约为 180～260mm。承重木桩常用松木、柏木、杉木和橡木等坚韧耐久的木材。

木桩容易制作，储运方便，打桩设备简单，造价低。我国古代的一些建筑中就广泛使用木桩基础。但木桩承载力低，使用寿命仅几年至几十年时间，打入地下水位下的木桩极易被腐蚀破坏。

2. 混凝土桩

预制桩的混凝土强度等级不宜低于 C30。采用静压法施工时，不宜低于 C20，预应力混凝土桩不宜低于 C40。

灌注桩是在施工现场桩位开孔至所需深度，然后向孔内灌注混凝土，经捣实后成型。

灌注桩的混凝土强度等级不宜低于 C15，常用 C15、C20 和 C25，其中水下取高值，不宜低于 C20。

混凝土桩不配置受力筋，必要时可配置构造筋。

3. 钢筋混凝土桩

适用于大中型建筑工程的承载桩。不仅能承压，而且可以承受抗拔荷载和水平荷载，因此这类桩使用非常广泛。

按施工方法同样分预制桩和灌注桩两类。

预制桩截面边长一般为 250～400mm。灌注桩横截面可较大，直径可达到 1000mm。受运输设备限制，工厂预制桩长为 5～12m，如需长桩，可以接桩。

预制桩混凝土强度等级不宜低于 C30，预应力混凝土桩不宜低于 C40，采用静压法施工时，不宜低于 C20。

钢筋混凝土桩的受力主筋应按计算确定，一般选 4～8 根钢筋，直径为 12～25mm，配筋率常取 1%～3%。最小配筋率：预制桩 0.80%，灌注桩 0.65%～0.20%，小桩径取高值，大桩径取低值。箍筋采用 $\phi6$～$\phi8$，间距为@200mm，桩顶（3～5）d 范围内适当加密。

4. 钢桩

适用于超重型设备基础、江河深水基础及高层建筑深基槽护坡工程。

常用钢桩为钢管桩及型钢（工字钢、H 型钢）。钢管桩常用截面外径为 400～1000mm，壁厚为 9mm、12mm、14mm、16mm、18mm，工字钢桩常用截面尺寸为 200mm×200mm、250mm×250mm、300mm×300mm、350mm×350mm、400mm×400mm，钢桩长度可根据需要进行对焊连接。

钢桩承载力高，材料强度均匀可靠，用作护坡桩可多次重复使用，但其费用高、易锈蚀，如在外表涂防腐层，可减轻或免除腐蚀。

8.2.3 按成桩方法分类

成桩挤土效应对桩的承载力、成桩质量控制与环境等有很大的影响，因此，根据成桩方法和成桩过程的挤土效应将桩分为下列 3 类：

1. 非挤土桩

成桩过程对桩周围的土无挤压作用的桩，称非挤土桩。成桩方法有干作业法、泥浆护壁法和套管护壁法。

2. 部分挤土桩

成桩过程对桩周围的土产生部分挤压作用的桩，称部分挤土桩。包括部分挤土灌注桩、预钻孔打入式预制桩及打入式敞口桩。

3. 挤土桩

成桩过程中，桩孔中的土未取出，全部挤压到桩的周围，这类桩称为挤土桩。包括沉管灌注桩和挤土预制桩（打入或静压）。

8.2.4 按桩径大小分类

1. 小桩：$d<250$mm，多用于基础加固桩。

2. 中等直径桩：250mm$\leqslant d<$800mm，在工业与民用建筑中广泛使用，成桩方法和工艺繁杂。

3. 大直径桩：$d\geqslant$800mm，常用于高重型建（构）筑物基础。

8.3 单桩竖向极限承载力标准值 Q_{uk}

桩的承载力是设计基础的关键。我国确定桩的承载力的方法主要有两种：（1）根据《建筑地基基础设计规范》（简称《地基基础规范》）的方法；（2）根据《建筑桩基技术规范》（简称《桩基规范》）的方法。本章重点介绍桩基规范确定单桩承载力的方法。

单桩竖向极限承载力标准值是指单桩在竖向荷载作用下，到达破坏状态前或出现不适合继续承载变形时所对应的最大荷载。它取决于地基土对桩的支承力及桩身的材料强度，一般由土对桩的支承力控制。

按极限设计原理，桩的承载力分为标准值和设计值。

按土的支承力确定单桩竖向极限承载力标准值的方法有多种，包括静载试验法、触探法、经验参数法和动力测试法等。本节介绍确定单桩竖向极限承载力标准值的四种方法，下节介绍单桩竖向极限承载力设计值的确定方法。

8.3.1 静载试验法

在建筑工程现场实际工程地质和实际工作条件下，采用与工程规格尺寸完全相同的试桩，进行竖向静压载荷试验，直至加载破坏，由此确定单桩竖向极限承载力，作为桩基设计的依据。这是确定单桩竖向承载力的最可靠的方法。

静载荷试验装置如图 8-2 所示。

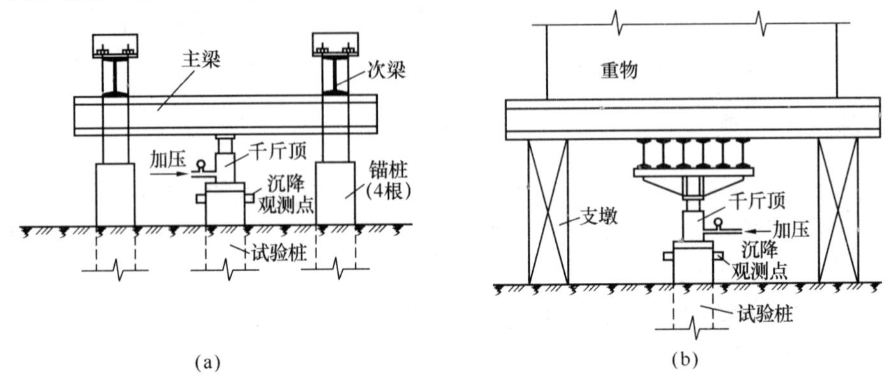

图 8-2　静载荷试验装置

(a) 锚桩法加载装置；(b) 压重法加载装置

试验时，荷载由小到大分级增加。每加一级荷载，隔 5min、10min、15min 各测读一次沉降量，累计 1h 后每隔 30min 测读一次，直到桩的沉降量在每小时内小于 0.1mm 时，可认为沉降已趋稳定，可加下一级荷载。

在试验过程中，当出现下列情况之一时，可终止加荷：

(1) 某级荷载下，桩的沉降量为前一级荷载下沉降量的 5 倍；

(2) 某级荷载下，桩的沉降量大于前一级荷载下沉降量的 2 倍，且经过 24h 尚未达到稳定。

1. 单桩竖向极限承载力 Q_u

桩达到破坏状态时的荷载称为极限荷载。根据沉降随荷载变化的关系判定单桩竖向极限承载力的方法，常采用以下几种：

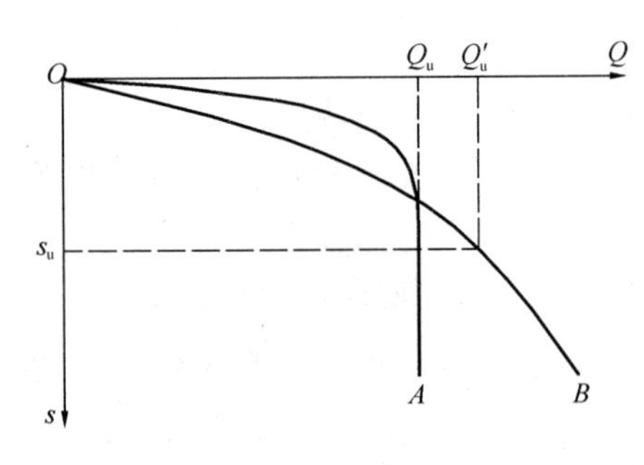

图 8-3　Q-s 曲线

A—有明显陡降点；B—无明显陡降点

(1) Q-s 曲线有明显的陡降段，取陡降段起点相应的荷载值作为极限荷载 Q_u，如图 8-3 中 A 曲线所示。

(2) 对于桩径或桩宽在 550mm 以下的预制桩，在某级荷载 P_i 作用下，其沉降增量与相应荷载增量的比值≥0.1mm/kN 时，取前一级荷载 P_i-1 作为极限荷载 Q_u。

(3) Q-s 曲线为缓变型，无陡降段时，如图 8-3 中 B 曲线，则根据桩顶沉降量确定极限承载力 Q_u：一般桩可取 s=40～60mm 对应的荷载；大直径桩可取 s=（0.03～0.06）D（D 为桩端直径）对应的荷载值；细长桩（l/d>80）可取 s=60～80mm 对应的荷载；根据沉降随时间变化特征确定极限承载力，即取 s-lg$t$ 曲线尾部出现明显向下弯曲的前一级荷载值。

2. 单桩竖向极限承载力标准值 Q_{uk}

(1) 按照前述确定的 n 根试桩的极限承载力实测值为 Q_{ui}，则这些试桩的极限承载力平均值为 $Q_{um}=(\sum Q_{ui})/n$。

按照《桩基规范》，需要进一步判定该极限承载力平均值的可靠性。

(2) 计算每根试桩的极限承载力实测值 Q_{ui} 与平均值 Q_{um} 之比 α_i

$$\alpha_i = Q_{ui}/Q_{um} \tag{8-1}$$

下标 i 根据 Q_{ui} 值按照由小到大的顺序确定。

(3) 计算 α_i 的标准差 S_n

$$S_n = \sqrt{\sum_{i=1}^{n}(\alpha_i - 1)^2/(n-1)} \tag{8-2}$$

当 α_i 的标准差：$S_n \leqslant 0.15$ 时，取 $Q_{uk}=Q_{um}$

$S_n > 0.15$ 时，取 $Q_{uk}=\lambda Q_{um}$

式中 Q_{uk}——单桩竖向极限承载力标准值（kN）；

Q_{um}——单桩竖向极限承载力实测平均值（kN）；

λ——单桩竖向极限承载力标准值折减系数，按表 8-1、表 8-2 和公式（8-3）确定。

表 8-1 Q_{uk} 的折减系数 λ（桩数 $n=2$）

$\alpha_2-\alpha_1$	0.21	0.24	0.27	0.30	0.33	0.36	0.39	0.42	0.45	0.48	0.51
λ	1.00	0.99	0.97	0.96	0.94	0.93	0.91	0.90	0.88	0.87	0.85

表 8-2 Q_{uk} 的折减系数 λ（桩数 $n=3$）

α_3 \ $\alpha_2-\alpha_1$	0.30	0.33	0.36	0.39	0.42	0.45	0.48	0.51
0.84	—	—	—	—	—	—	0.93	0.92
0.92	0.99	0.98	0.98	0.97	0.96	0.95	0.94	0.93
1.00	1.00	0.99	0.98	0.97	0.96	0.95	0.93	0.92
1.08	0.98	0.97	0.95	0.94	0.93	0.91	0.90	0.88
1.16	—	—	—	—	—	—	0.86	0.84

当试桩数 $n \geqslant 4$ 时，λ 按下式计算：

$$A_0 + A_1\lambda + A_2\lambda^2 + A_3\lambda^3 + A_4\lambda^4 = 0 \tag{8-3}$$

式中 $A_0 = \sum_{i=1}^{n-m}\alpha_i^2 + \frac{1}{m}\left(\sum_{i=1}^{n-m}\alpha_i\right)^2$；

$A_1 = -\frac{2n}{m}\sum_{i=1}^{n-m}\alpha_i$；

$A_2 = 0.127 - 1.127n + \frac{n^2}{m}$；

$A_3 = 0.147 \times (n-1)$；

$A_4 = -0.042 \times (n-1)$；

取 $m=1, 2, \cdots$，满足式（8-3）中的 λ 值即为所求。

8.3.2 静力触探法

静力触探是将圆锥形的金属探头以静力方式按一定的速率均匀压入土中。根据探头构造不同，有单桥探头及双桥探头两种。双桥探头可同时测定探头侧壁土的阻力 f_s 及端部阻力 q_c。对于黏性土、粉土和砂土，如无当地经验时，可按下式计算混凝土预制桩的单桩竖向极限承载力标准值 Q_{uk}：

$$Q_{uk} = u\sum l_i \cdot \beta_i f_{si} + \alpha \cdot q_c \cdot A_p \tag{8-4a}$$

式中 u——桩周长（m）；

f_{si}——第 i 层土的探头平均侧阻力（kPa）；

l_i——桩穿越第 i 层土的厚度（m）；

q_c——桩端平面上、下探头阻力（kPa）；

α——桩端阻力修正系数，对黏性土、粉土取 2/3，饱和砂土取 1/2；

β_i——第 i 层桩侧阻力综合修正系数，按下式计算：

黏性土、粉土：$\beta_i = 10.04(f_{si})^{-0.55}$

砂土：$\beta_i = 5.05(f_{si})^{-0.45}$

A_p——桩端横截面积（m^2）。

8.3.3 经验参数法

根据承载桩的工作原理，单桩承载力包括：桩端土对桩的支承作用即端阻力和桩侧土对桩的摩擦阻力即侧摩阻力两部分。单桩竖向极限承载力标准值 Q_{uk} 为：

$$Q_{uk} = Q_{sk} + Q_{pk} = u\sum q_{sik} l_i + q_{pk} A_p \tag{8-4b}$$

式中 Q_{sk}——桩端土对桩的端阻力（kN）；

Q_{pk}——桩侧土对桩的侧摩阻力（kN）；

u——桩身周长（m）；

q_{sik}——桩侧第 i 层土的极限侧阻力标准值（kPa），可查表 8-3 确定；

q_{pk}——桩端土的极限端阻力标准值（kPa），可查表 8-4 确定；

l_i——桩穿透的第 i 层土层厚度（m）；

A_p——桩身截面面积（m^2）。

当桩直径 $d \geqslant 800$mm 时，单桩竖向极限承载力标准值 Q_{uk} 采用下式：

$$Q_{uk} = Q_{sk} + Q_{pk} = u\sum \psi_{si} q_{sik} l_i + \psi_p q_{pk} A_p \tag{8-5}$$

式中 ψ_{si}、ψ_p——大直径桩侧阻、端阻尺寸效应系数，可按规范取值。

其余参数同公式（8-4）。

表 8-3 桩的极限侧阻力标准值 q_{sik} （kPa）

土的名称	土的状态		混凝土预制桩	泥浆护壁钻（冲）孔桩	干作业钻孔桩
填土	—		22～30	20～28	20～28
淤泥	—		14～20	12～18	12～18
淤泥质土	—		22～30	20～28	20～28
黏性土	流塑	$I_L > 1$	24～40	21～38	21～38
	软塑	$0.75 < I_L \leqslant 1$	40～55	38～53	38～53
	可塑	$0.50 < I_L \leqslant 0.75$	55～70	53～68	53～66
	硬可塑	$0.25 < I_L \leqslant 0.5$	70～86	68～84	66～82
	硬塑	$0 < I_L \leqslant 0.25$	86～98	84～96	82～94
	坚硬	$I_L \leqslant 0$	98～105	96～102	94～104

续表

土的名称	土的状态		混凝土预制桩	泥浆护壁钻（冲）孔桩	干作业钻孔桩
红黏土	$0.7<\alpha_w\leqslant1$		13～32	12～30	12～30
	$0.5<\alpha_w\leqslant0.7$		32～74	30～70	30～70
粉土	稍　密	$e>0.9$	26～46	24～42	24～42
	中　密	$0.75\leqslant e\leqslant0.9$	46～66	42～62	42～62
	密　实	$e<0.75$	66～88	62～82	62～82
粉细砂	稍　密	$10<N\leqslant15$	24～48	22～46	22～46
	中　密	$15<N\leqslant30$	48～66	46～64	46～64
	密　实	$N>30$	66～88	64～86	64～86
中　砂	中　密	$15<N\leqslant30$	54～74	53～72	53～72
	密　实	$N>30$	74～95	72～94	72～94
粗　砂	中　密	$15<N\leqslant30$	74～95	74～95	76～98
	密　实	$N>30$	95～116	95～116	98～120
砾　砂	稍　密	$5<N_{63.5}\leqslant15$	70～110	50～90	60～100
	中密、密实	$N_{63.5}>15$	116～138	116～130	112～130
圆砾、角砾	中密、密实	$N_{63.5}>10$	160～200	135～150	135～150
碎石、卵石	中密、密实	$N_{63.5}>10$	200～300	140～170	150～170
全风化软质岩	—	$30<N\leqslant50$	100～120	80～100	80～100
全风化硬质岩	—	$30<N\leqslant50$	140～160	120～140	120～150
强风化软质岩	—	$N_{63.5}>10$	160～240	140～200	140～220
强风化硬质岩	—	$N_{63.5}>10$	220～300	160～240	160～260

注：1. 对于尚未完成自重固结的填土和以生活垃圾为主的杂填土，不计算其侧阻力。
2. α_w 为含水比，$\alpha_w=w/w_L$，w 为土的天然含水量，w_L 为土的液限。
3. N 为标准贯入击数；$N_{63.5}$ 为重型圆锥动力触探击数。
4. 全风化、强风化软质岩和全风化、强风化硬质岩系指其母岩分别为 $f_{rk}\leqslant15$MPa、$f_{rk}>30$MPa 的岩石。

8.3.4 动力测试法

桩的动力测试法简称动测法，是应用物体振动和振动波的传播理论对桩进行承载力的确定以及检验工程桩身完整性的方法。

动测技术在国内外已得到广泛的应用。在我国，桩的动测方法的研究已有三十多年的历史。它与传统的静载荷试验相比，无论在测试设备、效率及费用等方面，均有明显的优越性。同时，其最大的技术经济效益还在于：可以及时地为设计者提供合理的桩承载力数值；及时处理桩基工程事故，缩短工期；及时检查出工程桩的隐患，便于采取补救措施，防止重大安全质量事故。

随着我国桩基工程的发展，桩的动测技术已得到了蓬勃发展，愈来愈广泛地应用于实际工程中。经过长期的研究与实践，中国建筑科学研究院已编制完成了《基桩低应变动力检测规程》Q/TY 10—1998，并已正式颁布执行。

表 8-4　桩的极限端阻力标准值 q_{pk}　(kPa)

土的名称	土的状态		桩型										
			混凝土预制桩桩长 l (m)				泥浆护壁钻（冲）孔桩桩长 l (m)				干作业钻孔桩桩长 l (m)		
			$l\leqslant 9$	$9<l\leqslant 16$	$16<l\leqslant 30$	$l>30$	$5\leqslant l<10$	$10\leqslant l<15$	$15\leqslant l<30$	$30\leqslant l$	$5\leqslant l<10$	$10\leqslant l<15$	$15\leqslant l$
黏性土	软塑	$0.75<I_L\leqslant 1$	210～850	650～1400	1200～1800	1300～1900	150～250	250～300	300～450	300～450	200～400	400～700	700～950
	可塑	$0.50<I_L\leqslant 0.75$	850～1700	1400～2200	1900～2800	2300～3600	350～450	450～600	600～750	750～850	500～700	800～1100	1000～1600
	硬可塑	$0.25<I_L\leqslant 0.5$	1500～2300	2300～3300	2700～3600	3600～4400	800～900	900～1000	1000～1200	1200～1400	850～1100	1500～1700	1700～1900
	硬塑	$0<I_L\leqslant 0.25$	2500～3800	3800～5500	5500～6000	6000～6800	1100～1200	1200～1400	1400～1600	1600～1800	1600～1800	2200～2400	2600～2800
粉土	中密	$0.75\leqslant e\leqslant 0.9$	950～1700	1400～2100	1900～2700	2500～3400	300～500	500～650	650～750	750～850	800～1200	1200～1400	1400～1600
	密实	$e<0.75$	1500～2600	2100～3000	2700～3600	3600～4400	650～900	750～950	900～1100	1100～1200	1200～1700	1400～1900	1600～2100
粉砂	稍密	$10<N\leqslant 15$	1000～1600	1500～2300	1900～2700	2100～3000	350～500	450～600	600～700	650～750	500～950	1300～1600	1500～1700
	中密、密实	$N>15$	1400～2200	2100～3000	3000～4500	3800～5500	600～750	750～900	900～1100	1100～1200	900～1000	1700～1900	1700～1900
细砂	中密、密实	$N>15$	2500～4000	3600～5000	4400～6000	5300～7000	650～850	900～1200	1200～1500	1500～1800	1200～1600	2000～2400	2400～2700
中砂			4000～6000	5500～7000	6500～8000	7500～9000	850～1050	1100～1500	1500～1900	1900～2100	1800～2400	2800～3800	3600～4400
粗砂			5700～7500	7500～8500	8500～10000	9500～11000	1500～1800	2100～2400	2400～2600	2600～2800	2900～3600	4000～4600	4600～5200
砾砂	中密、密实	$N>15$	6000～9500		9000～10500		1400～2000		2000～3200		3500～5000		
角砾、圆砾		$N_{63.5}>10$	7000～10000		9500～11500		1800～2200		2200～3600		4000～5500		
碎石、卵石		$N_{63.5}>10$	8000～11000		10500～13000		2000～3000		3000～4000		4500～6500		
全风化软质岩		$30<N\leqslant 50$	4000～6000				1000～1600				1200～2000		
全风化硬质岩		$30<N\leqslant 50$	5000～8000				1200～2000				1400～2400		
强风化软质岩		$N_{63.5}>10$	6000～9000				1400～2200				1600～2600		
强风化硬质岩		$N_{63.5}>10$	7000～11000				1800～2800				2000～3000		

注：1. 砂土和碎石类土中桩的极限端阻力取值，宜综合考虑土的密实度，桩端进入持力层的深度比 h_b/d，土愈密实，h_b/d 愈大，取值愈高。

2. 预制桩的岩石极限端阻力指桩端支承于中、微风化基岩表面或进入强风化岩、软质岩一定深度条件下极限端阻力。

3. 全风化、强风化软质岩和全风化、强风化硬质岩指其母岩分别为 $f_{rk}\leqslant 15$MPa、$f_{rk}>30$MPa 的岩石。

8.4 单桩竖向承载力设计值 R

根据《桩基规范》单桩（又称基桩）竖向承载力设计值 R 采用下面的规定：

1. 桩数 n 不超过 3 根的桩基

（1）采用经验参数法确定了桩基竖向极限承载力标准值之后，单桩竖向承载力设计值 R 的计算公式为：

$$R = Q_{sk}/\gamma_s + Q_{pk}/\gamma_p \tag{8-6}$$

式中 R——单桩承载力设计值（kN）；

γ_s、γ_p——分别为桩侧阻抗力分项系数、桩端阻抗力分项系数，查表 8-5。

其余符号意义同公式（8-4）。

（2）采用静载荷试验法确定了桩基竖向极限承载力标准值 Q_{uk} 之后，单桩竖向承载力设计值 R 的计算公式为：

$$R = Q_{uk}/\gamma_{sp} \tag{8-7}$$

式中 γ_{sp}——桩侧阻端阻综合抗力分项系数，查表 8-5。

表 8-5 桩基竖向承载力抗力分项系数

桩型与工艺	$\gamma_s=\gamma_p=\gamma_{sp}$		γ_c
	静载荷试验法	经验参数法	
预制桩、钢管桩	1.60	1.65	1.70
大直径灌注桩（清底干净）	1.60	1.65	1.65
泥浆护壁钻（冲）孔灌注桩	1.62	1.67	1.65
干作业钻孔灌注桩（$d<0.8$m）	1.65	1.70	1.65
沉管灌注桩	1.70	1.75	1.70

注：1. 根据静力触探方法确定预制桩、钢管桩承载力时，取 $\gamma_s=\gamma_p=\gamma_{sp}=1.60$。

2. 抗拔桩的侧阻抗力分项系数 γ_s 可取表列数值。

2. 桩数 n 超过 3 根的桩基

对于桩数超过 3 根的非端承桩桩基，宜考虑桩群、土、承台的相互作用效应。

（1）采用经验参数法确定了桩基竖向极限承载力标准值 Q_{uk} 之后，单桩竖向承载力设计值 R 的计算公式为：

$$R = \eta_s Q_{sk}/\gamma_s + \eta_p Q_{pk}/\gamma_p + \eta_c Q_{ck}/\gamma_c \tag{8-8}$$

式中 η_s，η_p，η_c——分别为桩侧阻群桩效应系数、桩端阻群桩效应系数、承台底土阻力群桩效应系数。η_s、η_p 查表 8-6，η_c 按公式（8-11）计算；

γ_c——承台底土阻力分项系数，查表 8-5；

Q_{ck}——相应于任意复合基桩的承台底地基土总极限阻力标准值，（kN），按公式（8-9）计算。

其余符号意义同公式（8-6）。

$$Q_{ck} = q_{ck} A_c / n \tag{8-9}$$

式中 q_{ck}——承台底 1/2 承台宽度的深度范围内（$\leqslant 5$m）地基土的极限阻力标准值（kPa）；

A_c——承台底地基土净面积（m^2）；

n——桩数。

（2）采用静载荷试验法确定了桩基竖向极限承载力标准值 Q_{uk} 之后，单桩竖向承载力设计值 R 的计算公式为：

$$R=\eta_{sp}Q_{uk}/\gamma_{sp}+\eta_{c}Q_{ck}/\gamma_{c} \tag{8-10}$$

式中　η_{sp}——桩侧阻端阻综合效应系数，查表 8-6。

其余符号同前。

表 8-6　桩侧阻 η_s、端阻 η_p 及侧阻端阻综合群桩效应系数 η_{sp}

效应系数	土名称	黏性土				粉土、砂土			
	B_c/l \ S_a/d	3	4	5	6	3	4	5	6
η_s	≤0.20	0.80	0.90	0.96	1.00	1.20	1.10	1.05	1.00
	0.40	0.80	0.90	0.96	1.00	1.20	1.10	1.05	1.00
	0.60	0.79	0.90	0.96	1.00	1.09	1.10	1.05	1.00
	0.80	0.73	0.85	0.94	1.00	0.93	0.97	1.03	1.00
	≥1.0	0.67	0.73	0.86	0.93	0.78	0.82	0.89	0.95
η_p	≤0.20	1.64	1.35	1.18	1.06	1.26	1.18	1.11	1.06
	0.40	1.63	1.40	1.23	1.11	1.32	1.25	1.20	1.15
	0.60	1.72	1.44	1.27	1.16	1.37	1.31	1.26	1.22
	0.80	1.75	1.48	1.31	1.20	1.41	1.36	1.32	1.28
	≥1.0	1.79	1.52	1.35	1.24	1.44	1.40	1.06	1.33
η_{sp}	≤0.20	0.93	0.97	0.99	1.01	1.21	1.11	1.06	1.01
	0.40	0.93	0.97	1.00	1.02	1.22	1.12	1.07	1.02
	0.60	0.93	0.98	1.01	1.02	1.13	1.13	1.08	1.03
	0.80	0.89	0.95	0.99	1.03	1.01	1.03	1.07	1.04
	≥1.0	0.84	0.89	0.94	0.97	0.88	0.91	0.96	1.00

注：1. B_c、l 分别为承台宽度和桩的入土深度，S_a 为桩的中心距。

2. 当 $S_a/d>6$ 时，取 $\eta_s=\eta_p=\eta_{sp}=1.0$；两向桩中心距 S_a 不等时，S_a/d 取均值。

3. 当桩侧为成层土时，η_s 可按主要土层或分别按各土层类别取值。

4. 对于孔隙比 $e>0.8$ 的非饱和黏性土和松散粉土、砂类土中的挤土群桩，表列系数可提高 5%，对于密实的粉土、砂类土中的挤土群桩，表列系数宜降低 5%。

5. 当不规则布桩时，S_a/d 可按下式进行近似计算：

圆桩 $S_a/d=\sqrt{A_e}/\sqrt{n}d$；方桩 $S_a/d=0.886\sqrt{A_e}/\sqrt{n}b$（$A_e$ 为承台总面积；d 为桩径；n 为桩数；b 为方桩截面边长）。

当承台底面以下存在可液化土、湿陷性黄土、高灵敏度软土、欠固结土、新填土，或可能出现震陷、降水、沉桩过程产生高孔隙水和土体隆起时，不考虑承台效应，即取 $\eta_c=0$，η_s、η_p、η_{sp} 取表 8-6 中 $B_c/l=0.2$ 一栏中的对应值。

承台底土阻力发挥值与桩距、桩长、承台宽度、桩的排列、承台内外区面积比等有关。承台底阻力群桩效应系数 η_c 可按下式计算：

$$\eta_c = \eta_c^i \frac{A_c^i}{A_c} + \eta_c^e \frac{A_c^e}{A_c} \qquad (8\text{-}11)$$

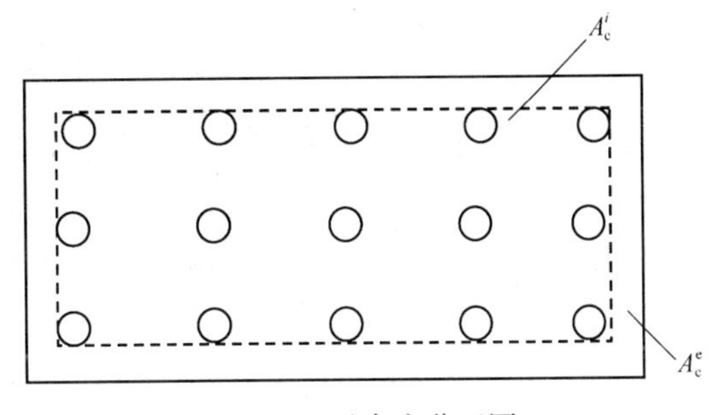

图 8-4　承台底分区图

式中　η_c^i，η_c^e——承台内外区阻力群桩效应系数，查表 8-7 取值，当承台下存在高压缩性软弱土层时，均按 $B_c/l \leqslant 0.2$ 取值；

A_c^i，A_c^e——承台内区（外围桩边所包围区）、外区的净面积，$A_c = A_c^i + A_c^e$，如图 8-4 所示。

表 8-7　承台内、外区土阻力群桩效应系数

S_a/d \ B_c/l	η_c^i				η_c^e			
	3	4	5	6	3	4	5	6
≤0.20	0.11	0.14	0.18	0.21	0.63	0.75	0.88	1.00
0.40	0.15	0.20	0.25	0.30				
0.60	0.19	0.25	0.31	0.37				
0.80	0.21	0.29	0.36	0.43				
≥1.0	0.24	0.32	0.40	0.48				

【例 8-1】　某场区从天然地面起往下土层分布是：粉质黏土，厚度 $l_1 = 3\text{m}$，含水量 $w_1 = 30.7\%$，塑限 $w_p = 18\%$，液限 $w_L = 35\%$；粉土，厚度 $l_2 = 6\text{m}$，孔隙比 $e = 0.9$；中密的中砂。试确定各土层的预制桩桩周土摩阻力标准值和预制桩桩端土（中密的中砂）承载力标准值（按桩入土深度 10m 考虑）。

【解】

$$I_p = w_L - w_P = 35\% - 18\% = 0.17$$

$$I_L = \frac{w - w_P}{I_P} = \frac{0.307 - 0.18}{0.17} = 0.75$$

$$q_{sik} = 50 \times 0.8 = 40(\text{kPa})$$

粉土：$\dfrac{x}{0.2} = \dfrac{7-5}{10-5}$；$x = 0.08$ 修正系数为 $0.8 + 0.08 = 0.88$ 平均值为 0.84

查表 $q_{sik} = 42\text{kPa}$ 修正后 $q_{sik} = 42 \times 0.84 = 35.28$（kPa）

中砂查表取中间值：$q_{sik} = 64$（kPa）

中砂端阻为：$q_{pk} = 5300$（kPa）

【例 8-2】　土层情况同例 8-1，现采用截面边长为 350mm×350mm 的预制桩，承台底面在天然地面以下 1.0m，桩端进入中密中砂的深度为 1.0m，若不考虑群桩效应，试确定单桩承载力标准值。

【解】　$Q_{uk} = u_p \sum q_{sik} l_i + q_{pk} A_p = 4 \times 0.25 \times (40 \times 2 + 6 \times 35.28 + 1 \times 64) + 0.35^2 \times 5300 = 1147.2(\text{kN})$

$$R = \frac{Q_{uk}}{\gamma_{sp}} = \frac{1147.2}{1.65(\text{查书上表格得})} = 695.27(\text{kPa})$$

8.5 单桩水平承载力

与单桩竖向承载力相比，单桩的水平承载力的确要复杂得多，影响水平承载力的因素很多，包括桩的截面刚度、材料强度、桩侧土质条件、桩的入土深度、桩顶约束条件等。对于抗弯性能差的桩，其水平承载力由桩身强度控制，如低配筋率的灌注桩通常是桩身首先出现裂缝，然后断裂破坏；对于抗弯性能好的桩，如钢筋混凝土预制桩和钢桩，桩身虽未断裂，但当桩侧土体明显隆起，或桩顶水平位移大大超过上部结构的允许值时，也应认为桩已达到水平承载力的极限状态。

单桩水平承载力的确定方法，大体上有水平静载荷试验和计算分析两类，其中以水平静载荷试验最能反映实际情况，《建筑桩基技术规范》中推荐以水平静载荷试验作为确定水平承载力的基本方法。

按水平静载荷试验确定水平承载力设计值 R_h，有下列几种方法：

1. 根据单桩水平容许位移值确定

按单桩水平荷载水平位移值的关系曲线，取 10mm 水平位移（对于水平位移敏感的建筑物取 6mm）所对应的水平荷载作为单桩水平承载力设计值。

2. 根据水平临界荷载确定

我国《工业与民用建筑灌注桩基础设计与施工规程》（JGJ 4—80）规定，当桩身配筋率小于 0.65%，采用单桩水平临界荷载乘以荷载性质系数 a_t，作为单桩水平承载力。另外，JGJ 4—80 所指配筋率小于 0.65%的灌注桩，限于 $d=300\sim600$mm 桩，对于 $d>600$mm 的桩，其配筋率临界值应根据桩径增大而适当降低。

3. 根据水平极限荷载确定

我国《工业与民用建筑灌注桩基础设计与施工规程》（JGJ 4—80）规定，当桩身配筋率大于 0.65%时，采用单桩水平极限荷载乘以荷载性质系数作为单桩水平承载力，一般说来，对抗弯性能好的桩，如钢筋混凝土预制桩、钢桩、配筋率较高的灌注桩，其水平承载力设计值可取水平极限承载力除以抗力分项系数 $\gamma_H=1.6$ 确定。

8.6 桩侧负摩阻力

在固结稳定的土层中，桩受荷产生向下的位移，因此桩周土产生向上的摩阻力，称为（正）摩阻力。与此相反，当桩周土层的沉降超过桩的沉降时，桩周土产生向下的摩阻力，称为负摩阻力。

以下几种情况下进行桩基设计时，都应考虑桩侧负摩阻力对桩身竖向承载力的影响：桩穿越较厚松散填土、自重湿陷性黄土、欠固结土层进入相对较硬土层时；桩周存在软弱土层，邻近桩侧地面承受局部较大的长期荷载，或地面大面积堆载（包括填土）时；由于降低地下水位，使桩周土中有效应力增大并产生显著压缩沉降时。

桩截面沉降量与桩周土层沉降量相等的点，桩与桩周土相对位移为零，称为中性点。中性点是负摩阻力与正摩阻力交界点，该点处无任何摩阻力。中性点的位置：当桩周为产生固结的土层时，大多在桩长（靠下方）的 70%～75%处。中性点处，桩所受到的下拉荷载最大。

根据《桩基规范》，单桩负摩阻力标准值可按下列公式计算：

$$q_{si}^{n}=\zeta_n\sigma'_i \tag{8-12}$$

当降低地下水位时：

$$\sigma'_i=\gamma'_i\cdot z_i \tag{8-13}$$

当地面有满布荷载时：$$\sigma'_i = p + \gamma'_i \cdot z_i \tag{8-14}$$

式中 q^n_{si}——第 i 层土桩侧负摩阻力标准值（kPa）；

ζ_n——桩周土负摩阻力系数，可按表 8-8 取值；

σ'_i——桩周第 i 层土平均竖向有效应力（kPa）；

γ'_i——第 i 层土层底面以上桩周土按厚度计算的加权平均有效重度（kN/m^3）；

z_i——自地面起算的第 i 层土中点深度（m）；

p——地面均布荷载（kN/m）。

表 8-8 负摩阻力系数 ζ_n

土　类	ζ_n	土　类	ζ_n
饱和软土	0.15～0.25	砂　土	0.35～0.50
黏性土、粉土	0.25～0.40	自重湿陷性黄土	0.20～0.35

注：1. 在同一类土中，对于打入桩或沉管灌注桩，取表中较大值；对于钻（冲）挖孔灌注桩，取表中较小值。
2. 填土按其组成取表中同类土的较大值。
3. 当计算值大于正摩阻力时，取正摩阻力值。

对于砂类土，也可按下式估算负摩阻力标准值：

$$q^n_{si} = \frac{N_i}{5} + 3 \tag{8-15}$$

式中 N_i　桩周第 i 层土经钻杆长度修正的平均标准贯入试验击数。

群桩中任一基桩的下拉荷载标准值可按下式计算：

$$Q^n_g = \eta_n \cdot u \sum_{i=1}^{n} q^n_{si} l_i \tag{8-16}$$

$$\eta_n = s_{ax} \cdot s_{ay} \Big/ \left[\pi d \left(\frac{q^n_s}{\gamma'_m} + \frac{d}{4} \right) \right] \tag{8-17}$$

式中 n——中性点以上的土层数；

l_i——中性点以上各土层的厚度（m）；

η_n——负摩阻力桩群效应系数；

s_{ax}，s_{ay}——分别为纵横向桩的中心距（m）；

q^n_s——中性点以上桩的平均负摩阻力标准值（kPa）；

γ'_m——中性点以上桩周土的平均有效重度（kN/m^3）。

对于独立基础或按式（8-17）计算群桩基础的 $\eta_n>1$ 时，取 $\eta_n=1$。

8.7　桩基础设计

桩基础设计应力求安全、合理和经济。要求所设计的桩和承台具有足够的强度和刚度，地基则也要考虑强度安全及变形方面的要求。

8.7.1　选择桩的类型及规格

1. 确定桩的类型

根据地基土层的性质及层厚，结合上部结构的荷载情况，确定桩的持力层土层及桩的承载性状，即端承型桩或摩擦型桩。一般选择层厚较大的坚实土层或岩层作为桩端持力层。其次，根据当地施工经验及经济技术方面比较，选择经济合理的桩基础类型，即灌注桩或预制桩，并采用相应的经验成熟的施工方式。

2. 确定桩的规格

桩的规格包括桩长及桩的横截面面积两方面内容。

(1) 桩长确定

桩长即桩身长度，指桩顶至桩端的距离。桩长由所选择的桩端持力层的深度及上部承台的预定埋深（桩顶嵌入承台深不小于 0.1m）控制。桩端全断面进入持力层的深度，对于黏性土、粉土，不宜小于 2d（桩径）；砂土不宜小于 1.5d；碎石土不宜小于 1d。

(2) 桩的横截面面积

桩的横截面面积根据桩顶荷载大小、当地施工经验及施工机具情况确定。如钢筋混凝土预制桩：中小型工程常用 250mm×250mm 或 300mm×300mm，大型工程常采用 350mm×350mm 或 400mm×400mm。若小工程采用大截面桩，则可能造成浪费；而大工程若采用小截面桩，因单桩承载力低，需要的桩数较多，这样不仅桩的排列困难，承台尺寸大，而且施工时打桩费工，不可取。

8.7.2 确定单桩竖向承载力设计值 R

当桩的类型及规格确定之后，接下来应确定单桩竖向承载力的设计值 R。

确定单桩竖向承载力的设计值 R 的方法在 8.4 节已经介绍过。根据 8.4 节的内容，单桩竖向承载力设计值应区分桩数 $n \leqslant 3$ 和桩数 $n > 3$ 两种情况考虑。而桩基础设计过程本身即是一试算过程，所以初步设计时，一般都先按桩数 $n \leqslant 3$ 的情况，初定单桩承载力设计值 R，最后根据试算设计情况进行修正。

8.7.3 确定桩数及桩的平面布置

1. 确定桩数 n

(1) 桩基础中心受压情况下

$$n \geqslant \frac{F + G}{R} \tag{8-18}$$

式中 n——桩数；

F——作用在桩基上的竖向荷载设计值（kN）；

G——承台及其上覆土自重（kN）；

R——基桩竖向承载力设计值（kN）。

(2) 桩基础偏心受压情况下

$$n \geqslant \mu \frac{F + G}{R} \tag{8-19}$$

式中 μ——桩基偏心受压系数，通常取 1.1～1.2。

2. 桩的平面布置

桩数确定之后，可根据上部结构的特点和性质，进行桩的平面布置。

桩的平面布置包括桩的中心距确定及桩的平面布置形式两方面内容。

(1) 桩的中心距

通常桩的中心距宜取（3～4）d（桩径）。若中心距过小，桩施工时相互挤土影响桩的质量；反之，桩的中心距过大，则桩承台尺寸太大，不经济。

桩的最小中心距应符合表 8-9 的规定，对于大面积群桩尤其是挤土桩，应按表列数值适当加大。

表 8-9　桩的最小中心距

土类与成桩工艺		排列不少于 3 排且桩数 $n \geqslant 9$ 根的摩擦型桩基础	其他情况
非挤土和部分挤土灌注桩		3.0d	2.5d
挤土灌注桩	穿越非饱和土	3.5d	3.0d
	穿越饱和土	4.0d	3.5d
挤土预制桩		3.5d	3.0d
打入式敞口管桩和 H 型钢桩		3.5d	3.0d

注：d 为圆桩直径或方桩边长。

对于扩底灌注桩，除应符合表 8-9 的要求外，尚应满足表 8-10 的规定。

表 8-10　灌注桩扩底端最小中心距

成桩方法	最小中心距
钻、挖孔灌注桩	1.5D 或 D+1m（当 D>2m 时）
沉管夯扩灌注桩	2.0D

注：D 为桩径。

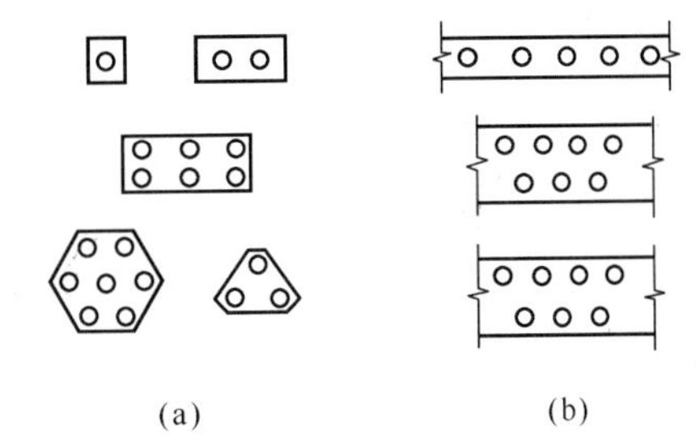

图 8-5　桩的平面布置形式
(a) 柱下桩基；(b) 墙下桩基

(2) 桩的平面布置形式

桩在平面布置时，尽量使群桩承载力合力点与长期荷载重心重合。当外荷载中弯矩占较大比重时，应尽可能增大桩群截面抵抗矩，即加大承台的长边。

桩的平面布置有行列式、梅花形等方式，如图 8-5（a）所示。条形基础下的桩，可采用单排或双排布置，如图 8-5（b）所示。

8.7.4　桩基础的承台设计

桩承台起着把多根桩联结成整体，共同承受上部结构的荷载的作用。承台一般为现浇钢筋混凝土结构，相当于一个浅基础。

1. 桩承台的尺寸

(1) 承台的平面尺寸

根据桩的平面布置，承台每边由桩的外围外伸不小于 $d/2$，且承台宽不宜小于 500mm。

(2) 承台的厚度

承台的厚度应保证桩顶嵌入承台并防止桩的集中荷载造成承台的冲切破坏。承台的最小厚度不宜小于 300mm。对于大中型工程，承台厚度应进行抗冲切计算确定。

2. 桩承台的内力

桩承台的内力可按简化计算方法确定，并按《混凝土结构设计规范》进行局部受压、受冲切、受剪及受弯的强度计算。

3. 桩承台的材料及施工

承台常采用钢筋混凝土材料进行现场浇筑。

承台的混凝土强度等级不低于 C15；承台配筋按计算确定，矩形承台不宜少于 $\phi 8$@

200，并应双向配置受力筋，钢筋的保护层厚度不宜小于 50mm。

8.7.5 桩基础中各桩承载力验算

1. 桩基中各桩实际承载力计算

（1）中心荷载情况

$$N=(F+G)/n \tag{8-20}$$

式中 N——中心荷载作用下任一单桩的竖向承载力（kN）；

F——作用于桩基承台顶面处的竖向力设计值（kN）；

G——桩基承台及其上回填土的自重（kN）；

N——桩数。

（2）偏心荷载情况

每根桩受力：

$$N_i=\frac{F+G}{n}\pm\frac{M_x y_i}{\sum y_i^2}\pm\frac{M_y x_i}{\sum x_i^2} \tag{8-21}$$

最大边缘桩受力：

$$N_{max}=\frac{F+G}{n}+\frac{M_x y_{max}}{\sum y_i^2}+\frac{M_y x_{max}}{\sum x_i^2} \tag{8-22}$$

水平力：

$$H_1=\frac{H}{n} \tag{8-23}$$

式中 N_i——偏心竖向力作用下任一单桩的竖向承载力（kN）；

N_{max}——离桩群横截面重心最远处（x_{max}，y_{max}）的单桩竖向承载力（kN）；

M_x，M_y——作用于承台底面通过桩群形心的 x、y 轴的弯矩设计值（kN·m）；

X_i，Y_i——第 i 个单桩至 y、x 轴的距离（m）；

H——作用于桩基承台底面的水平力设计值（kN）；

H_1——作用于任一单桩上的水平承载力（kN）。

2. 单桩受力验算

（1）中心荷载情况

$$\gamma_0 N\leqslant R \tag{8-24}$$

式中 γ_0——建筑桩基的重要性系数。对于桩基安全等级为一、二、三级，分别取 $\gamma_0=$ 1.1、1.0、0.9；对于柱下单桩的一级建筑桩基取 $\gamma_0=1.2$；

R——中心荷载作用下单桩的竖向承载力设计值（kN）；

N——中心荷载作用下任一单桩的竖向承载力（kN）。

（2）偏心荷载情况

$$\gamma_0 N_{max}\leqslant 1.2R \tag{8-25}$$

承受水平荷载时，单桩尚应满足：

$$\gamma_0 H_1\leqslant R_{h1} \tag{8-26}$$

式中 R_{h1}——单桩的水平承载力设计值（kN），对于承受水平荷载较大的一级桩基，单桩的承载力设计值应通过单桩静力水平载荷试验确定。

3. 桩基承台设计

承台的作用是将桩联结成一个整体，并把建筑物的荷载传到桩上，因而承台应有足够的强度和刚度。承台设计包括确定承台的材料、形状、高度、底面标高、平面尺寸，以及抗冲切、抗剪切及抗弯承载力计算，并应符合构造要求。

(1) 承台的外形尺及构造要求

承台的平面尺寸一般由上部结构、桩数及布桩形式决定。通常，墙下桩基做成条形承台即梁式承台；柱下桩基宜做成板式承台（矩形或三角形），其剖面形状可做成锥形、台阶形或平板形。

承台埋深应不小于600mm，在季节性冻土、膨胀土地区，承台宜埋设在冰冻线、大气影响线以下，但当冰冻线、大气影响线深度不小于1m且承台高度较小时，则应视土的冻胀性、膨胀性等级，分别采取换填无黏性土垫层、预留空隙等隔胀措施。

承台的最小厚度不应小于300mm，最小宽度不应小于500mm，承台边缘至边桩中心距离不宜小于桩的直径或边长，且边缘挑出部分不应小于150mm，对于条形承台梁边缘挑出部分不应小于75mm。

承台混凝土强度等级不应低于C20，纵向钢筋的混凝土保护层厚度不应小于70mm，当有混凝土垫层时，不应小于40mm。

为了保证群桩与承台之间联结的整体性，桩顶应嵌入承台一定长度，对大直径桩不宜小于100mm；对中等直径桩不宜小于50mm。混凝土桩的桩顶主筋应伸入承台内，其锚固长度不宜小于30倍主筋直径，对于抗拔桩基不应小于40倍主筋直径。

两桩桩基的承台，宜在其短向设置连系梁。连系梁顶面宜与承台顶位于同一标高，连系梁宽度不宜小于200mm，其高度可取承台中心距的$\frac{1}{10}\sim\frac{1}{15}$；连系梁配筋应根据计算确定，不宜小于$4\phi12$。

(2) 承台内力计算

1) 柱下多桩矩形承台弯矩计算

计算截面应取在柱边和承台高度变化处（杯口外侧或台阶边缘），如图8-6所示，按下式计算：

$$M_x = \sum N_i y_i \tag{8-27}$$

$$M_y = \sum N_i x_i \tag{8-28}$$

式中 M_x，M_y——垂直x轴和y轴方向计算截面处的弯矩设计值（基本组合值）；

x_i，y_i——垂直y轴和x轴方向自桩轴线到相应计算截面的距离；

N_i——扣除承台和承台上土自重设计值后第i桩竖向净反力设计值（基本组合值）；当不考虑承台效应时，则为i桩竖向总反力设计值。

2) 柱下三桩三角形承台弯矩计算

计算截面应取在柱边，并按下式计算：

$$M_x = \sum N_x x \tag{8-29}$$

$$M_y = \sum N_y y \tag{8-30}$$

当计算截面不与主筋方向正交时，要对主筋方向角进行换算。求得截面弯矩后，可按下式计算钢筋面积。

平行x轴方向的钢筋总面积　$A_s = M_{\text{I-I}}/(0.9 f_y h_0)$

平行y轴方向的钢筋总面积　$A_s = M_{\text{II-II}}/(0.9 f_y h_0)$

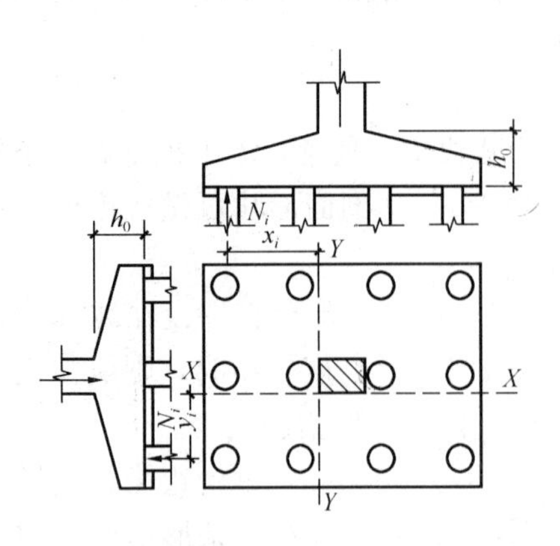

图 8-6　柱下多桩矩形承台弯矩计算

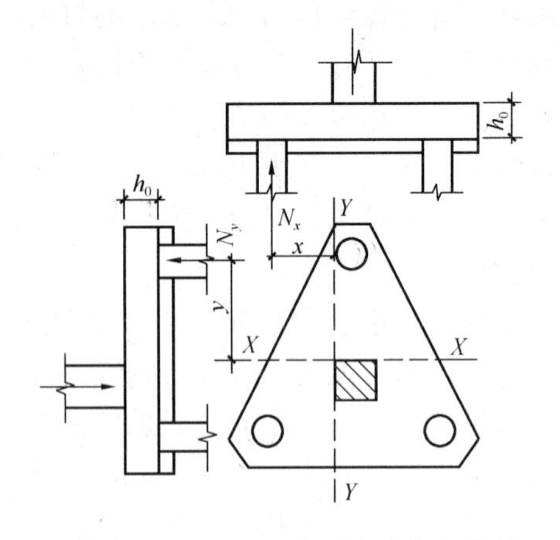

图 8-7　柱下三桩三角形承台弯矩计算

3）承台厚度及强度计算

承台厚度可按冲切及剪切条件确定。一般可先按经验估计承台厚度，然后再校核冲切和剪切强度并进行调整。承台强度计算包括受冲切、受剪切、局部承压及受弯计算。

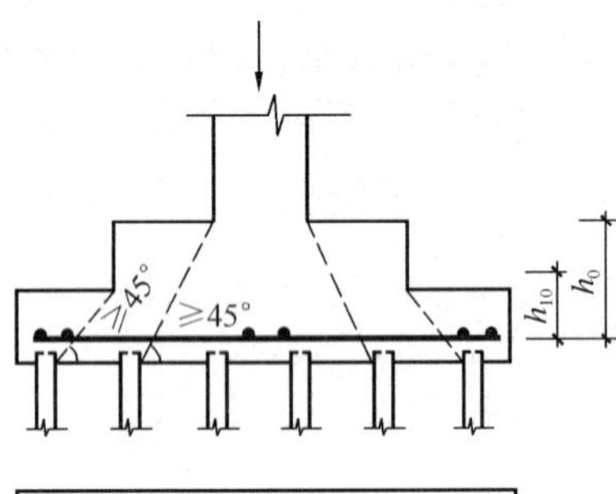

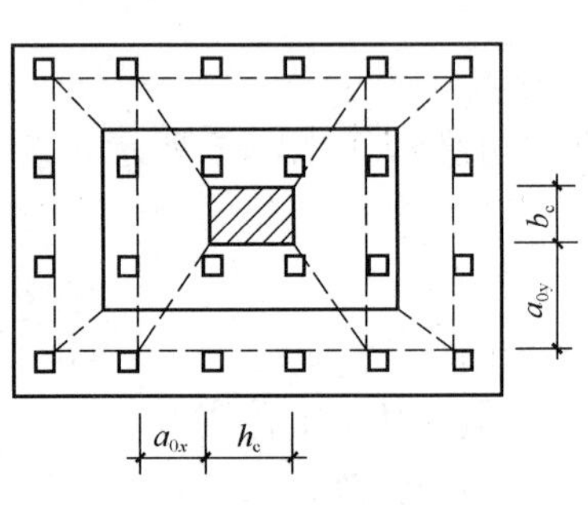

图 8-8　柱下独立桩基柱对承台的冲切

①受冲切计算

Ⓐ柱下矩形独立承台受柱向下冲切承载力验算

如承台有效高度不足，将产生冲切破坏。其破坏方式可分为：沿柱（墙）边的冲切和单一基桩对承台的冲切两类。

柱边冲切破坏锥体斜面与承台底面的夹角大于等于45°，该斜面的上周边位于柱与承台交接处或承台变阶处，下周边位于相应的桩顶内边缘处，如图 8-8 所示。

承台抗冲切承载力与冲切锥角有关，可以用冲跨比 λ 表示。

$$\gamma_0 F_l \leqslant 2[\alpha_{0x}(b_c + a_{0y}) + \alpha_{0y}(h_c + a_{0x})]f_t h_0 \tag{8-31}$$

$$F_l = F - \sum N_i \tag{8-32}$$

$$\alpha_{0x} = \frac{0.72}{\lambda_{0x} + 0.2},\quad \alpha_{0y} = \frac{0.72}{\lambda_{0y} + 0.2} \tag{8-33}$$

式中　F_l——作用于冲切破坏锥体上的冲切力设计值（基本组合值）；

f_t——承台混凝土抗拉强度设计值；

a_{0x}，a_{0y}——自柱长边或短边到≥45°角的最近桩边的水平距离；

h_c，b_c——柱截面长、短边尺寸；

h_0——承台冲切破坏锥体的有效高度；

α_{0x}，α_{0y}——冲切系数；

λ_{0x}，λ_{0y}——冲跨比，$\lambda_{0x}=\frac{a_{0x}}{h_0}$，$\lambda_{0y}=\frac{a_{0y}}{h_0}$；

$\sum N_i$——冲切破坏锥体范围内各基桩的净反力（不计承台和承台上土自重）设计值

之和。

Ⓑ四桩（含四桩）以上承台受角桩向上冲切承载力验算

承台受角桩向上冲切承载力应满足：

$$\gamma_0 N_{max} \leqslant [\alpha_{1x}(c_2 + a_{1y}/2) + \alpha_{1y}(c_1 + a_{1x}/2)]f_t h_0 \tag{8-34}$$

$$\alpha_{1x} = \frac{0.48}{\lambda_{1x} + 0.2} \tag{8-35a}$$

$$\alpha_{1y} = \frac{0.48}{\lambda_{1y} + 0.2} \tag{8-35b}$$

式中 N_{max}——作用于角桩顶的最大竖向压力设计值；

α_{1x}，α_{1y}——角桩冲切系数；

λ_{1x}，λ_{1y}——角桩冲跨比，其值应满足 0.2～1.0；$\lambda_{1x}=\frac{a_{1x}}{h_0}$，$\lambda_{1y}=\frac{a_{1y}}{h_0}$；

c_1，c_2——从角桩内边缘至承台外边缘的距离；

a_{1x}，a_{1y}——从承台底角桩内边缘引 45°冲切线与承台顶面相交点至角桩内边缘的水平距离，当柱或承台变阶处位于该 45°线以内时，则取由柱边或变阶处与桩内边缘连线为冲切锥体的锥线，如图 8-9 所示。

②受剪切计算

桩基承台斜截面受剪承载力计算同一般混凝土结构，但由于桩基承台多属小剪跨比（$\lambda<1.40$）情况，故需将混凝土结构所限制的剪跨比（1.40～3.0）延伸到 0.3～3.0 的范围。

桩基承台的剪切破坏面为一通过柱（墙）边与桩边连线所形成的斜截面，如图 8-10 所示。当柱（墙）外有多排桩形成多个剪切斜截面时，对每一个斜截面都应进行受剪承载力计算。

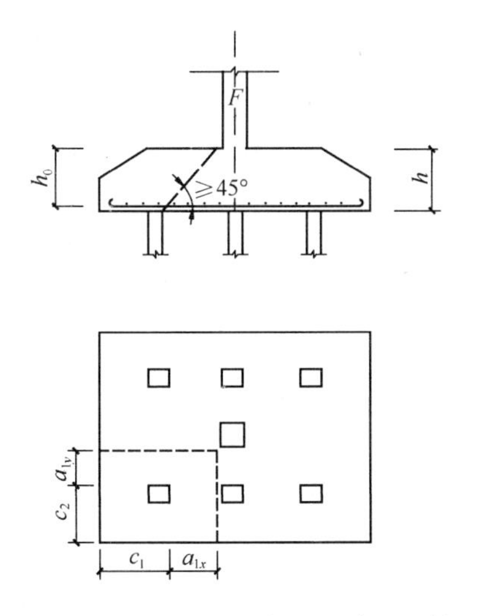

图 8-9 四桩以上承台角桩冲切验算

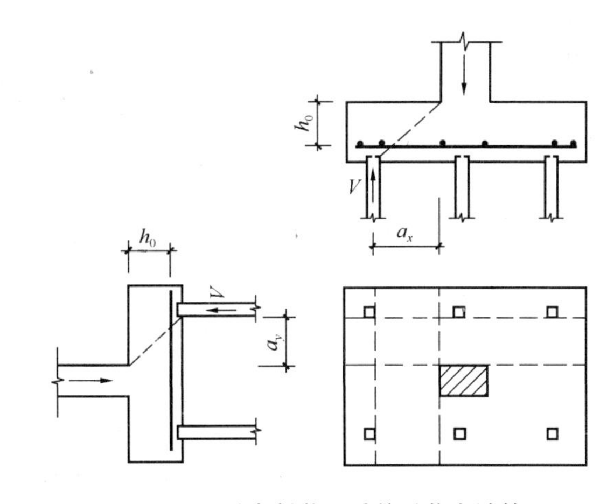

图 8-10 承台斜截面受剪承载力计算

等厚度承台斜截面受剪承载力可按下列公式计算：

$$\gamma_0 V \leqslant \beta f_c b_0 h_0 \tag{8-36}$$

当 $0.3 \leqslant \lambda < 1.4$ 时 $\beta = 0.12/(\lambda + 0.3)$ （8-37）

当 $1.4 \leqslant \lambda \leqslant 3.0$ 时 $\beta = 0.2/(\lambda + 1.5)$ （8-38）

式中 V——斜截面的最大剪力设计值；

f_c——混凝土轴心抗压强度设计值；

b_0——承台计算截面处的计算宽度；

h_0——承台计算截面处的有效高度；

λ——计算截面的剪跨比，$\lambda_x=a_x/h_0$，$\lambda_y=a_y/h_0$，其中 a_x、a_y（图 8-10）为柱（墙）边或承台变阶处至 x、y 方向计算一排桩的桩边水平距离，当 $\lambda<0.3$ 时取 $\lambda=0.3$，当 $\lambda>3$ 时取 $\lambda=3$。

8.7.6 桩基沉降验算

通常桩基础的沉降相对较小，对建筑物的安全无影响，可不进行桩基沉降计算。如为重大工程，则有必要按前面章节沉降计算方法，计算桩端平面的沉降量，要求该计算沉降量应小于地基变形的容许值。

【例 8-3】 如图 8-11 所示，某工程钢筋混凝土柱的截面为 350mm×400mm，作用在柱基顶面上的荷载设计值 $F=3200$kN，$M_y=200$kN·m。地基土表层为杂填土，厚 1.5m；第二层为黏土，厚 9m，$q_{s2k}=45$kPa，$q_{ck}=80$kPa；第三层为中砂，$q_{s3k}=60$kPa，$q_{kp}=1270$kPa。试设计该桩基础。

【解】

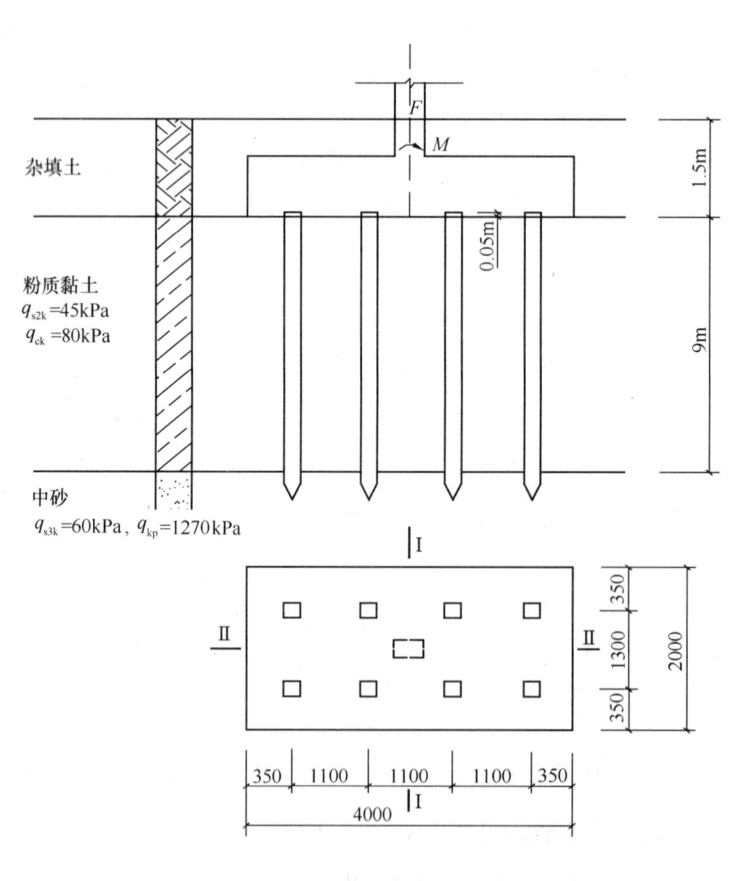

图 8-11 例 8-3 图

1. 设计采用钢筋混凝土预制方桩，断面 350mm×350mm。以第三层中砂作为持力层。承台预计埋深在 1.5m。

2. 桩长计算：

按照《桩基规范》，桩顶嵌入承台深至少 0.05m，这里取 0.05m。

按照《桩基规范》，持力层为黏性土时，预制桩桩端入持力层深度应不小于 $2d=2\times350$mm，即 700mm，这里取 950mm。

这样，桩长为 $l=9.0\text{m}+0.05\text{m}+0.95\text{m}=10\text{m}$

材料：混凝土强度等级 C30；钢筋 HPB235 级，桩身暂按构造配筋选 $4\phi16$。承台混凝土等级为 C20。钢筋 HPB235 级，配筋由计算确定。

3. 单桩竖向承载力设计值 R 的确定

这里没有单桩静载荷试验的资料，所以我们采用经验参数法确定单桩竖向承载力设计值 R。

（1）单桩竖向极限承载力标准值 Q_{uk} 的确定

$$\begin{aligned} Q_{uk} &= q_{pk}A_p + u\sum q_{sik}\cdot l_i = Q_{pk} + Q_{sk} \\ &= 1270\times0.35^2 + 4\times0.35\times(45\times9+60\times0.9) \\ &= 155.575 + 642.6 = 798.2(\text{kN}) \end{aligned}$$

（2）单桩竖向承载力设计值 R 的确定

按桩数 $n>3$ 考虑，则

$$R = \eta_s Q_{sk}/\gamma_s + \eta_p Q_{pk}/\gamma_p + \eta_c Q_{ck}/\gamma_c$$

在初步设计中，可暂不考虑承台底土阻力和桩侧阻、桩端群桩效应的影响（相当于按 $n\leqslant3$ 考虑）。即令 $Q_{ck}=0$、$\eta_s=1$、$\eta_p=1$，则 R 为：

$$R = Q_{pk}/\gamma_p + Q_{sk}/\gamma_s$$

查表 8-5，$\gamma_s=\gamma_p=1.65$

故 $$R=642.6/1.65+155.575/1.65=483.74\ (\text{kN})$$

4. 桩数及平面布置

（1）桩数

按偏心荷载作用下桩数的计算公式为：

$$n = \mu\frac{F+G}{R}$$

首先，因承台尚未设计，所以承台及其上回填土的自重 G 暂不能确定，且 G 与上部荷载 F 相比较小，故可先不考虑这部分荷载，按下式进行桩数计算。

这里，取 $\mu=1.1$，试算桩数，则：

$$n = 1.1\times\frac{3200}{483.74} = 7.3$$

取 $n=8$ 根。

（2）桩的平面布置

桩布置成 2×4 行列式排列，桩中心距 s 取（3～6）$d=1.05\sim2.1$m，这里取桩中心距 $s=1.1$m（纵向），$s=1.3$m（横向），如图 8-11 所示。

5. 承台平面尺寸确定

按照桩基规范，承台外边缘距桩外缘挑出距离不小于 $\frac{1}{2}d$，这里取承台外边缘距桩外缘挑出距离为 $\frac{1}{2}d$，如图 8-11 所示。则初选承台平面尺寸为：

长边 $L = 0.35 + 1.1 + 1.1 + 1.1 + 0.35 = 4\text{m}$，短边 $B = 0.35 + 1.3 + 0.35 = 2\text{m}$

承台埋深 1.5m，承台高 0.8m，桩顶嵌入承台 50mm，钢筋保护层取 35mm，则承台有效高度为：

$$h_0 = 0.8 - 0.050 - 0.035 = 0.715(\text{m}) = 715(\text{mm})$$

6. 承台及其上回填土自重 G

$$G = 2 \times 4 \times 1.5 \times 20 = 240(\text{kN})$$

7. 单桩受力计算

平均受力：

$$N = \frac{F + G}{n} = \frac{3200 + 240}{8} = 430(\text{kN})$$

边缘桩受力：

$$N_{\substack{\max\\\min}} = \frac{F + G}{n} \pm \frac{M_y X_{\max}}{\sum X_i^2} = 430 \pm \frac{300 \times 1.65}{(4 \times 1.65^2 + 4 \times 0.55^2)}$$

$$= \frac{470.91}{389.1}(\text{kN})$$

8. 单桩受力验算

因计算桩数 $n=8>3$，则单桩竖向承载力设计值 R 需做进一步修正。

因为
$$Q_{\text{ck}} = \frac{q_{\text{ck}} A_{\text{c}}}{n}$$

而
$$A_{\text{c}} = 2 \times 4 - 8 \times (0.35)^2 = 7.02(\text{m}^2)\text{，已知 } q_{\text{ck}} = 80(\text{kPa})$$

则
$$Q_{\text{ck}} = 80 \times 7.02/8 = 70.2(\text{kN})$$

查表 8-5，$\gamma_{\text{s}}=\gamma_{\text{p}}=1.65$，$\gamma_{\text{c}}=1.70$

而 η_{s}、η_{p} 的取值要首先计算出 S_{a}/d、B_{c}/l 的值。

按表 8-6 注 2，
$$\frac{S_{\text{a}}}{d} = \frac{(1.1 + 1.3)/2}{0.35} = 3.43$$

而
$$B_{\text{c}}/l = 2/11.5 = 0.174$$

查表 8-6，$\eta_{\text{s}}=0.83$，$\eta_{\text{p}} = 1.35 + \dfrac{4 - 3.43}{4 - 3} \times (1.64 - 1.35) = 1.52$(内插)

$$\eta_{\text{sp}} = 0.93 + \frac{0.43}{1} \times 0.04 = 0.947(\text{内插})$$

而
$$\eta_{\text{c}} = \eta_{\text{c}}^{i} \frac{A_{\text{c}}^{i}}{A_{\text{c}}} + \eta_{\text{c}}^{\text{e}} \frac{A_{\text{c}}^{\text{e}}}{A_{\text{c}}}$$

其中，$A_{\text{c}}^{i} = (3.3 + 0.35) \times (1.3 + 0.35) - 8 \times 0.35^2 = 5.0425(\text{m}^2)$

$$A_{\text{c}}^{\text{e}} = A_{\text{c}} - A_{\text{c}}^{i} = 7.02 - 5.0425 = 1.9775(\text{m}^2)$$

$$\eta_{\text{c}}^{i} = 0.11 + \frac{0.43}{1} \times 0.03 = 0.123$$

$$\eta_{\text{c}}^{\text{e}} = 0.63 + \frac{0.43}{1} \times 0.12 = 0.682$$

则
$$\eta_{\text{c}} = 0.123 \times \frac{5.0425}{7.02} + 0.682 \times \frac{1.9775}{7.02} = 0.28$$

则 $$R=0.83\times\frac{642.6}{1.65}+1.52\times\frac{155.575}{1.65}+0.28\times\frac{70.2}{1.7}=478.13(\text{kN})$$

取 $\gamma_0=1.0$，则：

$\gamma_0 N=1.0\times430\text{kN}<R=478.13\text{kN}$，桩平均受压安全。

$\gamma_0 N_{\max}=470.91\text{kN}<1.2R=1.2\times478.13\text{kN}=573.76\text{kN}$，最大边缘桩受压安全。

因此，取桩数 $n=8$ 合适。

9．承台验算

（1）承台受冲切承载力验算

①柱边冲切，按式（8-31）～式（8-33）可求得冲跨比 λ 与冲切系数 α：

$a_{0x}=175\text{mm}$，得 $\lambda_{0x}=\frac{a_{0x}}{h_0}=\frac{175}{715}=0.245$

$a_{0y}=300\text{mm}$，得 $\lambda_{0y}=\frac{a_{0y}}{h_0}=\frac{300}{715}=0.42$

则 $\alpha_{0x}=\frac{0.72}{\lambda_{0x}+0.2}=\frac{0.72}{0.245+0.2}=1.618$，$\alpha_{0y}=\frac{0.72}{\lambda_{0y}+0.2}=\frac{0.72}{0.42+0.2}=1.16$

则抗冲切力：

$$\begin{aligned}2[\alpha_{0x}(b_c+a_{0y})+\alpha_{0y}(h_c+a_{0x})]f_t h_0&=2\times[1.618\times(0.35+0.3)+1.16\times\\&\quad(0.4+0.715)]\times1100\times0.715\\&=3688.84(\text{kN})\end{aligned}$$

冲切力：

$$\gamma_0 F_l=1.0\times(F-\sum N_i)=3200-4\times\frac{F}{n}=3200-4\times\frac{3200}{8}=1600(\text{kN})$$

则 $\gamma_0 F_l\leqslant2[\alpha_{0x}(b_c+a_{0y})+\alpha_{0y}(h_c+a_{0x})]f_t h_0$，即承台柱边抗冲切能力满足要求。

②角桩向上冲切：

从角桩内边缘至承台外边缘距离

$c_1=c_2=500\text{mm}$，$a_{1x}=800\text{mm}>h_0$，取 $a_{1x}=a_{1y}=h_0$，则 $\lambda_{1x}=\frac{a_{1x}}{h_0}=1.0$，$\lambda_{1y}=\frac{a_{1y}}{h_0}=1.0$

$$\alpha_{1x}=\frac{0.48}{\lambda_{1x}+0.2}=0.4,\alpha_{1y}=\frac{0.48}{\lambda_{1y}+0.2}=0.4$$

抗冲切力：

$$\begin{aligned}[\alpha_{1x}(c_2+a_{1y}/2)+\alpha_{1y}(c_1+a_{1x}/2)]f_t h_0&=[0.4\times(0.5+0.8/2)+0.4\times\\&\quad(0.5+0.8/2)]\times1100\times0.715\\&=566.3(\text{kN})\end{aligned}$$

冲切力：$\gamma_0 N_{\max}=1.0\times470.91=470.91$（kN）

$\gamma_0 N_{\max}\leqslant[\alpha_{1x}(c_2+a_{1y}/2)+\alpha_{1y}(c_1+a_{1x}/2)]f_t h_0$，则角桩冲切承载力满足要求。

（2）承台受剪切承载力计算

$a_x=a_{0x}=175\text{mm}$，$a_y=a_{0y}=300\text{mm}$，则 $\lambda_x=\frac{a_x}{h_0}=\frac{175}{715}=0.245$，取 $\lambda_x=0.3$

而 $$\lambda_y=\frac{a_y}{h_0}=\frac{300}{715}=0.42$$

剪切系数
$$\beta_x = \frac{0.12}{\lambda_x + 0.3} = \frac{0.12}{0.3 + 0.3} = 0.2,$$
$$\beta_y = \frac{0.12}{\lambda_y + 0.3} = \frac{0.12}{0.42 + 0.3} = 0.167$$

Ⅰ-Ⅰ斜截面抗剪切承载力验算：

抗剪切力： $\beta_x f_c b_0 h_0 = 0.2 \times 9600 \times 2.0 \times 0.715 = 2745.6(\mathrm{kN})$

剪力：

$$V = 2(N_{\max} + N_i) = 2\left[N_{\max} + \left(\frac{F+G}{n} \pm \frac{M_y x_i}{\sum x_i^2}\right)\right]$$
$$= 2 \times \left[470.91 + \left(430 \pm \frac{300 \times 0.55}{(4 \times 1.65^2 + 4 \times 0.55^2)}\right)\right]$$
$$= 2 \times (470.91 + 443.2) = 1828.22(\mathrm{kN})$$

剪切力： $\gamma_0 V = 1.0 \times 1822.22 = 1828.22(\mathrm{kN})$

$\gamma_0 V \leqslant \beta_x f_c b_0 h_0$，则Ⅰ-Ⅰ截面抗剪切能力满足要求。

Ⅱ-Ⅱ斜截面抗剪切承载力验算：

抗剪切力： $\beta_y f_c b_0 h_0 = 0.167 \times 9600 \times 2.0 \times 0.715 = 4585.15(\mathrm{kN})$

剪力

$$V = 4N = 4 \times \frac{F+G}{n} = 4 \times 430 = 1720(\mathrm{kN})$$

剪切力： $\gamma_0 V = 1.0 \times 1720 = 1720(\mathrm{kN})$

$\gamma_0 V \leqslant \beta_x f_c b_0 h_0$，则Ⅱ-Ⅱ截面抗剪切能力满足要求。

(3) 承台受弯承载力验算：

柱边Ⅱ-Ⅱ截面：

$$\sum N_i = 4 \times \frac{F}{n} = 4 \times \frac{3200}{8} = 1600(\mathrm{kN})$$
$$M_x = \sum N_i y_i = 1600 \times 0.475 = 760(\mathrm{kN \cdot m})$$
$$A_s = \frac{M_x}{0.9 f_y h_0} = \frac{760 \times 10^6}{0.9 \times 300 \times 715} = 3936.8\mathrm{mm}^2,$$

则沿 x 轴方向每米长度应布筋 3936.8/4.0=984.2mm²/m 选Φ14@160，沿平行 y 轴方向均匀布置。

柱边Ⅰ-Ⅰ截面：

$$M_y = \sum N_i x_i = 2 \times \left[\left(\frac{F}{n} + \frac{M_y x_{\max}}{\sum x_i^2}\right)x_{\max} + \left(\frac{F}{n} + \frac{M_y x_i}{\sum x_i^2}\right)x_i\right]$$
$$= 2 \times \left\{\left[\frac{3200}{8} + \frac{300 \times 1.65}{(4 \times 1.65^2 + 4 \times 0.55^2)}\right] \times 1.65 + \left[\frac{3200}{8} + \frac{300 \times 0.55}{(4 \times 1.65^2 + 4 \times 0.55^2)}\right] \times 0.55\right\}$$
$$= 1910.0(\mathrm{kN \cdot m})$$
$$A_s = \frac{M_y}{0.9 f_y h_0} = \frac{1910 \times 10^6}{0.9 \times 300 \times 715} = 9893.8\mathrm{mm}^2,$$

则沿 y 轴方向每米长度应布筋 9893.8/2.0=4946.9mm²/m 选配Φ25@100，沿平行 x 轴方向均匀布置。

8.8 其他深基础简介

8.8.1 沉井基础

在深基础施工中，为了减少放坡开挖的大量土方量并保证陡坡开挖边坡的稳定性，人们创造了沉井基础。它是一种竖向的筒形结构物，通常采用砖、素混凝土及钢筋混凝土材料制作。施工时，在地面先制作好井筒形结构，然后在筒内挖土，使沉井失去支承下沉，随下沉而逐节接长井筒。井筒下沉到设计标高后，浇筑混凝土封底。整个井筒在施工时可作支撑围护，施工完毕后便是永久性的深基础。沉井除作为基础外，还可作为地下结构使用。沉井适合于在黏性土及较粗的砂土中施工，但土中有障碍物时会给沉井下沉带来困难。

沉井的断面形式常见的有单孔、单排孔和多排孔等，沉井的竖向剖面形式有柱形、锥形和阶梯形。

沉井的结构包括：刃脚、井筒、内隔墙、底梁、封底与顶盖等部分，见图 8-12 所示。

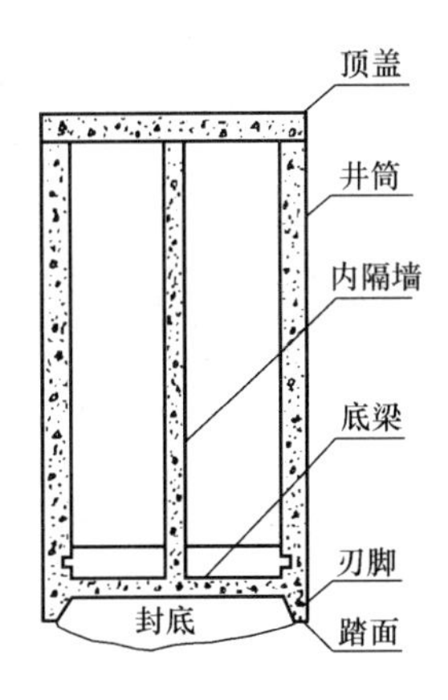

图 8-12　沉井结构

(1) 刃脚与踏面。刃脚在井筒下端，形如刀刃。下沉时刃脚切入土中。其最底部为一水平面，称为踏面。踏面宽度通常不小于 150mm。土质坚硬时，刃脚踏面用钢板或角钢加以保护。刃脚内侧的倾斜面的水平倾角通常为 40°～60°。

(2) 井筒。井筒为沉井的主体。在沉井下沉过程中，井筒是挡土的围壁，所以它应有足够的强度承受周围土的土压力及水压力，同时又需要有足够的重量来克服外壁与土之间的摩阻力和刃脚土的阻力，使其在自重作用下节节下沉。为便于施工，井筒内径不宜小于 0.9m。

(3) 内隔墙和底梁。大型沉井为了增加其整体刚度，在沉井内部设置内隔墙以减小受弯时的净跨度，同时增加沉井的刚度。同时，内隔墙把整个沉井分成若干个井孔，可分别挖土施工，便于控制沉降及纠倾处理。有时会在内隔墙下部设底梁。

(4) 封底。沉井下沉到设计标高后，用混凝土封底。刃脚上方井筒内壁常设置有凹槽，便于封底与井筒牢固联结。

(5) 顶盖。沉井作地下构筑物时，顶部需浇钢筋混凝土顶盖。

沉井施工时，需先将场地平整夯实，在基坑上铺设一定厚度的砂层，在刃脚位置再铺设垫木，然后在垫木上制作刃脚和第一节沉井。当沉井混凝土强度达到 70%时，才可拆除垫木，挖土下沉。

下沉方法分为排水下沉及不排水下沉。前者适用于土层稳定不会因抽水而产生大量流砂的情况。当土层性质不稳定，在井内抽水易产生较大量的流砂，此时不能排水，可在水下用机械挖斗进行挖土，或高压水枪破土，用吸泥机将泥浆排出。

当一节井筒下沉至地面以上只剩 1m 左右时，应停止下沉，接长井筒。当沉井下沉达到设计标高时，挖平筒底土层进行封底。

8.8.2 地下连续墙

1950 年，意大利首次建成了地下连续墙。目前，地下连续墙已被许多国家用于工业与

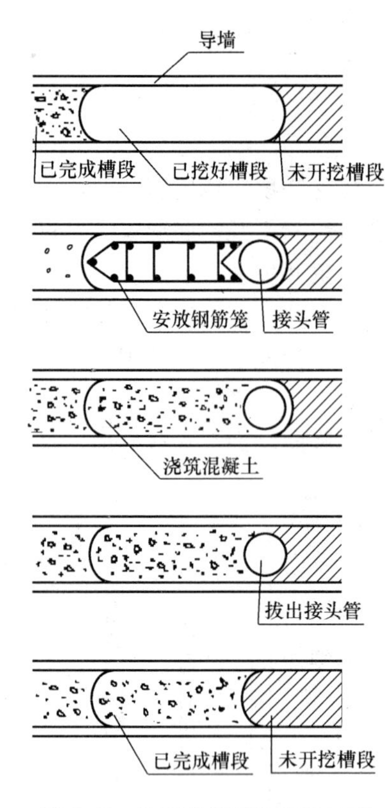

图 8-13　地下连续墙分段施工图

民用建筑基础、水库大坝地基防渗、城市地下铁路、码头、地下油罐等各类永久性工程。地下连续墙在我国的应用始于 1956 年，当时我国在北京密云水库主坝中应用地下连续墙作为地基的防渗墙，取得了成功。

地下连续墙是用专门的挖槽机械，在地面下沿着深基或地下建筑物周边分段挖槽，并就地吊放钢筋笼，浇灌混凝土，形成一个单元的墙段，然后又连续开挖浇筑混凝土，从而形成地下连续墙。

地下连续墙的优点是施工期间不需降水，不需挡土护坡，不需立模板与支撑，节约土方量，施工时不影响临近建筑物的安全，同时把施工护坡与永久性承载工程融为一体。

现浇地下连续墙施工时，一般先修导墙以导向和防止机械碰坏槽壁。地下连续墙的厚度一般为 400～600mm 之间，长度按设计不受限制。施工时，若采用多头钻机开槽，每段槽孔长度约为 2.2～2.5m。若采用抓斗或冲击钻机成槽时，每段长度可更大。为了防止坍孔，钻进时应向槽内压送循环泥浆。当挖槽深度达到设计深度时，沿挖槽前进方向埋接头管，再安放钢筋笼，用导管浇灌混凝土后再拔出接头管，按以上顺序循环施工，直至完成整个连续墙，如图 8-13 所示。

上岗工作要点

领会常用的预制桩与灌注桩的类型及特点、单桩竖向荷载的传递规律、进行静载荷试验的间歇时间要求、桩基沉降验算的概念及方法及选择桩端持力层的要求，能够进行以下内容的工程应用：

简单应用：按规范法确定摩擦型单桩竖向极限承载力标准值和竖向承载力设计值；桩顶作用效应计算。

综合应用：桩基竖向承载力验算；柱下多桩矩形承台弯矩计算。

思　考　题

1. 在什么情况下宜采用桩基础方案？

2. 试从桩基础承载性状、桩身材料和桩径方面对桩进行分类。

3. 单桩竖向承载力有哪几种确定方法？单桩竖向极限承载力标准值与单桩竖向承载力设计值有何不同？

4. 何为桩侧阻群桩效应系数、桩端阻群桩效应系数、桩侧阻端阻综合群桩效应系数？什么情况下应考虑这些效应？什么情况下应考虑群桩、土、承台的相互效应系数？

5. 桩基础设计包括哪些内容？

6. 试述沉井、地下连续墙施工的基本原理。

习　　题

1. 设计一柱下钢筋混凝土预制方桩基础，地基土质情况如下：表层为杂填土，厚2.0m，$\gamma_1=16.0\text{kN/m}^3$；第二层为粉质黏土，厚9.2m，$\gamma_2=18.9\text{kN/m}^3$，$q_{ck}=200\text{kPa}$，第三层为粗砂，$\gamma_3=19.0\text{kN/m}^3$。承台底面埋深$d=2.0\text{m}$，承台顶面距离地面0.5m。已知作用到基础顶面处的荷载为：竖向荷载设计值$F=2500\text{kN}$；弯矩设计值$M=430\text{kN}\cdot\text{m}$。

拟采用桩基断面为350mm×350mm，桩长为10m，桩顶嵌入承台底面0.10m。取3根这种规格的预制方桩进行试桩试验，其单桩极限承载力实测值分别为810kN、800kN、790kN。试根据试桩试验结果计算单桩竖向极限承载力标准值Q_{uk}。

（答案：$Q_{uk}=800\text{kN}$）

2. 条件如习题8-1，进行桩基础设计及验算。

3. 根据图8-14给出的资料，求A、B、C、D四根桩受的力是多大？

（答案：$N_D^A=\dfrac{481.79}{350.29}\text{kN}$；$N_B^C=\dfrac{440.7}{391.38}\text{kN}$）

4. 某建筑物的桩基础采用直径600mm、长15m的泥浆护壁钻孔桩，承台底面以下各土层厚度、摩阻力及端阻力如下：①粉质黏土，厚度3.0m，极限摩阻力$q_{sk}=50\text{kPa}$；②黏土，厚度10.0m，极限摩阻力$q_{sk}=75\text{kPa}$；③粉质黏土夹细砂，厚度大于6m，极限摩阻力$q_{sk}=80\text{kPa}$，极限端阻力$q_{pk}=700\text{kPa}$，求单桩极限承载力Q_{uk}及基桩承载力设计值R。若由3桩组成桩基础，求3桩基础承载力设计值P_3（桩侧及桩端阻抗力分项系数$\gamma_s=\gamma_p=1.67$）。

（答案：基桩承载力设计值为$R=1314\text{kN}$；
桩基础承载力设计值$P_3=3R=3924\text{kN}$）

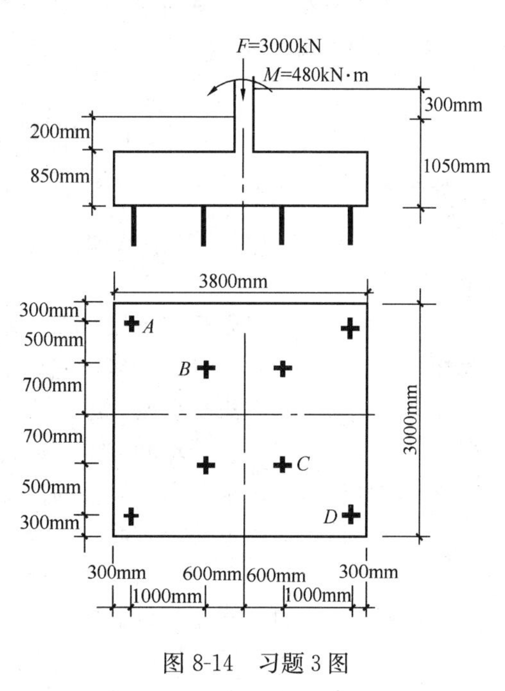

图8-14　习题3图

第9章　软弱地基处理

重　点　提　示

1. 软土具有的物理特性。
2. 土的压实原理及压实施工特点。
3. 挤密砂桩与排水砂井各自的适用范围。
4. 化学加固原理。

9.1　地基处理的基本概念

软弱地基是指由具有强度较低、压缩性较高及其他不良性质的软弱土组成的地基。地基处理的目的是采取切实有效的处理方法，改善地基土的工程性质，使其满足工程建设的要求。

软弱土地基一般是指抗剪强度较低、压缩性较高的地基土。近年来，随着我国建设事业的蓬勃发展，各类建筑物日益增多，建设工程越来越多地遇到不良地基。同时，上部结构荷载日益增大，变形要求更加严格，原来尚属良好的地基，也可能在新的条件下不能满足上部结构的要求。因此，地基处理问题也就显得更为常见和更加重要。

地基处理的目的是采取切实有效的措施，改善地基的工程性质，满足建筑物的要求。具体来说，可以概括为以下几个方面：

（1）提高地基的强度，增加其稳定性。

（2）降低地基的压缩性，减少其变形。

（3）减少其渗漏或加强其抵抗渗透变形的能力。

（4）改善地基的动力特性，提高其抗震性能。

在上述几个方面中，提高地基的强度和减少地基的变形，是地基处理所应达到的基本的和常见的目的。

地基处理方法的分类较多，可以从它的原理、目的、性质、时效和作用等不同角度进行分类。按其原理和作用，可将各种处理方法分为换填法、预压法、碾压及夯实法、挤密法与振冲法及化学加固法五类。本章将简要介绍这几种常用的地基处理方法，其中用稍多篇幅介绍已较成熟而仍被广泛采用的，或渐趋成熟且已显出较强生命力的新方法。

必须强调指出的是，各种地基处理方法，由于被处理对象即具体场地的土性和各种处理方法的作用机理同时存在复杂性，导致处理效果必然存在诸多不确定性。因此在拟定处理措施前，应先慎重进行本场地试验，以便在确知处理效果的前提下，决定处理方法的取舍。

软弱土的种类和性质：

软弱地基是指主要含淤泥、淤泥质土、冲填土、杂填土或其他高压缩性土层构成的地基。在建筑地基的局部范围内有高压缩性土层时，应按局部软弱土层考虑。

淤泥及淤泥质土是地质年代中第四纪后期形成的滨海相、泻湖相、三角洲、溺谷相和湖沼相等黏性土沉积物。由于是在静水或缓慢流水环境中沉积，经生化作用形成，其组成颗粒小，成分以黏粒和粉粒为主。这类土的物理特性大部分是饱和的，含有机质，天然含水量高于液限，孔隙比大于1。其中天然孔隙比>1.5者称为淤泥，在1.0～1.5者称为淤泥质土。淤泥和淤泥质土在工程上统称为软土。

软土的沉积环境可以是海岸、湖泊、河滩和沼泽，因此分布较广，如长江口、珠江口的三角洲沉积，天津塘沽、浙江宁波、江苏连云港等地的滨海相沉积，闽江口平原的溺谷相沉积，浙江温州的泻湖相沉积，洞庭湖、太湖以及昆明滇池等地区的内陆湖泊相沉积。河滩沉积常见于各大中河流的中下游地区，沼泽沉积在内蒙古、东北大小兴安岭及西南森林地区等分布得相当广泛。

软土具有如下物理力学特征：

（1）天然含水量高、孔隙比大。软土主要由黏粒及粉粒组成，其中黏土粒的矿物晶粒表面带负电荷，它与周围介质的水分和阳离子相互作用并吸附形成水膜，在不同的地质环境中沉积形成各种絮状结构，所以这类土的含水量和孔隙比比较高，根据统计一般含水量为35%～80%，孔隙比为1～2。软土的高含水量和大孔隙比不但反映土中的矿物成分与介质相互作用的性质，同时也反映软土的抗剪强度和压缩性的大小，含水量愈大，土的抗剪强度愈小，压缩性愈大。《建筑地基基础设计规范》利用这一特性按含水量确定软土地基的承载力基本值。许多学者把软土的天然含水量与土的压缩性指数建立关系，推算土的压缩指数。由此可见，从软土的天然含水量可知其强度和压缩性的大小，欲要改善地基软土的强度和变形特性，首先应考虑采用何种地基处理的方法，降低软土的含水量。

（2）抗剪强度低。抗剪强度与加荷速度及排水条件密切相关。根据土工试验的结果，我国软土的天然不排水抗剪强度一般小于20kPa，变化范围在5～25kPa。有效内摩擦角约为$\varphi'=20°\sim35°$，固结不排水有效内摩擦角$\varphi_{cu}=12°\sim17°$。正常固结的软土层的不排水抗剪强度往往随距地表深度的增加而增大，每米的增长率约为1～2kPa。在荷载的作用下，如果地基能够排水固结，软土的强度将产生显著变化，土层的固结速率愈快，软土的强度增加愈快，加速软土层的固结速率是改善软土强度特性的一种有效途径。

（3）压缩性高。一般正常固结的软土层的压缩系数约为$a_{1-2}=0.5\sim1.5\text{MPa}^{-1}$，最大可达到$a_{1-2}=4.5\text{MPa}^{-1}$。压缩指数约为$C_c=0.35\sim0.75$，它与天然含水量的经验关系为$C_c=0.0147w-0.213$。天然状态的软土层大多数属于正常固结状态，但也有部分是属于超固结状态，近代海岸滩涂沉积为欠固结状态。欠固结状态土在荷重作用下产生较大沉降。超固结状态土，当应力未超过先期固结压力时，地基的沉降很小，因此研究软土的变形特性时应注意考虑软土的天然固结状态。先期固结压力p_c和超固结比OCR是表示土层固结状态的一个重要参数，不但影响土的变形特性，同时也影响土的强度变化。

（4）渗透性差。其渗透系数一般为$i\times10^{-6}\sim i\times10^{-8}$cm/s，所以在荷载作用下固结速率很慢。若软土层的厚度超过10m，要使土层达到较大的固结度（如$U=90\%$），往往需要5～10年或者更久。所以在软土层上的建筑物基础的沉降往往拖延很长时间才能稳定。同样，在荷载作用下地基土的强度增长也是很缓慢的，这对于改善地基土的工程特性是十分不利的。软土层的渗透性具有明显的各向异性，水平向的渗透系数往往要比垂直向的渗透系数大，特别是含有水平夹砂层的软土层更为显著，这是改善软土层工程特性的一个有利因素。

(5) 具有明显的结构性。软土一般为絮状结构，尤以海相黏土更为明显。这种土一旦受到扰动（振动、搅拌、挤压等），土的强度将显著降低。土的结构性常用灵敏度 S_t 表示。我国沿海软土的灵敏度一般为 4～10，小于高灵敏度的土，因此在软土层中进行地基处理和基坑开挖，若不注意避免扰动土的结构，就会加剧土体的变形，降低地基土的强度，影响地基处理的效果。

(6) 具有明显的流变性。在恒定荷载作用下，软土受剪应力的作用将产生缓慢的剪切变形，并可能导致抗剪强度的衰减，在主固结沉降末期还可能产生可观的次固结沉降。

另外，在生成条件的影响下，软土构造比较复杂，常带成层性，使土层具有各向异性。

综上所述，软土具有强度低、压缩性高、渗透性低且具有高灵敏度和流变性等特点。

根据上述软土的特点，以软土作为建筑物的地基是十分不利的。由于软土的强度很低，天然地基上浅基础的承载力基本值一般为 50～80kPa，不能承受较大的建筑物荷载，否则就可能出现地基的局部破坏乃至整体滑动；在开挖较深的基坑时，就可能出现基坑的隆起和坑壁的失稳现象。由于软土的压缩性较高，建筑物基础的沉降和不均匀沉降是比较大的，对于一般四层至七层的砌体承重结构房屋，最终沉降约为 0.2～0.5m，对于荷载较大的构筑物（贮罐、粮仓、水池），基础的沉降一般达 0.5m 以上，有些达到 2m 以上。如果建筑物各部分荷载差异较大，体形又比较复杂，就要产生较大的不均匀沉降。沉降和不均匀沉降过大将引起建筑物基础标高的降低，影响建筑物的使用条件，或者造成倾斜、开裂破坏。由于渗透性很小，固结速率很慢，沉降延续的时间很长，给建筑物内部设备的安装和与外部的连接带来困难；同时，软土的强度增长比较缓慢，长期处于软弱状态，影响地基加固的效果。由于软土具有比较高的灵敏度，若在地基施工中产生振动、挤压和搅拌等作用，就可能引起软土结构的破坏，降低软土的强度。因此，在软土地基上建造建筑物，则要求对软土地基进行处理。地基处理的目的主要是改善地基土的工程性质，达到满足建筑物对地基稳定和变形的要求，包括改善地基土的变形特性和渗透性，提高其抗剪强度和抗液化能力，消除其他不利的影响。

近年来许多重要的工程和复杂的工业厂房在软弱土地基上兴建，工程实践的要求推动了软弱土地基处理技术的迅速发展，地基处理的途径愈来愈多，考虑问题的思路日益新颖，旧的方法不断改进，新的方法不断出现。但是，没有哪一种方法是万能的，具体的工程地质条件是千变万化的，工程对地基的要求也不相同，而且材料的来源、施工机具和施工条件也因工程地点的不同有较大的区别。因此，对每一工程必须进行综合考虑，通过几种可能采用的地基处理方案的比较，选择一种技术可靠、经济合理、施工可行的方案，既可以是单一的地基处理方法，也可以是多种地基处理方法的综合处理。

9.2 换 填 法

9.2.1 换土垫层及其作用

当建筑物基础下的持力层比较软弱、不能满足上部荷载对地基的要求时，常采用换土垫层来处理软弱地基，即将基础下一定范围内的土层挖去，然后回填以强度较大的砂、碎石或灰土等，并夯至密实。实践证明，换土垫层可以有效地处理某些荷载不大的建筑物地基问题，例如一般的三四层房屋、路堤、油罐和水闸等的地基。换土垫层按其回填的材料可分为砂垫层、碎石垫层、素土垫层、灰土垫层等。下面以砂垫层为例说明换土垫层的作用和原理。

砂垫层的主要作用如下：

（1）提高浅基础下地基的承载力。一般来说，地基中的剪切破坏是从基础底面开始的，并随着应力的增大逐渐向纵深发展。因此，若以强度较大的砂代替可能产生剪切破坏的软弱土，就可以避免地基的破坏。

（2）减少沉降量。一般情况下，基础下浅层地基的沉降量在总沉降量中所占的比例是比较大的。以条形基础为例，在相当于基础宽度的深度范围内沉降量约占总沉降量的50%左右，同时由侧向变形而引起的沉降，理论上也是浅层部分占的比例较大，若以密实的砂代替浅层软弱土，就可以减少大部分沉降量。由于砂垫层对应力的扩散作用，作用在下卧土层上的压力较小，这样也会相应减少下卧土层的沉降量。

（3）加速软弱土层的排水固结。建筑物的不透水基础直接与软弱土层接触时，在荷载的作用下，软弱土地基中的水被迫绕基础两侧排出，使基底下的软弱土不易固结，形成较大的空隙水压力，还可能导致由于地基土强度降低而产生塑性破坏的危险。砂垫层提供了基底下的排水面，不但可以使基础下面的孔隙水压力迅速消散，避免地基土的塑性破坏，还可以加速砂垫层下软弱土层的固结及其强度的提高。但是固结的效果只限于表层，深部的影响就不显著了。在各类工程中，砂垫层的作用是不同的。房屋建筑物基础下的砂垫层主要起置换的作用，对路堤和土坝等，则主要是利用排水固结作用。

9.2.2 砂垫层的设计及施工要点

砂垫层设计的主要内容是确定断面合理的厚度和宽度。根据建筑物对地基变形及稳定的要求，对于换土垫层，既要求有足够的厚度置换可能被剪切破坏的软弱土层，又要求有足够的宽度防止砂垫层向两侧挤动。对于排水垫层，一方面要求有一定的厚度和宽度防止加荷过程中产生局部剪切破坏；另一方面要求形成一个排水层，促进软弱土层的固结。砂垫层设计的方法较多，本节介绍一种常用的方法。

（1）砂垫层厚度的确定

根据垫层作用的原理，砂垫层的厚度必须满足在建筑物荷载作用下垫层本身不应产生冲剪破坏，同时通过垫层传递至下卧软弱土层的应力也不会使下卧层产生局部剪切破坏，即应满足式（9-1）对软弱下卧层验算的要求：

$$\sigma_z + \sigma_{cz} \leqslant f_z \tag{9-1}$$

式中 f_z——砂垫层底面处软弱土层的承载力设计值（应按垫层底面的深度考虑深度修正）；

σ_{cz}——砂垫层底面处土的自重应力标准值；

σ_z——砂垫层底面处的附加应力设计值，按第6章中对条形基础或对矩形基础计算，但其中θ为砂垫层的压力扩散角，按表9-1采用。

表9-1 压力扩散角θ（°）

z/b	换填材料		
	中、粗砾砂，圆砾，碎石，卵石，石屑，矿渣	粉质黏土和粉煤灰	灰土
0.25	20	6	28
≥0.5	30	23	

注：1. 当$z/b<0.25$时，除灰土$\theta=28°$外，其余材料均取$\theta=0°$。

2. 当$0.25<z/b<0.50$时，θ可内插求得。

计算时，先假设一个垫层的厚度，然后用式（9-1）验算。如不合要求，则改变厚度，重新验算，直至满足为止。一般砂垫层的厚度为1～2m，过薄的垫层（＜0.5m）的作用不显著，垫层太厚（＞3m）则施工较困难。

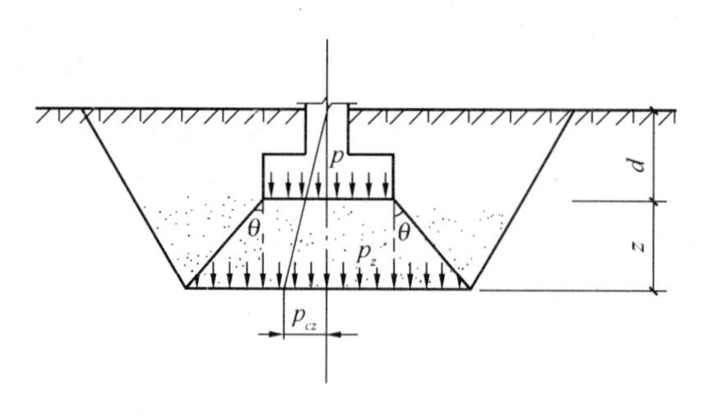

图 9-1 砂垫层剖面图

（2）砂垫层宽度的确定

砂垫层的宽度一方面要满足应力扩散的要求，另一方面要防止垫层向两边挤动。关于宽度的计算，目前缺乏可靠的理论方法，在实践中常常按照当地某些经验数（考虑垫层两侧土的性质）或按经验方法确定。常用的经验方法是扩散角法，如图 9-1 所示，设垫层厚度为 z，垫层底宽按基础底面每边向外扩出 $z\tan\theta$ 考虑，则条形基础下砂垫层底宽应不小于 $b+2z\tan\theta$。扩散角 θ 仍按表 9-1 的规定采用。底宽确定后，根据开挖基坑所要求的坡度延伸至地面，即得砂垫层的设计断面。

砂垫层断面确定之后，对于比较重要的建筑物还要求验算基础的沉降，以便使建筑物基础的最终沉降值小于建筑物的允许沉降值。验算时不考虑砂垫层本身的变形。

以上按应力扩散设计砂垫层的方法比较简单，故常被设计人员采用。但是必须注意，应用此法验算砂垫层的厚度时，往往得不到接近实际的结果。因为增加砂垫层的厚度时，式（9-1）中的 σ_z 虽可减少，但 σ_{cz} 却增大了，因而两者之和（$\sigma_z+\sigma_{cz}$）的减少并不明显，所以这样设计的砂垫层往往较厚（偏于安全）。

（3）砂垫层的施工要点

①砂垫层的砂料必须具有良好的压实性，以中、粗砂为好，也可使用碎石。细砂虽然也可以作垫层，但不易压实且强度不高。垫层用料虽然要求不高，但不均匀系数不能小于5，有机质含量、含泥量和水稳性不良的物质不宜超过3%，且不掺有大石块。

②砂垫层施工的关键是如何将砂加密至设计的要求。加密的方法常用的有加水振动、水撼法、碾压法等。这些方法都要求控制一定的含水量，分层铺砂厚度约为200～300mm，逐层振密或压实。含水量太低或饱和砂都不易密实，以湿润到接近饱和状态时为好。

③开挖基坑铺设砂垫层时，必须避免扰动软土层的表面和破坏坑底土的结构，因此基坑开挖后，应立即回填，不能暴露过久或浸水，更不得任意践踏坑底。

④当采用碎石垫层时，为了避免碎石挤入土中，应在坑底先铺一层砂，然后再铺碎石垫层。

垫层的种类很多，除了砂和碎石垫层外，还有素土和灰土垫层等，近年来又发展了类似垫层的土工聚合物加筋垫层。

9.3 预 压 法

9.3.1 预压法原理与应用条件

排水固结预压法是利用地基排水固结的特性，通过施加预压荷载并增设各种排水条件（砂井和排水垫层等排水体），以加速饱和软黏土固结发展的一种软土地基处理方法。

固结预压法的基本原理可用图 9-2 来说明。在压缩曲线（孔隙比 e 与固结压力 σ'_c 关系曲线）中，当试样由天然状态下的压力 σ'_0 开始，对其施加附加压力 $\Delta\sigma$（下称荷载压力）至完全固结（此时 $\Delta\sigma$ 转化为有效应力 $\Delta\sigma'$），相应的孔隙比从曲线上 a 点的 e_0 降低 Δe，到达曲线上的 c 点。随后，若将荷载压力 $\Delta\sigma$ 全部卸去，则试样回弹，使图中试验点沿实线移至 f 点，其回弹量较 Δe 小。若从 f 点再施加同样的荷载压力 $\Delta\sigma$ 至完全固结，则试样沿图中虚线再压缩至 c'点，这次孔隙比的减少 $\Delta e'$要比前次的 Δe 小得多。在图 9-2 下部绘出的与其上 $e-\sigma'_c$曲线相对应的 $\tau_f-\sigma'_c$曲线（抗剪强度与固结压力关系曲线）中，当对天然状态土试样施加荷载压力 $\Delta\sigma$ 至完全固结时，抗剪强度随固结压力的增加而显著增长（由 a 点的 τ_{fa}增大到 c 点的 τ_{fc}），卸去荷载压力后强度降低很小，卸载后再施加 $\Delta\sigma$ 至完全固结，抗剪强度恢复增大至 τ'_{fc}，比 τ_{fc}略微增大。

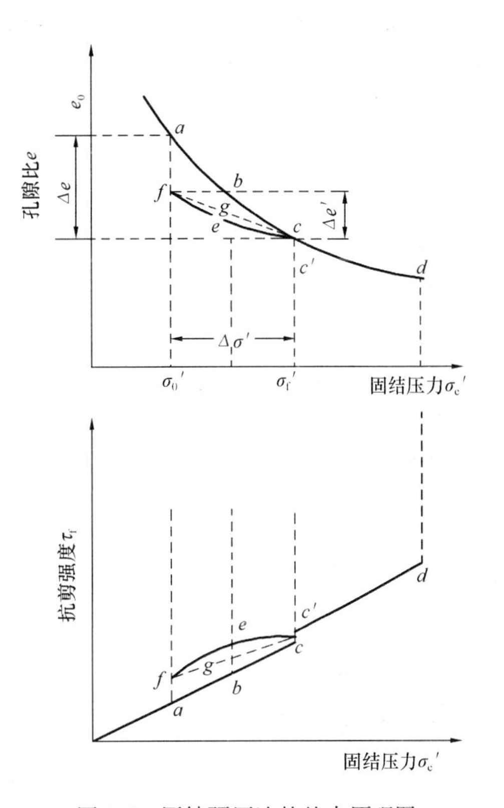

图 9-2　固结预压法的基本原理图

（1）为减少建筑物基础沉降的固结预压

在拟建建筑物场地上施加预压荷载，待土层固结后卸去预压荷载才建造建筑物，这样，由建筑物引起的沉降就明显减少了。

（2）为提高地基稳定性与承载力的固结预压

利用堆载或建筑物的自重，通过分级加载并控制加载速率，使地基在前一级荷载作用下排水固结，地基强度与承载力增大，然后再施加下一级荷载，这样逐步进行直至达到满足地基承载力与稳定性的要求为止。

能否取得良好的预压固结效果，与如下两个基本条件有关：①必要的预压荷载；②良好的排水边界条件与排水固结预压历时长短。预压荷载过小，预压固结产生的压缩量和强度增长量也很小，难以满足设计要求。另一方面，地基土层排水所需的时间是与渗径固结度所需的固结时间越长，固结效果越差。这样也难以在一定的施工期内达到设计对地基固结度的要求。因此，排水固结预压法必须设法施加必要的预压荷载并改善地基的排水边界条件。对前者，已经发展有堆载预压、自重预压、真空预压和降水预压等方法。对后者，则可在地基中设置各种类型的排水体，如水平向排水垫层、竖向排水砂井、袋装砂井、塑料排水带等。

排水固结预压法主要适用于处理淤泥、淤泥质土及其他饱和软黏土。对于砂类土和粉土，因透水性良好，无需此法处理。对于含水平砂夹层的黏性土，因其具有良好的横向排水性能，所以不用竖向排水体处理。泥炭土及透水性很小的流塑状态的饱和超软弱土，在很小的荷载作用下就产生较大的蠕变或次固结，而砂井排水固结仅对主固结有效，所以，对于这类土采用排水固结预压法应慎重对待。

9.3.2　预压法在设计中的应用

按前述两个主要应用类型的划分，排水固结预压法的设计分为：（1）以减少沉降为目的的预压，如房屋建筑基础、机场跑道和高速公路路基；（2）以提高地基承载力与稳定性为目的预压，如软基上的堤坝和油罐等工程。两者的设计要求虽然有所不同，但其设计的原理及基本内容是一致的。除了事先要求进行工程地质勘察与试验，获得必要的土层分布和土的工程性质参数外，主要的内容应包括：

（1）竖向排水体的类型及布置尺寸的选择

常用的三种类型为：

①普通砂井，指沉管法或高压射水法施打的砂井，直径约 300～400mm；②袋装砂井，用土工编织布制成，内装中粗砂的长条形砂管袋，直径 70mm 或 100mm；③塑料排水带，这是塑料排水芯片外套无纺布滤膜制成，宽约 100mm，厚 3.5～6.0mm，长 200m。工程实践证明：这三种类型的排水体在地基加固中都能获得良好的排水固结效果。普通砂井井径较大，排水性良好，井阻和涂抹作用的影响不明显，但施工速度较慢，工程量大，造价较高。袋装砂井井径较小，施工简便，造价低廉，但随砂井长度增大，井阻和涂抹对固结效果的影响较明显。塑料排水带是近年来发展的一种新型复合排水材料，透水性好、质轻、价廉、施工简便、质量易于保证。所以在设计时，一般优先考虑选用塑料排水带。当场地砂料来源比较丰富，具备适用的施工机具，打入深度在 15m 以内时，可考虑采用袋装砂井或普通砂井。在应用时，三种排水体应满足如下性能要求：井料或排水芯片应具有足够的渗透或通水能力和隔水反滤性能，尽量降低井阻，防止淤堵，使地基中水迅速通过排水体排出。此外，袋料或芯片还需要有一定的抗拉强度，防止施工中被拉断裂。根据工程实践的结果，井料的渗透性能及排水带的通水能力分别要求满足式（9-2）或式（9-3）的要求：

$$k_w = n \cdot \left(\frac{H}{d_w}\right)^2 \tag{9-2}$$

$$q_w = 7.85F \cdot k_h \cdot H^2 \tag{9-3}$$

式中　k_w——井料的渗透性系数（cm/s）；

q_w——排水带的通水能力（cm^3/s）；

k_h——地基的渗透系数（cm/s）；

H——砂井或排水带的打入深度；

d_w——砂井直径（cm）；

n——系数，一般为 5～10；

F——排水带产品在原位条件下的折减系数，$F=4\sim6$。

工程上井料常采用 $k_w>3\times10^{-3}$cm/s的中粗砂。排水带的通水能力，可按打入深度不同分别用 $q_w>25\ cm^3/s(H<15m)$；$q_w>50\ cm^3/s(H>20m)$ 和 $q_w>40\ cm^3/s(H=15\sim20m)$。

采用排水带时，因为其截面为条带状，而固结计算是用圆形截面的砂井固结理论计算的，可用式（9-3）把条带截面换算为砂井当量直径计算。即：

$$d_p = \alpha\frac{2(b+\delta)}{\pi} = d_w \tag{9-4}$$

式中　d_p——砂井当量直径；

b，δ——排水带截面的宽度和厚度；

α——系数，约为 0.75～1，可用 $\alpha=1$ 计算。

（2）排水体的布置间距和打入深度的确定

竖向排水体布置的间距和打入深度的大小是影响砂井地基固结效果的重要因素。设计时，必须根据工程的具体条件进行合理的选择。根据砂井固结理论，间距越小，在一定的时间内达到的固结度越大。但在实际工程中不是越小越好，因为间距太小，固结速率过快，没有必要而且打得过密，在施工中易引起相互挤压，扰动地基，增大涂抹层的厚度，反而降低了固结效果。因此，确定砂井的间距应根据排水固结原理、对地基固结的要求和允许预压固结的时间，并考虑施工对地基土扰动等的影响，可按式（9-5）试算确定合理的间距。

$$l=\left[\frac{6.5c_{H}\cdot t}{\ln(l/d_{w})\cdot\ln\left(\frac{0.81}{1-U_{rz}}\right)}\right]^{\frac{1}{2}} \tag{9-5}$$

式中　l——砂井或排水带的间距（cm）；

c_{H}——地基土的水平向固结系数（cm^2/s）；

t——设计工程允许预压固结的时间（s）；

U_{rz}——设计工程要求达到的固结度；

d_{w}——砂井直径或排水带的当量直径。

试算时，对于袋装砂井或塑料排水带宜在1～2m范围内选取，普通砂井宜在2.0～3.5m内选取，因为低于下限值时易受施工对土扰动的影响，大于上限则固结效果不佳。

竖向排水带的打入深度一般按如下原则考虑：当软土层厚不大（<10m）时，打入深度应贯穿该图层；当软土层厚度较大（>10m）时，对于以变形控制预压的工程，打入深度应达到对地基沉降有影响的深度；对于以稳定性控制预压的工程，则打至经稳定性分析确定的最危险滑弧的最大深度下2m。

（3）地基强度增长的计算

设计时，为了保证地基在预压荷载作用下的稳定性，必须预计由预压荷载引起地基的固结与强度的增长和地基稳定性与承载力的提高。根据土力学原理，由于荷载作用下，地基固结引起抗剪强度增长的概念可用式（9-6）表达：

$$\tau_{fz}=\eta(\tau_{0}+\Delta\tau_{c}) \tag{9-6}$$

式中　τ_{fz}——与荷载作用下固结历时 t 对应的地基强度增长值；

τ_{0}——天然地基土的抗剪强度，可用地基土不排水抗剪强度 c_{u} 或原位十字板强度测定值；

$\Delta\tau_{c}$——荷载作用下地基排水固结引起的强度增长值，可通过强度理论计算求得；

η——荷载作用下地基土的剪切蠕动和剪切速率减慢引起的地基强度衰减系数。

根据土的抗剪强度理论，对于正常固结饱和黏性土，地基强度增长可用式（9-7）直接计算：

$$\tau_{ft}=\frac{\eta p'_{1}\sin\varphi'\cos\varphi'[K_{1}+A_{f}(1-K_{1})]}{1-(2A_{f}-1)\sin\varphi'} \tag{9-7}$$

式中　p'_{1}——计算点的有效大主应力；

K_{1}——计算点的有效大主应力与小主应力之比，$K_{1}=\frac{p'_{1}}{p'_{3}}$；

A_{1}——地基土的空隙水压力系数；

φ'——地基土的有效抗剪角；

η——考虑蠕变和速率减慢的经验折减系数，$\eta=0.85\sim0.95$。

为了便于计算，工程上常用经验公式（9-8）计算：

$$\tau_{ft}=\eta(c_{u}+\sigma_{z}U_{t}\tan\varphi_{cu}) \tag{9-8}$$

式中　σ_{z}——计算的竖向附加压力；

c_u——地基土的不排水抗剪强度；

U_t——计算点历时 t 的固结度；

φ_{cu}——直接固结不排水抗剪强度指标；

η——折减系数，η=0.85～0.95。

工程实测结果证明：经验公式（9-8）计算结果与实测比较接近。

（4）预压设计

主要介绍为消除沉降的预压设计法。预压消除沉降是通过施加预压荷载，使地基在预压期内排水固结达到沉降，然后卸去荷载再建造建筑物。此时，预压产生的那部分沉降已经“消除”，建筑物荷载 p 作用下的地基沉降是由于超载作用后土的再压缩，相当于式（9-9）中的 $[s_f]_p - [s_t]_{p+\Delta p}$。按照建筑物允许沉降的要求，以预压消除沉降的设计应满足式（9-9）和式（9-10）的要求：

$$[s_f]_p - [s_t]_{p+\Delta p} \leqslant s_\partial \tag{9-9}$$

$$t < t_\partial \tag{9-10}$$

式中　S_∂——建筑物的允许沉降量；

t_∂——允许预压时间；

$[s_f]_p$——设计荷载 p 作用下基础的最终沉降值，可用常规分层总和法按式（9-11）计算求得。

$$s_f = \varepsilon \sum_1^n \frac{e_{0i} - e_{1i}}{1 + e_{0i}} \cdot \Delta z_i \tag{9-11}$$

式中　ε——考虑瞬时沉降影响的经验系数 ε=1.1～1.4，对高压缩性土用高值，中等压缩性土用低值。

9.3.3　砂井和排水带地基施工简介

砂井和排水带地基施工主要包括：打设竖向排水体；铺设水平排水垫层；施加预压荷载以及检测与质量检验等。不同的竖向排水体都有各自的专用机具。普通砂井常用沉管灌注桩机具施工，也可用射水砂井机施工；袋装砂井和排水带则分别采用专用的砂井机或插板机施工。施工时，首先要求采用符合渗透性和反滤性质量要求的砂料和排水带；施打要求定位准确垂直，深度到位，灌砂密实连续，尽量减少地基土的扰动；认真检验各个砂井或排水带的施工质量，做好现场施工记录，凡不合格者都要求及时补打。排水垫层必须选用渗透性良好的砂料铺设，并加水润湿、振动碾压密实；如果采用碎石垫层，应铺设土工布与土层隔离，以防淤堵。施加预压荷载时，必须按照设计要求，严格控制加荷速率，分级逐渐施加，防止加荷速率过快而使地基产生剪切破坏。为了保证地基始终在稳定状态下施加预压荷载，必须设置原位测试系统，检测地基的动态变化，以防地基滑动破坏。监测系统包括：地基表面沉降及深层沉降、地基的侧向变形或者堤坝边坡桩水平位移和空隙水压力等。监测工作可根据工程具体条件，按照土力学原理制定有关控制标准，按标准认真进行监控工作。例如软基上的堤坝工程，地基表面沉降应控制每天沉降量不超过 10mm；边坡的最大侧向位移每天不超过 4mm；孔隙水压力与荷载增加量的累积曲线不出现非线性转折等。如果超过上述标准，则判定地基出现局部剪切破坏，必须停止施加预压荷载，以确保地基的稳定性。

9.4　碾压及夯实法

一直以来，碾压和夯实都是修路、筑堤、加固地基表层最常用的简易处理方法。通过夯锤或机械，夯击或碾压填涂或疏松土层，使其空隙体积减小、密实程度提高，这种作用称为压实。压实能降低土的压缩性，提高其抗剪强度，减弱土的透水性，使经过处理的浅层弱土成为能承担较大荷载的地基持力层。本节简述土的压实原理和夯实碾压方法。

9.4.1 土的压实原理

大量工程实践和实验研究证明，控制土的压实效果的主要因素是土的含水量、压实机械及其压实功能和添加料等。这些因素对压实效果的影响关系就是指导压实工程的基本原理。

土的压实效果常用干密度 ρ_d（单位土体积内土粒的质量）来衡量。未压实松散土的干密度一般约为（1.1～1.3）g/cm³，经压实后可达（1.55～1.8）g/cm³，一般填土约为（1.6～1.7）g/cm³。

（1）最优含水量

实践表明，对黏性土，当压实功能和条件相同时，土的含水量过小，土体不易压实，反之，过湿则出现软弹现象（俗称橡皮土），土也压实不了，只有把土的含水量调整到其间某一适宜值时，才能收到最佳的压实效果。在一定压实机械的功能条件下，土最易于被压实并能达到最大密实度时的含水量，称为最优含水量 w_{op}，相应的干密度则称为最大干密度。

土的最优含水量可在试验室内进行击实试验测得。试验时将同一种土，配制成若干份不同含水量的试样，用同样的压实功能分别对每一份试样进行击实，然后测定各试样击实后的含水量和干密度，从而绘制含水量与干密度关系曲线，称为压实曲线。曲线表明了压实效果随含水量的变化规律，相应于干密度峰值的含水量就是最优含水量。

关于土的压实机理已有多种假说，但以普洛特的流行较广。他认为，含水量较小时，土粒表面的结合水膜很薄（主要是强结合水），颗粒间很大的分子力阻碍着土的压实；含水量增大时，结合水膜增厚，粒间粘结力减弱，水起着润滑的作用，使土粒易于移动而形成最优的密实排列，压实效果就变好；当含水量继续增大，以致土中出现了自由水，压实时，孔隙水不易排出，形成较大的孔隙压力，势必阻止土粒的靠拢，所以压实效果反而下降。

统计证明：最优含水量 w_{op} 与土的塑限 w_p 有关，大致为 $w_{op}=w_p+2$（%）。土中黏土矿物含量愈大，则最优含水量愈大。

（2）压实功能

夯击的压实功能与夯锤的重量、落高、夯击次数以及被夯击土的厚度等有关，碾压的压实功能则与碾压机具的重量、接触面积、碾压遍数以及土层的厚度等有关。

对于同类土，随着压实功能大小的变化，最大干密度和最优含水量也随之变化。当压实功能较小时，土压实后的最大干密度较小，对应的最优含水量则较大，反之，干密度较大，对应的最优含水量则较小。所以在压实工程中，若土的含水量较小，则需选用夯实功能较大的机具，才能把土压实至最大干密度，在碾压过程中，如未必能将土压实至最密实的程度，则须增大压实功能；若土的含水量较大，则应选用压实功能较小的机具，否则会出现“橡皮土”现象。因此，若要把土压实到工程要求的干密度，必须合理控制压实时土的含水量，选用适合的压实功能，才能获得预期的效果。

（3）压实条件

是指压实时被压实土层的特点，所采用压实机械的功能和性能以及压实的方法和方式等。压实条件不同，例如选择填土与天然地基土、夯击与碾压、振动碾压与压路机碾压等，其压实效果是不同的。室内击实试验与碾压试验的压实条件也是不同的。所以指导工程实践的最优含水量应通过现场压实试验来确定，室内击实试验的结果只能作为工程实践的参考。

（4）其他因素的影响

土的颗粒粗细、级配、矿物成分和添加的材料等因素对压实效果是有影响的。颗粒越粗，就越能在低含水量时获得最大的干密度；颗粒级配越均匀，压实曲线的峰值范围就越宽广而平缓；对于黏性土，其压实效果与其中的黏土矿物成分含量有关；添加木质素和铁基材料可改善土的压实效果。

9.4.2 重锤夯实法

重锤夯实法是利用起重机将重锤提高一定高度，然后使其自由落下，重复夯打，把地基表层夯实。这种方法可用于处理非饱和黏性土或杂填土，提高其强度，减少其压缩性和不均匀性，也可用于处理湿陷性黄土，消除其湿陷性。

重锤夯实法的主要机具是起重机和重锤。重锤为一截头的圆锥体，锤重不小于 15kN，锤底的直径约为 0.7～1.5m。

重锤夯实的效果与锤重、锤底的直径、落距、夯击的遍数、夯实土的种类和含水量有密切关系。合理选定上述参数和控制土的含水量，才能达到较好的夯实效果。在施工时，一方面要控制含水量，使土在最优含水量条件下夯实；另一方面，若夯实土的含水量发生变化，则可以调节夯实功的大小，使夯实功适应土的实际含水量。一般情况，增大夯实功或增加夯击的遍数可以提高夯实的效果，但是当土的夯实达到某一密实度时，再增大夯实功和夯击遍数，土的密度却不再增大了，甚至有时会使土的密实度降低。夯实功和夯击遍数一般通过现场试验确定。根据实践经验，夯实的影响深度约为重锤底直径的一倍左右；夯实后杂填土地基的承载力基本值一般可以达到 100～150kPa。对于地下水位离地表很近或软弱土层埋置很浅的情况，重锤夯实可能产生橡皮土的不良的效果，所以要求重锤夯实的影响深度高出地下水位 0.8m 以上，且不宜存在饱和软土层。

9.4.3 机械碾压法与振动压实法

（1）机械碾压法

机械碾压法是一种采用平碾、羊足碾、压路机、推土机或其他压实机械压实松软土的方法。这种方法常用于大面积填土的压实和杂填土地基的处理。

碾压的效果主要决定于被压实土的含水量和压实机械的压实能量。在实际工程中若要求获得较好的压实效果，应根据碾压机械的压实能量，控制碾压土的含水量，选择合适的分层碾压厚度和遍数，一般可以通过现场碾压试验确定。关于黏性土的碾压，通常用 80～100kN 的平碾或 120kN 的羊足碾，每层铺土厚度约为 200～300mm，碾压 8～12 遍。碾压后填土地基的质量常以压实系数 λ_c 和现场含水量控制，压实系数为控制的干密度与最大干密度的比值，在主要受力层范围内一般要求 $\lambda_c>0.96$（砌体承重结构和框架结构）或 $\lambda_c>0.94\sim0.97$（排架结构）。

（2）振动压实法

振动压实法是一种在地基表面施加振动把浅层松散土振实的方法。振动压实机是这种方法的主要机具，自重为 20kN，振动力为 50～100kN，频率为 1160～1180r/min，振幅为 3.5mm。这种方法主要应用于处理砂土、炉渣、碎石等无黏性土为主的填土。振动压实的效果主要决定于被压实土的成分和振动的时间，振动的时间越长，效果越好。但超过一定时间后，振动的效果就趋于稳定。所以在施工之前应先进行试振，确定振动所需的时间和产生的下沉量。例如炉灰和细粒填土，振实的时间约为3～5min，有效的振动深度约为1.2～1.5m。一般杂填土经过振实后，地基承载力基本值可以达到100～120kPa。如地下水位太高，则将影响振实的效果。另外应注意振动对周围建筑物的影响，振源与建筑的距离应大于3m。

9.5　挤密法和振冲法

在砂土中，通过机械振动挤压或加水振动可以使土密实，挤密法和振冲法就是利用这一原理发展起来的两种地基加固方法。

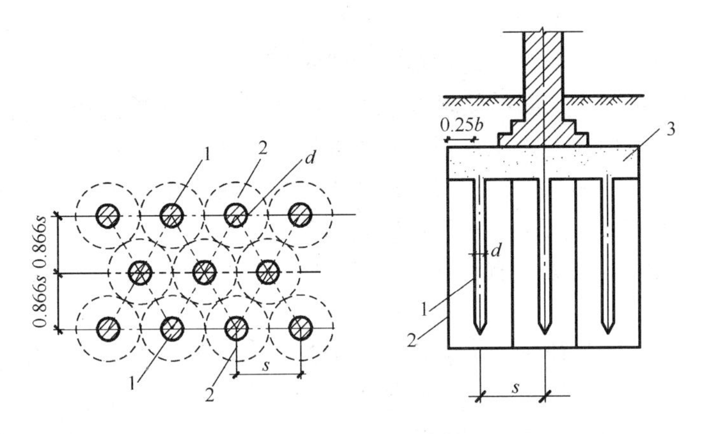

图9-3　灰土桩的布置

（1）挤密法

挤密法是以振动或冲击的方法成孔，然后在空中填入砂、石、土、石灰、灰土或其他材料，并加以捣实成为桩体，按其填入的材料分别称为砂桩、砂石桩、石灰桩、灰土桩等，其布置见图9-3。挤密法一般采用打桩机或振动打桩机施工，也有用爆破成孔的。挤密桩的加固机理主要靠桩管打入地基中，对土产生横向挤密作用，在一定挤密功能作用下，土粒彼此移动，小颗粒填入大颗粒的空隙，颗粒间彼此靠近，空隙减少，使土密实，地基土的强度也随之增强。所以挤密法主要是使松软土地基挤密，改善土的强度和变形特性。由于桩体本身具有较大的强度和变形模量，桩的断面也较大，故桩体与土组合复合地基，共同承担建筑物荷载。

必须指出，挤密砂桩与排水砂井都是以砂为填料的桩体，但两者的作用是不同的：砂桩的作用主要是挤密，故桩径较大，桩距较小；砂井的作用主要是排水固结，故井径小而间距大，避免破坏地基土的天然结构。

挤密桩主要用于处理松软砂类土、素填土、杂填土、湿陷性黄土等，将土挤密或消除湿陷性，其效果比较显著。

（2）振冲法

振冲法是利用一个振冲器，在高压水流的帮助下边振边冲，使松砂地基变密，或在黏性土地基中成孔，在孔中填入碎石制成一根根桩体，这样的桩体和原来的土构成比原来抗剪强度高和压缩性小的复合地基。

振冲器为圆筒形，筒内由一组偏心铁块、潜水电机和通水管组成。潜水电机带动偏心铁块使振冲器产生高频振动，通水管接通高压水流从喷水口喷出，形成振动水冲作用。振冲法的工作过程是用吊车或卷扬机把振动器就位后，打开喷水口，开始振冲，在振冲作用下使振冲器沉到需要加固的深度，然后边往孔内回填碎石，边喷水振动，使碎石密实，逐渐上提，振密全孔。孔内的填料愈密，振动消耗的电量愈大，常通过观察电流的变化，控制振密的质量，这样就使孔内填料及孔周围一定范围内的土密实。

在砂土中和黏性土中振冲法的加固机理是不同的。在砂土中，振冲器对土施加重复水平振动和侧向挤压作用，使土的结构逐渐破坏，孔隙水压力逐渐增大。由于土的结构破坏，土粒便向低垫能位置转移，土体由松变密。当孔隙水压力增大到大主应力值时，土体开始液化。所以振冲对砂土的作用主要是振动密实和振动液化，随后孔隙水消散固结。振动液化和振动加速度有关，而振动加速度又随着离振冲器的距离增大而衰减。因此，把振冲的影响范围从振冲器壁向外，按加速度的大小划分为液化区、过渡区和压密区。一般来说过渡区和压密区愈大，加固效果愈好。因为液化状态的土不易密实，液化区过大反而降低加密的效果。根据工程实践的结果，砂土加固的效果取决于土的性质（砂土的密度、颗粒的大小、形状、级配、相对密度、渗透性和上覆压力等）和振冲器的性能（偏心力、振动频率、振幅和振动历时）。土的平均有效粒径 $d_{10}=0.2\sim2$mm 时加密的效果较好，颗粒较细易产生宽广的液化区，振冲加固的效果较差。所以对于颗粒较细的砂土地基，需在振冲孔中添加碎石形成碎石桩，才能获得较好的加密效果。颗粒较粗的中粗砂土可不必加料，也可以得到较好的加密效果。

在黏性土中，振动不能使黏性土液化。除了部分非饱和土或黏粒土含量较少的黏性土在振动挤压作用下可能压密外，对于饱和黏性土特别是饱和软土，振动挤密不可能使土密实，甚至扰动了土的结构，引起土中孔隙水压力的升高，降低有效应力，使土的强度降低。所以振冲法在黏性土中的作用主要是振冲制成碎石桩，置换软弱土层，碎石桩与周围土组成复合地基。在复合地基中，碎石桩的变形模量远大于黏性土，因而使应力集中于碎石桩，相应减少软弱土中的附加应力，从而改善地基承载能力和变形特性。但在软弱土中形成复合地基是有条件的，即在振冲器制成碎石桩的过程中，桩周土必须具有一定的强度，以便抵抗振冲器对土产生的振动挤压力和而后在荷载作用下支撑碎石桩的侧向挤压作用。若地基土的强度太低，不能承受振冲过程的挤压力和支撑碎石桩的侧向挤压，复合地基的作用就不可能形成。由此可见，被加固土的抗剪强度（$c_u>20$kPa）是影响加固效果的关键。工程实践证明，具有一定抗剪强度的地基土采用碎石桩处理地基的效果良好。许多人认为当地基的不固结不排水抗剪强度 $c_u<20$kPa 时，采用振冲碎石桩应慎重对待。实践证明振动挤压可能引起饱和软土强度的衰减，但经过一段间歇后，土的抗剪强度是可以恢复的。所以，在比较软弱的土层中，如能振冲制成碎石桩，应间歇一段时间，待强度恢复后，才能施加上部荷载。

总之，振冲法的机理，在砂土中主要是振动挤密和振动液化作用；在黏性土中主要是振冲置换作用，置换的桩体与土组成复合地基。近年来振冲法已广泛应用于处理各类地基土，主要应用于处理砂土、湿陷性黄土及部分非饱和黏性土，提高这些土的地基承载力和抗液化性能，也应用于处理不排水抗剪强度稍高（$c_u>20$kPa）的饱和黏性土和粉土，改善这类土的地基承载力和变形特性。

9.6 化学加固法

化学加固法是利用某些化学溶液注入地基土中，通过化学反应生成胶凝物质或使土颗粒表面活化，在接触处胶结固化，以增强土颗粒间的连接，提高土体的力学强度的方法。常用的加固方法有硅化加固法、碱液加固法、电化学加固法和高分子化学加固法。

(1) 硅化加固法

通过打入带孔的金属灌注管，在一定的压力下，将硅酸钠（俗称水玻璃）溶液注入土中，或将硅酸钠及氯化钙两种溶液先后分别注入土中。前者称为单液硅化，后者称为双液硅化。

单液硅化适用于加固渗透系数为0.1～2.0m/d的湿陷性黄土和渗透系数为0.3～5.0m/d的粉砂。加固湿陷性黄土时，溶液由浓度为10%～15%的硅酸钠溶液掺入2.5%氯化钠组成。溶液入土后，钠离子与土中水溶性盐类中的钙离子（主要为硫酸钙）产生离子交换的化学反应，在土粒间及其表面形成硅酸凝胶，可以使黄土的无侧限极限抗压强度达到0.6～0.8MPa。加固粉砂时，在浓度较低的硅酸钠溶液内（相对密度为1.18～1.20）加入一定数量的磷酸（相对密度为1.02），搅拌均匀后注入，经化学反应后，其无侧限极限抗压强度可达0.4～0.5MPa。

双液硅化适用于加固渗透系数为2～8m/d的砂性土，或用于防渗止水，形成不透水的帷幕。硅酸钠溶液的相对密度为1.35～1.44，氯化钙溶液的比重为1.26～1.28。两种溶液与土接触后，除产生一般化学反应外，主要产生胶质化学反应，生成硅胶和氢氧化钙。在附属反应中，其生成物也能增强土颗粒间的连接，并具有填充孔隙的作用。砂性土加固后的无侧限极限强度可达1.5～6.0MPa。

硅化法可达到的加固半径与土的渗透系数、灌注压力、灌注时间和溶液的黏滞度等有关，一般为0.4～0.7m，可通过单孔灌注试验确定。各灌注孔在平面上宜按等边三角形的顶点布置，其孔距可采用加固土半径的1.7倍。加固深度可根据土质情况和建筑物的要求确定，一般为4～5m。

硅酸钠的模数值通常为2.6～3.3，不溶于水的杂质含量不超过2%。此法需耗用硅酸钠或氯化钙等工业原料，成本较高。其优点是能很快地抑制地基的变形，土的强度也有很大提高，对现有建筑物地基的加固特别适用。但是，对已渗有石油产品、树胶和油类及地下水pH值大于9的地基土，不宜采用硅化法加固。

(2) 碱液加固法

碱液对土的加固作用不同于其他的化学加固方法，它不是从溶液本身析出胶凝物质，而是碱液与土发生化学反应后，使土颗粒表面活化，自行胶结，从而增强土的力学强度及其水稳定性。为了促进反应过程，可将溶液温度升高至80～100℃再注入土中。加固湿陷性黄土地基时，一般使溶液通过灌注孔自行渗入土中。黄土中的钙、镁离子含量较高，采用单液即能获得较好的加固效果。

(3) 电化学加固法

在地基土中打入一定数量的金属电极杆，通过电极导入直流电流，使水分从阴极排走，从而使土固结。用电化学法加固地基时，主要发生三个过程：①电渗，电渗后土大量脱水并固结；②离子交换作用，交换时吸附的钠、钙被氢及铝代替；③结构形成过程，由铝胶形成土粒结构，也可采用电流和化学溶液配合的方法使土加固，即化学溶液通过带孔的灌注管网注入土中，通电后溶液随着水的运动由阳极向阴极扩散，提高加固效果。

电化学法一般用于加固渗透系数小于0.1m/d的淤泥质地基。但此法较不经济，需用专门的设备经试验确认有效后才能够采用。

(4) 高分子化学加固法

将高分子化学溶液压入土中进行地基处理的一种方法。它适用于砂类土地基加固、帷幕灌浆以及地下工程的止水堵漏，对坝基工程的泥化夹层与断层破碎带的加固亦有成效，如将氰凝灌入砂土后的抗压强度可达 10.0MPa。

用于地基加固的高分子材料品种较多，有脲醛树脂、丙烯酰胺类（也称丙凝）、聚氨酯类（也称聚氨基甲酸酯或氰凝）等，其中以聚氨酯类比较好。20 世纪 60 年代末，日本首先研制的 TACSS 灌浆材料和中国在 20 世纪 70 年代初研制成的氰凝，都是以过量的异氰酸酯与聚醚反应而得，称为预聚体。预聚体含有一定量的游离异氰酸基（—NCO）能与水反应，当浆液灌入土中时，—NCO 基遇水后在催化剂作用下进一步聚合和交联，反应物的黏度逐渐增大而凝固，生成不溶于水的高分子聚合物，达到加固地基的目的。

氰凝灌浆的特点是：遇水反应后，由于水是反应的组成部分，因此，浆液被水冲淡或流失的可能性较小，而且在遇水反应过程中放出的二氧化碳气体使浆液发生膨胀，向四周渗透扩散，又扩大了加固范围。高分子材料价格昂贵，限制了它的使用，有剧毒，施工中应有防毒措施并应考虑对环境污染的问题。

9.7 地基局部处理

根据勘察报告，局部存在异常的地基或经基槽检验查明的局部异常地基，均需根据实际情况、工程要求和施工条件，妥善进行局部处理。处理方法可根据具体情况有所不同，但均应遵循减小地基不均匀沉降的原则，使建筑物各部位的沉降尽量趋于一致。

（1）局部松土坑（填土、墓穴、淤泥等）处理

当松土坑的范围较小（在基槽范围内）时，可将坑中松软土挖除，使坑底及坑壁均见天然土为止，然后采用与天然土压缩性相近的材料回填。例如：当天然土为砂土时，用砂或级配砂石分层夯实回填；当天然土为较密实的黏性土时，用 3∶7 灰土分层夯实回填；如为中密可塑的黏性土或新近沉积黏性土时，可用 1∶9 或 2∶8 灰土分层夯实回填。每层回填厚度不大于 200mm。

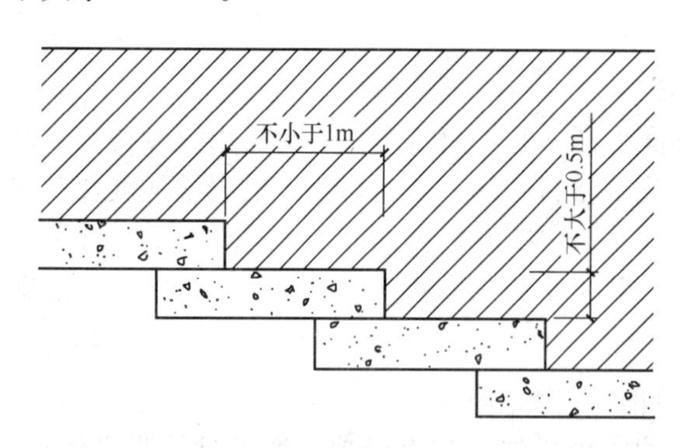

图 9-4　地基局部处理图

当松土坑的范围较大（超过基槽边沿）或因各种条件限制，槽壁挖不到天然土层时，则应将该范围内的基槽适当加宽，采用与天然土压缩性相近的材料回填。如用砂土或砂石回填时，基槽每边均应按 1∶1 坡度放宽；如用 1∶9 或 2∶8 灰土回填时，基槽每边均应按0.5∶1坡度放宽；用 3∶7 灰土回填时，如坑的长度不大于 2m，基槽可不放宽，但灰土与槽松土坑在基槽内所占的长度超过 5m 时，将坑内软弱土挖去，如坑底土质与一般槽底土质相同，也可将此部分基础落深，做 1∶2 踏步与两端相接（见图 9-4），每步高不大于 0.5m，长度不小于 1.0m。如深度较大时，用灰土分层回填至基槽底标高。

对于较深的松土坑（如深度大于槽宽或大于 1.5m 时），槽底处理后，还应适当考虑加强上部结构的强度和刚度，以抵抗由于可能发生的不均匀沉降而引起的应力。常用的加强方法是：在灰土基础上 1～2 皮砖处（或混凝土基础内）、防潮层下 1～2 皮砖处及首层顶板处各配置 3～4 根，直径为 8～12mm 的钢筋，跨过该松土坑两端各 1m。

松土坑埋藏深度很大时，也可部分挖除松土（一般深度不小于槽宽的 2 倍），分层夯实

回填，并加强上部结构的强度和刚度；或改变基础形式，如采用梁板式跨越松土坑、桩基础穿透松土坑等方法。

当地下水位较高时，可将坑中软弱的松土挖去后，用砂土、碎石或混凝土分层回填。

（2）砖井或土井的处理

当井内有水并且在基础附近时，可将水位降低到可能程度，用中粗砂及块石、卵石等夯填至地下水位以上 500mm。如有砖砌井圈时，应将砖井圈拆除至坑（槽）底以下 1m 或更多些，然后用素土或灰土分层夯实回填至基底（或地坪底）。

当枯井在室外，距基础边沿 5m 以内时，先用素土分层夯实回填至室外地坪下 1.5m 处，将井壁四周砖圈拆除或松软部分挖去，然后用素土或灰土分层夯实回填。

当枯井在基础下（条形基础 3 倍宽度或柱基 2 倍宽度范围内），先用素土分层夯实回填至基础底面下 2m 处，将井壁四周松软部分挖去，有砖井圈时，将砖井圈拆除至槽底以下 1～1.5m，然后用素土或灰土分层夯实回填至基底。当井内有水时按上述方法处理。

当井在基础转角处，若基础压在井上部分不多时，除用以上方法回填处理外，还应对基础加强处理，如在上部设钢筋混凝土板跨越或采用从基础中挑梁的办法解决；若基础压在井上部分较多时，用挑梁的办法较困难或不经济时，可将基础沿墙长方向向外延长出去，使延长部分落在天然土上，并使落在天然土上的基础总面积不小于井圈范围内原有基础的面积，同时在墙内适当配筋或用钢筋混凝土梁加强。

当井已淤填但不密实时，可用大块石将下面软土挤密，再用上述方法回填处理。若井内不能夯填密实时，可在井内设灰土挤密桩或在砖井圈上加钢筋混凝土盖封口，上部再回填处理。

（3）局部软硬土的处理

当基础下局部遇基岩、旧墙基、老灰土、大块石、大树根或构筑物等，均应尽可能挖除，采用与其他部分压缩性相近的材料分层夯实回填，以防建筑物由于局部落于较硬物上造成不均匀沉降而使建筑物开裂；或将坚硬物凿去 300～500mm 深，再回填土砂混合物夯实。

当基础一部分落于基岩或硬土层上，一部分落于软弱土层上时，应将基础以下基岩或硬土层挖去 300～500mm 深，填以中粗砂或土砂混合物做垫层，使之能调整岩土交界处地基的相对变形，避免应力集中出现裂缝，或加强基础和上部结构的刚度来克服地基的不均匀变形。

（4）其他情况的处理

①橡皮土

当黏性土含水量很大趋于饱和时，碾压（夯拍）后会使地基土变成踩上去有一种颤动感觉的“橡皮土”。所以，当发现地基土（黏土、粉质黏土等）含水量趋于饱和时，要避免直接碾压（夯拍），可采用晾槽或掺石灰粉的办法降低土的含水量，有地表水时应排水，地下水位较高时应将地下水降低至基底 0.5m 以下，然后再根据具体情况选择施工方法。如果地基土已出现橡皮土，则应全部挖除，填以 3∶7 灰土、砂土或级配砂石，或插片石夯实；也可将橡皮土翻松、晾晒、风干至最优含水量范围再夯实。

②管道

当管道位于基底以下时，最好拆迁或将基础局部落低，并采取防护措施，避免管道被基础压坏。当管道穿过基础墙而基础又不允许切断时，必须在基础墙上管道周围，特别是上部留出足够尺寸的空隙（大于房屋预估的沉降量），使建筑物产生沉降后不致引起管道的变形或损坏。

另外，管道应该采取防漏的措施，以免漏水浸湿地基造成不均匀沉降，特别是当地基为填土、湿陷性黄土或膨胀土时，尤其应引起重视。

上岗工作要点

本章主要介绍地基处理的换填法、预压法、碾压夯实法、挤密桩法和化学加固法。要求掌握这几种常用地基处理方法的特点及适用范围与选用原则、作用原理、设计要点和施工质量要求。在选择地基处理方案前，应结合工程情况，了解本地区地基处理经验和施工条件，以及其他相似场地上同类工程的地基处理经验和使用情况等，对经过地基处理的建筑物，通过沉降观测，了解其处理效果。

简单应用：几种常用地基处理方法的特点及适用范围及施工质量要求。

综合应用：换土垫层法的适用范围及设计要点，垫层厚度和宽度的确定。

思 考 题

1. 什么是软弱土地基？软弱土地基处理的目的是什么？
2. 软弱土地基的主要物理力学特性是什么？
3. 换填法的原理及作用是什么？
4. 砂垫层的施工要点是什么？
5. 预压的原理及应用条件是什么？
6. 土的压实原理是什么？各种压实方法的要点有哪些？
7. 挤密法与振冲法的原理及施工要点是什么？
8. 化学加固法分别有哪些方法？

第 10 章　土力学试验

10.1　土的基本物理性质指标试验

10.1.1　土的密度试验

密度是土体的基本试验指标之一，是确定土的其他物理指标的重要基础试验指标。土体天然状态下为非饱和状态，测定的密度常称为湿密度，在天然状态下为饱和状态，测定的密度即为饱和密度。密度的定义是土体的质量与土体的体积的比值，即单位土体体积中土的质量，以 g/cm^3 为单位，是描述土体的轻重、松密等物理性质的指标。密度试验有多种试验方法：一般黏性土，宜采用环刀法；易破碎，难以切削的土，可采用蜡封法；对于砂土与砂砾土，可用野外灌砂法或灌水法。这里仅摘录适用于细粒土的环刀法和适用于野外密度试验的灌水法。

1. 环刀密度试验

（1）试验目的

测定一般黏性土的单位体积质量，以便了解土体的疏密和干湿状态，供换算土的其他物理指标和工程计算之用。

（2）试验设备

①环刀：环刀是一带刃口的薄壁金属环，内径 61.8mm 或 79.8mm，高 20mm。

②天平：称量 500g，最小分度值 0.1g；称量 200g，最小分度值 0.01g。

③其他：修土刀、刮刀、凡士林油等。

（3）试验步骤

①按需要取原状土或制备所需状态的扰动土样，土样的直径和高度应大于环刀。

②在环刀内壁涂一薄层凡士林油，将环刀刃口向下放在土样上。

③用修土刀沿环刀外缘将土样削成略大于环刀直径的土柱，然后慢慢将环刀垂直下压，边压边削，直至土样上端伸出环刀为止。

④将环刀两端余土削去修平（严禁将土样扰动或压密）。

⑤擦净环刀外壁，称环刀和土的总质量，精度达 0.01g。

⑥密度计算。

按下式计算土的湿密度：

$$\rho_0 = \frac{(m_0 + m) - m_0}{V}$$

式中　ρ_0——试样的湿密度（g/cm^3），准确到 $0.01g/cm^3$；

(m_0+m)——环刀加土质量（g）；

m_0——环刀质量（g）；

V——环刀体积（cm^3），计算到 $0.01cm^3$，根据盒号由试验室制好的表中查得。

按下式计算土的干密度：

$$\rho_d = \frac{\rho_0}{(1+0.01\omega_0)}$$

式中 ρ_d——试样的干密度（g/cm³），准确到 0.01g/cm³；

ρ_0——试样的湿密度（g/cm³）；

ω_0——试样的含水率（%）。

（4）注意事项

①本试验需进行二次平行试验，取二次结果的平均值。平行试验结果之差不得大于 0.03g/cm³。

②操作要快，动作细心，以避免土样被扰动破坏结构及水分蒸发。

③环刀一定要垂直，加力适当，方向要正。

④边压边削的时候，切土刀要向外倾斜，以免把环刀下面的土样削空。

（5）环刀法试验的记录格式

表 10-1　密度试验记录（环刀法）

工程名称　　　　　　　　　　试验者

工程编号　　　　　　　　　　计算者

试验日期　　　　　　　　　　校核者

试样编号	环刀号	湿土质量（g）	试样体积（cm³）	湿密度（g/cm³）	试样含水率（%）	干密度（g/cm³）	平均干密度（g/cm³）

2. 灌水法密度试验

（1）试验目的

测定野外粗粒土的密度，以便了解土体的疏密和干湿状态，供换算土的其他物理指标和工程计算之用。

（2）试验设备

①储水筒：直径应均匀，并附有刻度及出水管。

②台秤：称量 50kg，最小分度值 10g。

（3）试验步骤

①根据试样最大直径，确定试坑尺寸，见表 10-2。

表 10-2　试坑尺寸　　（mm）

试样最大粒径	试坑尺寸	
	直　径	深　度
5（20）	150	200
40	200	250
60	250	300

②将选定试验处的试坑地面整平，除去表面松散的土层。

③按确定的试坑直径划出坑口轮廓线，在轮廓线内下挖至要求深度，边挖边将坑内的试样装入盛土容器内，称试样质量，准确到 10g，并应测定试样的含水率。

④试坑挖好后，放上相应尺寸的环套，用水准尺找平，将大于试坑容积的塑料薄膜袋平

铺于试坑内，翻过环套压住薄膜四周。

⑤记录储水筒内初始水位高度，拧开储水筒出水管开关，将水缓慢注入塑料薄膜袋中。当袋内水面接近环套边缘时，将水流调小，直至袋内水面与环套边缘齐平时关闭出水管，持续 3～5min，记录储水筒内水位高度。当袋内出现水面下降时，应另取塑料袋重做试验。

⑥试坑的体积计算。按下式计算试坑的体积：

$$V_p = (H_1 - H_2) \times A_w - V_0$$

式中　V_p——试坑体积（cm^3）；

H_1——储水筒内初始水位高度（cm）；

H_2——储水筒内注水终了时水位高度（cm）；

A_w——储水筒断面积（cm^2）；

V_0——环套体积（cm^3）。

⑦试样的密度计算。按下式计算试样的密度：

$$\rho_0 = \frac{m_p}{V_p}$$

式中　m_p——取至试坑内的试样质量（g）；

V_p——试坑体积（cm^3）。

（4）灌水法试验的记录格式

表 10-3　密度试验记录（灌水法）

工程名称　　　　　　　　　　试验者

工程编号　　　　　　　　　　计算者

试验日期　　　　　　　　　　校核者

试坑编号	储水筒水位（cm）		储水筒断面积（cm^2）	试坑体积（cm^3）	试样质量（g）	湿密度（g/cm^3）	含水率（%）	干密度（g/cm^3）	试样干重度（kN/m^3）
	初始	终了							
	(1)	(2)	(3)	(4)=[(2)−(1)]×(3)	(5)	(6)=(5)/(4)	(7)	(8)=(6)/[1+0.01(7)]	(9)=9.81(8)

10.1.2　土的含水率试验

土的含水率是指土在温度 105～110℃下烘到质量恒定时所失去的水分质量与达到恒重后干土重量的比值，以百分数表示。它是描述土体的干湿和软硬物理性质的指标，也是确定土的其他物理指标的重要基础试验指标，在界限含水率等试验中也需要利用该方法测定土体在不同条件下的含水率。在试验室通常用烘箱烘干法测定土的含水率。即将土样放置于烘箱内烘至质量恒定，在野外如无烘箱设备或要求快速测定含水率时，可依据土的性质和工程情况分别采用红外线灯烘干法、酒精燃烧法、炒干法等。这里采用的是烘箱烘干法。

（1）试验目的

测定土的含水率以了解土的含水情况。含水率是计算土的孔隙比、液性指数、饱和度和分析其他物理力学性质不可缺少的一个基本指标。

（2）试验设备

①天平：称量200g，最小分度值0.01g。

②烘箱：可采用电热烘箱或温度能保持在105～110℃的其他能源烘箱。

③其他：称量盒、干燥器（内有硅胶或氯化钙作为干燥剂）等。

（3）试验步骤

①先称称量盒的质量（m_0），精确至0.01g。

②从原状或扰动土样中，取具有代表性试样15～30g，有机质土、砂类土和整体状构造冻土为50g，放入称量盒内，立即盖好盒盖并记录称量盒号码。

③将取土后的称量盒放置在天平上，称量湿土加盒质量（m_0+m），准确至0.01g。

④打开盒盖放入烘箱内，在恒温105～110℃下烘至恒量（即试样的重量不再改变）。烘干时间对黏性土不得少于8h，对砂性土不得少于6h，对含有机质超过干土质量5%的土，应将温度控制在65～70℃的恒温下烘至恒重。

⑤将烘干后的试样和盒取出，盖好盒盖放入干燥器内冷却至室温，称量干土加盒质量（m_0+m_s），准确至0.01g。

⑥含水率计算。按下式计算土的含水率：

$$\omega=\frac{(m_0+m)-(m_0+m_s)}{(m_0+m_s)-m_0}\times 100\%$$

式中　ω——含水率（%）；

m_0——铝盒重（g）；

（m_0+m）——铝盒加湿土重（g）；

（m_0+m_s）——铝盒加干土重（g）。

（4）注意事项

①本试验需进行二次平行试验，取两次结果的平均值，允许平行差值应符合表10-4的规定。

表10-4　含水率允许平行差值表（烘箱烘干）

含水率（%）	<10	10～40	>40
允许平行差值（%）	0.5	1.0	2.0

②应取具有代表性的土样进行试验。

③测定时动作要快，以避免土样的水分蒸发。

④称量盒要保持干燥，注意称量盒的盒体和盒盖上下对号。

（5）含水率试验的记录格式

表10-5　含水率试验记录（烘箱烘干）

工程名称　　　　　　试验者

工程编号　　　　　　计算者

试验日期　　　　　　校核者

试样编号	盒号	盒质量（g）	盒加湿土质量（g）	盒加干土质量（g）	湿土质量（g）	干土质量（g）	含水率（%）	平均含水率（%）

【附】 酒精燃烧法：取代表性的土样（黏性土 5～10g，砂性土 20～30g），放入称量盒内称量，然后用滴管将酒精注入盒内，直至盒中出现自由液面为止，为使酒精和土样混合均匀，可将盒在桌上轻轻敲击。点燃盒中酒精，烧至火焰熄灭。重复二次，盖好盒盖立即称量干土质量。计算方法同上。

10.1.3 土的液限、塑限试验

土体是三相介质，由固体颗粒、水和气所组成，尽管决定土体性质的是固体颗粒，但是水对土体特别是细颗粒土会产生很大的影响。随着含水率的变化土体可能呈现固态、半固态、可塑态和流态，其中的分界含水率即为界限含水率，其中区别半固态与可塑态的界限含水率称为塑限，区别可塑态与流态的界限含水率称为液限。由液限和塑限能够确定塑性指数，进而进行细粒土的分类定名。根据天然含水率和液限、塑限能够确定土体的液性指数，进而能够判定黏性土的稠度状态，即软硬程度，因此液限和塑限是进行黏性土的分类定名和物理状态评价的重要指标。

1. 土的液限试验

（1）试验目的

测定土的液限含水率，用以计算土的塑性指数和液性指数，作为黏性土的分类以及计算地基土承载力的依据之一。本试验采用手提落锥法，适用于粒径小于 0.5mm 的土样。

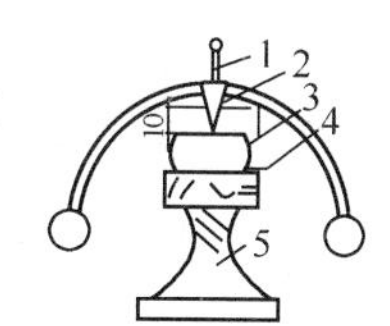

图 10-1 锥式液限仪

1—76g 圆锥仪；2—镶有色金属（2～3，7～10mm）；3—土样；4—试杯；5—仪器座

（2）试验设备

①锥式液限仪，如图 10-1 所示。

②天平：感量 0.01g。

③调土器、玻璃片、调土刀、灰刀（刮土刀）。

④烘箱、干燥器、铝盒等。

（3）试验步骤

①选取具有代表性的天然含水量或风干土样，若土中含有较多大于 0.5mm 的土粒或夹有大量的杂物时，应将土样风干后用带橡皮头的研材研碎或用木棒在橡皮板上压碎，然后再过 0.5mm 的筛。取过筛的土样不少于 100g 放入调土碗里，加蒸馏水调拌、浸润，使其含水量接近液限，然后用玻璃片或湿布覆盖，静止 24h 备用。

②将制备好的试样用调土刀在调土器内拌匀，分层装入试杯内，填装时务必注意勿使试样内留有空隙或气泡，用刮刀将多余土刮去使之与杯口齐平（刮土时不得反复涂抹土面），并将试样杯放在底座上。

③将圆锥擦拭干净并在锥尖上抹一薄层凡士林，两指捏住圆锥手柄，保持锥体垂直，当圆锥仪锥尖与试样表面正好接触时，轻轻松手让锥体自由沉入土中。

④放锥后约经 5s，锥体入土深度恰好达到 10mm 的圆锥环状刻度线处，此时土的含水量即为液限含水量。

⑤若锥体入土深度超过或小于 10mm 时，表示试样的含水率高于或低于液限，应用小刀挖去粘有凡士林的土，然后将试样全部取出，放在调土碗里，根据试样的干湿情况，适当加纯水或边调边风干重新拌和，然后重复②～④的试验步骤。

⑥达到要求后，取出锥体，用调土刀挖去粘有凡士林的土，然后将试样杯中的土样分装到两个称量盒里称其盒加湿土质量 m_1。把土样烘干后再称盒加干土质量 m_2。

⑦本试验需进行两次平行试验，取两次结果的平均值，其平行差值不得大于2%，计算至0.1%。

⑧液限计算。按下式计算土样液限：

$$w_L = \frac{m_1 - m_2}{m_2 - m_0} \times 100\%$$

式中 w_L——液限（%）；

m_0——称量盒质量（g）；

m_1——盒加湿试样质量（g）；

m_2——盒加干试样质量（g）。

（4）注意事项

①液限试验时，为提高工作效率，在试样调匀后，可用调土刀取出部分试样，先行试放锥体，初步校验是否接近液限含水率。

②锥体下放时不能摇摆，必须稳定垂直地让锥尖与试样表面接触，再松手让其在自重下下沉，不能过早或过迟。

（5）液限试验的记录格式

表 10-6　液限试验记录

工程名称　　　　　　　　试验者

工程编号　　　　　　　　计算者

试验日期　　　　　　　　校核者

试样编号	盒号	盒+湿土质量（g）	盒+干土质量（g）	水质量（g）	干土质量（g）	液限（%）

2. 土的塑限试验

（1）试验目的

测定土的塑限含水率，用以计算土的塑性指数和液性指数，作为黏性土的分类以及计算地基土承载力的依据之一。本试验采用搓条法，适用于粒径小于0.5mm的土样。

（2）试验设备

①毛玻璃板：尺寸宜为200mm×300mm。

②天平：感量0.01g；

③卡尺：分度值为0.02mm。

④烘箱、干燥器、铝称量盒、调土刀、调土器等。

（3）试验步骤

①按液限试验办法制备土样，水分应适当减少。

②将捏成手指大小的土团（球形、椭圆形）放在干燥清洁的毛玻璃板上用手掌适当加压滚动，搓条时以手掌均匀施加压力，不得无力滚动，搓条长度不宜超出手掌宽度，并在任何情况下不容许产生中空现象。

③若土条滚搓到直径3mm时，表面产生许多龟裂同期开始断裂，这时土的含水率就是塑限。将合格的土条迅速装入铝称量盒，随即盖紧盒盖，接着进行第二个土条和第三个土条

搓滚试验，取直径 3mm 有裂缝的土条 3～5g 立即称量，然后放入烘箱在 105℃恒温下烘干直至恒量。称量并计算土的塑限含水率。

④塑限计算。按下式计算土样塑限：

$$w_p = \frac{m_1 - m_2}{m_2 - m_0} \times 100\%$$

式中 w_p——塑限（%）；

m_0——称量盒质量（g）；

m_1——盒加湿试样质量（g）；

m_2——盒加干试样质量（g）。

（4）注意事项

①在搓条时用力要均匀，避免出现空心或卷心现象。保持手掌和毛玻璃的清洁。

②在任何含水率情况下，试样搓到大于 3mm 就发生断裂，说明该土无塑性。

（5）塑限试验的记录格式

表 10-7 塑限试验记录

工程名称　　　　试验者

工程编号　　　　计算者

试验日期　　　　校核者

试样编号	盒号	盒＋湿土质量（g）	盒＋干土质量（g）	水质量（g）	干土质量（g）	塑限（%）

3. 土的液限和塑限联合试验

（1）试验目的

测定土的液限用以计算土的塑性指数和液性指数，作为黏性土的分类以及计算地基土承载力的依据之一。本试验采用液、塑限联合测定法，适用于粒径小于 0.5mm 以及有机质含量不大于试样总质量 5%的土。

（2）试验设备

①光电式液塑限联合测定仪，如图 10-2 所示。其主要组成部分如下：a. 圆锥仪：锥体总质量为 76g±0.2g，圆锥用不锈钢金属材料精加工而成，锥角为 30°±0.2°，微分尺量程为 22mm，刻线距离为 0.1mm。b. 电磁铁部分：要求磁铁吸力大于 100g（1N）。c. 光学投影放大部分：要求放大 10 倍，成像清晰。d. 升降座：落锥后 5s 的显示、试样杯等。

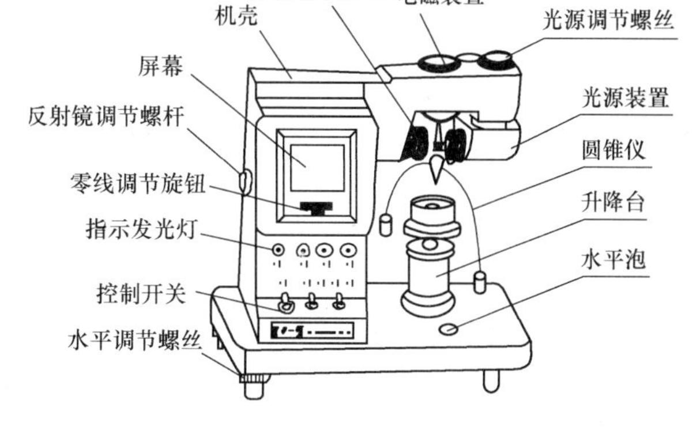

图 10-2 光电式液塑限联合测定仪

②天平：电子天平，感量 0.001g。

③其他：烘箱、铝盒、调土刀、调土碗等。

（3）试验步骤

①选取具有代表性的风干土样，若土中含有较多大于 0.5mm 的土粒或夹有大量的杂物时，应将土样风干后用带橡皮头的研材研碎或用木棒在橡皮板上压碎，然后再过 0.5mm 的筛。取过筛的土样不少于 100g 放入调土碗里，加蒸馏水调拌、浸润，使其含水量接近液限，然后用玻璃片或湿布覆盖，静止 24h 备用。

②用调土刀将碗内制备好的土样充分搅拌均匀，密实地填入试样杯中，勿使土样内留有空隙，然后用调土刀齐杯口刮去多余的土膏，置于仪器杯上。刮去余土时，不得用刀在土面反复涂抹。

③取圆锥仪，在锥体上抹一薄层凡士林，接通电源，使电磁铁吸稳圆锥仪。

④调节屏幕准线，使初始读数位于零位刻线处，调节升降座螺母，当锥尖刚与土面接触，计时指示灯亮。圆锥仪即自由落下，延时 5s，度数指示灯亮，立即读数。如果手动操作，可把开关搬向“手动”一侧。当锥尖与土面接触时，接触指示灯亮，而圆锥不下落，需按手动按钮，圆锥仪才自由落下。读数后，仪器要按复位按钮，以便下次再用。

⑤从试杯中取不少于 10g 试样，测定其含水率。

⑥将全部试样加水或吹干并调匀，重复③至⑤的步骤，分别测定第二点、第三点试样的圆锥下沉深度及相应的含水率。液塑限联合测定应不少于三点。

⑦计算及制图。按下式计算含水量：

$$w=\left(\frac{m}{m_s}-1\right)\times 100\%$$

式中 w——含水率（%）；

m——湿土重（g）；

m_s——干土重（g），计算至 0.1%。

将三个含水率与相应的圆锥下沉深度绘于双对数坐标纸上，三点连一直线，如图 10-3 中 A 线。如果三点不在一直线上，通过高含水率的一点与其余二点连两根直线，在圆锥下沉深度为 2mm 处查得相应的两个含水率。如果差值不超过 2%，用平均值的点与高含水率点作一直线，如图 10-3 中的 B 线作为试验曲线。若两个含水量差值超过 2%，应补做试验。

从试验曲线中查得圆锥下沉深度 17mm 处的含水率为液限 w_L，查得圆锥下沉深度 2mm 处的含水率为塑限 w_P。

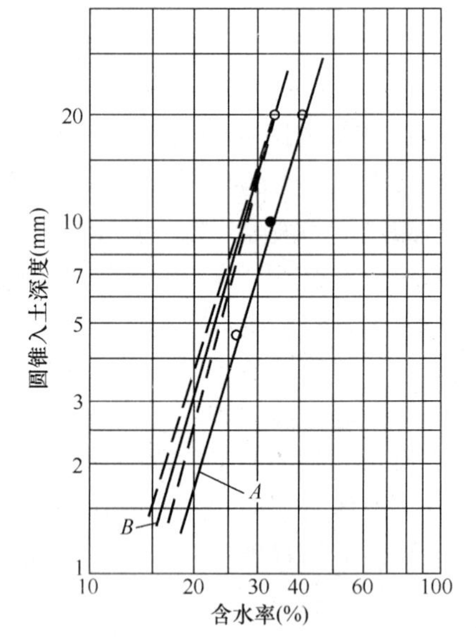

图 10-3　圆锥下沉深度与含水率关系曲线

塑性指数 I_P：$I_P=w_L-w_P$

液性指数 I_L：$I_L=\frac{w_L-w_P}{I_P}$

式中 w_L——液限含水率（%）；

w_P——塑限含水率（%）。

根据塑性指数 I_p 可对细粒土进行分类，定出土的名称。根据液性指数 I_L 可对天然含水率的原状土定出土所在的状态。

（4）注意事项

①在接通电源把装有光学微分尺的圆锥仪提起与电磁铁调试对中时，切勿先按“吸”按钮，因为电磁铁吸住圆锥仪后，再左右、前后移动圆锥仪对准电磁铁正中很困难，应该先按“放”按钮，使圆锥仪能自由移动，在对中后，再按“吸”按钮，把圆锥仪吸住。

②对于含水率接近塑限（即圆锥入土深度稍大于 2mm）的试样，由于含水率较低，用调土刀不易调拌均匀，须用手反复将试样揉捏均匀，才能保证试验结果的正确性。

4. 液限、塑限联合试验的记录格式

表 10-8 液限、塑限联合试验记录

工程名称　　　　　　　　　　试验者

工程编号　　　　　　　　　　计算者

试验日期　　　　　　　　　　校核者

试样编号	圆锥下沉深度（mm）	盒号	湿土质量（g）	干土质量（g）	含水率（%）	液限（%）	塑限（%）	塑性指数
			(1)	(2)	(3)=[(1)/(2)−1]×100	(4)	(5)	(6)=(4)−(5)

10.2 土的固结试验

土体是三相介质，具有孔隙，因此在外力的作用下将产生压缩变形。在一般工程荷载范围内，土颗粒和孔隙水本身的变形忽略不计，因此土体的压缩主要是因为土骨架重新排列、排水、排气。对于非饱和土体常称为压缩试验，对于饱和土体常称为固结试验。

（1）试验目的

本试验的目的是测定试样在侧限与轴向排水条件下，变形和压力或孔隙比和压力的关系，绘制压缩曲线，以便计算土的压缩系数 a_v、压缩模量 E_s 等指标，通过各项压缩性指标，可以分析、判断土的压缩特性和天然土层的固结状态，计算土工建筑物及地基的沉降等。

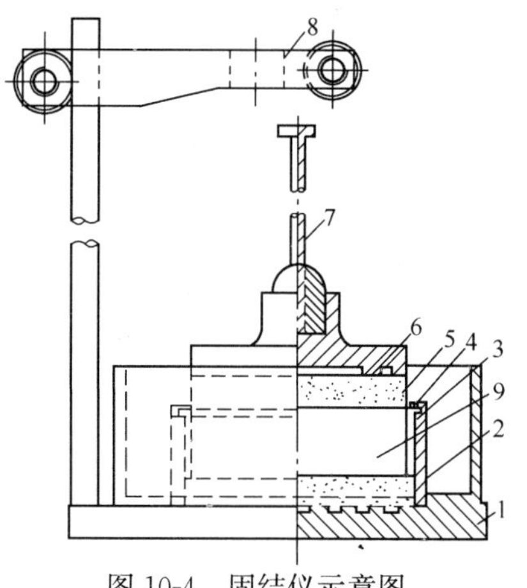

图 10-4　固结仪示意图

1—水槽；2—护环；3—环刀；4—导环；5—透水板；6—加压盖；7—位移计导杆；8—位移计架；9—试样

（2）试验设备

①固结仪：见图 10-4。

②加压设备：应能垂直在瞬间施加各级规定的压力，且没有冲击力，压力准确度应符合现行国家标准《土工仪器的基本参数及通用技术条件》（GB/T 15406）的规定。

③变形量测设备：量程 10mm，最小分度值为 0.01mm 的百分表或准确度为全量程 0.2%的位移传感器。

④秒表、烘箱、修土刀、铝称量盒、滤纸、干燥瓶和凡士林等。

(3) 试验步骤

①在固结容器内放置护环、透水板和薄型滤纸，将带有试样的环刀装入护环内，放上导环，试样上依次放上薄型滤纸、透水板和加压上盖，并将固结容器置于加压框架正中，使加压上盖与加压框架中心对准，安装百分表或位移传感器。注意滤纸和透水板的湿度应接近试样的湿度。

②施加 1kPa 的预压力使试样与仪器上下各部件之间接触，将百分表或传感器调整到零位或测读初读数。

③确定需要施加的各级压力，压力等级宜为 12.5kPa、25kPa、50kPa、100kPa、200kPa、400kPa、800kPa、1600kPa、3200kPa。第一级压力的大小应视土的软硬程度而定，宜用 12.5kPa、25kPa 或 50kPa。最后一级压力应大于土的自重压力与附加压力之和。只需测定压缩系数时，最大压力不小于 400kPa。

④需要确定原状土的先期固结压力时，初始段的荷重率应小于 1，可采用 0.5 或 0.25，施加的压力应使测得的 e-log$p$ 曲线下端出现直线段。对超固结土，应进行卸压、再加压来评价其再压缩特性。

⑤对于饱和试样，施加第一级压力后应立即向水槽中注水浸没试样。非饱和试样进行压缩试验时，需用湿棉纱围住加压板周围。

⑥需要测定沉降速率、固结系数时，施加每一级压力后宜按下列时间顺序测记试样的高度变化。时间为 6s、15s、1min、2min15s、4min、6min15s、9min、12min15s、16min、20min15s、25min、30min15s、36min、42min15s、49min、64min、100min、200min、400min、23h、24h，至稳定为止。不需要测定沉降速率时，则施加每级压力后 24h 测定试验高度变化作为稳定标准，只需测定压缩系数的试样，施加每级压力后，每小时变形达 0.01mm 时，测定试样高度变化作为稳定标准。按此步骤逐级加压至试验结束。注意，测定沉降速率仅适用饱和土。

⑦需要进行回弹试验时，可在某级压力下固结稳定后退压，直至退到要求的压力，每次退压至 24h 后测定试样的回弹量。

⑧试验结束后吸去容器中的水，迅速拆除仪器各部件，取出整块试块，测定含水率。

(4) 计算

①按下式计算试样的原始孔隙比：

$$e_0=\frac{\rho_w\times G_s(1+w_0)}{\rho_0}-1$$

式中 e_0——试样的初始孔隙比；

ρ_w——水的密度（g/cm^3），一般取 1；

G_s——土粒比重；

w_0——试样初始含水量（%）；

ρ_0——试样初始密度（g/cm^3）。

②按下式计算各级压力下试样固结稳定后的单位沉降量：

$$S_i=\frac{(\sum\Delta h_i)}{(h_0)}\times10^3$$

式中 S_i——某级压力下的单位沉降量（mm/m）；

h_0——试样初始高度（mm）；

$\sum\Delta h_i$——某级压力下试样固结稳定后的总变形量（mm）（等于该级压力下固结；稳定读数减去仪器变形量）。

③按下式计算各级压力下试样固结稳定后的孔隙比：

$$e_i = e_0 - (1 + e_0) \times \frac{\Delta h_i}{h_0}$$

式中 e_i——各级压力下试样固结稳定后的孔隙比。

④按下式计算某一压力范围内的压缩系数：

$$a_v = \frac{e_i - e_{i+1}}{p_{i+1} - p_i}$$

式中 a_v——压缩系数（MPa^{-1}）；

p_i——某级压力值（MPa）。

⑤按下式计算某一压力范围内的压缩模量：

$$E_s = \frac{1 + e_0}{a_v}$$

式中 E_s——压缩模量（MPa）。

⑥按下式计算某一压力范围内的体积压缩系数：

$$m_v = \frac{1}{E_s} = \frac{a_v}{1 + e_0}$$

式中 m_v——体积压缩系数（MPa^{-1}）。

⑦按下式计算压缩指数和回弹指数：

$$C_c \text{ 或 } C_s = \frac{e_i - e_{i+1}}{\log p_{i+1} - \log p_i}$$

式中 C_c——压缩指数；

C_s——回弹指数。

以孔隙比为纵坐标，压力为横坐标绘制孔隙比与压力的关系曲线，见图 10-5。

以孔隙比为纵坐标，以压力的对数为横坐标，绘制孔隙比与压力的对数关系曲线，见图 10-6。

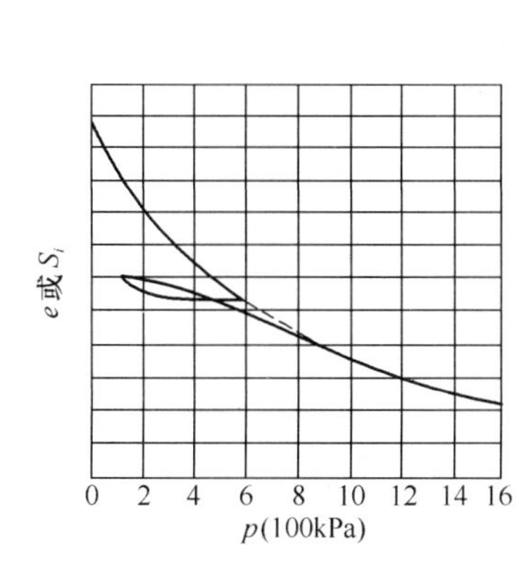

图 10-5 $e(S_i)$-p 关系曲线

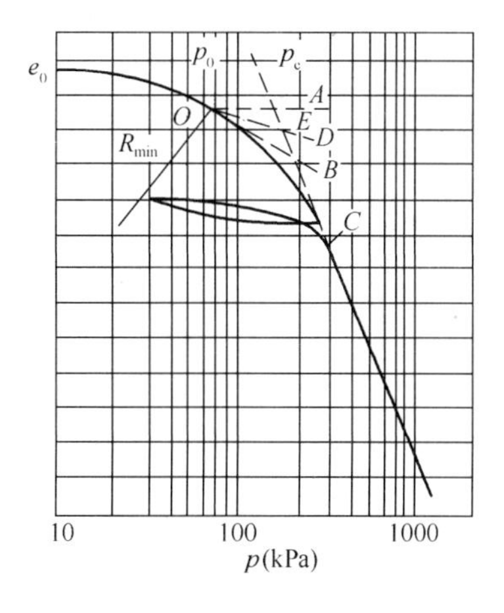

图 10-6 e-$\log p$ 曲线求 p_c 示意

⑧原状土试样的先期固结压力，应按下列方法确定。在 e-$\log p$ 曲线上找出最小曲率

半径 R_{min} 的点 O（图 10-6），过 O 点做水平线 OA，切线 OB 及 $\angle AOB$ 的平分线 OD，OD 与曲线下段的延长线交于 E 点，则对应于 E 点的压力值即为该原状土试样的先期固结压力。

⑨固结系数应按下列方法确定：

a. 时间平方根法：对某一级压力，以试样的变形为纵坐标，时间平方根为横坐标，绘制变形与时间平方根关系曲线（图 10-7），延长曲线开始段直线交纵坐标于 d_s 为理论零点，过 d_s 作另一直线，令其横坐标为前一直线横坐标的 1.15 倍，则后一直线与 $d\sqrt{t}$ 曲线交点所对应的时间的平方即为试样固结度达 90% 所需的时间 t_{90}，该级压力下的固结系数应按下式计算：

$$c_v = \frac{0.848\,\overline{h^2}}{t_{90}}$$

式中　c_v——固结系数（cm^2/s）；

$\overline{h^2}$——最大排水距离，等于某级压力下试样的初始和终了高度的平均值之半（cm）。

b. 时间对数法：对某级压力，以试样的变形为纵坐标，时间的对数为横坐标，绘制变形与时间对数关系曲线（图 10-8），在关系曲线的开始段，选任一时间 t_1，查得相对应的变形值 d_1，再取时间 $t_2 = t_1/4$，查得相对应的变形值 d_2，则 $2d_2-d_1$ 即为 d_{01}；另取一时间依同法求得 d_{02}、d_{03}、d_{04} 等，取其平均值为理论零点 d_s，延长曲线中部的直线段和通过曲线尾部数点切线的交点即为理论终点 d_{100}，则 $d_{50} = (d_s + d_{100})/2$，对应于 d_{50} 的时间即为试样固结度达 50% 所需的时间 t_{50}，某一级压力下的固结系数应按下式计算：

$$c_v = \frac{0.197\,\overline{h^2}}{t_{50}}$$

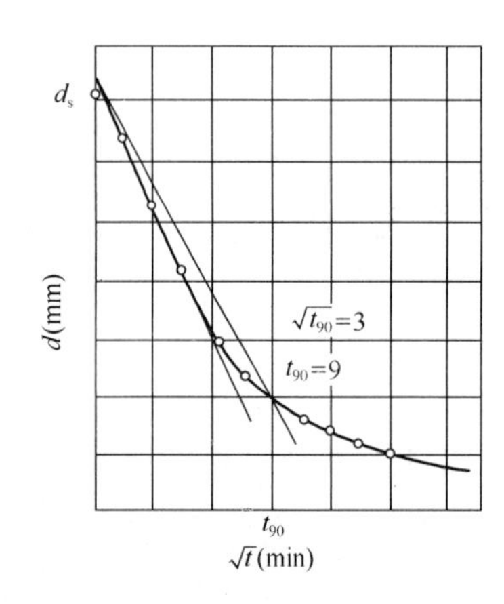

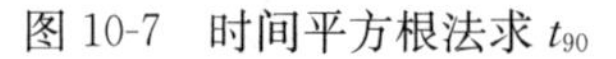
图 10-7　时间平方根法求 t_{90}

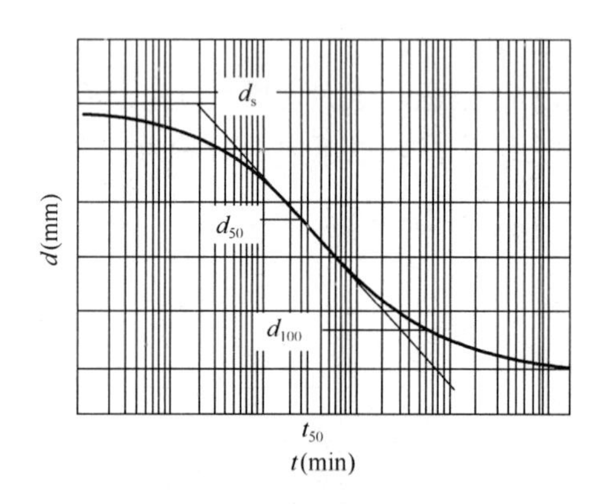

图 10-8　时间对数法求 t_{50}

（5）注意事项

①使用仪器前必须预习，严格按程序进行操作，如有疑问应马上提问。

②试验过程中不能卸载。

③随时调整加压杠杆，使其保持平衡。

④加载时应轻拿轻放，不得对仪器产生振动。

⑤试验完毕，卸下荷载，取出土样，把仪器打扫干净。

（6）固结试验记录格式

表 10-9　固结试验记录

工程名称　　　　　　　　　　试验者
试样编号　　　　　　　　　　计算者
仪器编号　　　　　　　　　　校核者
试验日期

压力经过时间 (min)	$P=$		$P=$		$P=$		$P=$		$P=$	
	时间	变形读数	时间	变形读数	时间	变形读数	时间	变形读数	时间	变形读数
0										
0.1										
0.25										
1										
2.25										
4										
6.25										
9										
12.25										
16										
20.25										
25										
30.25										
36										
42.25										
49										
64										
100										
200										
23 (h)										
24 (h)										
总变形量 (mm)										
仪器变形量 (mm)										
试样总变形量 (mm)										

10.3　土的直剪试验

直接剪切试验就是直接对试样进行剪切，简称直剪试验，是测定土的抗剪强度的一种常用方法。通常采用 4 个试样，分别在不同的垂直压力 p 下，施加水平剪切力，测得试样破坏时的剪应力 τ，然后根据库仑定律确定土的抗剪强度参数内摩擦角 φ 和黏聚力 C。

（1）试验目的

本试验目的在于测定土的抗剪强度指标，即土的内摩擦角 φ 和黏聚力 C。土的抗剪强度指标是计算地基强度和稳定作用的基本指标。

（2）试验设备

①应变控制式直剪仪，如图 10-9 所示。

②测微表（百分表）：量程 5～10mm，分度值 0.01mm。

③天平、环刀、削土刀、饱和器、秒表、滤纸（蜡纸）、直尺等。

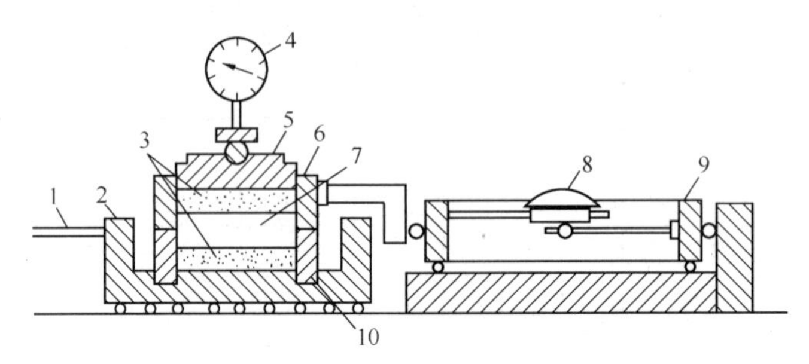

图 10-9　应变控制式直剪仪

1—顶针；2—底座；3—透水石；4—测微表；5—活塞；6—上盒；7—土样；8—测微表；9—量力环；10—下盒

（3）试验步骤

①用环刀切取 3～4 个试样备用，并测相应的含水率和密度，密度误差不得超过 0.03g/cm^3。

②安装好剪切盒，插入销钉，在下盒透水石上放一张滤纸。

③将带试样的环刀平口向下，对准上盒盒口放好，在试样上面顺序放蜡纸和透水石，然后将试样平稳推入剪切盒中，移去环刀，放上加压盖。

④顺次放上传压板、钢珠和加压架，按规定加垂直荷重（一般一组做四次试验，建议采用 100kPa、200kPa、300kPa、400kPa）。

⑤按顺时针方向徐徐转动手轮至上盒前端的钢珠刚好与量力环接触（即量力环内的测微计指针刚好开始移动），调整测微计读数为零。

⑥拔去销钉，开动秒表，以（4～12）r/min 的均匀速率转动手轮（本试验以 6r/min 为宜），转动过程中不应中途停顿或时快时慢。使试样在 3～5min 内剪损，手轮每转一圈应测记测微表读数一次，直至量力环的测微表指针不再前进或有后退，即说明试样已剪损。如测微表指针一直缓慢前进，说明不出现峰值，则破坏以变形控制进行到剪切变形达 5mm 时为止（手轮每转一圈推进下盒 0.2mm）。

⑦剪切结束后，倒转手轮，顺序去掉荷载、加压框架、加压盖与上盒，取出试样。

⑧重复上述步骤，做其他各垂直压力下的剪切试验。

⑨全部做完后，取下土样，把仪器打扫干净。

（4）计算

①抗剪强度 τ 的计算

按下式计算剪应力 τ：

$$\tau=C_1\times R$$

式中　R——量力环中测微表最大读数或位移 4mm 时的读数（0.01mm）；

C_1——量力环校正系数（kPa/0.01mm）。

②剪切位移计算

按下式计算剪切位移 ΔL：

$$\Delta L=20\times n-R$$

式中 n——手轮转数。

R——量力环中测微表读数（0.01mm）。

③以剪应力 τ 为纵坐标，剪切位移 ΔL 为横坐标，绘制剪应力 τ 与剪切位移 ΔL 关系曲线如图 10-10 所示；以剪应力 τ 为纵坐标，垂直压应力 P 为横坐标（注意纵、横坐标比例尺应一致），绘制剪应力 τ 与垂直压应力 P 的关系曲线如图 10-11 所示。该直线的倾角即为土的内摩擦角 φ（°），该直线在纵坐标上的截距即为土的黏聚力 C（kPa）。

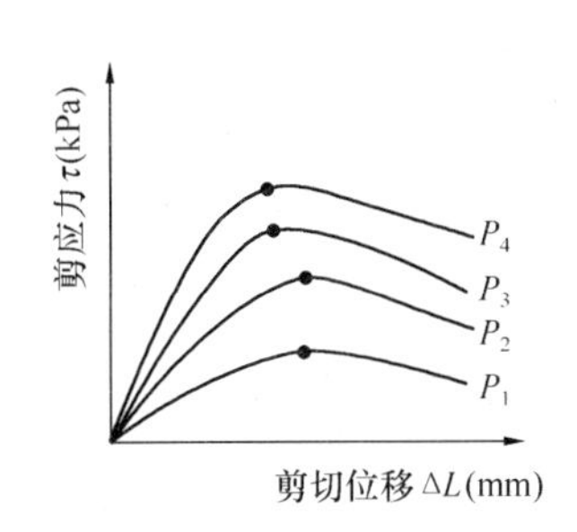

图 10-10　剪应力与剪切位移关系曲线

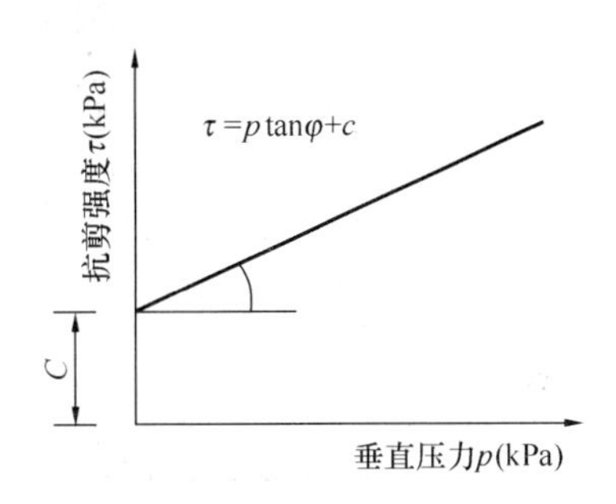

图 10-11　抗剪强度与垂直压力关系曲线

（5）注意事项

①开始剪切时，一定要切记拔掉销钉，否则试样将报废，而且会损坏仪器，若销钉弹出，还有伤人的危险。

②加荷时应轻拿轻放，避免冲击、震动。

③摇动手轮时应尽量匀速连续转动，切不可中途停顿。

（6）直剪试验记录格式

表 10-10　固结试验记录

工程编号　　　　　　试验者

试样编号　　　　　　计算者

试验方法　　　　　　校核者

试验日期　　　　　　测力计系数________（kPa/0.01mm）

仪器编号	（1）	（2）	（3）	（4）
盒号				
湿土质量（g）				
干土质量（g）				
含水率（%）				

续表

仪器编号	（1）	（2）	（3）	（4）
试样质量（g）				
试样密度（g/cm^3）				
垂直压力（kPa）				
固结沉降（mm）				

剪切位移（0.01mm）	量力环读数（0.01mm）	剪应力（kPa）	垂直位移（0.01mm）
（1）	（2）	（3）$=C_1\times$（2）	（4）

参 考 文 献

[1] 陈希哲．土力学地基基础［M］．北京：清华大学出版社，2002.
[2] 高大钊．土力学与基础工程［M］．上海：同济大学出版社，1998.
[3] 杨小平．土力学及地基基础［M］．武汉：武汉大学出版社，2000.
[4] 周汉荣，赵明华．土力学地基与基础［M］．北京：中国建筑工业出版社，2000.
[5] 陆培毅．土力学［M］．北京：中国建材工业出版社，2000.
[6] 陈书申，陈晓平．土力学地基基础［M］．武汉：武汉工业大学出版社，1999.
[7] 杨位光．地基及基础（第三版）［M］．北京：中国建筑工业出版社，1998.
[8] 武汉水利电力学院．土力学及岩石力学［M］．北京：水利电力出版社，1979.
[9] 王铁儒，陈云敏．工程地质及土力学［M］．武汉：武汉大学出版社，2001.
[10] 顾晓鲁，钱鸿缙，刘惠珊，等．地基与基础（第二版）［M］．北京：中国建筑工业出版社，1993.
[11] 国家标准．GB 50007—2002 建筑地基基础设计规范［S］．北京：中国建筑工业出版社，1990.
[12] 国家标准．GB 50021—2001 岩土工程勘察规范［S］．北京：中国建筑工业出版社，1995.
[13] 国家标准．GB 50011—2001 建筑抗震设计规范［S］．北京：中国建筑工业出版社，1990.
[14] 史如平，韩选江．土力学与地基基础［M］．上海：上海交通大学出版社，1990
[15] JGJ 94—94 建筑桩基技术规范［S］．北京：中国建筑工业出版社，1995.
[16] 陈跃庆．地基与基础工程施工技术［M］．北京：机械工业出版社，2003.
[17] 叶书麟，等．地基处理与托换技术［M］．北京：中国建筑工业出版社，1996.
[18] 陈希哲．土力学地基基础（第三版）［M］．北京：清华大学出版社，1999.
[19] 周汉荣，赵明华．土力学地基与基础（第三版）［M］．北京：中国建筑工业出版社，1997.
[20] 华南理工大学，东南大学，浙江大学，湖南大学．地基及基础（第三版）［M］．北京：中国建筑工业出版社，1998.
[21] 孟祥波．土质与土力学（第二版）［M］．北京：人民交通出版社，2005.
[22] 李广信．高等土力学［M］．北京：清华大学出版社，2004.
[23] 栗振锋，李素梅，文德云．路基路面工程［M］．北京：人民交通出版社，2005.
[24] 杨太生．地基与基础［M］．北京：中国建筑工业出版社，2007.
[25] 国家标准．GB/T 50123—1999［S］．土工试验方法标准．北京：中国计划出版社，1999.
[26] 王旭鹏．土力学与地基基础［M］．北京：中国建材工业出版社，2004.